"十二五"普通高等教育本科国家级规划教材
普通高等教育电气工程与自动化类系列教材

现代电机控制技术

第2版

王成元　夏加宽　孙宜标　编　著
杨　耕　主　审

机 械 工 业 出 版 社

本书为“十二五”普通高等教育本科国家级规划教材。主要内容包括：三相感应电动机和三相永磁同步电动机矢量控制；三相感应电动机和三相永磁同步电动机直接转矩控制；无速度传感器控制与智能控制。全书采用空间矢量理论，在对各种控制技术进行独立分析的同时，利用空间矢量理论统一性特点分析和建立了它们之间的联系，从中阐述了不同控制技术的控制思想、特点及相互关联。本书深入浅出，力求体现内容的系统性、理论性、先进性和实用性。书中还配有仿真实例、思考题和习题等。

本书在第1版的基础上，增加了双馈感应电机矢量控制的内容，并增加了2个附录。

本书可作为高等学校自动化、电气工程及其自动化等专业高年级本科生和电机与电器、电力电子与电力传动等学科研究生的教材，也可供高等院校、研究院（所）和企业从事数控、自动化、电气传动技术的研究和开发人员参考。

本书配有免费电子课件，欢迎选用本书作教材的老师登录 www.cmpedu.com下载。

图书在版编目（CIP）数据

现代电机控制技术/王成元等编著. —2版. —北京：机械工业出版社，2014.3（2023.12重印）
“十二五”普通高等教育本科国家级规划教材
ISBN 978-7-111-45286-7

Ⅰ.①现… Ⅱ.①王… Ⅲ.①电机-控制系统-高等学校-教材
Ⅳ.①TM301.2

中国版本图书馆CIP数据核字（2013）第312904号

机械工业出版社（北京市百万庄大街22号　邮政编码100037）
策划编辑：王雅新　责任编辑：王雅新
版式设计：常天培　责任校对：申春香
责任印制：常天培
北京中科印刷有限公司印刷
2023年12月第2版第10次印刷
184mm×260mm · 16.5印张 · 407千字
标准书号：ISBN 978-7-111-45286-7
定价：45.00元

电话服务	网络服务
客服电话：010-88361066	机　工　官　网：www.cmpbook.com
010-88379833	机　工　官　博：weibo.com/cmp1952
010-68326294	金　书　网：www.golden-book.com
封底无防伪标均为盗版	机工教育服务网：www.cmpedu.com

全国高等学校电气工程与自动化系列教材
编 审 委 员 会

序

随着科学技术的不断进步，电气工程与自动化技术正以令人瞩目的发展速度，改变着我国工业的整体面貌。同时，对社会的生产方式、人们的生活方式和思想观念也产生了重大的影响，并在现代化建设中发挥着越来越重要的作用。随着与信息科学、计算机科学和能源科学等相关学科的交叉融合，它正在向智能化、网络化和集成化的方向发展。

教育是培养人才和增强民族创新能力的基础，高等学校作为国家培养人才的主要基地，肩负着教书育人的神圣使命。在实际教学中，根据社会需求，构建具有时代特征、反映最新科技成果的知识体系是每个教育工作者义不容辞的光荣任务。

教书育人，教材先行。机械工业出版社几十年来出版了大量的电气工程与自动化类教材，有些教材十几年、几十年长盛不衰，有着很好的基础。为了适应我国目前高等学校电气工程与自动化类专业人才培养的需要，配合各高等学校的教学改革进程，满足不同类型、不同层次的学校在课程设置上的需求，由中国机械工业教育协会电气工程及自动化学科教育委员会、中国电工技术学会高校工业自动化教育专业委员会、机械工业出版社共同发起成立了“全国高等学校电气工程与自动化系列教材编审委员会”，组织出版新的电气工程与自动化类系列教材。这类教材基于**“加强基础，削枝强干，循序渐进，力求创新”**的原则，通过对传统课程内容的整合、交融和改革，以不同的模块组合来满足各类学校特色办学的需要。并力求做到：

1. 适用性：结合电气工程与自动化类专业的培养目标、专业定位，按技术基础课、专业基础课、专业课和教学实践等环节进行选材组稿。对有的具有特色的教材采取一纲多本的方法。注重课程之间的交叉与衔接，在满足系统性的前提下，尽量减少内容上的重复。

2. 示范性：力求教材中展现的教学理念、知识体系、知识点和实施方案在本领域中具有广泛的辐射性和示范性，代表并引导教学发展的趋势和方向。

3. 创新性：在教材编写中强调与时俱进，对原有的知识体系进行实质性的改革和发展，鼓励教材涵盖新体系、新内容、新技术，注重教学理论创新和实践创新，以适应新形势下的教学规律。

4. 权威性：本系列教材的编委由长期工作在教学第一线的知名教授和学者组成。他们知识渊博，经验丰富。组稿过程严谨细致，对书目确定、主编征集、资料申报和专家评审等都有明确的规范和要求，为确保教材的高质量提供了有力保障。

此套教材的顺利出版，先后得到全国数十所高校相关领导的大力支持和广大骨干教师的积极参与，在此谨表示衷心的感谢，并欢迎广大师生提出宝贵的意见和建议。

此套教材的出版如能在转变教学思想、推动教学改革、更新专业知识体系、创造适应学生个性和多样化发展的学习环境、培养学生的创新能力等方面收到成效，我们将会感到莫大的欣慰。

全国高等学校电气工程与自动化系列教材编审委员会

第2版前言

本书是在“十二五”普通高等教育本科国家级规划教材《现代电机控制技术》基础上全面修改而成。

与第1版比较，第2版增加了双馈感应电机矢量控制内容；增加了2个附录，内容属于正文基本内容的扩展和深化。

本教材编著的原则是力求体现“新、精、用”的特点。在理论上，全书采用空间矢量理论阐述矢量控制的先进控制思想、控制理论和控制方法；在内容上，力求能反映现代电机控制技术的新成果和新进展；在体系上，以矢量控制理论与实现为主线，选择了具有典型性和代表性的三相感应电动机和三相永磁同步电机为对象，集中介绍了矢量控制、直接转矩控制、无传感器控制和智能控制技术原理及应用。

代表现代电机控制技术的矢量控制、直接转矩控制和无传感器控制以及智能控制，每一部分都可相对独立。但是，在技术的实现和发展中，它们又在逐步交织和融合，正在构成具有“现代”内涵的集成性技术和先进电气传动的技术平台，因此需要从整体上理解和掌握它们。本教材编著的特点是，利用空间矢量理论“统一性”的特点，建立和分析了它们之间的内在联系，力求从整体上阐明现代电机控制技术的基本控制思想、特点及相互关联。

全书共分6章。第1章介绍了矢量控制和直接转矩控制的理论基础，即机电能量转换、电机统一理论和空间矢量理论的相关知识。第2~5章重点介绍了三相感应电动机和三相永磁同步电动机矢量控制和直接转矩控制的控制原理、控制方法和控制系统。第6章介绍了这两种交流电动机的无传感器控制及智能控制的原理以及应用，对这几种控制技术，在强调技术先进性的同时，也指出了目前在理论与应用方面尚待解决的一些问题。

本书由清华大学杨耕教授主审。他对教材内容的取舍及一些问题的写法提出了许多宝贵意见，在此表示深切感谢。在本书编著过程中得到上海大学陈伯时教授和沈阳工业大学白保东教授的热情支持和帮助，在此一并表示感谢。本书第2次印刷做局部修改时，得到了哈尔滨理工大学汤蕴璆教授的热情指导，作者深表谢意。

本书可作为普通高等院校自动化、电气工程及其自动化等专业高年级本科生和电力电子与电力传动、电机与电器等学科研究生的教材，也可供有关工程技术人员参考。

本书配有免费电子课件，欢迎选用本书作教材的老师登录 www. cmpedu. com 注册下载。

由于作者水平有限，加之内容较新，书中难免有一些错误和不妥之处，尚祈广大读者批评指教。

作　者

第1版前言

本书经全国高等学校电气工程与自动化系列教材编审委员会评审，列入普通高等教育电气工程与自动化类系列教材。

现代电机控制技术是实现高性能伺服驱动的核心技术，也是体现先进制造技术的标志性技术之一。例如，依托现代电机控制技术构成的伺服驱动装置，是数控机床、机器人等高性能机电一体化产品的重要组成部分，也是构成工厂自动化不可缺少的基本单元。

1971年，德国学者Blaschke提出了交流电机矢量控制理论，它的出现对电机控制的研究具有划时代的意义，使电机控制技术的发展步入了一个全新阶段。在此后的30多年里，矢量控制技术获得了广泛的应用，交流伺服系统逐步取代了传统的直流伺服系统。1985年，德国学者Depenbrock提出了交流电机的直接转矩控制，不仅拓宽了矢量控制理论，也丰富了现代电机控制技术的内涵。目前，矢量控制和直接转矩控制技术还在向前发展和不断完善，且正在逐步实现无传感器控制，最终将要实现全新的智能化控制。

为能将有关现代电机控制技术的科技成果及时地反映到本科和研究生教学当中，便于学生了解和掌握它们先进的控制思想、控制理论和实际应用，国内迫切需要系统介绍现代电机控制技术的教材。本书作者在多年的科研实践和学术积累基础之上，参考了国内外大量的科研成果和文献，根据作者的理解和体会，尝试编著了《现代电机控制技术》一书。

本教材编著的原则是力求体现“新、精、用”的特点。在体系上，以阐述矢量控制思想及矢量控制理论与实现为主线，选择在理论与应用方面都具有典型性和代表性的三相感应电动机和三相永磁同步电动机为对象，集中介绍了矢量控制、直接转矩控制和无传感器控制及智能控制技术的原理及应用问题。全书共分6章。第1章为基础知识，介绍了矢量控制和直接转矩控制技术的理论基础，即机电能量转换、电机统一理论和空间矢量理论的相关知识。第2~5章重点介绍了三相感应电动机和永磁同步电动机矢量控制和直接转矩控制的控制原理、控制方法和控制系统。第6章介绍了这两种交流电动机的无传感器控制及智能控制的原理与应用。对这几种控制技术，在强调技术先进性的同时，也指出了目前在理论和应用方面尚待解决的问题，同时介绍了在技术解决方面科学研究的新进展，力求反映这一领域内的最新研究成果和技术发展。

代表现代电机控制技术的矢量控制、直接转矩控制和无传感器控制以及智能控制，每一部分在技术上都可相对独立。但是，在技术的实现和发展过程中，它们又在逐步交织和融合，正在构成具有“现代”内涵的集成性技术，因此需要从整体上去理解和掌握它们。本教材编著的另一特点是，全书采用了空间矢量理论，在对各种控制技术进行独立分析的同时，利用空间矢量理论“统一性”的特点，分别建立和分析它们之间的内在联系，力求从整体上阐明现代电机控制技术的基本控制思想、特点及相互关联。

本书由清华大学杨耕教授主审。他对教材内容的取舍及一些问题的写法提出了许多宝贵意见，并对全书进行了仔细审阅，在此表示深切感谢。在本书编著过程中得到上海大学陈伯时教授和沈阳工业大学白保东教授的热情支持和帮助，在此一并表示感谢。本书第2次印刷做局部修改时，得到哈尔滨理工大学汤蕴璆教授的热忱指导，作者深表谢意。

本书可作为高等学校自动化、电气工程及其自动化等专业高年级本科生和电机与电器、电力电子与电力传动等学科研究生的教材，也可供有关工程人员参考。

本书配有免费电子课件，欢迎选用本书作教材的老师登录 www. cmpedu. com 注册下载。

由于作者水平有限，加之内容较新，书中难免存有一些错误和不妥之处，尚祈广大读者批评指教。

作　者

2010 年 1 月

目　　录

第 1 章　电磁转矩与空间矢量

1.1　电磁转矩

1.1.1　磁场与磁能

双线圈励磁的铁心如图 1-1 所示，铁心上装有线圈 A 和 B，匝数分别为 N_A 和 N_B。主磁路由铁心磁路和气隙磁路串联构成，两段磁路的断面面积均为 S。假设外加电压 u_A 和 u_B 为任意波形电压，励磁电流 i_A 和 i_B 亦为任意波形电流，图 1-1 给出了电压和电流的正方向。

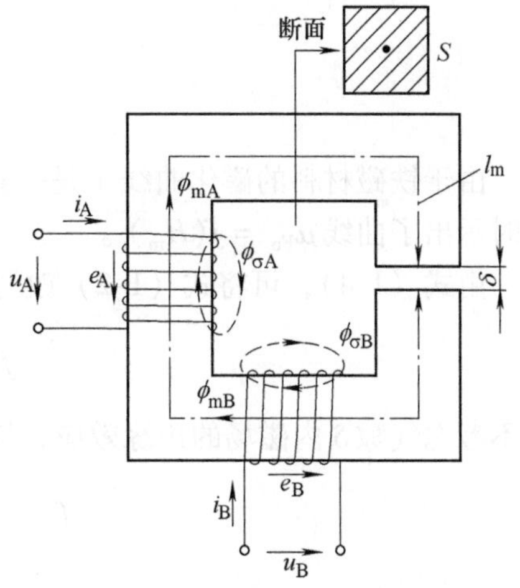

图 1-1　双线圈励磁的铁心

1. 单线圈励磁

先讨论仅有线圈 A 励磁的情况。当电流 i_A 流入线圈时，便会在铁心内产生磁场。根据安培环路定律，有

$$\oint_L \boldsymbol{H} \cdot \mathrm{d}\boldsymbol{l} = \Sigma i \tag{1-1}$$

式中，$\boldsymbol{H}$ 为磁场强度；Σi 为该闭合回线包围的总电流。

安培环路定律如图 1-2 所示，若电流正方向与闭合回线 L 的环行方向符合右手螺旋关系，i 便取正号，否则取负号。闭合回线可任意选取，在图 1-1 中，取铁心断面的中心线为闭合回线，环行方向为顺时针方向。沿着该闭合回线，假设铁心磁路内的 $\boldsymbol{H}_m$ 处处相等，方向与积分路径一致，气隙内 $\boldsymbol{H}_\delta$ 亦如此。于是，有

$$H_m l_m + H_\delta \delta = N_A i_A \tag{1-2}$$

式中，l_m 为铁心磁路的长度；δ 为气隙长度。

定义

$$f_A = N_A i_A \tag{1-3}$$

式中，f_A 称为磁路的磁动势。

式（1-2）中，$H_m l_m$ 和 $H_\delta \delta$ 为磁位降，式（1-2）表明线圈 A 提供的磁动势 f_A 将消耗在铁心和气隙磁位降中。此时，f_A 相当于产生磁场 $\boldsymbol{H}$ 的“源”，类似于电路中的电动势。

在铁心磁路内，磁场强度 H_m 产生的磁感应强度 B_m 为

$$B_m = \mu_{Fe} H_m = \mu_r \mu_0 H_m \tag{1-4}$$

式中，μ_{Fe}为磁导率，μ_r 改为相对磁导率，μ_0 为真空磁导率。

电机中常用的铁磁材料的磁导率 μ_{Fe}约是真空磁导率 μ_0 的 2000 ~ 6000 倍。空气磁导率

与真空磁导率几乎相等。铁磁材料的导磁特性是非线性的，通常将 $B_m = f(H_m)$ 关系曲线称为磁化曲线，如图 1-3 所示。可以看出，当 H_m 达到一定值时，随着 H_m 的增大，B_m 增加越来越慢，这种现象称为磁饱和。

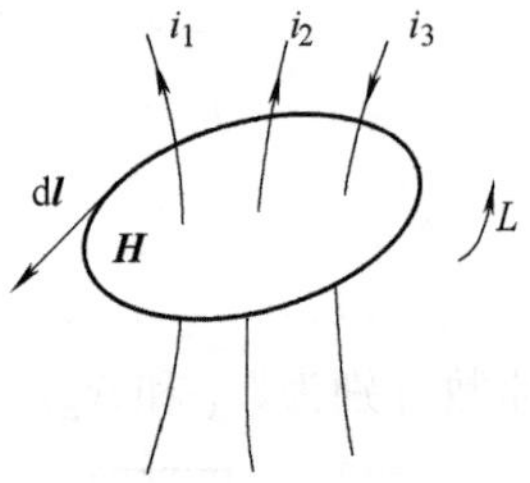

图 1-2　安培环路定律

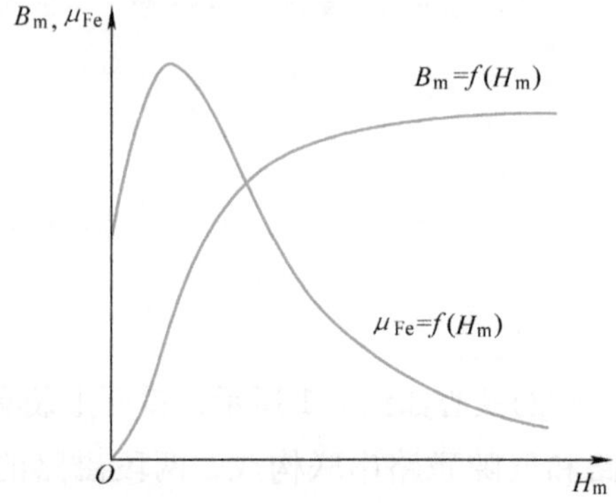

图 1-3　铁磁材料的磁化曲线（$B_m = f(H_m)$ 和 $\mu_{Fe} = f(H_m)$ 曲线）

由于铁磁材料的磁化曲线不是一条直线，因此 μ_{Fe} 也随 H_m 值的变化而变化，图 1-3 中同时示出了曲线 $\mu_{Fe} = f(H_m)$。

由式（1-4），可将式（1-2）改写为

$$f_A = \frac{B_m}{\mu_{Fe}} l_m + \frac{B_\delta}{\mu_0}\delta \tag{1-5}$$

若不考虑气隙 δ 内磁场的边缘效应，气隙内磁场 B_δ 也为均匀分布，于是式（1-5）可写为

$$f_A = B_m S \frac{l_m}{\mu_{Fe} S} + B_\delta S \frac{\delta}{\mu_0 S} \tag{1-6}$$

式中，$B_m S = \phi_{mA}$，ϕ_{mA} 称为铁心磁路主磁通；$\frac{l_m}{\mu_{Fe} S} = R_m$，$R_m$ 为铁心磁路磁阻；$B_\delta S = \phi_\delta$，ϕ_δ 称为气隙磁通；$\frac{\delta}{\mu_0 S} = R_\delta$，$R_\delta$ 为气隙磁路磁阻。

由于磁通具有连续性，显然有 $\phi_{mA} = \phi_\delta$，于是有 $B_m = B_\delta$。

将式（1-6）表示为

$$f_A = \phi_{mA} R_m + \phi_\delta R_\delta = \phi_{mA} R_{m\delta} = \phi_\delta R_{m\delta} \tag{1-7}$$

式中，$R_{m\delta}$ 为串联磁路的总磁阻，$R_{m\delta} = R_m + R_\delta$；$\phi_{mA} R_m$ 和 $\phi_\delta R_\delta$ 称为铁心和气隙磁位降。

通常，将式（1-7）称为磁路的欧姆定律。图 1-4 为串联磁路的等效磁路图。

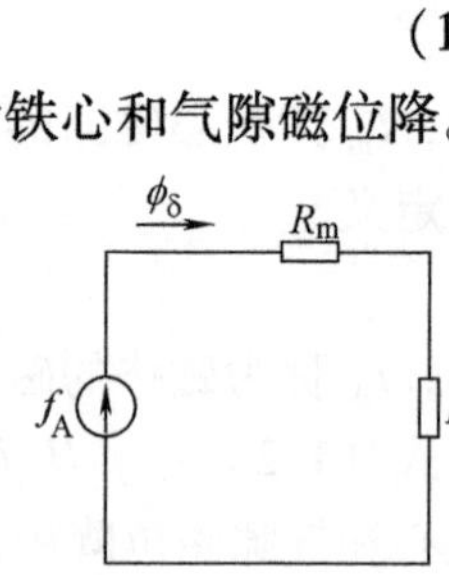

图 1-4　等效磁路图

将式（1-7）表示为另一种形式，即

$$f_A = \frac{\phi_{mA}}{\Lambda_m} + \frac{\phi_\delta}{\Lambda_\delta} = \phi_\delta \left(\frac{1}{\Lambda_m} + \frac{1}{\Lambda_\delta} \right) \tag{1-8a}$$

式中，Λ_m 为铁心磁路磁导，$\Lambda_m = \frac{1}{R_m} = \frac{\mu_{Fe} S}{l_m}$；$\Lambda_\delta$ 为气隙磁路磁导，$\Lambda_\delta = \frac{1}{R_\delta} = \frac{\mu_0 S}{\delta}$。

将式（1-8a）写为

$$\phi_\delta = \Lambda_{m\delta} f_A \tag{1-8b}$$

式中，$\Lambda_{m\delta}$为串联磁路的总磁导，$\Lambda_{m\delta} = \dfrac{\Lambda_m \Lambda_\delta}{\Lambda_m + \Lambda_\delta}$，$\Lambda_{m\delta} = \dfrac{1}{R_{m\delta}}$。

式（1-8b）为磁路欧姆定律的另一种表达形式。

式（1-7）表明，作用在磁路上的总磁动势恒等于闭合磁路内各段磁位降之和。对图1-1所示的磁路而言，尽管铁心磁路长度比气隙磁路长得多，但由于$\mu_{Fe} >> \mu_0$，气隙磁路磁阻还是要远大于铁心磁路的磁阻。对于这个具有气隙的串联磁路，总磁阻将取决于气隙磁路的磁阻，磁动势大部分将消耗在气隙的磁位降内。在很多情况下，为了问题分析的简化，可将铁心磁路的磁阻忽略不计，此时磁动势f_A与气隙磁路磁位降相等，即有

$$f_A = H_\delta \delta = \phi_\delta R_\delta \tag{1-8c}$$

图1-1中，因为主磁通ϕ_{mA}是穿过气隙后而闭合的，它提供了气隙磁通，所以又将ϕ_{mA}称为励磁磁通。

定义线圈A的励磁磁链为

$$\psi_{mA} = \phi_{mA} N_A \tag{1-9}$$

由式（1-7）和式（1-9），可得

$$\psi_{mA} = \frac{N_A^2}{R_{m\delta}} i_A = N_A^2 \Lambda_{m\delta} i_A \tag{1-10}$$

定义线圈A的励磁电感L_{mA}为

$$L_{mA} = \frac{\psi_{mA}}{i_A} = \frac{N_A^2}{R_{m\delta}} = N_A^2 \Lambda_{m\delta} \tag{1-11}$$

L_{mA}表征了线圈A单位电流产生磁链ψ_{mA}的能力。对于图1-1所示的具体磁路，又将L_{mA}称为线圈A的励磁电感。L_{mA}的大小与线圈A的匝数二次方成正比，与串联磁路的总磁导成正比。由于总磁导与铁心磁路的饱和程度（μ_{Fe}值）有关，因此L_{mA}是个与励磁电流i_A相关的非线性参数。若将铁心磁路的磁阻忽略不计（$\mu_{Fe} = \infty$），L_{mA}便为常值，仅与气隙磁导和匝数有关，即有$L_{mA} = N_A^2 \Lambda_\delta$。

在磁动势f_A作用下，还会产生没有穿过气隙主要经由铁心外空气磁路而闭合的磁场，称之为漏磁场。它与线圈A交链，产生漏磁链$\psi_{\sigma A}$，可表示为

$$\psi_{\sigma A} = L_{\sigma A} i_A \tag{1-12}$$

式中，$L_{\sigma A}$为线圈A的漏电感。

$L_{\sigma A}$表征了线圈A单位电流产生漏磁链$\psi_{\sigma A}$的能力，由于漏磁场主要分布在空气中，因此$L_{\sigma A}$近乎为常值，且在数值上远小于L_{mA}。

线圈A的总磁链为

$$\psi_{AA} = \psi_{\sigma A} + \psi_{mA} = L_{\sigma A} i_A + L_{mA} i_A = L_A i_A \tag{1-13}$$

式中，ψ_{AA}是线圈A中电流i_A产生的磁场链过自身线圈的磁链，称为自感磁链。

定义

$$L_A = L_{\sigma A} + L_{mA} \tag{1-14}$$

式中，L_A称为自感，由漏电感$L_{\sigma A}$和励磁电感L_{mA}两部分构成。

这样，通过电感就将线圈A产生磁链的能力表现为一个集中参数。在以后的分析中可

以看出，电感是非常重要的参数。

磁场能量分布在磁场所在的整个空间，对于各向同性的导磁介质，单位体积内的磁能 w_m 可表示为

$$w_m = \frac{1}{2}BH = \frac{1}{2}\frac{B^2}{\mu} \tag{1-15}$$

式（1-15）表明，在一定磁感应强度下，介质的磁导率 μ 越大，磁场的储能密度就越小，否则相反。对于图 1-1 所示的电磁装置，由于 $\mu_{Fe} >> \mu_0$，因此，当铁心磁路内的磁感应强度由零开始上升时，大部分磁场能量将储存在气隙中；当磁感应强度减小时，这部分磁能将随之从气隙中释放出来。铁心磁路中的磁能密度很低，铁心储能常可忽略不计，此时则有

$$W_m = \frac{1}{2}\frac{B_\delta^2}{\mu_0}V_\delta \tag{1-16}$$

式中，W_m 为主磁路磁场能量，它全部储存在气隙中；V_δ 为气隙体积。

当励磁电流 i_A 变化时，磁链 ψ_{AA} 将发生变化。根据法拉第电磁感应定律，ψ_{AA} 的变化将在线圈 A 中产生感应电动势 e_{AA}。如图 1-1 所示，若设 e_{AA} 的正方向分别与 ϕ_{mA} 和 $\phi_{\sigma A}$ 方向之间符合右手螺旋法则，则有

$$e_{AA} = -\frac{d\psi_{AA}}{dt} \tag{1-17}$$

根据电路基尔霍夫第二定律，线圈 A 的电压方程可写为

$$u_A = R_A i_A - e_{AA} = R_A i_A + \frac{d\psi_{AA}}{dt} \tag{1-18}$$

在时间 dt 内输入铁心线圈 A 的净电能 dW_{eAA} 为

$$dW_{eAA} = u_A i_A dt - R_A i_A^2 dt = -e_{AA} i_A dt = i_A d\psi_{AA}$$

若忽略漏磁场，则有

$$dW_{eAA} = i_A d\psi_{mA} \tag{1-19}$$

在没有任何机械运动情况下，由电源输入的净电能将全部变成磁场能量的增量 dW_m，于是

$$dW_m = i_A d\psi_{mA} \tag{1-20}$$

当磁通是从 0 增长到 ϕ_{mA} 时，相应地线圈 A 磁链由 0 增长到 ψ_{mA}，则磁场能量 W_m 应为

$$W_m = \int_0^{\psi_{mA}} i_A d\psi \tag{1-21}$$

式（1-21）是线圈 A 励磁的能量公式，此式考虑了铁心磁路和气隙磁路内总的磁场储能。若磁路的 $\psi - i$ 曲线如图 1-5 所示，面积 $OabO$ 就代表了磁路的磁场能量，将其称为磁能。

若以电流为自变量，对磁链进行积分，则有

$$W'_m = \int_0^{i_A} \psi_{mA} di \tag{1-22}$$

式中，W'_m 称为磁共能。

在图 1-5 中，磁共能可用面积 $OcaO$ 来表示。显然，在磁路为非线性情况下，磁能和磁共能互不相等。

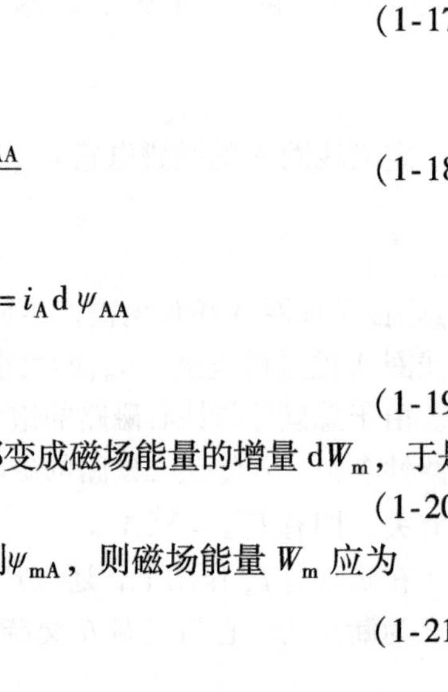

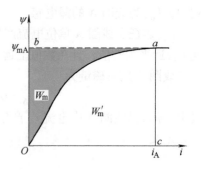

图 1-5　磁路的 ψ—i 曲线

磁能和磁共能之和等于

$$W_{\mathrm{m}} + W'_{\mathrm{m}} = i_{\mathrm{A}}\psi_{\mathrm{mA}} \tag{1-23}$$

若忽略铁心磁路的磁阻，图 1-5 中的$\psi - i$ 曲线便是一条直线，则有

$$W_{\mathrm{m}} = W'_{\mathrm{m}} = \frac{1}{2}i_{\mathrm{A}}\psi_{\mathrm{mA}} = \frac{1}{2}L_{\mathrm{mA}}i_{\mathrm{A}}^2 \tag{1-24}$$

此时磁场能量全部储存在气隙中，由式（1-24），可得

$$W_{\mathrm{m}} = W'_{\mathrm{m}} = \frac{1}{2}i_{\mathrm{A}}\psi_{\mathrm{mA}} = \frac{1}{2}f_{\mathrm{A}}B_{\delta}S \tag{1-25}$$

将$f_{\mathrm{A}} = H_{\delta}\delta$ 代入式（1-25），可得

$$W_{\mathrm{m}} = W'_{\mathrm{m}} = \frac{1}{2}H_{\delta}B_{\delta}V_{\delta} = \frac{1}{2}\frac{B_{\delta}^2}{\mu_0}V_{\delta} \tag{1-26}$$

式（1-26）与式（1-16）具有相同的形式。

若计及漏磁场储能，则有

$$W_{\mathrm{m}} = W'_{\mathrm{m}} = \frac{1}{2}i_{\mathrm{A}}\psi_{\mathrm{AA}} = \frac{1}{2}L_{\mathrm{A}}i_{\mathrm{A}}^2 \tag{1-27}$$

2. 双线圈励磁

现分析线圈 A 和线圈 B 同时励磁的情况。此时忽略铁心磁路磁阻，磁路为线性，故可以采用叠加原理，分别由磁动势f_{A} 和f_{B} 计算出各自产生的磁通。

同线圈 A 一样，可以求出线圈 B 产生的磁通 ϕ_{mB}和 $\phi_{\sigma\mathrm{B}}$，此时线圈 B 的自感磁链为

$$\psi_{\mathrm{BB}} = \psi_{\sigma\mathrm{B}} + \psi_{\mathrm{mB}} = L_{\sigma\mathrm{B}}i_{\mathrm{B}} + L_{\mathrm{mB}}i_{\mathrm{B}} = L_{\mathrm{B}}i_{\mathrm{B}}$$

式中，$L_{\sigma\mathrm{B}}$、L_{mB}和 L_{B} 分别为线圈 B 的漏电感、励磁电感和自感。且有

$$L_{\mathrm{B}} = L_{\sigma\mathrm{B}} + L_{\mathrm{mB}}$$

线圈 B 产生的磁通同时要与线圈 A 交链，反之亦然。这部分相互交链的磁通称为互感磁通。在图 1-1 中，因励磁磁通 ϕ_{mB}全部与线圈 A 交链，故电流 i_{B} 在线圈 A 中产生的互感磁链ψ_{mAB}为

$$\psi_{\mathrm{mAB}} = \psi_{\mathrm{mB}} = \phi_{\mathrm{mB}}N_{\mathrm{A}} = i_{\mathrm{B}}N_{\mathrm{B}}\Lambda_{\delta}N_{\mathrm{A}} \tag{1-28}$$

定义线圈 B 对线圈 A 的互感 L_{AB}为

$$L_{\mathrm{AB}} = \frac{\psi_{\mathrm{mAB}}}{i_{\mathrm{B}}} \tag{1-29}$$

由式（1-28）和式（1-29），可得

$$L_{\mathrm{AB}} = N_{\mathrm{A}}N_{\mathrm{B}}\Lambda_{\delta} \tag{1-30}$$

同理，定义线圈 A 对线圈 B 的互感 L_{BA}为

$$L_{\mathrm{BA}} = \frac{\psi_{\mathrm{mBA}}}{i_{\mathrm{A}}} \tag{1-31}$$

且有

$$L_{\mathrm{BA}} = N_{\mathrm{A}}N_{\mathrm{B}}\Lambda_{\delta} \tag{1-32}$$

由式（1-30）和式（1-32）可知，线圈 A 和 B 的互感相等，且有

$$L_{\mathrm{AB}} = L_{\mathrm{BA}} = N_{\mathrm{A}}N_{\mathrm{B}}\Lambda_{\delta}$$

在图 1-1 中，当电流 i_{A} 和 i_{B} 方向同为正时，两者产生的励磁磁场方向一致，因此两线圈互感为正值。若改变 i_{A} 或 i_{B} 的正方向，或者改变其中一个线圈的绕向，则两者的互感便成为负值。

值得注意的是，如果 $N_A = N_B$，则有 $L_{mA} = L_{mB} = L_{AB} = L_{BA}$，即两线圈不仅励磁电感相等，且励磁电感又与互感相等。

线圈 A 的全磁链ψ_A 可表示为

$$\psi_A = L_{\sigma A} i_A + L_{mA} i_A + L_{AB} i_B = L_A i_A + L_{AB} i_B \tag{1-33}$$

同理可得

$$\psi_B = L_{\sigma B} i_B + L_{mB} i_B + L_{BA} i_A = L_B i_B + L_{BA} i_A \tag{1-34}$$

感应电动势 e_A 和 e_B 分别为

$$e_A = -\frac{d\psi_A}{dt} \tag{1-35}$$

$$e_B = -\frac{d\psi_B}{dt} \tag{1-36}$$

在时间 dt 内，由外部电源输入铁心线圈 A 和 B 的净电能 dW_e 为

$$dW_e = -(e_A i_A + e_B i_B)\,dt = \left(\frac{d\psi_A}{dt} i_A + \frac{d\psi_B}{dt} i_B\right)dt = i_A d\psi_A + i_B d\psi_B \tag{1-37}$$

由电源输入的净电能 dW_e 将全部转化为磁场能量的增量，即有

$$dW_m = i_A d\psi_A + i_B d\psi_B \tag{1-38}$$

当两个线圈磁链由 0 分别增长为ψ_A 和ψ_B 时，整个电磁装置的磁场能量为

$$W_m(\psi_A, \psi_B) = \int_0^{\psi_A} i_A d\psi + \int_0^{\psi_B} i_B d\psi \tag{1-39}$$

式（1-39）表明，磁能 W_m 为ψ_A 和ψ_B 的函数。

若以电流为自变量，可得磁共能 W'_m为

$$W'_m(i_A, i_B) = \int_0^{i_A} \psi_A di + \int_0^{i_B} \psi_B di \tag{1-40}$$

显然，磁共能是 i_A 和 i_B 的函数。

可以证明，磁能和磁共能之和为

$$W_m + W'_m = \int_0^{\psi_A} i_A d\psi + \int_0^{\psi_B} i_B d\psi + \int_0^{i_A} \psi_A di + \int_0^{i_B} \psi_B di = i_A \psi_A + i_B \psi_B \tag{1-41}$$

若磁路为线性，则有

$$W_m = W'_m = \frac{1}{2} i_A \psi_A + \frac{1}{2} i_B \psi_B \tag{1-42}$$

可得

$$W_m = W'_m = \frac{1}{2} L_A i_A^2 + L_{AB} i_A i_B + \frac{1}{2} L_B i_B^2 \tag{1-43}$$

1.1.2 机电能量转换

对于图 1-1 所示的电磁装置，当线圈 A 和 B 分别接到电源上时，只能进行电能和磁能之间的转换，改变电流 i_A 和 i_B，只能增加或减少磁场能量，而不能将磁场能量转换为机械能，也就无法将电能转换为机械能。这是因为装置是静止的，其中没有运动部分。亦即，若将磁场能量释放出来转换为机械能，前提条件就是要有可运动部件。现将该电磁装置改装为如图 1-6 所示具有定、转子绕组和气隙的机电装置，定、转子铁心均由铁磁材料构成。将线圈 B 嵌放在转子槽中，成为转子绕组，而将线圈 A 嵌放在定子槽中，成为了定子绕组。仍

假定定、转子绕组匝数相同，即有 $N_A = N_B$。忽略定、转子齿槽效应影响，气隙是均匀的。定、转子间单边气隙长度为 g，总气隙 $\delta = 2g$。

为简化计，忽略定、转子铁心磁路的磁阻，这样磁场能量就全部储存在气隙中。

图 1-6 中，给出了绕组 A 和 B 中电流的正方向。当电流 i_A 为正时，绕组 A 在气隙中产生的径向励磁磁场其方向由上至下，且假定为正弦分布（或取其基波磁场），将该磁场磁感应强度幅值所在处的径向线称为磁场轴线 s，又将 s 定义为该线圈轴线。同理，将绕组 B 中正向电流 i_B 在气隙中产生的径向基波磁场轴线定义为转子绕组轴线 r。取 s 轴为空间参考轴，θ_r 为转子位置角（机械角度），因 θ_r 是以转子反时针旋转而确定的，故转速正方向应为反时针方向，电磁转矩 t_e 正方向应与转速 Ω_r（机械角速度）正方向相同，也为反时针方向。

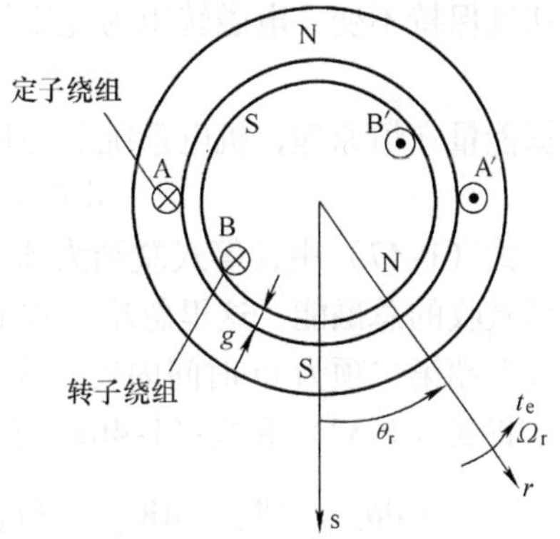

图 1-6　具有定、转子绕组和气隙的机电装置

因气隙均匀，故转子在旋转时，定、转子绕组励磁电感 L_{mA} 和 L_{mB} 保持不变，又因绕组 A 和 B 的匝数相同，故有 $L_{mA} = L_{mB}$。

但是，此时绕组 A 和 B 间的互感 L_{AB} 不再是常值，而是转子位置角 θ_r 的函数，对于基波磁场而言，可得 $L_{AB}(\theta_r)$ 和 $L_{BA}(\theta_r)$ 为

$$L_{AB}(\theta_r) = L_{BA}(\theta_r) = M_{AB}\cos\theta_r \tag{1-44}$$

式中，M_{AB} 为互感最大值（$M_{AB} > 0$）。

当定、转子绕组轴线一致时，绕组 A 和 B 处于全耦合状态，两者间的互感 M_{AB} 达到最大值，显然有 $M_{AB} = L_{mA} = L_{mB}$。

与图 1-1 所示的电磁装置相比，在图 1-6 所示的机电装置中，磁能 W_m 不仅是 ψ_A 和 ψ_B 的函数，同时又是转角 θ_r 的函数；磁共能 W'_m 不仅为 i_A 和 i_B 的函数，同时还是 θ_r 的函数。即有

$$W_m = W_m(\psi_A, \psi_B, \theta_r)$$

$$W'_m = W'_m(i_A, i_B, \theta_r)$$

于是，由于磁链和转子位置变化而引起的磁能增量 dW_m（全微分）应为

$$dW_m = \frac{\partial W_m}{\partial \psi_A} d\psi_A + \frac{\partial W_m}{\partial \psi_B} d\psi_B + \frac{\partial W_m}{\partial \theta_r} d\theta_r \tag{1-45}$$

由式（1-38），可将式（1-45）改写为

$$dW_m = i_A d\psi_A + i_B d\psi_B + \frac{\partial W_m}{\partial \theta_r} d\theta_r \tag{1-46a}$$

同理，由于定、转子电流和转子位置变化而引起的磁共能增量 dW'_m（全微分）可表示为

$$dW'_m = \frac{\partial W'_m}{\partial i_A} di_A + \frac{\partial W'_m}{\partial i_B} di_B + \frac{\partial W'_m}{\partial \theta_r} d\theta_r = \psi_A di_A + \psi_B di_B + \frac{\partial W'_m}{\partial \theta_r} d\theta_r \tag{1-46b}$$

与式（1-38）相比，式（1-46a）多出了第三项，它是由转子角位移引起的磁能变化。这就是说，转子的运动如果引起了气隙储能变化，那么在磁场储能变化过程中，将会有部分磁场能量转化为机械能。

设想在 dt 时间内转子转过一个微小的角度 $d\theta_r$（虚位移或实际位移），若在转过 $d\theta_r$ 的同时引起了系统磁能的变化，则转子上将受到电磁转矩 t_e 的作用。假设在这一过程中，转子速度保持不变，电磁转矩为克服机械转矩所做的机械功 dW_{mech} 应有

$$dW_{mech}=t_e d\theta_r$$

根据能量守恒原理，机电系统的能量关系应为

$$dW_e=dW_m+dW_{mech}=dW_m+t_e d\theta_r \tag{1-47}$$

式（1-47）中，等式左端为 dt 时间内输入系统的净电能；等式右端第一项为 dt 时间内磁场吸收的总磁能，这里忽略了铁心磁路的介质损耗（不计铁磁材料的涡流和磁滞损耗）；等式右端第二项为 dt 时间内转变为机械能的总能量。

将式（1-37）和式（1-46a）代式（1-47），则有

$$\begin{aligned}t_e d\theta_r &= dW_e-dW_m=(i_A d\psi_A+i_B d\psi_B)-\left(i_A d\psi_A+i_B d\psi_B+\frac{\partial W_m}{\partial\theta_r}d\theta_r\right)\\&=-\frac{\partial W_m}{\partial\theta_r}d\theta_r\end{aligned} \tag{1-48}$$

于是，可得

$$t_e=-\frac{\partial W_m(\psi_A,\ \psi_B,\ \theta_r)}{\partial\theta_r} \tag{1-49}$$

式（1-49）表明，当转子因微小角位移引起系统磁能变化时（将磁链约束为常值），转子上将受到电磁转矩作用，电磁转矩方向应为在恒磁链下倾使系统磁能减小的方向。这是以两绕组磁链和转角为自变量时的转矩表达式。

由式（1-37）和式（1-41），可得

$$\begin{aligned}t_e d\theta_r &= dW_e-dW_m=(i_A d\psi_A+i_B d\psi_B)-d(i_A\psi_A+i_B\psi_B-W'_m)\\&=-(\psi_A di_A+\psi_B di_B)+dW'_m\end{aligned} \tag{1-50}$$

将式（1-46b）代入式（1-50），则有

$$t_e=\frac{\partial W'_m(i_A,\ i_B,\ \theta_r)}{\partial\theta_r} \tag{1-51}$$

式（1-51）表明，当转子因微小角位移引起系统磁共能发生变化时（将电流约束为常值），会受到电磁转矩的作用，转矩方向应为在恒定电流下倾使系统磁共能增加的方向。

应该指出，式（1-49）和式（1-51）对线性和非线性磁路均适用，具有普遍性。再有，式（1-49）和式（1-51）中，当 W_m 和 W'_m 对 θ_r 求偏导数时，令磁链或电流为常值，这只是因自变量选择带来的一种数学约束，并不是对系统实际进行的电磁约束。

忽略铁心磁路磁阻，图 1-6 所示机电装置的磁场储能可表示为

$$W_m=W'_m=\frac{1}{2}L_A i_A^2+L_{AB}(\theta_r)\ i_A i_B+\frac{1}{2}L_B i_B^2 \tag{1-52}$$

对比式（1-43）和式（1-52）可以看出，式（1-52）中的互感 L_{AB} 为转角 θ_r 的函数，此时磁场储能将随转子角位移而变化。

显然，对于式（1-52），利用磁共能求取电磁转矩更容易。将式（1-52）代入式（1-51），可得

$$t_e=i_A i_B\frac{\partial L_{AB}(\theta_r)}{\partial\theta_r}=-i_A i_B M_{AB}\sin\theta_r \tag{1-53}$$

对于图 1-6 所示的转子位置，电磁转矩方向应使 θ_r 减小，使磁共能 W'_m 增加，因此实际转矩方向为顺时针方向。

在图 1-6 中，已设定电磁转矩 t_e 正方向为逆时针方向，在如图所示的时刻，式（1-53）给出的转矩值为负值，说明实际转矩方向应为顺时针方向。在实际计算中，若假定 t_e 正方向与 θ_r 正方向相反，即为顺时针方向，式（1-53）中的负号应去掉。

对比图 1-1 所示的电磁装置和图 1-6 所示的机电装置，可以看出，后者的气隙磁场已作为能使电能与机械能相互转换的媒介，成为了两者的耦合场。

若转子不动，则 $dW_{mech}=0$，由电源输入的净电能将全部转换为磁场储能；若 $\theta_r=0$，图 1-6 所示的机电装置就与图 1-1 所示的电磁装置相当。

若转子旋转，转子角位移引起了气隙中磁能变化，部分磁场能量便会释放出来转换为机械能。这样，通过耦合场的作用，就实现了电能和机械能间的转换。转换过程中，绕组 A 和 B 中产生的感应电动势 e_A 和 e_B 分别为

$$e_A = -\frac{d\psi_A}{dt} = -\frac{d}{dt}\left[L_A i_A + L_{AB}(\theta_r) i_B\right] = -\left[L_A\frac{di_A}{dt} + L_{AB}(\theta_r)\frac{di_B}{dt} + i_B\frac{\partial L_{AB}(\theta_r)}{\partial\theta_r}\frac{d\theta_r}{dt}\right] \tag{1-54}$$

$$e_B = -\frac{d\psi_B}{dt} = -\frac{d}{dt}\left[L_B i_B + L_{AB}(\theta_r) i_A\right] = -\left[L_B\frac{di_B}{dt} + L_{AB}(\theta_r)\frac{di_A}{dt} + i_A\frac{\partial L_{AB}(\theta_r)}{\partial\theta_r}\frac{d\theta_r}{dt}\right] \tag{1-55}$$

式（1-54）和式（1-55）中，等式右端括号内第一项和第二项是当 $\theta_r=$ 常值，即绕组 A 和 B 相对静止时，由电流变化所引起的感应电动势，称为变压器电动势；括号内第三项是因转子运动使绕组 A 和 B 相对位置发生位移（θ_r 变化）而引起的感应电动势，称为运动电动势。

由式（1-54）和式（1-55），可得在 dt 时间内，由电源输入绕组 A 和 B 的净电能为

$$dW_e = -(i_A e_A + i_B e_B)dt = \psi_A di_A + \psi_B di_B + 2 i_A i_B\frac{\partial L_{AB}(\theta_r)}{\partial\theta_r}d\theta_r \tag{1-56}$$

式（1-56）右端的前两项是由 i_A 和 i_B 变化引起的变压器电动势所吸收的电能，最后一项是由转子旋转引起的运动电动势吸收的电能。

由式（1-53），可得 dt 时间内由磁场储能转换的机械能为

$$dW_{mech} = t_e d\theta_r = i_A i_B\frac{\partial L_{AB}(\theta_r)}{\partial\theta_r}d\theta_r \tag{1-57}$$

由式（1-56）和式（1-57），可得

$$dW_m = dW_e - dW_{mech} = \psi_A di_A + \psi_B di_B + i_A i_B\frac{\partial L_{AB}(\theta_r)}{\partial\theta_r}d\theta_r \tag{1-58}$$

由式（1-56）~式（1-58）可知，时间 dt 内磁场的能量变化，是由绕组 A 和 B 中变压器电动势从电源所吸收的全部电能加之运动电动势从电源所吸收电能的 1/2 所提供；由运动电动势吸收的另外 1/2 电能则成为转换功率，这部分功率由电能转换为了机械功率。由此可见，产生感应电动势是耦合场从电源吸收电能的必要条件；产生运动电动势是通过耦合场实现机电能量转换的关键。与此同时，转子在耦合场中运动将产生电磁转矩，运动电动势和电

磁转矩构成了一对机电耦合项，是机电能量转换的核心部分。

1.1.3 电磁转矩的生成

下面讨论图 1-6 所示机电装置电磁转矩生成的实质。

现通过绕组 B 的两个线圈边 B-B′所受的电磁力来计算电磁转矩。

如图 1-7 所示，$B_{mA}(\theta_s)$ 是定子绕组 A 在气隙中建立的径向励磁磁场，为正弦分布。

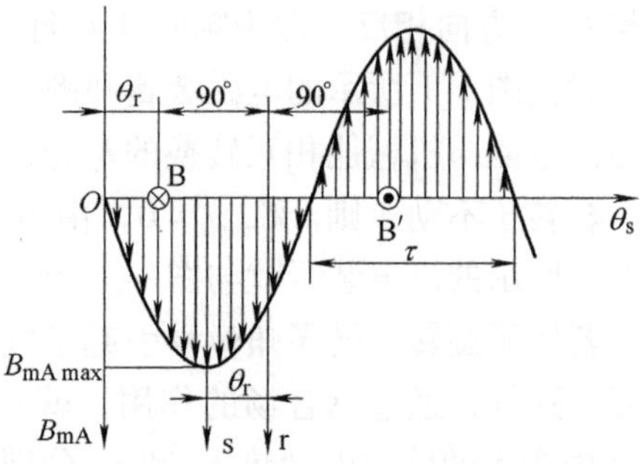

图 1-7 定子绕组建立的正弦分布径向励磁磁场

根据“*Bli*”观点，对于线圈边 B，可得

$$f_{eB}=N_B i_B l_r B_{mAmax}\sin\theta_r \qquad (1\text{-}59)$$

式中，f_{eB}为线圈边 B 所受的电磁力；l_r 是转子的有效长度。

励磁磁通 ϕ_{mA}可表示为

$$\phi_{mA}=\frac{2}{\pi}B_{mAmax}l_r\tau=D_r l_r B_{mAmax} \qquad (1\text{-}60)$$

式中，τ 为极距；D_r 为转子外径，$\pi D_r=2\tau$。

将式（1-60）代入式（1-59），则有

$$f_{eB}=\frac{1}{D_r}N_B\phi_{mA}i_B\sin\theta_r \qquad (1\text{-}61)$$

励磁磁通 ϕ_{mA}链过绕组 A 的磁链ψ_{mA}为

$$\psi_{mA}=N_A\phi_{mA}=N_B\phi_{mA}=M_{AB}i_A \qquad (1\text{-}62)$$

可得

$$\phi_{mA}=\frac{1}{N_B}M_{AB}i_A \qquad (1\text{-}63)$$

将式（1-63）代入式（1-61），可得

$$f_{eB}=\frac{1}{D_r}i_A i_B M_{AB}\sin\theta_r \qquad (1\text{-}64)$$

线圈边 B′所受的电磁力$f_{eB'}$与f_{eB}大小相等方向相同，即

$$f_{eB'}=\frac{1}{D_r}i_A i_B M_{AB}\sin\theta_r$$

于是，可得绕组 B 产生的电磁转矩

$$t_e=\frac{D_r}{2}(f_{eB}+f_{eB'})=i_A i_B M_{AB}\sin\theta_r \qquad (1\text{-}65)$$

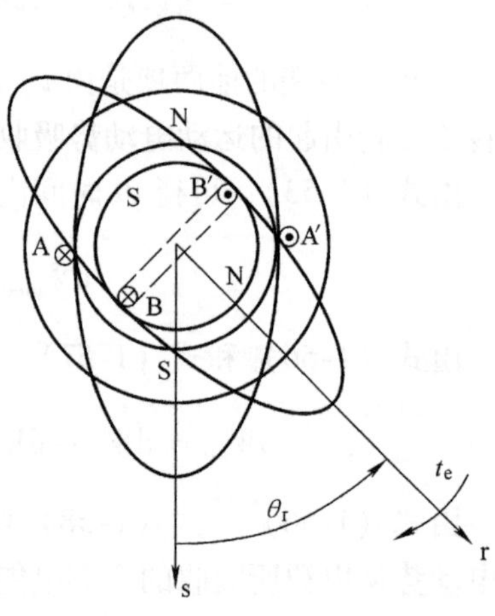

图 1-8 定、转子绕组建立的正弦分布径向励磁磁场

式（1-65）表明，对于图 1-6 所示的机电装置，采用“磁场”观点或者“*Bli*”观点来计算电磁转矩会得到相同的结果。

在图 1-7 中，绕组 B 的两个线圈边 B－B′通入电流 i_B 后，同样会在气隙中建立起正弦分布的径向励磁磁场，如图 1-8 所示。图中，定、转子径向磁场的轴

线分别为 s 和 r。

设定电磁转矩正方向为顺时针方向，可将式（1-53）改写为

$$t_e = \frac{1}{L_m}(L_m i_A)(L_m i_B)\sin\theta_r = \frac{1}{L_m}\psi_{mA}\psi_{mB}\sin\theta_r \tag{1-66}$$

式中，$L_m = M_{AB} = L_{mA} = L_{mB}$；$\psi_{mA}$和$\psi_{mB}$分别为绕组 A 和 B 自身产生的励磁磁链。

由式（1-60），可知

$$\psi_{mA} = \phi_{mA}N_A = \frac{2}{\pi}B_{mAmax}l_r\tau N_A$$

同理，可得

$$\psi_{mB} = \phi_{mB}N_B = \frac{2}{\pi}B_{mBmax}l_r\tau N_B$$

亦即，在机电装置结构确定后，ψ_{mA}和ψ_{mB}仅决定于磁场幅值B_{mAmax}和B_{mBmax}。可以说，式（1-66）中，ψ_{mA}和ψ_{mB}分别代表了定、转子绕组 A 和 B 产生的径向磁场，θ_r是两个磁场轴线间的空间相位角。从这一角度分析，电磁转矩又可看成是定、转子正弦分布径向励磁磁场相互作用的结果。

图 1-8 中，当转子绕组中电流i_B为零时，气隙磁场仅为由定子电流i_A建立的励磁磁场，其磁场轴线即为 s 轴。当转子电流i_B不为零时，产生了转子励磁磁场，它与定子励磁磁场共同作用产生了新的气隙磁场。当转子励磁磁场轴线 r 与定子励磁磁场 s 一致时（$\theta_r = 0°$），电磁转矩为零，此时可视为气隙磁场轴线没有发生偏移。或者说，只有在转子磁场作用下（这种作用可视为对气隙磁场，即对耦合场的扰动），使气隙磁场轴线发生偏移时，才会产生电磁转矩。如果将这种轴线偏移视为是气隙磁场发生了“畸变”的话，那么气隙磁场的“畸变”是转矩生成的必要条件，也是机电能量转换的必然现象。电磁转矩作用方向为倾使转子励磁磁场轴线与定子励磁磁场轴线趋向一致（$\theta_r = 0°$），力求减小和消除气隙磁场的畸变。

可将式（1-65）改写为

$$t_e = \psi_{mA}i_B\sin\theta_r \tag{1-67}$$

上式在形式上反映了转矩生成是因为载流导体在磁场中会受到电磁力的作用。式（1-66）在形式上反映了电磁转矩也可看成是定、转子磁场间相互作用的结果。两者从不同角度表达了电磁转矩的生成及其实质，所得结果是一致的。例如，图 1-8 中，在保持i_A和i_B不变情况下，若$\theta_r = 90°$，转子励磁磁场轴线便与定子励磁磁场轴线正交，此时在转子励磁磁场作用下，转矩达最大值。与此同时，从“*Bli*”角度看，转子在此位置时，线圈边 B-B′所受的电磁力也最大，自然转矩也达最大值。

下面讨论磁阻转矩的生成，如图 1-9 所示。

在图 1-9 中，只画出了定子铁心的部分磁路，而且转子铁心上没有安装绕组，气隙磁场是仅由定子绕组产生的。

与图 1-6 所示不同，这里的转子为凸极式结构，此时电机气隙不再是均匀的。当$\theta_r = 0°$时，转子凸极轴线 d 与定子绕组轴线 s 重合，此时气隙磁导最大，将转子在此位置时的定子绕组的自感定义为直轴电感L_d。

随着转子反时针方向旋转，气隙磁导逐步变小，当$\theta_r = 90°$时，转子交轴 q 与定子绕组

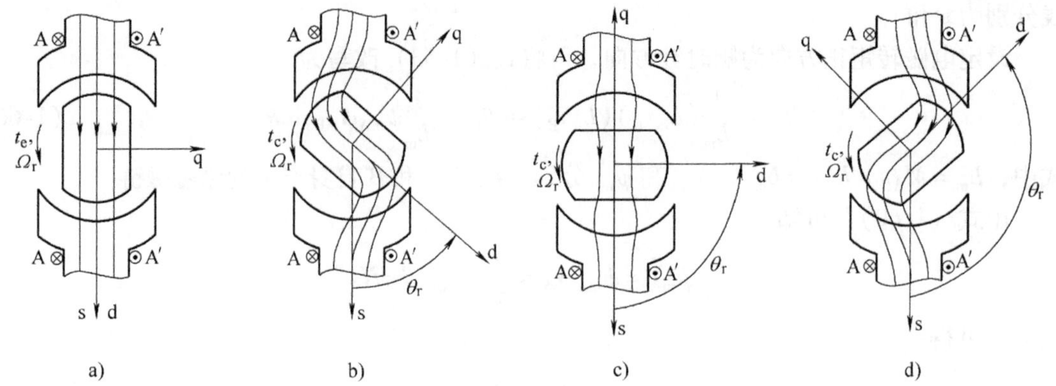

图 1-9　磁阻转矩的生成

a）$\theta_r=0$　b）$\theta_r<\frac{\pi}{2}$　c）$\theta_r=\frac{\pi}{2}$　d）$\theta_r>\frac{\pi}{2}$

轴线重合，此时气隙磁导最小，将转子在此位置时定子绕组的自感定义为交轴电感 L_q。转子在旋转过程中，定子绕组自感 L_A 值要在 L_d 和 L_q 间变化，其变化曲线如图 1-10所示。当 $\theta_r=0°$ 或 180°时，L_A 达到最大值 L_d；当 $\theta_r=90°$ 或 270°时，L_A 达到最小值 L_q。实际上，L_d 和 L_q 间的变化规律不是正弦的，当仅计及其基波分量时，可以认为它随转子角度 θ_r 按正弦规律变化，即有

$$L_A(\theta_r) = L_0 + \Delta L\cos 2\theta_r \tag{1-68}$$

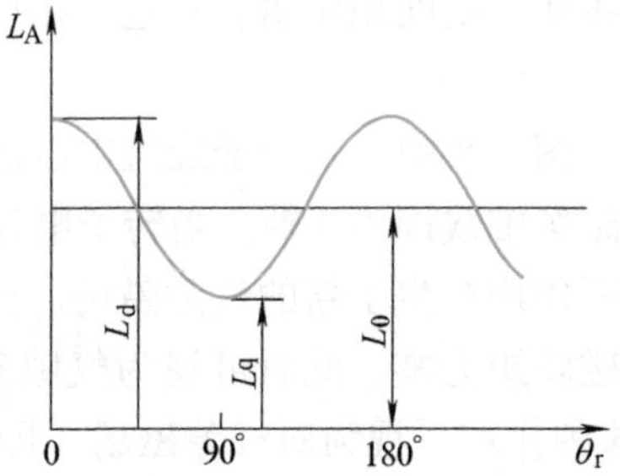

图 1-10　定子绕组自感的变化曲线

式中

$$L_0=\frac{1}{2}(L_d+L_q) \qquad \Delta L=\frac{1}{2}(L_d-L_q)$$

式（1-68）表明，定子绕组电感有一个平均值 L_0 和一个幅值为 ΔL 的正弦变化量，其中 L_0 与气隙平均磁导相对应（这里假设定子漏磁路磁导不变），ΔL 与气隙磁导的变化幅度相对应，气隙磁导的变化周期为 π。

对于图 1-9 所示的机电装置，可将式（1-52）表示为

$$W_m = W'_m = \frac{1}{2}L_A(\theta_r)i_A^2 \tag{1-69}$$

将式（1-69）代入式（1-51），可得

$$t_e = -\Delta L i_A^2\sin 2\theta_r = -\frac{1}{2}(L_d-L_q)\,i_A^2\sin 2\theta_r \tag{1-70}$$

转矩方向应倾使系统磁共能增大的方向。此转矩不是由于转子绕组励磁引起的，而是由于转子运动使气隙磁导发生变化引起的，将由此产生的电磁转矩称为磁阻转矩。相应地将由转子励磁产生的电磁转矩称为励磁转矩。

如图 1-9 所示，式（1-70）中的 θ_r 是按转子反时针方向旋转而确定的，转矩的正方向与 θ_r 正方向相同，也为反时针方向。在图 1-9b 所示的时刻，式（1-70）给出的转矩为负值，表示实际转矩方向为顺时针方向，实际转矩应使 θ_r 减小。若设定顺时针方向为转矩正方向，可将磁阻转矩表示为

$$t_e = \frac{1}{2}(L_d - L_q) i_A^2 \sin 2\theta_r \tag{1-71}$$

由图 1-9a 可以看出，当 $\theta_r = 0$ 时，气隙磁场的轴线没有产生偏移，即气隙磁场没发生畸变，不会产生电磁转矩；当 $0° < \theta_r < 90°$ 时，如图 1-9b 所示，由于转子位置变化使气隙磁场轴线产生偏移，因此产生了电磁转矩，电磁转矩的方向应倾使转子恢复到图 1-9a 的位置；当 $\theta_r = 90°$ 时，虽然气隙磁场轴线没有偏移，不会产生电磁转矩，但是此时转子将处于不稳定状态；当 $90° < \theta_r < 180°$ 时，电磁转矩倾使转子反时针旋转；当 $\theta_r = 180°$ 时，转子凸极轴线 d 轴与 s 轴相反，此时情形与 $\theta_r = 0$ 时完全相同。可见，即使没有转子励磁磁场的作用，凸极转子的位置变化也会使气隙磁场畸变，引起磁场储能变化，从而产生磁阻转矩，在磁阻转矩作用下，d 轴总是要与 s 轴重合（$\theta_r = 0°$ 或 180°），力求减小和消除气隙磁场畸变，以此可以判断磁阻转矩的作用方向。如式（1-71）所示，当定子电流 i_A 不变时，磁阻转矩的最大值取决于 L_d 和 L_q 的差值，但与励磁转矩不同的是，最大磁阻转矩不是发生在转子 d 轴与定子 s 轴正交的位置，而是发生在两者间空间相位角为 45°、135°等位置，因为此时磁共能的变化率($\partial W'_m / \partial \theta_r$)最大。

1.1.4 电磁转矩的控制

在电气传动系统中，电动机向拖动负载提供驱动转矩，对负载运动的控制是通过对电动机电磁转矩的控制而实现的，如图 1-11 所示。

由图 1-11，根据动力学原理，可列写出机械运动方程为

$$t_e = J\frac{d\Omega_r}{dt} + R_\Omega \Omega_r + t_L$$

式中，t_e 为电磁转矩；t_L 为负载转矩，包括了空载转矩，空载转矩是电动机空载损耗引起的，可认为是恒定的阻力转矩；Ω_r 为转子机械角速度；J 为系统转动惯量（包括转子）；R_Ω 为阻尼系数，通常是 Ω_r 的非线性函数。

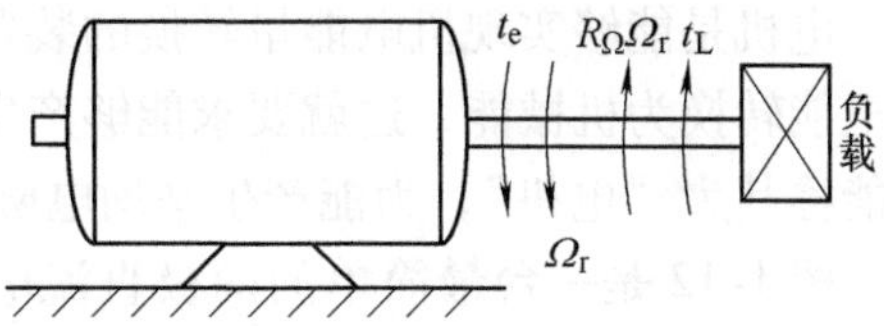

图 1-11 电动机及其负载

如果电气传动对系统的转速提出控制要求，例如，能够在一定范围内平滑地调节转速，或者能够在所需转速上稳定地运行，或者能够根据指令准确地完成加（减）速、起（制）动以及正（反）转等运动过程，这就需要构成调速系统。

由上面机械运动方程可知，对系统转速的控制实则是通过控制动转矩（$t_e - t_L$）来实现的。这就意味着，只有能够有效而精确地控制电磁转矩，才能够构成高性能的调速系统。

在实际生产中，负载运动的表现不一定都是转速，也可能是电气传动对旋转角位移提出控制要求，这就需要构成位置随动系统。位置随动系统又称伺服系统，主要解决位置控制问题，要求系统具有对位置指令准确跟踪的能力。由图 1-11，可得

$$\frac{d\theta_\Omega}{dt} = \Omega_r$$

式中，θ_Ω 为转子旋转角度（机械角度）。

由机械方程，可得

$$t_e = J\frac{d^2\theta_\Omega}{dt^2} + R_\Omega \frac{d\theta_\Omega}{dt} + t_L$$

显然，对电动机转子位置的控制也只能通过控制动转矩（$t_e - t_L$）来实现。为构成高性能伺服系统，就需要对电磁转矩具备很强的控制能力。

在实际控制中，无论是调速系统还是伺服系统，都是带有负反馈的控制系统。然而，两者对控制性能的要求各有侧重。例如，对调速系统而言，如果系统的给定信号是恒值，则希望系统输出量即使在外界扰动情况下也能保持不变，即系统的抗扰性能十分重要。对伺服系统而言，位置指令是经常变化的，是个随机变量，系统为了准确地跟随给定量的变化，必须具有良好的跟随性能，也就要求提高系统的快速响应能力。但是，提高系统的这些控制性能，其前提条件和基础是提高对电磁转矩的控制品质。或者说，对电动机的各种控制，归根结底是对电磁转矩的控制，对电磁转矩的控制品质将直接影响到整个控制系统的性能。下面先分析直流和交流电动机电磁转矩的具体生成，再进一步研究转矩如何控制的问题。

1.2 直、交流电机的电磁转矩

因为图 1-6 所示的机电装置，在机电能量转换原理上具有一般性，所以由此得出的结论同样适用于直流电机、同步电机和感应电机。

1.2.1 直流电机的电磁转矩

在图 1-6 中，若保持 i_A 和 i_B 大小和方向不变，转子转过一周，由式（1-53）可知，产生的平均电磁转矩将为零。

电机是能够实现机电能量转换的装置，要求电动机能够连续进行机电能量转换，不断地将电能转换为机械能，这就要求能够产生平均电磁转矩。因此，如图 1-6 所示的机电装置还不能称其为“电机”，为能产生平均电磁转矩，尚要进行结构上的改造。

图 1-12 是一台最简单的两极直流电机的原理图。假定线圈 A 和 B 产生的径向磁场仍为正弦分布，其间的互感仍满足式（1-44）。与图 1-6 比较，这里将转子线圈 B 的首端 B 和末端 B′分别连到两个半圆弧形的铜片上，此铜片称为换向片。换向片固定在转轴上，与转子一道旋转。在两个换向片上放置一对固定不动的电刷，线圈边 B′通过换向片和电刷与外电源接通。当线圈边 B′由 N 极转到 S 极下时，与 B′相连的换向片便与下方的电刷接触，B′中的电流方向随之改变，亦即在换向片和电刷的共同作用下，将原来流经线圈边 B′的直流改变成为交流。对于线圈边 B 亦如此。由式（1-53）可知，当 $\sin\theta_r$ 变为负值时，由于同时改变了 i_B 的方向，因此电磁转矩的方向仍保持不变，平均电磁转矩不再为零，但是转矩是脉动的。

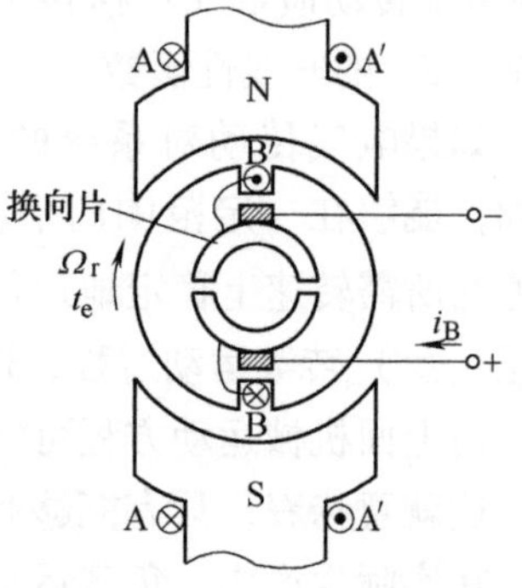

图 1-12　两极直流电机原理图

图 1-13 是实际两极直流电机的示意图。与图 1-12 对比，绕组 A 成为了定子励磁绕组，励磁电流 i_f 为直流，这里假设其在气隙中产生的径向励磁磁场为正弦分布（或取其基波），形成了主磁极 N 极和 S 极。此外，将绕组 B 分解成多个线圈且均匀分布在转子槽中，构成

了电枢绕组。每个线圈与一组换向片相接，再将多个换向片总成为圆桶形换向器，安装在转子上（图中没有画出），一对固定电刷放在换向器上。在电刷和换向器作用下，转子在旋转过程中，电枢绕组中每单个线圈的电流换向情况与图 1-12 所示相同。

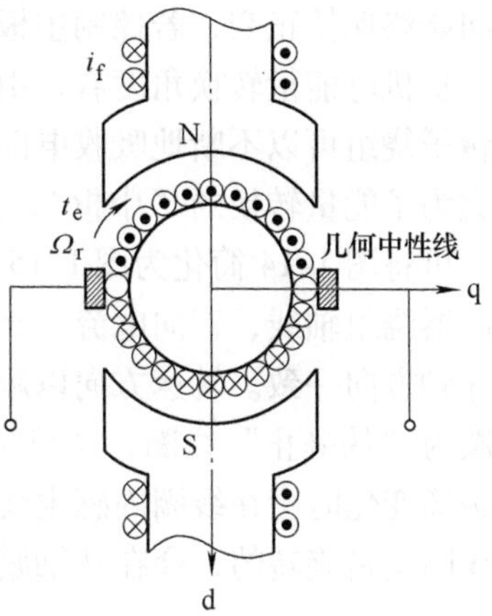

图 1-13　两极直流电机示意图

图 1-13 中，依靠电刷和换向器的作用，使运动于 N 极下的各线圈边的电流方向始终向外，而运动于 S 极下的各线圈边的电流方向始终向内。这样，尽管单个线圈中的电流为交流，但处于 N 极和 S 极下两个支路中的电流却是直流。

从电磁转矩生成的角度看，各单个线圈产生的转矩仍然脉动，但多个线圈产生转矩的总和其脉动将大为减小。若线圈个数为无限多，转矩脉动将消失，总转矩就为恒定的。

如图 1-13 所示，将主磁极基波磁场轴线定义为 d 轴（直轴），将 d 轴反时针旋转 90°定义为 q 轴（交轴）。当电刷放在几何中性线上时，电枢绕组产生的基波磁场轴线与 q 轴一致。

图 1-13 所示的直流电动机的电枢绕组又称为换向器绕组，它具有如下特征：电枢绕组本来是旋转的，但在电刷和换向器的作用下，电枢绕组产生的基波磁场轴线在空间却固定不动。

在直流电机动态分析中，常将这种换向器绕组等效为一个单线圈，如图 1-14 所示。这个单线圈轴线与换向器绕组轴线一致，产生的正弦分布径向磁场与换向器绕组产生的相同，因此不改变电机气隙内磁场能量，从机电能量转换角度看，两者是等效的。若电刷放在几何中性线上，单线圈的轴线就被限定在 q 轴上，因此又将其称为 q 轴线圈。

对实际的换向器绕组而言，因 q 轴磁场在空间是固定的，当 q 轴磁场变化时会在电枢绕组内感生变压器电动势；同时它又在旋转，在 d 轴励磁磁场作用下，还会产生运动电动势，q 轴线圈为能表示出换向器绕组这种产生运动电动势的效应，它应该也是旋转的。这种实际旋转而在空间产生的磁场却静止不动的线圈具有伪静止特性，所以称为伪静止线圈，它完全反映了换向器绕组的特征，可以由其等效和代替实际的换向器绕组。

将图 1-14 与图 1-6 对比，可以看出：将图 1-6 中定子绕组 A 已改造为定子励磁绕组，且有 $N_f = N_A$；转子绕组 B 改造为换向器绕组后，可将其等效为伪静止线圈 q，其中电流为 i_q，产生的转子磁场不再是旋转的，且有 $N_q = N_B$。假设磁场沿气隙圆周正弦分布，可得

$$t_e = i_A i_B M_{AB} \sin\theta_r = i_f i_q L_{mf} \tag{1-72}$$

式中，$i_f = i_A$；$i_q = i_B$；$M_{AB} = L_{mf}$，L_{mf}为励磁绕组的励磁电感。

由于$\psi_f = L_{mf} i_f$，于是可将式（1-72）表示为

$$t_e = \psi_f i_q \tag{1-73}$$

式中，ψ_f 为定子励磁绕组磁链。

式（1-72）和式（1-73）表明，当励磁电流 i_f 为恒定的直流时，电磁转矩大小仅与转子电流 i_q 成正比，这是因为转子绕组产生的转子磁场与定子励磁绕组产生的主磁极磁场在

空间始终保持正交，若控制主极磁场不变，电磁转矩便仅与转子电流有关。

从机电能量转换角度看，由于转子绕组在主磁极下旋转，在其中会产生运动电动势，因此转子绕组可以不断地吸收电能，随着转子的旋转，又不断地将电能转换为机械能，此时转子成为了能量转换的“中枢”，所以又将转子称为电枢。

可将图 1-14 简化为图 1-15 所示的物理模型。图 1-15 中，d 轴为励磁绕组轴线，q 轴为换向器绕组轴线，正向电流 i_f 产生的主磁极磁场和正向电流 i_q 产生的电枢磁场分别与 d 轴和 q 轴方向一致。转速方向以顺时针为正，电磁转矩正方向与转速一致。图 1-15 中，q 轴线圈为“伪静止”线圈，从可以产生空间静止磁场角度看，其轴线在空间固定不动，当 q 轴磁场变化时会在线圈内感生变压器电动势；为能反映其可以产生运动电动势的真实性，q 轴线圈又是旋转的，会在 d 轴励磁磁场作用下产生运动电动势。

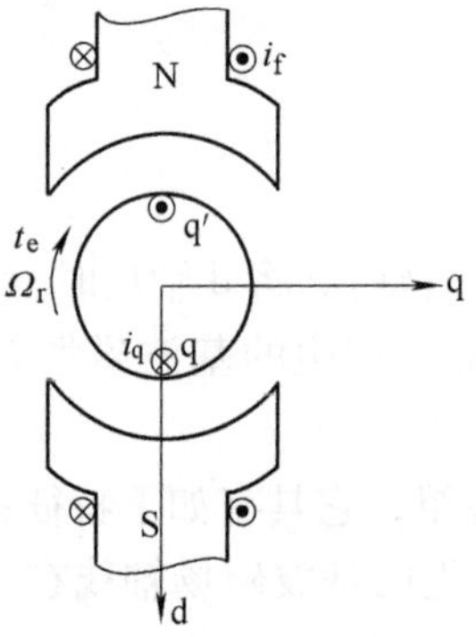

图 1-14　q 轴线圈

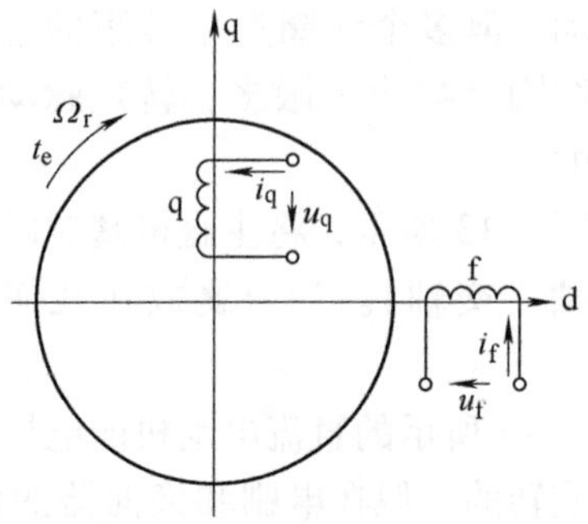

图 1-15　直流电机的物理模型

1.2.2　三相同步电机的电磁转矩

现在，再来分析图 1-6 所示的机电装置。在直流电机中，是将转子绕组 B 改造为换向器绕组，使定、转子磁场轴线相对静止，可以产生恒定的电磁转矩，但这不是唯一的途径。设想，如果使定子绕组 A 也旋转，并使定、转子绕组轴线在旋转中相对静止，也可以产生恒定的电磁转矩。这需要将静止的定子磁场转化为一个与转子磁场同步旋转的旋转磁场。怎样才能做到这一点呢？电机学理论表明，空间对称分布的三相绕组通入三相对称交流电后便能产生旋转磁场。现将图 1-6 中的定子绕组 A 改造为三相对称绕组 A-X、B-Y 和 C-Z，如图 1-16 所示，若通入三相对称正弦电流，就会在气隙中产生正弦分布且幅值恒定的旋转磁场，称为圆形旋转磁场，其在电机气隙内形成了 N 极和 S 极（构成了 2 极电机），转速等于相电流的电角频率 ω_s。再将图 1-6 中的集中绕组 B 改造为嵌入转子槽中的分布绕组，而将此绕组作为励磁绕组，原转子电流 i_B 就变为励磁电流 i_f 并保持不变，在气隙中产生了正弦分布且幅值恒定的励磁磁场，构成了主磁极，它随着转子一道旋转。电磁转矩是定、转子磁场相互作用的结果，其大小和方向决定于这两个旋转磁场的幅值和磁场轴线的相对位置。图1-16 中，两个磁场轴线间的电角度为 β，它的大小决定于定子旋转磁场速度 ω_s 和转子速度 ω_r。若 $\omega_s=\omega_r$，则 β 为常值，两个旋转磁场的相对位置保持不变，就会产生恒定的电磁转矩，所以将这种结构的电机称为同步电机。

可将图 1-16 简化为图 1-17 所示的物理模型，此时将转子励磁磁场轴线定义为 d 轴，q

轴超前 d 轴 90°电角度，dq 轴系与转子一道旋转。A 轴为 A 相绕组的轴线，将 A 轴作为空间参考轴，dq 轴系的空间位置由转子位置角 θ_r 来确定。

定子旋转磁场的轴线为 s 轴，其在 dq 轴系中的空间相位角为 β。设想，在 s 轴上安置一个单轴线圈 s（可设想为铁心中旋转线圈 s），与 s 轴一道旋转，通入正向电流 i_s 后，产生的正弦分布径向磁场即为定子旋转磁场。因磁场等效和机电能量转换不变，就转矩生成而言，可由单轴线圈 s 代替实际的三轴线圈 ABC。再将转子上分布的励磁绕组等效为集中励磁绕组 f，通入励磁电流 i_f 后能够产生与原分布绕组相同的正弦分布径向励磁磁场。单轴线圈 s 与励磁线圈 f 具有相同的有效匝数。

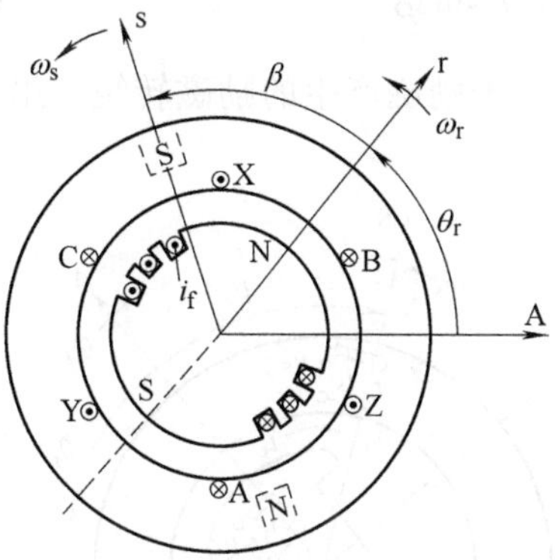

图 1-16　三相隐极同步电机结构

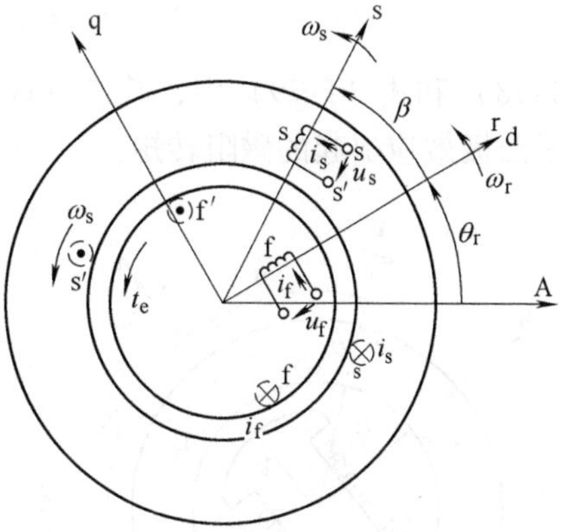

图 1-17　三相隐极同步电机等效的物理模型

对比图 1-17 和图 1-6，可以看出，两者产生转矩的机理相同。由式（1-53），可得

$$t_e = -i_s i_f M_{sf} \sin\beta = -i_s i_f L_m \sin\beta \tag{1-74}$$

式中，M_{sf}是互感最大值，由于定、转子线圈 s 和 r 的有效匝数相同，故有 $M_{sf} = L_{mf} = L_{ms} = L_m$，$L_{mf}$和 L_{ms}分别为线圈 s 和 r 的等效励磁电感，因两者相等，都记为 L_m；β 为转矩角。

电磁转矩的实际方向应倾使 β 减小，若假定其正方向与 β 正方向相反，则式（1-74）中的负号应去掉。

在图 1-17 中，转矩角 β 的参考坐标是 d 轴，若使 β 减小，相当于 d 轴静止，而将 s 轴拉向 d 轴，这意味着电磁转矩作用于定子。通常，电机转矩指的是作用于转子的转矩，它与作用于定子的转矩相等且相反，即有

$$t_e = i_s i_f L_m \sin\beta \tag{1-75}$$

式（1-75）可改写为

$$t_e = \psi_f i_s \sin\beta \tag{1-76}$$

式中，ψ_f 为转子励磁绕组磁链，$\psi_f = L_{mf} i_f = L_m i_f$。

图 1-16 所示的同步电机称为隐极同步电机，因为其转子为圆柱形，励磁绕组嵌放在转子槽中，若不计及定、转子齿槽的影响，气隙便是均匀的。另一种同步电机称为凸极同步电机，其定子结构与隐极同步电机完全相同，而转子为凸极式结构，气隙不均匀，如图 1-18 所示。同样，也可将图 1-18 简化为图 1-19 所示的物理模型。

对比图 1-19 和图 1-17 可知，若不考虑转子的凸极性，励磁转矩便如式（1-75）或者式（1-76）所示。由于转子为凸极结构，因此还会产生磁阻转矩。

在图 1-19 中，设定作用于转子的转矩正方向为反时针方向，可将凸极同步电机的磁阻转矩表示为

$$t_e = \frac{1}{2}(L_d - L_q)\ i_s^2 \sin 2\beta \tag{1-77}$$

总电磁转矩为

$$t_e = i_s i_f L_m \sin\beta + \frac{1}{2}(L_d - L_q)\ i_s^2 \sin 2\beta \tag{1-78}$$

或者

$$t_e = \psi_f i_s \sin\beta + \frac{1}{2}(L_d - L_q)\ i_s^2 \sin 2\beta \tag{1-79}$$

式（1-78）和式（1-79）中，等式右端第一项是由于转子励磁产生的励磁转矩，第二项是因转子凸极效应引起的磁阻转矩。

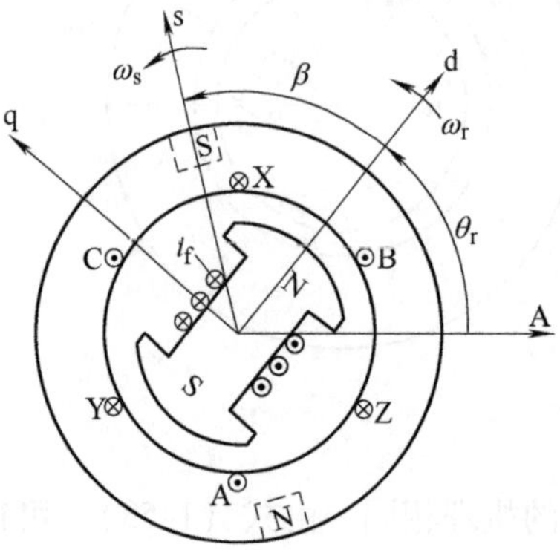

图 1-18　三相凸极同步电机结构

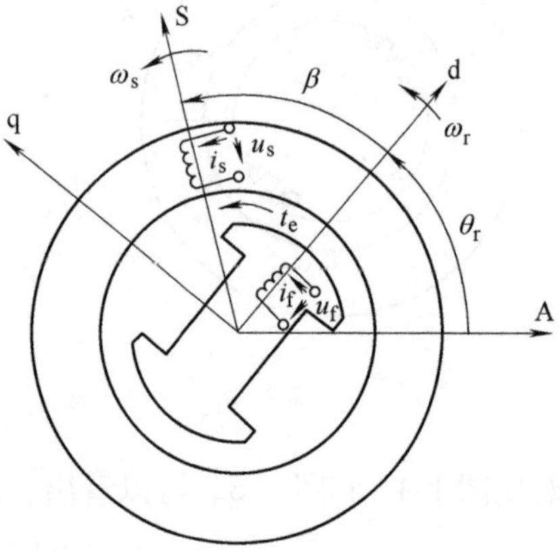

图 1-19　三相凸极同步电机等效的物理模型

1.2.3　三相感应电机的电磁转矩

将图 1-6 所示的机电装置改造为如图 1-20 所示三相感应电机的结构。定子单相绕组 A 已改造为三相对称绕组，这样定子结构便与三相同步电机相同，同时将转子单相绕组 B 也改造为三相对称绕组 a-x、b-y 和 c-z，并将其短接起来，于是就构成了三相感应电机。

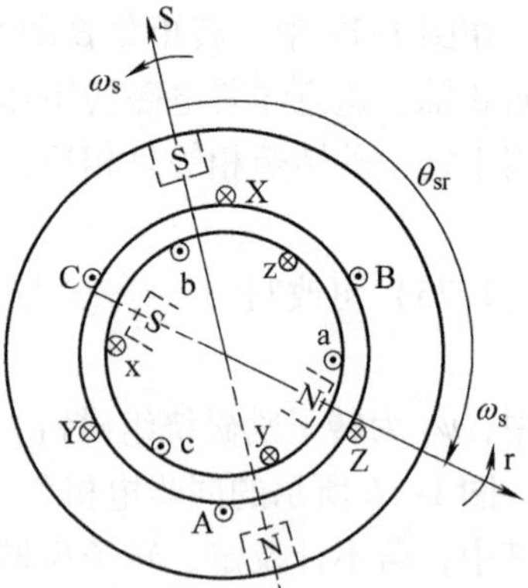

图 1-20　三相感应电机的结构

同三相同步电机一样，定子三相绕组通入三相对称正弦电流便会在气隙内产生一个正弦分布的两极旋转磁场，其旋转速度与正弦电流的电角频率 ω_s 相同。当转子静止不动时，根据电磁感应原理，定子旋转磁场会在转子三相绕组中感生出三相对称的正弦电流，其电角频率也为 ω_s。转子三相电流同样会在气隙中产生一个正弦分布的两极旋转磁场，旋转速度也为 ω_s，方向与定子旋转磁场相同，但两磁场轴线在空间上有相位差。定、转子旋转磁场在气隙中形成了合成磁场，称为气隙磁场。显然，气隙磁场也为正弦分布的两极旋转磁场，旋转

速度为 ω_s。

定、转子旋转磁场相互作用会产生电磁转矩，若该电磁转矩大于负载转矩，转子就会由静止开始旋转，速度为电角速度 ω_r。转子速度 ω_r 总是要小于定子旋转磁场速度 ω_s，这是因为如果 ω_r 等于 ω_s，那么定子旋转磁场就不能再在转子绕组中感生电流，电磁转矩也将随之消失，因此感应电机又称为异步电机。

当转子速度稳定于 ω_r 时，与定子旋转磁场的转速差为 $\Delta\omega=\omega_s-\omega_r$，可用转差率 s 来表示这种速度差，即有

$$s=\frac{\omega_s-\omega_r}{\omega_s} \tag{1-80}$$

气隙旋转磁场在转子绕组中感生的三相对称电流频率为 ω_f，$\omega_f=\omega_s-\omega_r=s\omega_s$，称为转差频率。转子三相转差频率电流产生的旋转磁场相对转子的速度为 ω_f，而相对定子的旋转速度应为 ω_s，亦即定、转子旋转磁场在空间仍然相对静止，只是转子旋转磁场轴线 r 在空间相位上滞后于定子旋转磁场轴线 s，滞后空间电角度为 θ_{sr}。

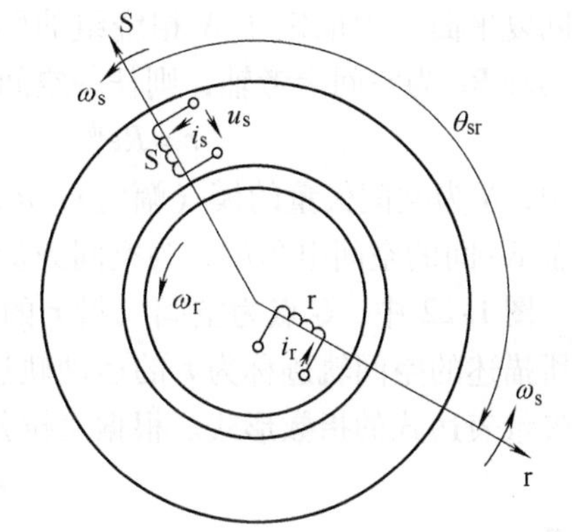

图 1-21　三相感应电机等效的物理模型

同三相同步电动机一样，按照转矩生成方式与结果不变的原则，可将图 1-20 等效为图 1-21 所示的物理模型。图 1-21 中，对定子单轴线圈 s 和等效电流 i_s 的物理解释与三相同步电机的相同。转子单轴线圈 r 的轴线即为转子三相绕组产生的旋转磁场轴线 r，等效电流 i_r 流入该线圈后，会产生与实际转子磁场相同的基波磁场。于是，可用图 1-21 所示的两轴线圈产生的旋转磁场来等效和代替实际电机产生的定、转子旋转磁场，电磁转矩也是这两个磁场相互作用的结果。由式（1-53），可得

$$t_e=-i_s i_r M_{sr}\sin\theta_{sr} \tag{1-81}$$

式中，M_{sr}为线圈 s 和 r 间互感最大值，若两轴线圈的有效匝数相等，则有 $M_{sr}=L_{ms}=L_{mr}=L_m$，L_{ms}和 L_{mr}分别为线圈 s 和 r 的等效励磁电感，因两者相等，都记为 L_m。

可将式（1-81）改写为

$$t_e=-i_s i_r L_m\sin\theta_{sr} \tag{1-82}$$

电磁转矩的实际方向为倾使 θ_{sr}减小的方向。

通常，将三相感应电动机的转子绕组做成笼型绕组，是由嵌入（或铸入）转子槽内的导条和两端的端环组成的一个闭合的多相绕组。在电机学中，通过笼型转子参数的归算，可将这个多相绕组等效为一个如图 1-20 所示的三相对称绕组，因此式（1-82）同样适用于具有笼型转子的三相感应电动机。

应该强调的是，上面在分析电机转矩生成时一直假设气隙内的径向磁场为正弦分布。事实上，对于三相同步电机和三相感应电动机，这种假设基本符合实际，在电机设计中也力求使气隙内磁场按正弦分布。对于直流电机，直轴励磁磁场不是正弦分布的，但可以证明，电磁转矩大小仅与一个极下的直轴磁通量有关，而与直轴磁场的空间分布无关，因此，就分析转矩生成机理而言，式（1-73）仍不失普遍意义。

1.3 空间矢量

在电机内，可将在空间按正弦分布的物理量表示为空间矢量。

先以三相感应电动机为例来讨论空间矢量，图 1-22 所示是三相感应电动机与转轴垂直的空间断面（轴向断面），将这个电动机断面作为空间复平面，用来表示电动机内部的空间矢量。

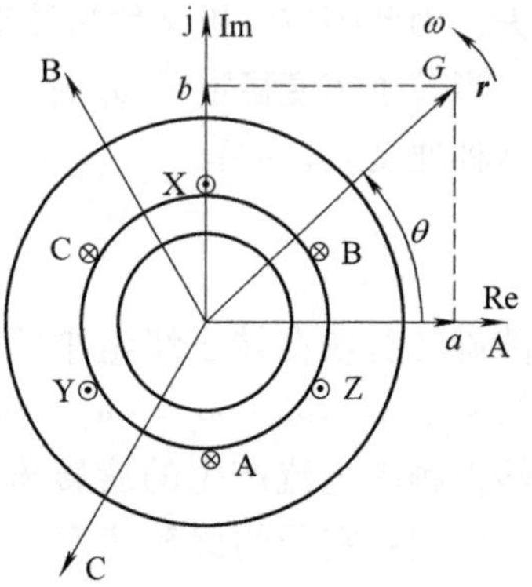

图 1-22 三相感应电动机轴向断面与空间复平面

在电动机断面内，可任取一空间复坐标 Re-Im 来表示空间复平面，现取定子 A 相绕组的轴线作为实轴 Re。若以实轴 Re 为空间参考轴，则任一空间矢量可表示为

$$\boldsymbol{r} = R\mathrm{e}^{\mathrm{j}\theta} \tag{1-83}$$

式中，R 为空间矢量的模（幅值）；θ 是空间矢量轴线与参考轴 Re 间的空间电角度，为空间矢量的相位。

图 1-22 中，G 点为空间矢量 $\boldsymbol{r}$ 的顶点，$\boldsymbol{r}$ 在运动中 G 点所描述的空间轨迹称为 $\boldsymbol{r}$ 的运动轨迹。式（1-83）为空间矢量表达式的指数形式。根据尤拉公式 $\mathrm{e}^{\mathrm{j}\theta} = \cos\theta + \mathrm{j}\sin\theta$，还可将式（1-83）表示为

$$\boldsymbol{r} = R\cos\theta + \mathrm{j}R\sin\theta \tag{1-84}$$

或者

$$\boldsymbol{r} = a + \mathrm{j}b \tag{1-85}$$

式（1-85）为空间矢量在直角坐标中的代数表达式。

1.3.1 定、转子的磁动势矢量

A 相绕组产生的磁场如图 1-23b 所示。当 A 相绕组通入正向电流 i_A 时，在电机气隙中会产生磁场，现只考虑径向分布的气隙磁场。假设定、转子铁心磁路的磁阻可以忽略不计，由安培环路定律可知，线圈 A 产生的磁动势 $N_s i_A$ 将全部消耗在两个气隙内，即有

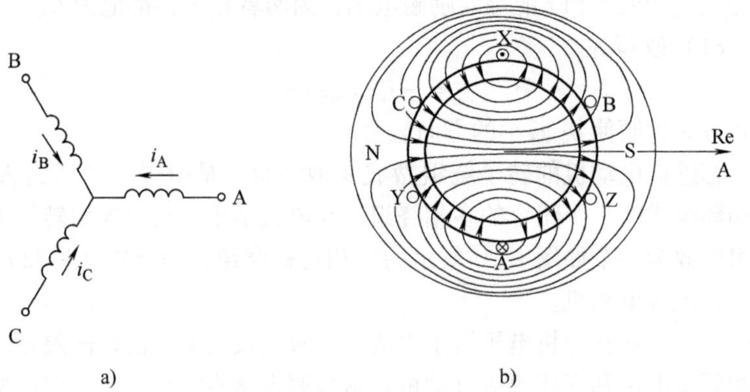

图 1-23 A 相绕组产生的磁场

a）定子三相绕组轴线 b）A 相绕组产生磁场的分布

$$H_g g + H_g g = N_s i_A(t) \tag{1-86}$$

式中，H_g 为气隙中径向磁场强度，g 为气隙长度，N_s 为 A 相绕组匝数。

这里，假定三相绕组匝数相同。由于气隙均匀，因此有 $H_g g = N_s i_A(t)/2$，且 H_g 在气隙内各处相同，为均匀分布，其方向如图 1-23b 所示。在绕组 A-X 所构成平面的左侧，磁场由定子内缘指向气隙，故定子左侧为 N 极；在该平面的右侧，磁场由气隙指向定子内缘，故定子右侧为 S 极。

将图 1-23b 展开，A 相绕组产生的矩形磁动势波及其基波分量如图 1-24 所示。

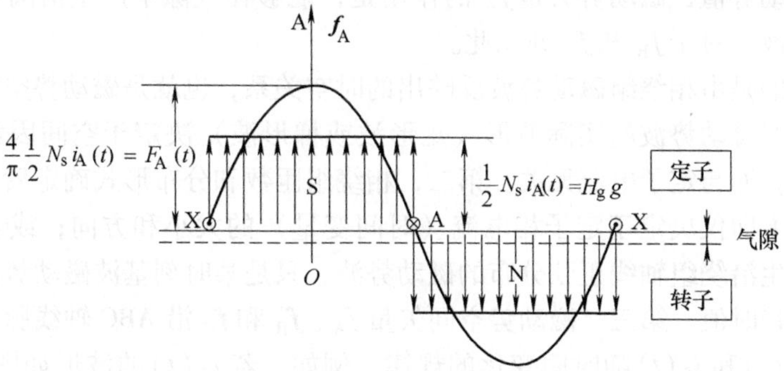

图 1-24　A 相绕组产生的矩形磁动势波及其基波分量

如图 1-24 所示，A 相绕组在通入电流 $i_A(t)$ 后，在气隙内形成一个矩形分布的磁动势波，幅值为 $N_s i_A(t)/2$。该磁动势波可分解为基波和一系列谐波，其中基波磁动势波的幅值为

$$F_A(t) = \frac{4}{\pi}\frac{1}{2}N_s i_A(t) \tag{1-87}$$

显然，这个基波磁动势波可用空间矢量来描述，记为 $\boldsymbol{f}_A$，其轴线 A 即为 A 相绕组轴线。

在图 1-22 所示的空间复平面中，可将 $\boldsymbol{f}_A$ 表示为

$$\boldsymbol{f}_A = F_A(t)\mathrm{e}^{\mathrm{j}0°} \tag{1-88}$$

同样，B 相和 C 相绕组通入正向电流 i_B 和 i_C 后，可得 $\boldsymbol{f}_B$ 和 $\boldsymbol{f}_C$，两者轴线 B 和 C 即分别为 B 相和 C 相绕组轴线。于是有

$$\boldsymbol{f}_B = F_B(t)\mathrm{e}^{\mathrm{j}120°} \tag{1-89}$$

$$\boldsymbol{f}_C = F_C(t)\mathrm{e}^{\mathrm{j}240°} \tag{1-90}$$

式中

$$F_B(t) = \frac{4}{\pi}\frac{1}{2}N_s i_B(t) \tag{1-91}$$

$$F_C(t) = \frac{4}{\pi}\frac{1}{2}N_s i_C(t) \tag{1-92}$$

在 $\boldsymbol{f}_A$、$\boldsymbol{f}_B$ 和 $\boldsymbol{f}_C$ 作用下，三相绕组可以产生沿各自轴线正弦分布的径向磁场。但由图 1-24 可以看出，相绕组矩形波磁动势中含有大量谐波，它们同样会产生空间谐波磁场，这会影响电机性能。为此，在电机设计中，常将这种整距集中绕组代之以整距分布绕组或短距分布绕组，使相绕组磁动势波成为阶梯波，更接近于正弦分布。若相绕组总匝数 N_s 保持不变，则与式(1-87)相比，其基波分量的幅值应为

$$F_A(t) = \frac{4}{\pi}\frac{1}{2}N_s k_{ws1} i_A(t) \tag{1-93}$$

式中，k_{ws1} 为基波磁动势的绕组因数，$k_{ws1}<1$。

同理，可得

$$F_B(t)=\frac{4}{\pi}\frac{1}{2}N_s k_{ws1} i_B(t) \tag{1-94}$$

$$F_C(t)=\frac{4}{\pi}\frac{1}{2}N_s k_{ws1} i_C(t) \tag{1-95}$$

这里应强调的是，磁动势矢量 $\boldsymbol{f}_A$ 表示的是正弦分布的磁动势波的整体，而不是作用于气隙某一点的磁动势值；磁动势矢量 $\boldsymbol{f}_A$ 的作用是，能够在气隙中产生沿圆周正弦分布的整个径向磁场强度波。对于 $\boldsymbol{f}_B$ 和 $\boldsymbol{f}_C$ 亦如此。

特别应强调的是由相绕组磁动势波反映出的时空关系，也就是磁动势空间矢量的时空特征。第一，相绕组磁动势波的实际波形（矩形波或梯形波）决定于空间因素，即仅决定于绕组的分布形式，而与定子电流无关。第二，相绕组匝数和分布形式确定后，相绕组基波磁动势波的幅值和方向仅决定于定子相电流（时间变量）的大小和方向；或者说，任意波形的相电流都可产生沿绕组轴线正弦分布的磁动势波，只是某时刻基波磁动势波的幅值和方向决定于相电流的瞬时值。第三，磁动势空间矢量 $\boldsymbol{f}_A$、$\boldsymbol{f}_B$ 和 $\boldsymbol{f}_C$ 沿 ABC 轴线脉动的规律决定于相电流 $i_A(t)$、$i_B(t)$ 和 $i_C(t)$ 随时间变化的规律；例如，若 $i_A(t)$ 的波形如图 1-25 所示，则在 $0\sim t_1$ 时间内，$\boldsymbol{f}_A$ 的幅值决定于 $\left|i_A(t)\right|$，且保持不变，方向与 A 轴一致；在 $t_1\sim t_2$ 时间内，$\boldsymbol{f}_A$ 为零；在 $t_2\sim t_3$ 时间内，$\boldsymbol{f}_A$ 幅值仍决定于 $\left|i_A(t)\right|$，且保持恒定，但方向与 A 轴相反。亦即，通过控制三相电流（时间变量）可以控制三相绕组的基波磁动势波（空间矢量），这为实现矢量控制奠定了基础。

显然，由三相绕组产生的基波合成磁动势也为空间矢量，将其记为 $\boldsymbol{f}_s$。于是有

$$\begin{aligned}\boldsymbol{f}_s&=\boldsymbol{f}_A+\boldsymbol{f}_B+\boldsymbol{f}_C\\&=F_A(t)e^{j0°}+F_B(t)e^{j120°}+F_C(t)e^{j240°}\\&=a^0F_A(t)+aF_B(t)+a^2F_C(t)\end{aligned} \tag{1-96}$$

式中，a^0、a 和 a^2 为空间算子，$a^0=e^{j0°}$，$a=e^{j120°}$，$a^2=e^{j240°}$。

虽然，式（1-96）中空间算子与电工理论中采用的时间算子在形式上一样，但两者的物理意义不同，不应混淆。这里，可将 a^0、a 和 a^2 看做如图 1-22 所示的空间复平面内的单位矢量，用 a^0、a 和 a^2 来表示由三相绕组轴线 ABC 构成的空间三相轴系，可利用这个 ABC 轴系来表示三相绕组产生的各空间矢量。

在式（1-96）中，若 $i_A(t)>0$，即 $F_A(t)>0$，则 $\boldsymbol{f}_A$ 与 A 轴一致，否则相反；对于 $\boldsymbol{f}_B$ 和 $\boldsymbol{f}_C$ 亦如此。例如，若三相电流瞬时值为 $i_A=1.5\text{A}$，$i_B=1\text{A}$，$i_C=-2.5\text{A}$，在这一时刻可将式（1-96）表示为图 1-26 所示的形式，图中定子绕组中电流方向为实际方向，$\boldsymbol{f}_s$ 为矢量 $F_A(t)$、$aF_B(t)$ 和 $a^2F_C(t)$ 的合成矢量。在下一时刻，由 $i_A(t)$、$i_B(t)$ 和 $i_C(t)$ 的瞬时值又可确定 $\boldsymbol{f}_s$ 的位置和幅值。可见，$\boldsymbol{f}_s$ 的运动轨迹决定于 $i_A(t)$、$i_B(t)$ 和 $i_C(t)$ 的时变规律。

在正弦稳态下，定子三相电流瞬时值可表示为

$$i_A(t)=\sqrt{2}I_s\cos(\omega_s t+\phi_1) \tag{1-97}$$

$$i_B(t)=\sqrt{2}I_s\cos(\omega_s t+\phi_1-120°) \tag{1-98}$$

$$i_C(t)=\sqrt{2}I_s\cos(\omega_s t+\phi_1-240°) \tag{1-99}$$

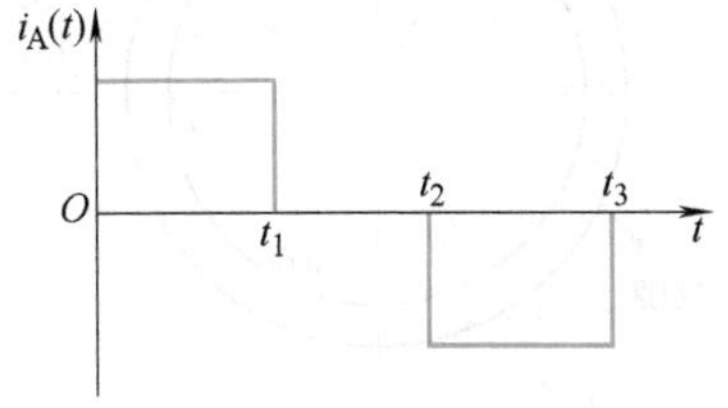

图 1-25 相电流 i_A 的波形

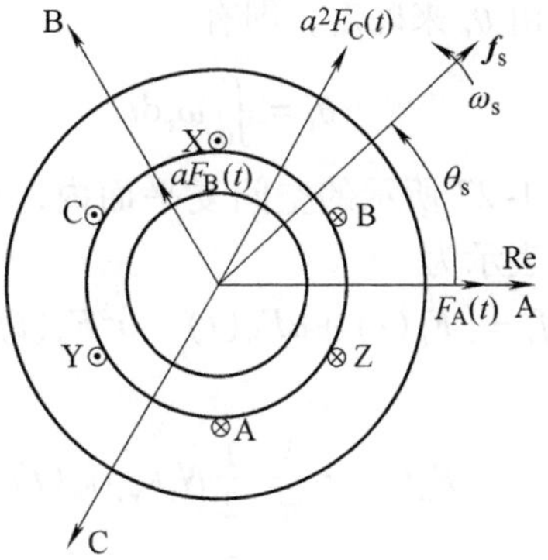

图 1-26 定子磁动势矢量 f_s 及其运动轨迹

将式(1-97)代入式(1-93)，可得

$$\begin{aligned} \boldsymbol{f}_A &= F_A(t) = \frac{4}{\pi}\ \frac{1}{2}N_s k_{ws1}\sqrt{2}I_s\cos(\omega_s t+\phi_1) \\ &= F_1\cos(\omega_s t+\phi_1)\mathrm{e}^{j0°} \end{aligned} \tag{1-100}$$

式中，$F_1=\frac{4}{\pi}\ \frac{1}{2}N_s k_{ws1}\sqrt{2}I_s$。

式(1-100)表明，当 A 相绕组通入正弦电流时，$\boldsymbol{f}_A$ 将沿 A 轴脉动，其空间脉动规律决定于 A 相电流在时间上的余弦变化规律，F_1 是脉动矢量$\boldsymbol{f}_A$ 的最大幅值。同理，由式(1-98)和式(1-99)，可得

$$\boldsymbol{f}_B = F_1\cos(\omega_s t+\phi_1-120°)\ \mathrm{e}^{j120°} \tag{1-101}$$

$$\boldsymbol{f}_C = F_1\cos(\omega_s t+\phi_1-240°)\ \mathrm{e}^{j240°} \tag{1-102}$$

式中，$\boldsymbol{f}_B$ 和$\boldsymbol{f}_C$ 分别是沿着 B 轴和 C 轴脉动的矢量。

将式（1-100）~式（1-102）代入式（1-96），可得

$$\boldsymbol{f}_s = \frac{3}{2}F_1\mathrm{e}^{j(\omega_s t+\phi_1)} \tag{1-103}$$

式(1-103)表明，$\boldsymbol{f}_s$ 的运动轨迹为圆形，圆的半径为每相基波磁动势最大幅值的 3/2 倍，$\boldsymbol{f}_s$ 旋转的电角速度 ω_s 就是电源角频率，旋转方向为反时针方向，即是从 A 轴到 B 轴再到C 轴，当时间参考轴与复平面的实轴 Re(A)重合时，$\boldsymbol{f}_s$ 的空间相位与 A 相电流 $i_A(t)$的时间相位相同。此$\boldsymbol{f}_s$ 在气隙内产生了圆形旋转磁场，这是一个幅值和转速均为恒定的正弦分布磁场。

在动态情况下，定子三相电流是非正弦电流（任意波形），此时

$$\boldsymbol{f}_s = \frac{4}{\pi}\ \frac{1}{2}N_s k_{ws1}[a^0 i_A(t)+a i_B(t)+a^2 i_C(t)] \tag{1-104}$$

$\boldsymbol{f}_s$ 的运动轨迹不再为圆形，可以是任意的，具体的运动轨迹将决定于 $i_A(t)$、$i_B(t)$和 $i_C(t)$的时变规律。换句话说，如图 1-26 所示，通过控制$i_A(t)$、$i_B(t)$和 $i_C(t)$可以达到控制$\boldsymbol{f}_s$ 运动轨迹的目的。反之，可由$\boldsymbol{f}_s$ 的期望运动轨迹反过来确定$i_A(t)$、$i_B(t)$和$i_C(t)$的时变规律，这为交流电机的矢量控制提供了有效方法。

转子三相绕组轴线构成的 abc 轴系如图 1-27 所示。图中，转子三相绕组轴线为 abc，其在空间旋转的电角速度就是转子速度 ω_r。取 $t=0$ 时 a 轴与实轴 Re(A)一致，于是 a 轴的空

间位置可由 θ_r 来确定，即有

$$\theta_r = \int_0^t \omega_r \mathrm{d}t \tag{1-105}$$

在图 1-27 所示的空间复平面内，转子基波合成磁动势可表示为

$$\boldsymbol{f}_r = [F_a(t) + aF_b(t) + a^2F_c(t)]\mathrm{e}^{\mathrm{j}\theta_r} \tag{1-106}$$

式中

$$F_a(t) = \frac{4}{\pi}\ \frac{1}{2}N_r k_{wr1} i_a(t) \tag{1-107}$$

$$F_b(t) = \frac{4}{\pi}\ \frac{1}{2}N_r k_{wr1} i_b(t) \tag{1-108}$$

$$F_c(t) = \frac{4}{\pi}\ \frac{1}{2}N_r k_{wr1} i_c(t) \tag{1-109}$$

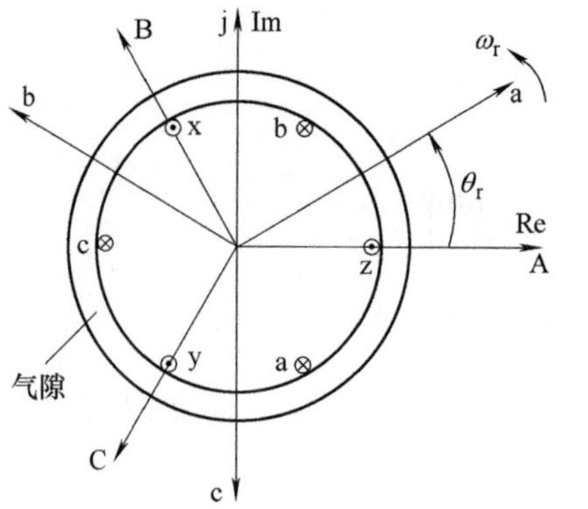

图 1-27　转子三相绕组轴线构成的 abc 轴系

将由式（1-106）表示的转子三相绕组基波合成磁动势定义为转子磁动势矢量 $\boldsymbol{f}_r$。这里，转子三相绕组的匝数相等，均为 N_r，k_{wr1} 为基波磁动势的绕组因数。

在正弦稳态下，可将转子三相电流瞬时值表示为

$$i_a(t) = \sqrt{2}I_r\cos(\omega_f t + \phi_2) \tag{1-110}$$

$$i_b(t) = \sqrt{2}I_r\cos(\omega_f t + \phi_2 - 120°) \tag{1-111}$$

$$i_c(t) = \sqrt{2}I_r\cos(\omega_f t + \phi_2 - 240°) \tag{1-112}$$

式中，ω_f 为转差频率。

将式(1-110)～式(1-112)代入式(1-106)，可得

$$\boldsymbol{f}_r = \frac{3}{2}F_2\mathrm{e}^{\mathrm{j}(\omega_r t + \omega_f t + \phi_2)} = \frac{3}{2}F_2\mathrm{e}^{\mathrm{j}(\omega_s t + \phi_2)} \tag{1-113}$$

式中，F_2 为转子每相绕组基波磁动势最大幅值，$F_2 = \frac{4}{\pi}\ \frac{1}{2}N_r k_{wr1}\sqrt{2}I_r$。

由式(1-113)可知，$\boldsymbol{f}_r$ 运动轨迹为圆形，圆的半径为 F_2 的 3/2 倍，它相对定子的旋转角速度为 ω_s，即为电源角频率。

如果取转子的 a 轴作为空间复平面的实轴 Re，这个复平面就成为旋转复平面。若用这个旋转复平面来表示转子磁动势矢量，则有

$$\boldsymbol{f}_r^{abc} = F_a(t) + aF_b(t) + a^2F_c(t) \tag{1-114}$$

式中，右上标“abc”表示是以转子轴系 abc 表示的空间矢量。

将式（1-110）～式（1-112）代入式（1-114），可得

$$\boldsymbol{f}_r^{abc} = \frac{3}{2}F_2\mathrm{e}^{\mathrm{j}(\omega_f t + \phi_2)} \tag{1-115}$$

对比式(1-113)和式(1-115)可以看出，两者表示的虽然是同一空间矢量，但 $\boldsymbol{f}_r^{abc}$ 是由转子观测到的，它相对转子的旋转角速度为 ω_f，而 $\boldsymbol{f}_r$ 是从定子观测到的，它相对定子的旋转角速度为 ω_s。

将式(1-115)乘以 $\mathrm{e}^{\mathrm{j}\theta_r}$ 便得到式(1-113)，即有

$$\boldsymbol{f}_r = \boldsymbol{f}_r^{abc}\mathrm{e}^{\mathrm{j}\theta_r} = \frac{3}{2}F_2\mathrm{e}^{\mathrm{j}(\omega_s t + \phi_2)} \tag{1-116a}$$

这相当于将转子磁动势矢量由转子 abc 轴系变换到定子 ABC 轴系，$e^{j\theta_r}$是两种轴系间的变换因子。

将式(1-116a)改写为

$$\boldsymbol{f}_r = \boldsymbol{f}_r^{abc} e^{j\theta_r} = [F_a(t) e^{j\theta_r} + aF_b(t) e^{j\theta_r} + a^2 F_c(t) e^{j\theta_r}] e^{j0} \tag{1-116b}$$

式（1-116b）表明，变换后图 1-27 中的转子 abc 轴系已成为静止轴系，且转子 a 轴与定子 A 轴取得一致。可以这样理解：将转子磁动势矢量由转子 abc 轴系变换到定子 ABC 轴系，即相当于以一个静止的转子代替实际旋转的转子，但应将原转子三相电流的转差频率代之以定子电角频率 ω_s，并保持电流幅值不变；从定子侧看，两者产生的转子磁动势矢量不变，不会改变气隙磁场的状态和储能，就机电能量转换而言，两者是等效的。这实质上就是电机学中的转子频率归算。此时，静止的转子绕组 a 轴与定子绕组 A 轴（Re）始终保持一致。再将转子相绕组的有效匝数和参数归算到定子侧，即令 $N_r k_{wr1} = N_s k_{ws1}$，归算的原则仍是使两者产生的基波磁动势不变，在电机学中将其称为转子绕组归算。

这样，可用一个每相有效匝数与定子相绕组相同，a 相轴线与 A 轴一致的静止的转子来代替实际旋转的转子，可以利用这个变换后的三相感应电动机模型来分析转矩的生成和控制问题。

1.3.2 定、转子的电流矢量

定、转子的电流矢量与单轴线圈如图 1-28 所示。图中，定子三相绕组被表示成 3 个轴线圈，它们位于各自绕组的轴线上，通入相电流后，会产生与实际相绕组等同的磁动势矢量，3 个轴线圈磁动势矢量合成后即为磁动势矢量 $\boldsymbol{f}_s$。图中，i_A、i_B 和 i_C 方向为相电流正方向，当相电流为正时，产生的磁动势矢量与绕组轴线一致，否则相反。

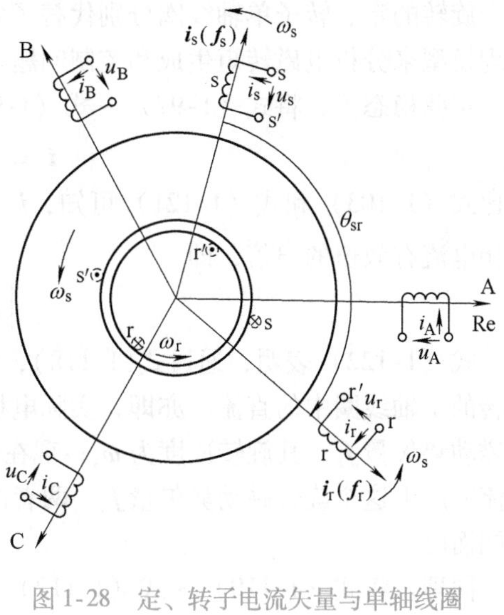

图 1-28 定、转子电流矢量与单轴线圈

设想，在 $\boldsymbol{f}_s$ 轴线上设置一个单轴线圈（可设想为定子铁心中旋转线圈 s），与 $\boldsymbol{f}_s$ 一道旋转。为满足功率不变约束（输入单轴线圈的功率应等于输入原定子三相绕组的功率），设定单轴线圈有效匝数为定子每相绕组有效匝数的 $\sqrt{3}/\sqrt{2}$倍。假设通入单轴电流 i_s 后，这个单轴线圈产生的磁动势矢量即为 $\boldsymbol{f}_s$，则可由它代替空间固定的 3 个轴线圈。即有

$$\boldsymbol{f}_s = \frac{4}{\pi}\ \frac{1}{2}\sqrt{\frac{3}{2}} N_s k_{ws1} \boldsymbol{i}_s = \frac{4}{\pi}\ \frac{1}{2} N_s k_{ws1}(i_A + a i_B + a^2 i_C) \tag{1-117}$$

由式（1-117）可得

$$\boldsymbol{i}_s = \sqrt{\frac{2}{3}}(i_A + a i_B + a^2 i_C) \tag{1-118}$$

在此条件下，定义 $\boldsymbol{i}_s$ 为定子电流空间矢量。

显然，式(1-118)与式(1-117)是等同的，且 $\boldsymbol{i}_s$ 与 $\boldsymbol{f}_s$ 方向一致。因为绕组磁动势和绕组

电流间仅存在固定的倍比关系，所以式（1-118）实质上表示的是ABC轴系内三相绕组磁动势矢量的合成。前已指出，在绕组匝数和分布形式确定后，相绕组磁动势矢量$\boldsymbol{f}_A$、$\boldsymbol{f}_B$和$\boldsymbol{f}_C$在ABC轴线上的幅值和方向就仅决定于相电流$i_A(t)$、$i_B(t)$和$i_C(t)$，从这个意义上说，原本是时间变量的$i_A(t)$、$i_B(t)$和$i_C(t)$在式（1-118）中就被赋予了空间含义，作为轴电流被表示成空间矢量后就与磁动势矢量相当。

式（1-118）表明，通过控制$i_A(t)$、$i_B(t)$和$i_C(t)$来控制$\boldsymbol{i}_s$，就相当于控制$\boldsymbol{f}_s$，也就控制了三相绕组在电机气隙内产生的基波合成磁场，进而可以控制电磁转矩。

同理，在ABC轴系内，可将转子电流矢量表示为

$$\boldsymbol{i}_r=\sqrt{\frac{2}{3}}(i_a+ai_b+a^2i_c)e^{j\theta_r} \tag{1-119}$$

进一步可表示为

$$\boldsymbol{i}_r=\sqrt{\frac{2}{3}}(i'_a+ai'_b+a^2i'_c) \tag{1-120}$$

式中，$i'_a=i_a e^{j\theta_r}$，$i'_b=i_b e^{j\theta_r}$，$i'_c=i_c e^{j\theta_r}$。

式（1-119）中，i_a、i_b和i_c是转子实际电流，而式（1-120）中的电流i'_a、i'_b和i'_c是等效的静止转子中的电流，也就是经转子频率归算后的电流。

由图1-28可以看出，通过定义定、转子电流矢量$\boldsymbol{i}_s$和$\boldsymbol{i}_r$，可将定、转子三相绕组分别等效为旋转的单轴线圈，它们产生的定、转子旋转磁场分别与实际电机相同，这就相当于用两个旋转的定、转子单轴线圈分别代替了定、转子三相绕组。于是，可利用图1-28所示的物理模型来分析电磁转矩生成和控制问题。实际上图1-28与图1-21具有相同的形式。

正弦稳态下，将式（1-97）~式（1-99）分别代入式（1-118），可得

$$\boldsymbol{i}_s=\sqrt{3}I_s e^{j(\omega_s t+\phi_1)} \tag{1-121}$$

对比式（1-103）和式（1-121）可知，$\boldsymbol{i}_s$具有与$\boldsymbol{f}_s$相同的性质。此时，$\boldsymbol{i}_s$的幅值恒定，等于相电流有效值的$\sqrt{3}$倍，即

$$|\boldsymbol{i}_s|=\sqrt{3}I_s \tag{1-122}$$

式（1-122）表明，通过式(1-118)，实际上将静止的三相绕组中的正弦电流变换成为旋转的单轴线圈中的直流。亦即，实际电机是向三相对称绕组通以三相对称的正弦电流来产生磁动势矢量$\boldsymbol{f}_s$，其旋转速度为ω_s，现在可向虚拟的以ω_s速度旋转的单轴线圈通以恒定的直流来产生这个旋转磁动势矢量$\boldsymbol{f}_s$。两者产生的是同一个定子磁动势矢量，只是产生的方式不同而已。

同理，将式（1-110）~式（1-112）代入式（1-119），可得

$$\boldsymbol{i}_r=\sqrt{3}I_r e^{j(\omega_s t+\phi_2)} \tag{1-123}$$

$$|\boldsymbol{i}_r|=\sqrt{3}I_r \tag{1-124}$$

可见，电机在正弦稳态下运行时，图1-28中的定，转子单轴线圈s和r中流入的均是恒定的直流，而且定、转子单轴线圈同步旋转，两线圈轴线间的空间相位θ_{sr}保持不变，由式（1-82）可知，定、转子磁场相互作用的结果一定会产生恒定的电磁转矩。由于θ_{sr}保持不变，定、转子单轴线圈间相对静止，因此从电磁转矩生成角度看，这相当于将一台三相感应电动机转换为一台直流电动机，只不过此时定、转子磁场轴线尚不正交，相当于图1-13中

直流电动机的电刷不是在几何中性线上，而是反时针旋转了（$\theta_{sr}-90°$）电角度。由此可见，运用空间矢量理论可以建立起三相感应电动机和直流电动机之间的联系，同样可以建立起三相同步电动机和直流电动机间的联系，这为交流电动机的矢量控制提供了有效途径。

1.3.3 定子电压矢量

在图 1-28 中，外加定子相电压 u_A、u_B 和 u_C 对于电机系统而言，相当于外部激励，可以通过调节相电压改变相电流，进而改变作用于相绕组轴线上的磁动势和磁场，其作用和轴电流相一致，因此也可以将这种轴电压表示成空间矢量。应指出，只有将外加相电压与相绕组所产生的磁动势和磁场联系起来时，电压才被赋予了空间含义。相电压可以是任意波形的任一时刻瞬时值。

假设相电压正方向与电流正方向一致，定子电压矢量可表示为

$$\boldsymbol{u}_s=\sqrt{\frac{2}{3}}(u_A+au_B+a^2u_C) \tag{1-125}$$

下面来举例说明定子电压矢量的构成。

图 1-29a 表示定子三相绕组由三相逆变器供电，V_c 为供给逆变器的直流电压，u_A、u_B 和 u_C 的方向为相电压正方向。当电子开关 VT_1、VT_2 和 VT_6 闭合时的电路如图 1-29b 所示，由此可得

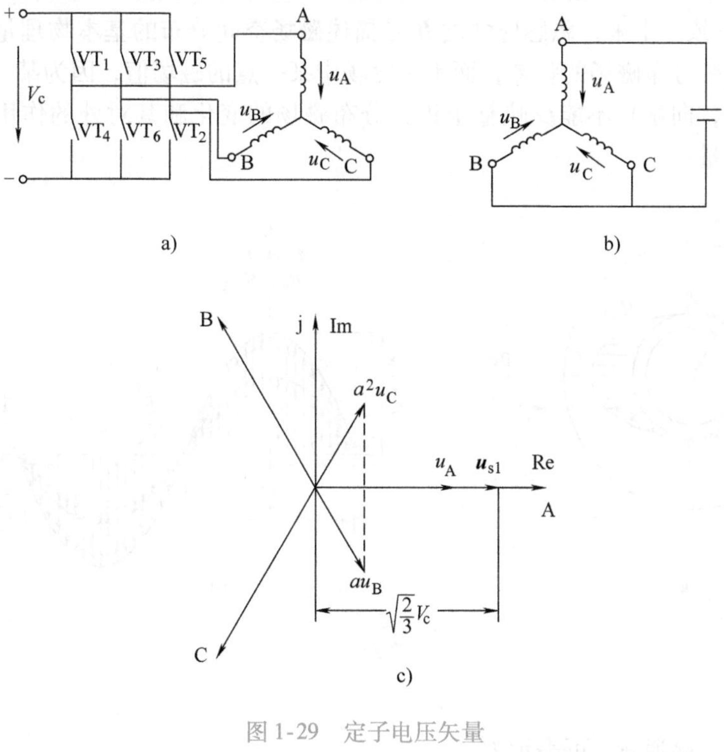

图 1-29 定子电压矢量

a）三相绕组由逆变器供电 b）电子开关 VT_1、VT_2、VT_6 闭合时的电路

c）电压矢量 $\boldsymbol{u}_{s1}$ 的构成

$$u_A-u_B=V_c \tag{1-126}$$

$$u_B = u_C \tag{1-127}$$

$$u_A + u_B + u_C = 0 \tag{1-128}$$

由式（1-126）~式（1-128），可得

$$u_A = \frac{2}{3}V_c \tag{1-129}$$

$$u_B = u_C = -\frac{1}{3}V_c \tag{1-130}$$

将式（1-129）和式（1-130）代入式（1-125），则有

$$\boldsymbol{u}_{s1} = \sqrt{\frac{2}{3}}V_c \tag{1-131}$$

式中，$\boldsymbol{u}_{s1}$是在电子开关 VT_1、VT_2 和 VT_6 闭合状态下得到的电压矢量。

如图 1-29c 所示，$\boldsymbol{u}_{s1}$的方向与 A 轴一致。同理，可得到不同开关状态下的电压矢量。

1.3.4 定、转子磁链矢量

电机气隙内磁场是按正弦分布的，这是能够运用空间矢量分析电机的前提和基础。A 相绕组在气隙中产生的正弦分布的径向磁场如图 1-30 所示。在三相感应电动机内，$\boldsymbol{f}_A$代表了 A 相绕组沿其轴线产生的基波磁动势波，它在气隙内产生了正弦分布的径向磁场强度 $\boldsymbol{H}_{gA}$，而其在气隙内产生的径向磁感应强度（磁通密度）$\boldsymbol{B}_{gA}$亦为正弦分布，两者的轴线都与磁动势空间矢量$\boldsymbol{f}_A$ 一致。本来，磁感应强度 $\boldsymbol{B}$ 是描述磁场空间分布的基本物理量，但是空间矢量表示的应是正弦分布磁场的整体，而不是磁场中某一点的磁场值，因为某一点的磁感应强度 $\boldsymbol{B}$（微观磁量，向量）不能反映整个正弦分布磁场的变化和其对外的作用，所以不能用它来代替空间矢量。

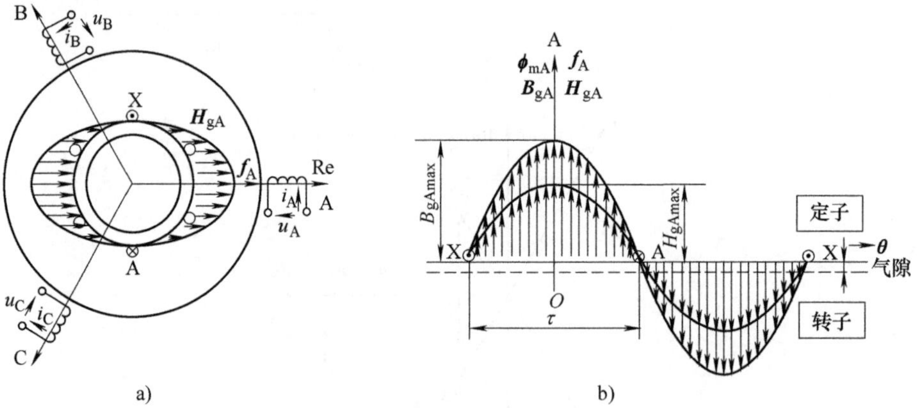

图 1-30 A 相绕组产生的正弦分布磁场
a）基波磁动势 b）正弦分布磁场

图 1-30b 中，磁通 ϕ_{mA}可表示为

$$\phi_{mA} = \int_{-\frac{\pi}{2}}^{\frac{\pi}{2}} l_s R_s B_{gAmax}\cos\theta d\theta = \frac{2}{\pi}B_{gAmax} l_s \tau \tag{1-132a}$$

式中，B_{gAmax}为磁感应强度最大值；τ 为极距；l_s 为定子有效长度；R_s 为定子内圆半径。

如式（1-132a）所示，磁通量 ϕ_{mA} 实为磁感应强度（磁密）B_{gA} 在一个极下的集合（积分值），更客观地反映了正弦分布磁场的整体性。在电机结构确定后，ϕ_{mA} 大小仅与正弦磁场幅值 B_{gAmax} 成正比，而 B_{gAmax} 反映了磁场强弱。因此，可将磁通定义为空间矢量，用其来表示整个正弦分布磁场及其对外的作用。应该指出，磁通只有与正弦磁场的空间分布及其状态联系在一起时，才被赋予了“矢量”的含义。

A 相绕组的励磁磁链可表示为

$$\psi_{mA} = N_s k_{ws1} \phi_{mA} = N_s k_{ws1} \frac{2}{\pi} l_s \tau B_{gAmax} \tag{1-132b}$$

式（1-132b）表明，ψ_{mA} 与 ϕ_{mA} 仅存在固定的倍比关系，因此也可将磁链定义为空间矢量，用来描述正弦磁场的空间分布状态。直观上，如式（1-132b）等号右端项所示，相当于将原正弦分布磁场的幅值扩大了 $N_s k_{ws1}$ 倍。但与磁通矢量相比，定义磁链矢量的实际意义在于，可在磁链矢量中注入绕组有效匝数的因素。事实证明，这会给磁场和转矩生成的表述以及矢量控制分析带来极大的方便。现举例说明如下。

图 1-7 中，作用于转子的电磁转矩可表示为

$$t_e = \phi_{mA} N_B i_B \sin\theta_r$$

上式表明，电磁转矩是转子绕组（安匝数为 $N_B i_B$）在定子正弦分布励磁磁场作用下生成的。若将 ϕ_{mA} 和 i_B 定义为空间矢量，就可将转矩生成表述为矢量表达式，但式中会存留匝数 N_B。现因定、转子匝数相同，$N_B = N_A$，故可得

$$t_e = \phi_{mA} N_A i_B \sin\theta_r = \psi_{mA} i_B \sin\theta_r$$

显然，如果将 ψ_{mA} 定义为空间矢量，就很好地解决这一问题，不仅可以得到如 1.4.1 节所示的转矩矢量表达式，也客观地反映了转矩生成的实际。

对于图 1-30a 所示的 A 相绕组，根据 1.1 节所述，$\psi = Li$，ψ_{mA} 也可表示为 $\psi_{mA} = L_{m1} i_A$，L_{m1} 为 A 相绕组励磁电感。若如前所述，将 $\boldsymbol{i}_A$ 定义为空间矢量，自然 $\boldsymbol{\psi}_{mA}$ 亦应为空间矢量。事实上，若 A 相线圈为单匝，则矢量 $\boldsymbol{\psi}_{mA}$ 表示的就是电流矢量 $\boldsymbol{i}_A$（磁动势矢量 $\boldsymbol{f}_A$）在气隙中产生的正弦分布径向磁场。对于三相感应电机，由于气隙均匀，不计铁心损耗时，正弦磁场轴线与产生该磁场的磁动势（电流）矢量的轴线总是一致的，因此当用磁链矢量来描述正弦分布磁场时，其轴线应与产生该磁场的电流矢量方向一致，即可以写成 $\boldsymbol{\psi} = L\boldsymbol{i}$ 形式。

将定子磁链矢量 ψ_s 定义为

$$\psi_s = \sqrt{\frac{2}{3}}(\psi_A + a\,\psi_B + a^2\,\psi_C) \tag{1-133}$$

式中，ψ_A、ψ_B 和 ψ_C 为 A 相、B 相和 C 相绕组的全磁链。全磁链不仅计及了相绕组的自感磁链，还计及了其他绕组对其产生的互感磁链。

同理，在 ABC 轴系中，将转子磁链矢量 ψ_r 定义为

$$\psi_r = \sqrt{\frac{2}{3}}(\psi_a + a\,\psi_b + a^2\,\psi_c)\mathrm{e}^{\mathrm{j}\theta_r} \tag{1-134}$$

式中，ψ_a、ψ_b 和 ψ_c 为 a 相、b 相和 c 相绕组的全磁链。

若将图 1-20 所示的三相感应电动机表示为图 1-31 所示的物理模型，则有

$$\begin{pmatrix}\psi_A\\ \psi_B\\ \psi_C\\ \psi_a\\ \psi_b\\ \psi_c\end{pmatrix}=\begin{pmatrix}L_A & L_{AB} & L_{AC} & L_{Aa} & L_{Ab} & L_{Ac}\\ L_{BA} & L_B & L_{BC} & L_{Ba} & L_{Bb} & L_{Bc}\\ L_{CA} & L_{CB} & L_C & L_{Ca} & L_{Cb} & L_{Cc}\\ L_{aA} & L_{aB} & L_{aC} & L_a & L_{ab} & L_{ac}\\ L_{bA} & L_{bB} & L_{bC} & L_{ba} & L_b & L_{bc}\\ L_{cA} & L_{cB} & L_{cC} & L_{ca} & L_{cb} & L_c\end{pmatrix}\begin{pmatrix}i_A\\ i_B\\ i_C\\ i_a\\ i_b\\ i_c\end{pmatrix} \tag{1-135}$$

式中，电感可分为自感和互感两大类。

1. 自感

前面已指出，相绕组自感分为励磁电感和漏电感两部分。励磁电感与励磁磁场相对应。这里忽略了定、转子铁心磁路的磁阻，故定、转子各相绕组主磁路（励磁磁通路径）磁阻都仅与气隙有关。由于气隙是均匀的，且转子相绕组经匝数归算后与定子相绕组有效匝数相同，所以定、转子各相绕组的励磁电感相等，均记为 L_{m1}。漏电感与漏磁通相对应，定、转子漏磁通路径不同，故定、转子相绕组的漏电感不相同，分别记为 $L_{s\sigma}$ 和 $L_{r\sigma}$。现令定、转子相绕组的自感分别为

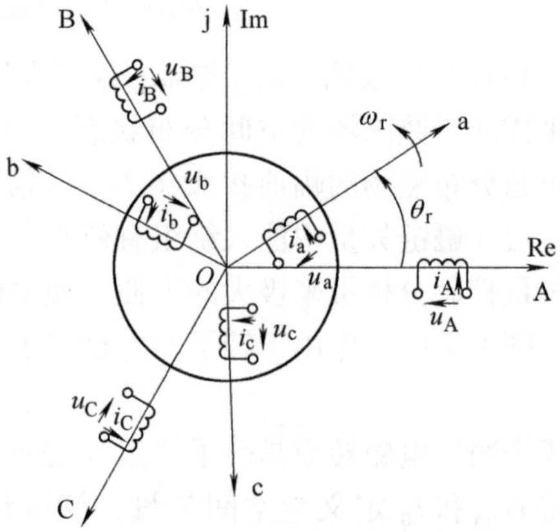

图 1-31　三相感应电动机的物理模型

$$L_A = L_B = L_C = L_{s1}$$
$$L_a = L_b = L_c = L_{r1}$$

于是有

$$L_{s1} = L_{m1} + L_{s\sigma}$$
$$L_{r1} = L_{m1} + L_{r\sigma} \tag{1-136}$$

2. 互感

定子相绕组间或者转子相绕组间的互感，因相绕组彼此在空间间隔 120°电角度，且因定、转子相绕组产生的励磁磁场均为正弦分布，故有

$$L_{AB} = L_{BA} = L_{AC} = L_{CA} = L_{BC} = L_{CB} = L_{m1}\cos120° = -\frac{1}{2}L_{m1}$$

$$L_{ab} = L_{ba} = L_{ac} = L_{ca} = L_{bc} = L_{cb} = L_{m1}\cos120° = -\frac{1}{2}L_{m1}$$

定子相绕组与转子相绕组间的互感值与转子位置有关，它们是电角度 θ_r 的余弦函数，即有

$$L_{Aa} = L_{aA} = L_{Bb} = L_{bB} = L_{Cc} = L_{cC} = L_{m1}\cos\theta_r$$
$$L_{Ac} = L_{cA} = L_{Ba} = L_{aB} = L_{bC} = L_{Cb} = L_{m1}\cos(\theta_r - 120°)$$
$$L_{Ab} = L_{bA} = L_{Ca} = L_{aC} = L_{cB} = L_{Bc} = L_{m1}\cos(\theta_r + 120°)$$

当定、转子相绕组轴线取得一致时，两者间互感最大，等于绕组励磁电感 L_{m1}。

于是，可将式(1-135)中的电感矩阵分解成

$$\boldsymbol{L} = \begin{pmatrix}\boldsymbol{L}_{ss} & \boldsymbol{L}_{sr}\\ \boldsymbol{L}_{rs} & \boldsymbol{L}_{rr}\end{pmatrix} \tag{1-137}$$

式中

$$\boldsymbol{L}_{ss}=\begin{pmatrix} L_{s\sigma}+L_{m1} & -\frac{1}{2}L_{m1} & -\frac{1}{2}L_{m1} \\ -\frac{1}{2}L_{m1} & L_{s\sigma}+L_{m1} & -\frac{1}{2}L_{m1} \\ -\frac{1}{2}L_{m1} & -\frac{1}{2}L_{m1} & L_{s\sigma}+L_{m1} \end{pmatrix}$$

$$\boldsymbol{L}_{rr}=\begin{pmatrix} L_{r\sigma}+L_{m1} & -\frac{1}{2}L_{m1} & -\frac{1}{2}L_{m1} \\ -\frac{1}{2}L_{m1} & L_{r\sigma}+L_{m1} & -\frac{1}{2}L_{m1} \\ -\frac{1}{2}L_{m1} & -\frac{1}{2}L_{m1} & L_{r\sigma}+L_{m1} \end{pmatrix}$$

$$\boldsymbol{L}_{sr}=L_{m1}\begin{pmatrix} \cos\theta_r & \cos(\theta_r+120°) & \cos(\theta_r-120°) \\ \cos(\theta_r-120°) & \cos\theta_r & \cos(\theta_r+120°) \\ \cos(\theta_r+120°) & \cos(\theta_r-120°) & \cos\theta_r \end{pmatrix} \tag{1-138}$$

$$\boldsymbol{L}_{rs}=L_{m1}\begin{pmatrix} \cos\theta_r & \cos(\theta_r-120°) & \cos(\theta_r+120°) \\ \cos(\theta_r+120°) & \cos\theta_r & \cos(\theta_r-120°) \\ \cos(\theta_r-120°) & \cos(\theta_r+120°) & \cos\theta_r \end{pmatrix} \tag{1-139}$$

矩阵 $\boldsymbol{L}_{ss}$ 和 $\boldsymbol{L}_{rr}$ 与 θ_r 无关，而矩阵 $\boldsymbol{L}_{sr}$ 和 $\boldsymbol{L}_{rs}$ 与转子位置 θ_r 有关，且互为转置矩阵。

图 1-31 中，可用一个静止的转子代替实际旋转的转子，且令静止转子 a 相绕组轴线 a 与定子 A 相轴线 A（Re）取得一致。

此时，式（1-138）和式（1-139）中的 θ_r 应为零，故有

$$\boldsymbol{L}_{sr}=\begin{pmatrix} L_{m1} & -\frac{1}{2}L_{m1} & -\frac{1}{2}L_{m1} \\ -\frac{1}{2}L_{m1} & L_{m1} & -\frac{1}{2}L_{m1} \\ -\frac{1}{2}L_{m1} & -\frac{1}{2}L_{m1} & L_{m1} \end{pmatrix} \tag{1-140}$$

$$\boldsymbol{L}_{rs}=\begin{pmatrix} L_{m1} & -\frac{1}{2}L_{m1} & -\frac{1}{2}L_{m1} \\ -\frac{1}{2}L_{m1} & L_{m1} & -\frac{1}{2}L_{m1} \\ -\frac{1}{2}L_{m1} & -\frac{1}{2}L_{m1} & L_{m1} \end{pmatrix} \tag{1-141}$$

于是，可将式(1-135)写成如下形式：

$$\begin{pmatrix} \psi_A \\ \psi_B \\ \psi_C \end{pmatrix}=\boldsymbol{L}_{ss}\begin{pmatrix} i_A \\ i_B \\ i_C \end{pmatrix}+\boldsymbol{L}_{sr}\begin{pmatrix} i'_a \\ i'_b \\ i'_c \end{pmatrix} \tag{1-142}$$

$$\begin{pmatrix}\psi'_a\\\psi'_b\\\psi'_c\end{pmatrix}=\boldsymbol{L}_{rs}\begin{pmatrix}i_A\\i_B\\i_C\end{pmatrix}+\boldsymbol{L}_{rr}\begin{pmatrix}i'_a\\i'_b\\i'_c\end{pmatrix}\tag{1-143}$$

式中，i'_a、i'_b和i'_c以及ψ'_a、ψ'_b和ψ'_c分别为静止转子三相绕组中的归算电流和全磁链值。

利用 $i_A+i_B+i_C=0$ 和 $i'_a+i'_b+i'_c=0$ 的关系（三相绕组为 Y 形联结，且没有中性线），由式(1-142)和式(1-143)，可得

$$\begin{pmatrix}\psi_A\\\psi_B\\\psi_C\end{pmatrix}=\left(L_{s\sigma}+\frac{3}{2}L_{m1}\right)\begin{pmatrix}i_A\\i_B\\i_C\end{pmatrix}+\frac{3}{2}L_{m1}\begin{pmatrix}i'_a\\i'_b\\i'_c\end{pmatrix}\tag{1-144}$$

$$\begin{pmatrix}\psi'_a\\\psi'_b\\\psi'_c\end{pmatrix}=\frac{3}{2}L_{m1}\begin{pmatrix}i_A\\i_B\\i_C\end{pmatrix}+\left(L_{r\sigma}+\frac{3}{2}L_{m1}\right)\begin{pmatrix}i'_a\\i'_b\\i'_c\end{pmatrix}\tag{1-145}$$

将式(1-144)和式(1-145)的第二行分别乘以 a，第三行分别乘以 a^2，再将两式的两端各乘以$\sqrt{\frac{2}{3}}$，便可得

$$\sqrt{\frac{2}{3}}\begin{pmatrix}\psi_A\\a\psi_B\\a^2\psi_C\end{pmatrix}=\left(L_{s\sigma}+\frac{3}{2}L_{m1}\right)\sqrt{\frac{2}{3}}\begin{pmatrix}i_A\\ai_B\\a^2i_C\end{pmatrix}+\frac{3}{2}L_{m1}\sqrt{\frac{2}{3}}\begin{pmatrix}i'_a\\ai'_b\\a^2i'_c\end{pmatrix}\tag{1-146}$$

$$\sqrt{\frac{2}{3}}\begin{pmatrix}\psi'_a\\a\psi'_b\\a^2\psi'_c\end{pmatrix}=\frac{3}{2}L_{m1}\sqrt{\frac{2}{3}}\begin{pmatrix}i_A\\ai_B\\a^2i_C\end{pmatrix}+\left(L_{r\sigma}+\frac{3}{2}L_{m1}\right)\sqrt{\frac{2}{3}}\begin{pmatrix}i'_a\\ai'_b\\a^2i'_c\end{pmatrix}\tag{1-147}$$

若分别将式（1-146）和式（1-147）中的各行相加，就由定、转子相绕组电流和全磁链构成了定、转子电流矢量和磁链矢量，即为$\boldsymbol{i}_s$、$\boldsymbol{i}_r$、$\boldsymbol{\psi}_s$和$\boldsymbol{\psi}_r$，同时可得出以 ABC 轴系表示的定、转子磁链矢量方程，即有

$$\boldsymbol{\psi}_s=L_s\boldsymbol{i}_s+L_m\boldsymbol{i}_r\tag{1-148}$$

$$\boldsymbol{\psi}_r=L_m\boldsymbol{i}_s+L_r\boldsymbol{i}_r\tag{1-149}$$

式中

$$L_s=L_{s\sigma}+L_m$$

$$L_r=L_{r\sigma}+L_m$$

$$L_m=\frac{3}{2}L_{m1}$$

式中，L_m 为定、转子等效励磁电感，L_s 为定子等效自感，L_r 为转子等效自感。

式(1-148)和式(1-149)中的 $\boldsymbol{i}_s$ 和 $\boldsymbol{i}_r$ 即为图 1-31 中定、转子三相电流产生的定、转子电流矢量，这实际上已将定、转子三相绕组各自转换成为单轴线圈 s 和 r，或者说已将图 1-31 所示的物理模型转换成了如图 1-21 所示的等效的物理模型。定、转子单轴线圈通入电流 i_s 和 i_r，产生了各类磁场。现分析如下。

由式(1-148)和式(1-149)，可得

$$\boldsymbol{\psi}_s=L_{s\sigma}\boldsymbol{i}_s+L_m(\boldsymbol{i}_s+\boldsymbol{i}_r)=\boldsymbol{\psi}_{s\sigma}+\boldsymbol{\psi}_g\tag{1-150}$$

$$\boldsymbol{\psi}_r=L_{r\sigma}\boldsymbol{i}_r+L_m(\boldsymbol{i}_s+\boldsymbol{i}_r)=\boldsymbol{\psi}_{r\sigma}+\boldsymbol{\psi}_g\tag{1-151}$$

$$\psi_g = L_m(\boldsymbol{i}_s + \boldsymbol{i}_r) = \psi_{sg} + \psi_{rg} \tag{1-152}$$

式中

$$\psi_{s\sigma} = L_{s\sigma}\boldsymbol{i}_s$$

$$\psi_{r\sigma} = L_{r\sigma}\boldsymbol{i}_r$$

另有

$$\psi_{sg} = L_m\boldsymbol{i}_s \tag{1-153}$$

$$\psi_{rg} = L_m\boldsymbol{i}_r \tag{1-154}$$

由式(1-150)~式(1-154)表示的各磁链矢量如图1-32所示。

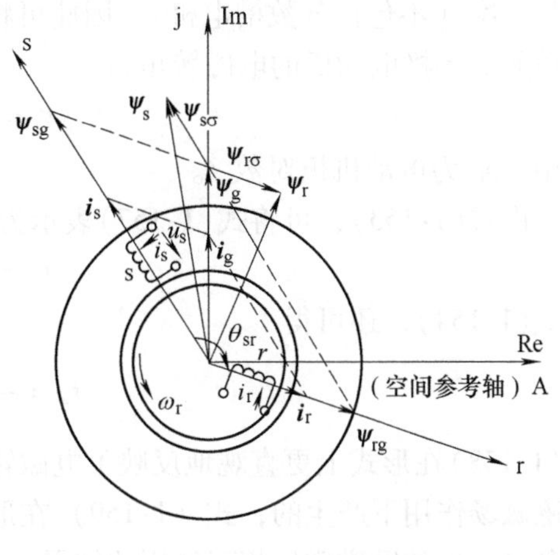

图1-32 三相感应电动机内定、转子电流和各磁链矢量

图1-32中，ψ_{sg}和ψ_{rg}分别是$\boldsymbol{i}_s$和$\boldsymbol{i}_r$流经定、转子单轴线圈后产生的定、转子励磁磁链矢量，方向分别与$\boldsymbol{i}_s$和$\boldsymbol{i}_r$相同，它们所对应的是实际电机定、转子三相绕组各自产生的基波合成励磁磁场（穿过气隙），因为ψ_{sg}和ψ_{rg}分别是由定、转子磁动势矢量$\boldsymbol{f}_s$和$\boldsymbol{f}_r$产生的，所以等效励磁电感L_m是表征定子或者转子三相绕组共同作用的参数，即为电机学中三相感应电动机等效电路中的等效励磁电感L_m。ψ_{sg}与ψ_{rg}的合成矢量为ψ_g，ψ_g为气隙磁链矢量，与定、转子励磁磁场的合成磁场相对应，通常被称为气隙磁场，与电机学中所指的三相感应电动机的气隙磁场系同一个磁场。$\psi_{s\sigma}$和$\psi_{r\sigma}$分别与定、转子漏磁场相对应，其方向各自与$\boldsymbol{i}_s$和$\boldsymbol{i}_r$相一致。ψ_s为定子磁链矢量，与定子磁场相对应，定子磁场是气隙磁场与定子漏磁场的合成磁场；ψ_r为转子磁链矢量，与转子磁场相对应，转子磁场是气隙磁场与转子漏磁场的合成磁场。应该指出，定子和转子漏磁场虽然不能作为机电能量转换的媒介，与电磁转矩生成无关，但是对电动机的运行特性却有重要影响，特别是转子漏磁场在电动机动态过程中起着十分重要的作用。

当与电机绕组交链的磁通变化时，会在绕组中产生感应电动势。根据电磁感应定律，同样有

$$\boldsymbol{e} = -\frac{d\psi}{dt}$$

这里将$\boldsymbol{e}$称为感应电动势矢量，也可以表示为

$$\boldsymbol{e} = \sqrt{\frac{2}{3}}\ (e_A + ae_B + a^2e_C) \tag{1-155}$$

1.4 矢量控制

1.4.1 电磁转矩的矢量表达式

1. 三相感应电动机

根据图1-33所示的空间矢量的矢量积运算规则$\boldsymbol{a}\times\boldsymbol{b} = |\boldsymbol{a}|\ |\boldsymbol{b}|\sin\theta$，可将式(1-82)表

示为矢量形式，即有

$$t_e = -L_m i_s i_r \sin\theta_{sr} = -L_m \boldsymbol{i}_s \times \boldsymbol{i}_r \tag{1-156}$$

式(1-156)表明，电磁转矩可表示为定、转子电流矢量的矢量积（叉积）形式，θ_{sr}为矢量 $\boldsymbol{i}_s$ 至 $\boldsymbol{i}_r$ 的空间角度。显然，电磁转矩是一个空间矢量。

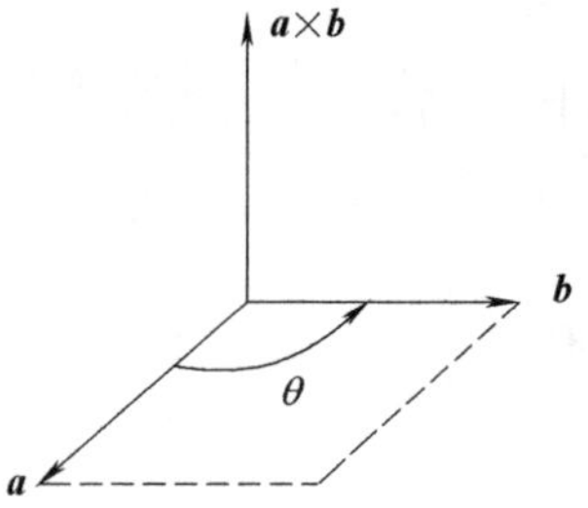

图 1-33　空间矢量的矢量积运算

图 1-32 表示的是两极电动机，实际电动机可能是多极的，在多极电动机中，整个圆周内的磁场分布每经过一对极重复一次（不包括分数槽电机），因此可将两极电动机作为基本单元。多极电动机的电磁转矩为

$$t_e = -p_0 L_m \boldsymbol{i}_s \times \boldsymbol{i}_r \tag{1-157}$$

式中，p_0 为电动机极对数[⊖]。

由式(1-153)，可将式(1-157)表示为

$$t_e = -p_0 \boldsymbol{\psi}_{sg} \times \boldsymbol{i}_r \tag{1-158}$$

由式(1-154)，还可得

$$t_e = -p_0 \frac{1}{L_m} \boldsymbol{\psi}_{sg} \times \boldsymbol{\psi}_{rg} \tag{1-159}$$

式(1-158)在形式上更直观地反映了电磁转矩生成的“*Bli*”观点，即转矩是转子电流在定子励磁磁场作用下产生的，式（1-159）在形式上反映了电磁转矩也可看成是定、转子单轴线圈各自产生的励磁磁场相互作用的结果。

式(1-157)是根据机电能量转换原理推导而得的基本表达式，依据这个基本表达式可以推导出以不同空间矢量表示的电磁转矩表达式。可得

$$t_e = -p_0 (L_m \boldsymbol{i}_s + L_m \boldsymbol{i}_r) \times \boldsymbol{i}_r = -p_0 \boldsymbol{\psi}_g \times \boldsymbol{i}_r \tag{1-160}$$

同理，有

$$t_e = -p_0 \frac{1}{L_m} \boldsymbol{\psi}_g \times \boldsymbol{\psi}_{rg} \tag{1-161}$$

还可将式(1-157)表示为

$$t_e = p_0 L_m \boldsymbol{i}_r \times \boldsymbol{i}_s = p_0 (L_m \boldsymbol{i}_r + L_m \boldsymbol{i}_s) \times \boldsymbol{i}_s = p_0 \boldsymbol{\psi}_g \times \boldsymbol{i}_s \tag{1-162}$$

同理，有

$$t_e = p_0 \frac{1}{L_m} \boldsymbol{\psi}_g \times \boldsymbol{\psi}_{sg} \tag{1-163}$$

式（1-161）和式（1-163）是基于气隙磁场表示的电磁转矩方程。电磁转矩也可看成是气隙磁场与转子励磁磁场或与定子励磁磁场相互作用的结果。事实上，气隙磁场不是独立的磁场，而是定、转子励磁磁场的合成磁场。由于转子励磁磁场的作用，使气隙磁场发生畸

⊖　因本书中 p 表示微分算子，为避免混淆，用 p_0 表示电动机极对数。

变，才产生了电磁转矩。定、转子励磁磁场间的相互作用，也可以表达为气隙磁场与转子励磁磁场或与定子励磁磁场的相互作用，其转矩生成的实质不变。由式(1-160)和式(1-162)可知，电磁转矩还可看成是转子电流或定子电流在气隙磁场作用下产生的。

可将式(1-157)表示为

$$\begin{aligned} t_e &= p_0 L_m \boldsymbol{i}_r \times \boldsymbol{i}_s \\ &= p_0 (L_s \boldsymbol{i}_s + L_m \boldsymbol{i}_r) \times \boldsymbol{i}_s \\ &= p_0 \boldsymbol{\psi}_s \times \boldsymbol{i}_s \end{aligned} \tag{1-164}$$

同理，有

$$\begin{aligned} t_e &= p_0 L_m \boldsymbol{i}_r \times \boldsymbol{i}_s \\ &= p_0 \frac{L_m}{L_r} (L_r \boldsymbol{i}_r + L_m \boldsymbol{i}_s) \times \boldsymbol{i}_s \\ &= p_0 \frac{L_m}{L_r} \boldsymbol{\psi}_r \times \boldsymbol{i}_s \end{aligned} \tag{1-165}$$

或者

$$\begin{aligned} t_e &= -p_0 L_m \boldsymbol{i}_s \times \boldsymbol{i}_r \\ &= -p_0 (L_m \boldsymbol{i}_s + L_r \boldsymbol{i}_r) \times \boldsymbol{i}_r \\ &= -p_0 \boldsymbol{\psi}_r \times \boldsymbol{i}_r \end{aligned} \tag{1-166}$$

式(1-164)~式(1-166)表明，也可以基于定子磁场或者转子磁场来表示电磁转矩。

在笼型感应电动机矢量控制中，通常以转子磁场、气隙磁场或定子磁场以及定子电流为控制变量，因此常选择式(1-165)、式(1-162)或式(1-164)作为电磁转矩矢量表达式。

2. 三相同步电动机

对于如图1-17所示的隐极式三相同步电动机，可将电磁转矩表达式(1-76)表示为矢量形式。对于多极电动机，即有

$$t_e = p_0 \boldsymbol{\psi}_f \times \boldsymbol{i}_s \tag{1-167}$$

式（1-167）给出的仅是励磁转矩。

对于如图1-19所示三相凸极同步电动机，还应考虑磁阻转矩，可以证明，多极电动机的电磁转矩矢量表达式为

$$t_e = p_0 \boldsymbol{\psi}_s \times \boldsymbol{i}_s \tag{1-168}$$

式中，$\boldsymbol{\psi}_s$称为定子磁链矢量，其与定子磁场相对应。

1.4.2 电磁转矩的矢量控制

对电动机的控制实质是对其电磁转矩的控制，更重要的是电动机在动态过程中对其瞬态电磁转矩的控制。采用矢量控制可以很好地解决这一问题。

1. 直流电动机的转矩控制

对于多极直流电动机，由式(1-72)和式(1-73)可得

$$t_e = p_0 \psi_f i_q \sin\theta_r = p_0 \boldsymbol{\psi}_f \times \boldsymbol{i}_q \tag{1-169}$$

式(1-169)表明，要实现对直流电动机的电磁转矩控制，需要同时控制空间矢量$\boldsymbol{\psi}_f$和$\boldsymbol{i}_q$的幅值和两者之间的空间相位，也就是需要进行矢量控制。

但是，当电刷位于几何中性线时，$\boldsymbol{\psi}_f$和$\boldsymbol{i}_q$在空间上已自然正交（定子励磁磁场轴线与

电枢磁场轴线正交)，于是有

$$t_e = p_0\,\psi_f i_q \tag{1-170}$$

对于他励直流电动机，由于单独励磁，$\psi_f = L_{mf} i_f$，通过控制励磁电流 i_f 就可独立地控制定子励磁磁场，通常在恒转矩运行区，保持励磁电流 i_f 不变。于是，原本需要对两个空间磁场的矢量控制，就转化为仅对电枢电流（标量）的控制。因此，就转矩控制而言，直流电动机具有良好的可控性。电磁转矩与 i_q 具有线性关系，可获得高质量的控制品质。之所以会得到这种结果，完全是由直流电动机自身结构决定的，因为在电刷和换向器的作用下，使得 ψ_f 和 $\boldsymbol{i}_q$ 在空间上自然正交。由于上述原因，由直流电动机构成的直流伺服系统，在很长的时间内一直占据了伺服驱动领域内的主导地位。

2. 三相感应电动机的转矩控制

对于三相感应电动机，电磁转矩控制远非直流电动机那么理想和容易。

现以基于气隙磁场的转矩矢量表达式为例，来分析转矩的控制。在图 1-32 中，若设作用于转子的转矩正方向与转速正方向一致，则可将式(1-160)表示为

$$t_e = p_0 |\psi_g| |\boldsymbol{i}_r| \sin\theta_{gr} \tag{1-171}$$

式(1-171)表明，决定电磁转矩的 3 个要素分别是空间矢量ψ_g 和 $\boldsymbol{i}_r$ 的幅值以及两者之间的空间相位角 θ_{gr}（电角度）。

由式（1-152），可得

$$\psi_g = L_m(\boldsymbol{i}_s + \boldsymbol{i}_r) = L_m \boldsymbol{i}_g \tag{1-172}$$

式中，$\boldsymbol{i}_g$ 为气隙磁场等效励磁电流矢量。即有

$$\boldsymbol{i}_g = \boldsymbol{i}_s + \boldsymbol{i}_r \tag{1-173}$$

可将式(1-173)表示为

$$\boldsymbol{f}_g = \boldsymbol{f}_s + \boldsymbol{f}_r \tag{1-174}$$

亦即，气隙磁场是由定、转子合成磁动势 $\boldsymbol{f}_g$ 产生的。

现以转子为笼型结构的三相感应电动机为例，来分析电磁转矩的生成与控制。图 1-34a 中的笼型绕组经过绕组归算可等效为图 1-27 所示的三相对称绕组，两者产生同一转子电流矢量 $\boldsymbol{i}_r$，均为图 1-32 中表示的 $\boldsymbol{i}_r$，因此转矩表达式（1-171）同样适用于笼型转子。如前所述，$\boldsymbol{\psi}_g$ 源于气隙中正弦分布的径向磁场，可将图 1-32 中的 $\boldsymbol{\psi}_g$ 表示为图 1-34a 的形式。

如图 1-34a 所示，在气隙磁场 $\boldsymbol{\psi}_g$ 作用下，在转子各导条中会产生两种电动势，一是因导条旋转切割气隙磁场而产生的运动电动势，二是因气隙磁场幅值变化在导条中感生的变压器电动势。现假设气隙磁场保持幅值不变，且相对于转子作反时针旋转，相对速度为转差速度 ω_f，$\omega_f = \omega_s - \omega_r$。也可以看成气隙磁场不动，而转子相对于气隙磁场作顺时针旋转，转速为 ω_f。当导条运动于 N 极下时，运动电动势的方向向里；当导条运动于 S 极下时，运动电动势的方向向外。因气隙磁场为正弦分布，在如图 1-34a 所示时刻，导条 5 和 13 分别位于磁感应强度最大处，其中的运动电动势应最大；导条 1 和 9 分别位于气隙磁场中性线上，两处的磁感应强度为零，两导条中的运动电动势应为零。其余各导条中的运动电动势，大小应介于这两者之间。总之，每个导条中运动电动势的大小正比于该导条所处位置的磁感应强度，因此各导条中运动电动势的大小在空间应按正弦规律分布，如图 1-34b 所示。

由于转子导条一定会产生漏磁场，因此是个感性元件，导条中电流变化一定要滞后于感

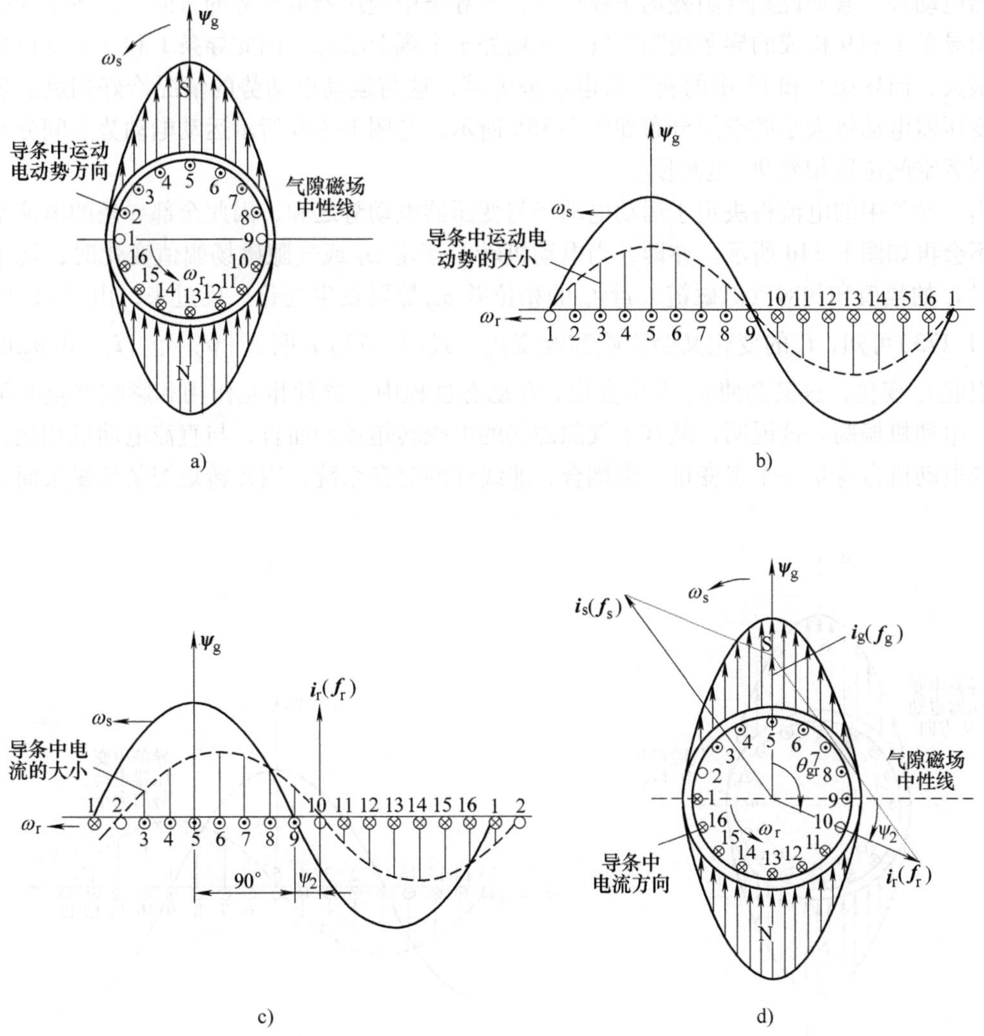

图 1-34　气隙磁场与导条中电动势和电流的空间分布

a）气隙磁场与导条中运动电动势　b）导条中运动电动势大小空间分布

c）导条中电流大小空间分布　d）转子电流矢量

应电动势，滞后程度与导条线圈（例如由导条 5 和 13 构成的导条线圈）的漏电感和电阻值以及转差频率 ω_f 等因素相关。于是，在图 1-34a 所示时刻，各导条中电流大小的空间分布便如图1-34c所示，虽然仍为正弦分布，但比运动电动势的空间分布要滞后一定的角度，两者产生的空间相位差为ψ_2，整个导条产生的转子磁动势矢量 $\boldsymbol{f}_r$ 和电流矢量 $\boldsymbol{i}_r$ 如图 1-34d 所示。由图 1-34d 可知，式(1-171)中的 θ_{gr}应为

$$\theta_{gr}=\frac{\pi}{2}+\psi_2 \tag{1-175}$$

将式(1-175)代入式(1-171)，可得

$$t_e=p_0|\boldsymbol{\psi}_g||\boldsymbol{i}_r|\cos\psi_2 \tag{1-176}$$

如果气隙磁场幅值也随时间变化，那么在图 1-34a 所示时刻，在转子各导条中还会感生

变压器电动势，假如此刻气隙磁场正在增强，各导条中变压器电动势的方向便如图 1-35a 所示。由导条 1 和 9 构成的导条线圈与气隙磁场处于全耦合状态，因此导条 1 和 9 中变压器电动势最大，而导条 5 和 13 中的变压器电动势为零，这与运动电动势的情况恰好相反。各导条中变压器电动势大小的空间分布如图 1-35b 所示，与图 1-34b 所示运动电动势空间分布比较，两者空间位置相差 90°电角度。

由于导条中的电流将决定于运动电动势与变压器电动势之和，因此全部导条的电流空间分布不会再如图 1-34d 所示。亦即，当电动机转差速度 ω_f 或气隙磁场幅值变化时，转子电流矢量 $\boldsymbol{i}_r$ 的幅值和相对气隙磁链矢量ψ_g 的相位差 θ_{gr}都要发生变化。反过来，由式(1-172)和式(1-173)可知，$\boldsymbol{i}_r$ 的变化又会影响和改变ψ_g。式(1-171)表明，$|\psi_g|$、$|\boldsymbol{i}_r|$ 和 θ_{gr}的改变会引起 t_e 变化，这又会使 ω_f 发生变化。在动态过程中，这种相互作用和影响严重时可能会引起电动机振荡。这说明，就基于气隙磁场的电磁转矩控制而言，与直流电动机相比，三相感应电动机自身是一个多变量、强耦合、非线性的时变系统，因此转矩控制是复杂而又困难的。

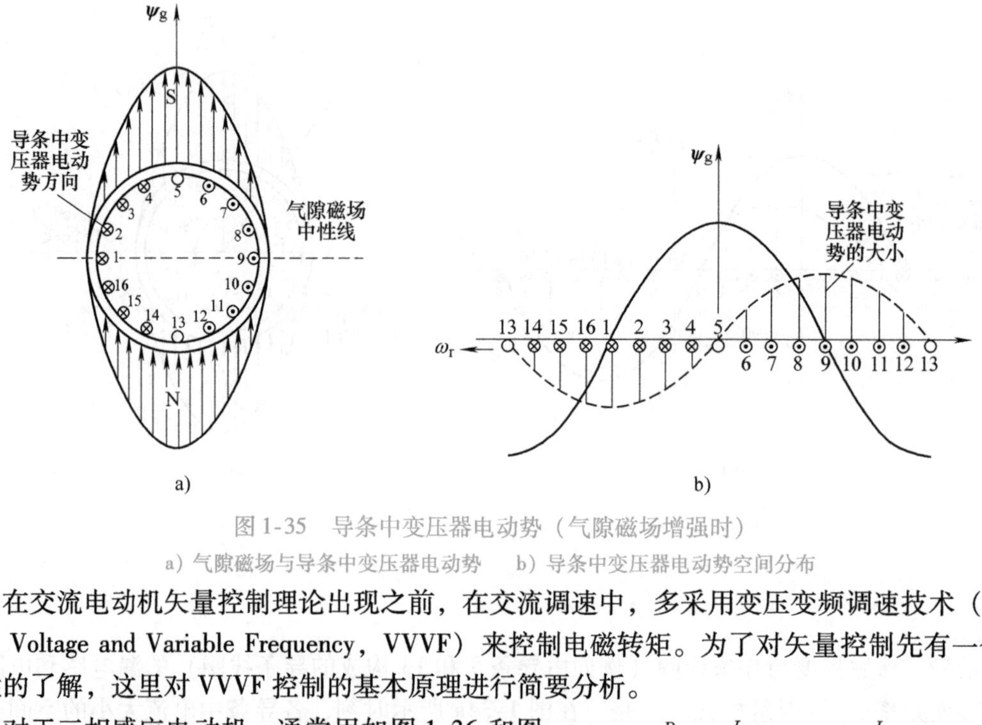

图 1-35　导条中变压器电动势（气隙磁场增强时）

a）气隙磁场与导条中变压器电动势　b）导条中变压器电动势空间分布

在交流电动机矢量控制理论出现之前，在交流调速中，多采用变压变频调速技术（Variable Voltage and Variable Frequency，VVVF）来控制电磁转矩。为了对矢量控制先有一个概念性的了解，这里对 VVVF 控制的基本原理进行简要分析。

对于三相感应电动机，通常用如图 1-36 和图 1-37 所示的 T 形等效电路和相量图来分析正弦稳态下的运行问题。两图中变量均为相量，且以有效值表示。其中，电压、电流和电动势为一相绕组中的相量，而$\dot{\Psi}_g$和$\dot{\Psi}_r$是与定、转子三相绕组共同建立的气隙磁场和转子磁场相对应的磁链相量。图 1-36 和图 1-37 也是传统变压变频调速技术（VVVF）的理论依据。

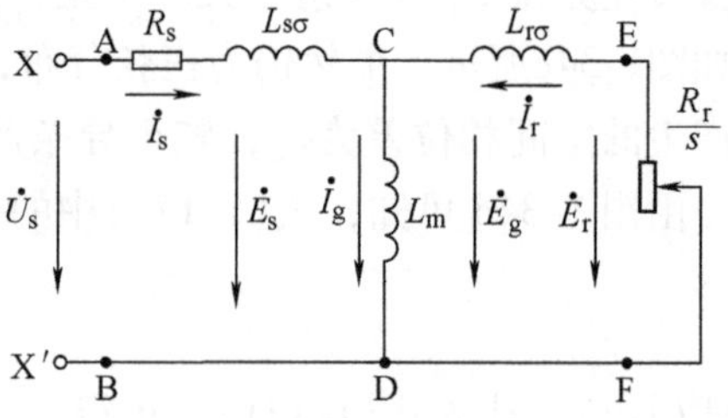

图 1-36　三相感应电动机稳态等效电路

（T 形等效电路）

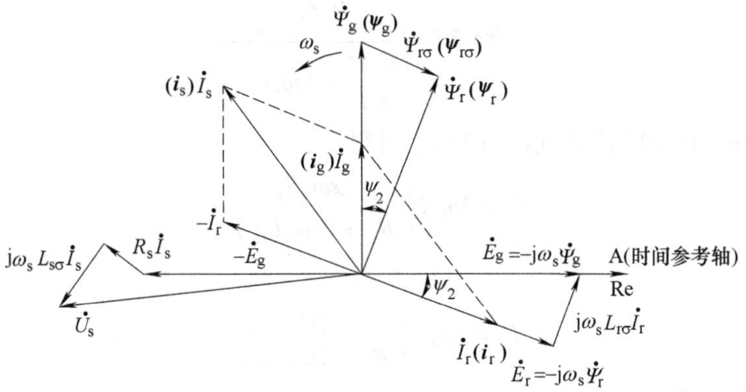

图 1-37　三相感应电动机相量图（T 形等效电路）

图 1-37 所示的（时间）相量图与图 1-32 所示的（空间）矢量图具有电机原理中所说的时空对应关系。这种时空关系体现如下：根据空间矢量定义，图 1-32 中的空间矢量分别是由定、转子三相绕组中的时间变量构成的，在正弦稳态下，就是由三相绕组中按正（余）弦规律变化的时间变量构成的。两图中，由于同取定子绕组轴线 A 轴为时间参考轴和空间参考轴，因此各矢量在空间复平面内的空间相位分别与 A 相绕组中相应相量在时间复平面内的时间相位相同。例如，如式(1-121)和式(1-97)所示，定子电流矢量 $\boldsymbol{i}_s$ 的空间相位与 A 相定子电流相量 $\dot{I}_s$ 的时间相位相同。在正弦稳态下，空间矢量的幅值为相应的时间相量有效值的$\sqrt{3}$倍，若将图 1-37 中的各相量乘以$\sqrt{3}$，然后将图 1-32 和图 1-37 叠加起来，(时间) 相量和(空间)矢量就重合在一起，便构成了时空相矢图，可用来分析正弦稳态下的转矩控制问题。

由图 1-36 可得电磁转矩为

$$T_e = 3p_0\frac{E_g}{\omega_s}I_r\cos\psi_2 \tag{1-177}$$

式中，E_g 为感应电动势（运动电动势）；ψ_2 为内功率因数角，与图 1-34c 中的空间角度ψ_2相对应。

E_g 可表示为

$$E_g = \omega_s\Psi_g \tag{1-178}$$

式中，ω_s 为电源角频率，也是气隙圆形旋转磁场的电角速度。

将式(1-178)代入式(1-177)，可得

$$T_e = 3p_0\Psi_g I_r\cos\psi_2 \tag{1-179}$$

式(1-179)表明，若控制相量 $\dot{\Psi}_g$和 $\dot{I}_r$ 的幅值和两者间的相位差，即可控制转矩。

式(1-179)中的 I_r 和 $\cos\psi_2$ 均是转差率 s 的函数。由图 1-36，可知

$$I_r = \frac{E_g}{\sqrt{\left(\frac{R_r}{s}\right)^2 + (\omega_s L_{r\sigma})^2}} = \frac{\omega_s\Psi_g}{\sqrt{\left(\frac{R_r}{s}\right)^2 + (\omega_s L_{r\sigma})^2}} \tag{1-180}$$

$$\cos\psi_2 = \frac{R_r/s}{\sqrt{\left(\frac{R_r}{s}\right)^2 + (\omega_s L_{r\sigma})^2}} \tag{1-181}$$

将式(1-180)和式(1-181)代入式(1-179)，可得

$$T_e = 3p_0 \Psi_g^2 \frac{s\omega_s R_r}{R_r^2 + (s\omega_s L_{r\sigma})^2} \tag{1-182a}$$

或者

$$T_e = 3p_0 \Psi_g^2 \frac{\omega_f R_r}{R_r^2 + (\omega_f L_{r\sigma})^2} \tag{1-182b}$$

式中，ω_f 为转差频率，$\omega_f = s\omega_s$。

式(1-182a)描述的为机械特性，即为电机学中的 T_e - s 特性曲线，如图 1-38 中的曲线 a 所示。

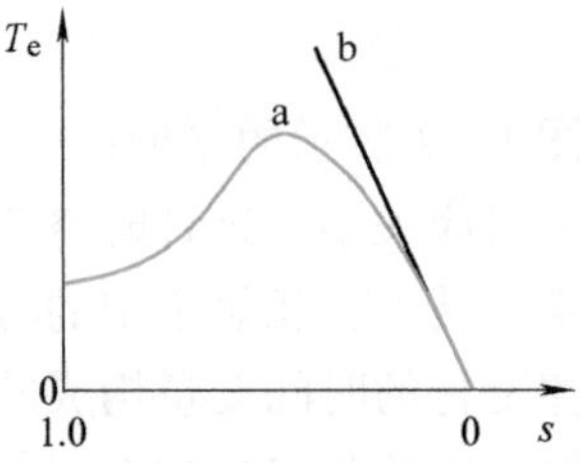

图 1-38　三相感应电动机机械特性
a—气隙磁场幅值恒定
b—转子磁场幅值恒定

式(1-182b)表明，如果能保持气隙磁链 Ψ_g 幅值恒定，即控制图 1-34 中气隙磁场 $\boldsymbol{\psi}_g$ 的幅值不变，在一定的定子频率下，电磁转矩就仅与转差频率 ω_f 有关，通过控制 ω_f 即可控制电磁转矩，这就是 VVVF 中转差频率控制的基本原理。

在交流调速开环控制系统中，通常是通过控制 E_g/f_s = 常值来保持 Ψ_g 恒定。由式（1-178），可将式(1-182b)改写为

$$T_e = \frac{3}{4\pi^2} p_0 \left(\frac{E_g}{f_s}\right)^2 \frac{\omega_f R_r}{R_r^2 + (\omega_f L_{r\sigma})^2} \tag{1-183}$$

在实际控制中，可以通过调节外加电压 U_s 来满足（E_s/f_s）为常值的约束条件。

在交流调速闭环控制系统中，是通过控制励磁电流 I_g 来保持 Ψ_g 恒定的。如图 1-36 所示，此时

$$\Psi_g = L_m I_g \tag{1-184}$$

在实际控制中，可以通过控制定子电流 I_s 来满足 I_g 为常值的约束条件。

前已指出，在正弦稳态下，有

$$|\psi_g| = \sqrt{3}\Psi_g \tag{1-185}$$

$$|\boldsymbol{i}_r| = \sqrt{3} I_r \tag{1-186}$$

将式（1-185）和式（1-186）代入式（1-179），就将式（1-179）转换为式（1-176）。亦即，式（1-179）和式（1-176）具有时空对应关系，控制相量 $\dot{\Psi}_g$ 和 $\dot{I}_r$ 的幅值以及两者间的时间相位，就等同于控制矢量 ψ_g 和 $\boldsymbol{i}_r$ 的幅值以及两者间的空间相位。这似乎意味着，应用 VVVF 技术已解决了三相感应电动机转矩的控制问题。但事实并非如此。

根本的问题在于，由式（1-182a）或式（1-182b）确定的转差频率控制规律是由稳态等效电路图 1-36 和稳态转矩表达式（1-179）得出的。但是，在动态情况下，式（1-179）将不再成立；自然，式（1-183）也不再成立。实际上，在动态过程中，电动机内感应电动势和电流已不再是正弦量，也不能再用稳态等效电路来描述电动机内的电磁变化规律。或者

说，由于这种转差频率控制不能有效控制瞬态电磁转矩，严重影响了交流调速的动态性能，因此使得交流调速系统还无法与直流调速系统相媲美。

式（1-160）或式（1-171）反映了转矩生成的实质，为有效控制转矩，必须能对产生转矩的矢量ψ_g和$\boldsymbol{i}_r$实现有效控制，这表现在对ψ_g和$\boldsymbol{i}_r$的幅值以及两者间相位的有效控制上，要求不仅在稳态下能够做到这一点，在动态下也同样能够做到。

VVVF技术是一种时域内的标量控制技术，其通过定子电压、电流和频率来间接控制电动机内的气隙磁场和转子电流，依据的控制规律是在正弦稳态条件下确定的，这种控制规律在动态运行时，已与电动机实际状态不符，自然不适用动态过程的控制。

矢量控制的核心是直接控制产生转矩的各空间矢量，不仅在稳态下，在动态下也能严格地控制各矢量在空间复平面内的幅值和相位，因而可以精确地控制转矩。所以矢量控制是一种以动态控制为出发点，追求动态控制品质的现代控制技术。

3. 三相同步电动机的转矩控制

对于三相隐极式同步电动机，电磁转矩矢量方程见式(1-167)，即有

$$t_e = p_0 \psi_f \times \boldsymbol{i}_s \tag{1-187}$$

可将式(1-187)表示为

$$t_e = p_0 \frac{1}{L_m}\psi_f \times (L_m \boldsymbol{i}_s) = p_0 \frac{1}{L_m}\psi_f \times \psi_{sg} \tag{1-188}$$

式中，ψ_{sg}是定子三相绕组产生的基波合成励磁磁场，$\psi_{sg}=L_m\boldsymbol{i}_s$，与图1-32中的$\psi_{sg}$性质相同，又称为电枢反应磁场。

式(1-188)表明，电磁转矩是定子电枢反应磁场ψ_{sg}与转子励磁磁场ψ_f相互作用产生的，如图1-39所示。

将式（1-188）表示为

$$t_e = p_0 \frac{1}{L_m}\psi_f \psi_{sg} \sin\beta \tag{1-189}$$

式中，β为转矩角。

若保持ψ_f和ψ_{sg}恒定，电磁转矩就仅与β有关。将t_e与β的关系曲线称为矩－角特性，如图1-40所示。

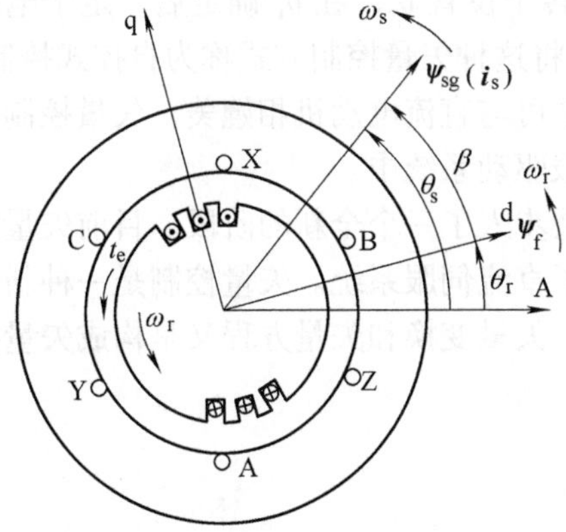

图1-39　三相隐极同步电动机转矩生成

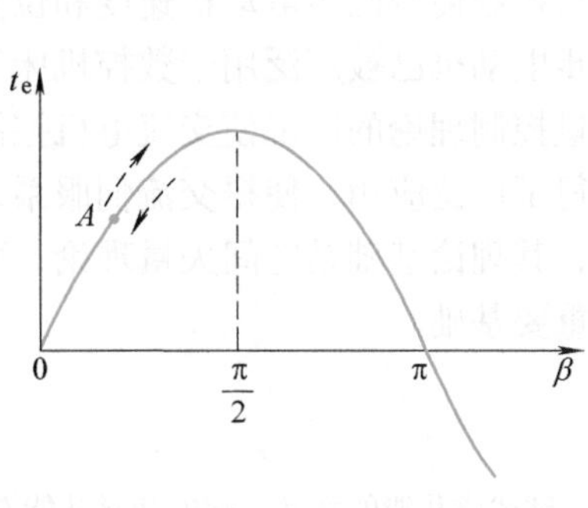

图1-40　矩－角特性

如式（1-189）所示，为准确控制电磁转矩，必须同时控制ψ_{sg}和ψ_f的幅值以及两者的空间相位差β。在恒转矩运行区，通常保持ψ_f幅值恒定（励磁电流i_f为常值），通过控制ψ_{sg}的幅值和相对ψ_f的相位β来控制转矩。如图1-39所示，这相当于在dq轴系内控制ψ_{sg}的幅值和相位，所以称为矢量控制。控制ψ_{sg}是通过控制$\boldsymbol{i}_s$而实现的，实际上是控制$\boldsymbol{i}_s$在dq轴系内的幅值$|\boldsymbol{i}_s|$和相位β。

为更好理解这种矢量控制，仍将其与同步电动机传统的开环变频调速进行比较。

在正弦稳态下，同步电动机的机械角速度可表示为

$$\Omega_r = \frac{2\pi f_s}{p_0} \tag{1-190}$$

式中，f_s为电源频率。

由于转子速度与电源频率有严格对应关系，因此可以通过改变定子电压频率来调节电动机转速，这是同步电动机他控式变频调速的基本原理。

但是，在动态情况下，这种调速方式可能会失去对转速的有效控制，甚至引起电动机的振荡。例如，电动机原来在某一转速下稳定运行，图1-40中A点为其稳定运行点。当定子频率f_s突然增大至某一值时，定子电枢反应磁场的旋转速度陡然加快，假设在这一过程中ψ_f和ψ_{sg}均能保持不变，就相当于将转矩角β拉大，运行点由A点上升，电磁转矩随之增加。若负载转矩保持不变，电动机将开始加速，与此同时，转矩角β逐步减小，运行点开始向A点回落，但是当回落到A点时，由于机械惯性的原因，转子不会停止加速，β角会继续减小。运行点下落超过A点后，使电磁转矩小于负载转矩，将迫使电动机转速下降，β角又开始增加，运行点又向着A点上升。由此可见，转速在加速过程中几经振荡后才会稳定于新的速度。

转速之所以发生振荡，是因为这种控制方式不能有效控制转矩。改变定子频率只能单独地控制电枢反应磁场的旋转速度，而不能对转矩角β予以控制，也就不能顾及转子速度和位置。转子才是转速和位置的体现者，所以这种控制方式又称为他控式变频调速，实属一种标量控制。显而易见，在动态情况下，它不能严格准确地控制转子的速度和位置。

矢量控制不是通过定子电压和频率来间接控制电枢反应磁场，而是在dq轴系内，直接控制定子电流矢量$\boldsymbol{i}_s$，不仅能够控制$\boldsymbol{i}_s$的幅值，同时还能够控制$\boldsymbol{i}_s$与ψ_f间的相位β，也就能够精确地控制转矩。在这种控制中，需要时刻检测转子位置θ_r，在θ_r确定后，定子电流矢量$\boldsymbol{i}_s$在ABC轴系内的相位才可以最后确定，因此又将这种矢量控制方式称为自控式控制。

矢量控制使得同步电动机速度和位置的控制水平可与直流电动机相媲美，矢量控制三相永磁同步电动机已被广泛用于数控机床等高性能伺服驱动系统中。

矢量控制理论的出现使交流电机控制技术的发展步入了一个全新的阶段。目前矢量控制技术获得了广泛应用，使得交流伺服系统逐步取代了直流伺服系统。矢量控制是一种新的控制思想，其理论基础是空间矢量理论，而空间矢量、矢量变换和矢量方程又是构成矢量控制理论的重要基础。

思考题与习题

1-1　试述磁共能的意义，磁能和磁共能有什么关系？

1-2　对于图1-41所示铁心磁路，试求气隙和铁心内储存的磁能之比。图中，$l_{Fe}=100\text{mm}$，$\delta=1\text{mm}$，

铁心内的磁通密度 $B=1\text{T}$，此时铁心的磁导率 $\mu_{\text{Fe}}=1000\mu_0$。

1-3 试解释以磁能和磁共能表示的电磁转矩公式的物理意义。

1-4 试以“磁场”和“Bli”的观点，阐述电磁转矩生成的原因和实质。

1-5 为什么将直流电动机电枢绕组称为换向器绕组？换向器绕组有什么特性？

1-6 从矩阵生成的角度，分析直流电动机、同步电动机和感应电动机的基本原理，它们的共性是什么？满足什么条件才能使它们产生恒定的电磁转矩？

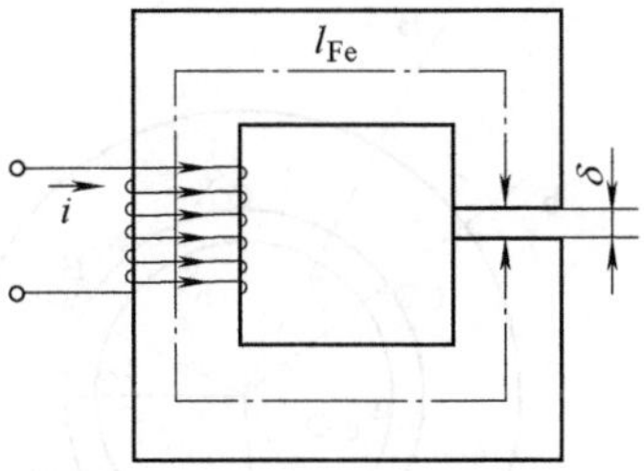

图 1-41 铁心磁路

1-7 如果电动机气隙内的磁场不是正弦分布的（或者不取其基波），是否还可采用空间矢量理论对电动机进行分析？为什么？

1-8 任意波形的定子电流通入相绕组后能否产生基波磁动势？为什么？

1-9 为什么控制定子三相电流 i_A、i_B 和 i_C 即可控制矢量 $\boldsymbol{i}_s$（$\boldsymbol{f}_s$）的运动轨迹？

1-10 定子三相电流为

$$i_A=\sqrt{2}I_s\cos\omega_s t$$

$$i_B=\sqrt{2}I_s\cos(\omega_s t-120°)$$

$$i_C=\sqrt{2}I_s\cos(\omega_s t-240°)$$

试计算定子电流矢量 $\boldsymbol{i}_s$，并论述 $\boldsymbol{i}_s$ 的性质。

1-11 三相感应电动机的物理模型如图 1-42 所示，其电磁转矩可表示为

$$t_e=-p_0L_m\boldsymbol{i}_s\times\boldsymbol{i}_r$$

$\boldsymbol{i}_s$ 和 $\boldsymbol{i}_r$ 分别为定子和转子电流矢量，两者可分别表示为

$$\boldsymbol{i}_s=\sqrt{\frac{2}{3}}(i_A+ai_B+a^2i_C)$$

$$\boldsymbol{i}_r=\sqrt{\frac{2}{3}}(i_a+ai_b+a^2i_c)\text{e}^{\text{j}\theta_r}$$

i_A、i_B 和 i_C 为定子三相电流，i_a、i_b 和 i_c 为转子三相电流。试推导出以定、转子三相电流和转子位置 θ_r 表示的电磁转矩表达式。

1-12 如图 1-43 所示的三相同步电动机，其电磁转矩方程可表示为式（1-167），即

$$t_e=p_0\boldsymbol{\psi}_f\times\boldsymbol{i}_s$$

式中，$\boldsymbol{\psi}_f$ 和 $\boldsymbol{i}_s$ 分别为转子励磁磁链矢量和定子电流矢量，试论述：

（1）电磁转矩方程的物理意义；

（2）电磁转矩控制的要素有哪些；

（3）在动态过程中，如何才能有效控制电磁转矩。

1-13 试论述三相感应电动机各磁链矢量 $\boldsymbol{\psi}_{s\sigma}$、$\boldsymbol{\psi}_g$、$\boldsymbol{\psi}_s$、$\boldsymbol{\psi}_{r\sigma}$ 和 $\boldsymbol{\psi}_r$ 的物理含义，指出它们之间的联系和区别，并写出相应的磁链方程。

1-14 对于三相交流电动机，是否可利用相量方程、相量图和以相量表示的等效电路来分析动态问题？为什么？

1-15 为什么可以采用空间矢量理论来分析电动机的动态控制问题？矢量控制的含义是什么？

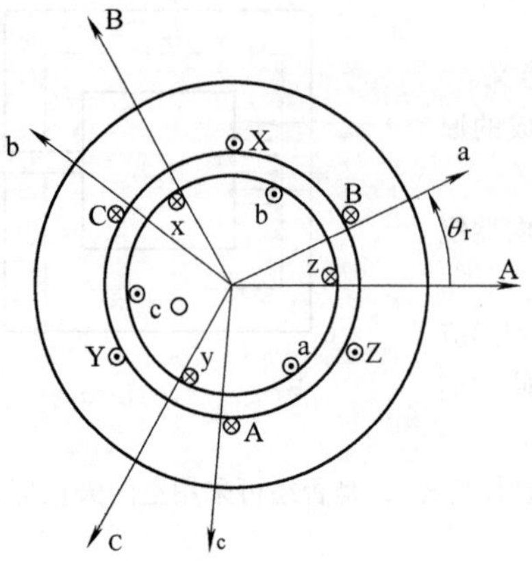

图 1-42　三相感应电动机的物理模型

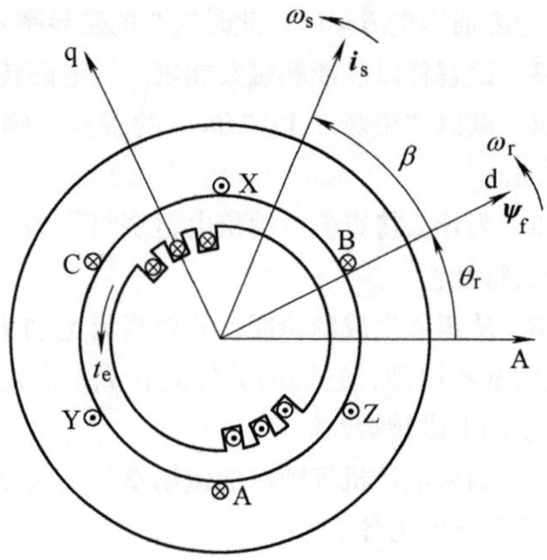

图 1-43　三相同步电动机

第 2 章　三相感应电动机的矢量控制

2.1　基于转子磁场的转矩控制

基于气隙磁场的转矩矢量表达式为

$$t_e = p_0 |\psi_g \| \boldsymbol{i}_r| \sin\theta_{gr} \tag{2-1}$$

尽管通过矢量控制可以有效地控制ψ_g、$\boldsymbol{i}_r$ 和 θ_{gr}，但这不能改变转矩生成的非线性特性，也不能解除ψ_g 与 $\boldsymbol{i}_r$ 之间的强耦合关系。从转矩生成和控制角度看，与 VVVF 控制相比，这种矢量控制虽然提高了动态性能，但没有改变 VVVF 控制的非线性特性。在高性能伺服驱动中，电动机具有线性的机械特性会提高系统的控制品质，也是电动机控制追求的目标。

基于转子磁场的转矩控制可将三相感应电动机等效为他励直流电动机，从根本上改变了转矩生成的非线性特性，可获得良好的稳态和动态性能。

2.1.1　转矩控制稳态分析

为了更好理解转子磁场矢量控制的实质，先来分析稳态转矩的生成和控制问题。

在正弦稳态下，由图 1-36，可得

$$T_e = \frac{3p_0}{\omega_s} E_r I_r \tag{2-2}$$

$$E_r = \omega_s \Psi_r \tag{2-3}$$

将式（2-3）代入式（2-2），可得

$$T_e = 3p_0 \Psi_r I_r \tag{2-4}$$

式（2-4）与式（1-170）具有相同的形式。此时，转子磁场相当于直流电动机中的定子励磁磁场，转子电流相当于直流电动机的电枢电流。如果能够保持转子磁链 Ψ_r恒定，转矩就仅与转子电流 I_r 有关，且具有线性关系，这与直流电动机的转矩特性相同。

由图 1-36，可得

$$I_r = \frac{sE_r}{R_r} \tag{2-5}$$

将式（2-5）和式（2-3）代入式（2-4），则有

$$T_e = 3p_0 \Psi_r^2 \frac{1}{R_r} s\omega_s \tag{2-6a}$$

或者

$$T_e = 3p_0 \Psi_r^2 \frac{1}{R_r} \omega_f \tag{2-6b}$$

式（2-6a）给出的是电动机的机械特性，如图 1-38 中直线 b 所示。

将式（2-6a）和式（1-182a）比较可以看出，如果控制转子磁链 Ψ_r恒定，就改变了三

相感应电动机固有的非线性机械特性，就转矩控制而言，已相当于将三相感应电动机等效为了他励直流电动机，可以获得与直流电动机相同的线性机械特性。但问题是，如何才能使转子磁链保持恒定？

可以仿效基于气隙磁场的控制方法，通过控制 E_r/f_s = 常值来保持ψ_r 恒定。由式（2-3），可得

$$\Psi_r = \frac{E_r}{\omega_s} = \frac{E_r}{2\pi f_s} \tag{2-7}$$

将式（2-7）代入式（2-6b），则有

$$T_e = \frac{3p_0}{4\pi^2}\left(\frac{E_r}{f_s}\right)^2\frac{\omega_f}{R_r} \tag{2-8}$$

但是，由图 1-36 可知，这必须依靠控制外加电压 U_s 来达到控制 E_r 的目的，显然是非常困难的。

另一种方式是通过控制励磁电流来达到控制转子磁场的目的，因为任何磁场都是由相应的磁动势，也就是由电流产生的。

同式（1-184）一样，可以写出

$$\Psi_r = L_m I_{sM} \tag{2-9}$$

式中，I_{sM}是产生转子磁场的等效励磁电流。

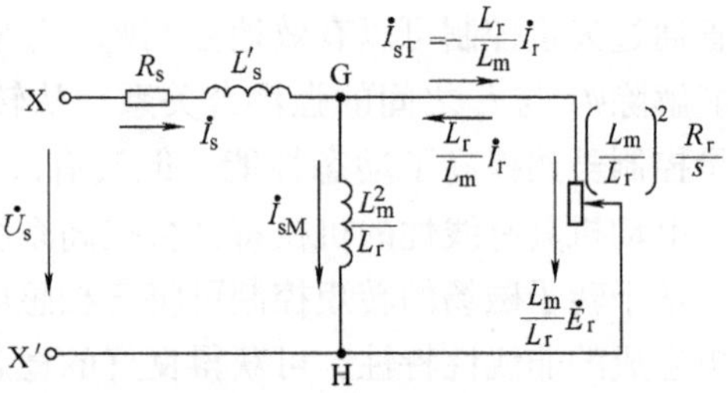

图 2-1　三相感应电动机稳态等效电路（T－I 形等效电路）

此时，相当于将图 1-36 中的励磁支路 CD 移到 EF 处，为此可将图 1-36 改造为图 2-1 的形式，相应的（时间）相量图如图 2-2 所示。

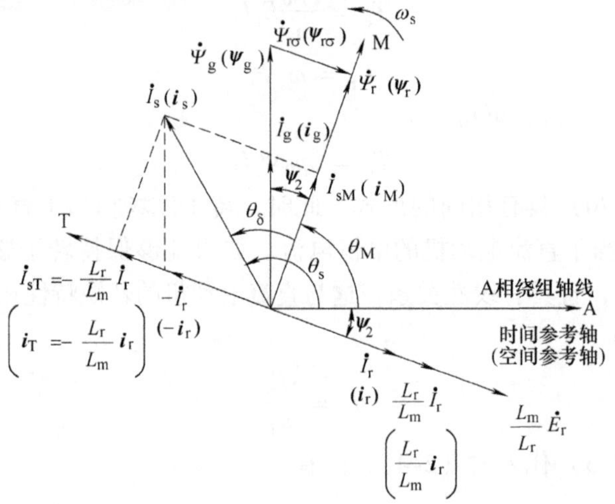

图 2-2　三相感应电动机相量图（T－I 形等效电路）

图 2-1 中，L'_s 为定子瞬态电感，$L'_s = \sigma L_s$，且有

$$\sigma = 1 - \frac{L_m^2}{L_s L_r}$$

式中，σ 为漏磁系数。

可以证明，从图 2-1 中 X—X′端口看进去的总阻抗 Z_s 与图 1-36 中的 Z_s 相同，这就意味着定子电流 $\dot{I}_s$ 是不变的，说明两者对电源而言是等同的。与图 1-36 所示的 T 形等效电路相比，T－I 形等效电路消除了转子回路中的漏电感，已将 $\dot{I}_s$ 分解成为两个分量，一个是产生转子磁场的励磁分量 $\dot{I}_{sM}$，另一个是产生电磁转矩的转矩分量 $\dot{I}_{sT}$。除了定子电阻外，整个电路的参数都发生了变化，新参数仍借助 T 形等效电路的参数来表示，因为 T 形等效电路中的参数为电动机固有参数，可由电动机设计或通过实验获取。

由图 2-1 可得

$$\dot{I}_{sM}=\dot{I}_s+\frac{L_r}{L_m}\dot{I}_r$$

$$\frac{L_m^2}{L_r}\dot{I}_{sM}=\frac{L_m}{L_r}(L_m\dot{I}_s+L_r\dot{I}_r)=\frac{L_m}{L_r}\dot{\Psi}_r \tag{2-10}$$

于是有

$$\Psi_r=L_mI_{sM} \tag{2-11}$$

式（2-11）为转子磁链方程。I_{sM} 为定子电流中建立转子磁场的励磁分量，通过控制 I_{sM} 恒定，可以保持转子磁链不变。

由图 2-1 可得

$$\frac{L_m}{L_r}\dot{E}_r=-\mathrm{j}\omega_s\frac{L_m}{L_r}\dot{\Psi}_r \tag{2-12}$$

于是有

$$\omega_s\Psi_r=E_r \tag{2-13}$$

式（2-11）和式（2-13）表明，图 2-1 中的 Ψ_r 和 E_r 仍为图 1-36 中的转子磁链和转子电动势，只不过由于等效电路的转换才减少为（L_m/L_r）Ψ_r 和（L_m/L_r）E_r。

由图 2-1，可知

$$\dot{I}_{sT}=-\frac{L_r}{L_m}\dot{I}_r \tag{2-14}$$

式（2-14）为转子电流方程。此时，转子电流已是纯有功电流，完全用来产生电磁转矩。转子电流方程反映了感应电动机磁动势平衡原理，为平衡转子磁动势，I_{sT} 与转子电流（L_m/L_r）I_r 大小相等方向相反，因此是定子电流转矩分量。

根据图 2-1，可得输入转子的电磁功率为

$$P_e=3\frac{L_m}{L_r}E_r\frac{L_r}{L_m}I_r=3E_rI_r \tag{2-15}$$

或者

$$P_e=3\omega_s\frac{L_m}{L_r}\Psi_rI_{sT} \tag{2-16}$$

电磁转矩为

$$T_e=3p_0\frac{L_m}{L_r}\Psi_rI_{sT} \tag{2-17}$$

或者

$$T_{e} = 3p_0 \frac{L_{m}^2}{L_{r}} I_{sM} I_{sT} \quad (2\text{-}18)$$

式（2-17）或式（2-18）为电磁转矩方程。通过控制定子电流励磁分量 I_{sM}，可以保持 Ψ_{r} 恒定，于是电磁转矩便仅与定子电流转矩分量有关。

图 2-1 中，GH 两点间的电压降为

$$\omega_{s} \frac{L_{m}^2}{L_{r}} I_{sM} = I_{sT} \left(\frac{L_{m}}{L_{r}}\right)^2 \frac{R_{r}}{s} \quad (2\text{-}19)$$

由式（2-19），可得

$$\omega_{f} = \frac{1}{T_{r}} \frac{I_{sT}}{I_{sM}} \quad (2\text{-}20)$$

式中，T_{r} 为转子时间常数。

且有

$$T_{r} = \frac{L_{r}}{R_{r}} \quad (2\text{-}21)$$

式（2-20）为转速方程。若定子电流励磁分量恒定，则转差频率 ω_{f} 与定子电流转矩分量具有线性关系。

将式（2-20）代入式（2-18），可得

$$T_{e} = 3p_0 \frac{L_{m}^2}{L_{r}} T_{r} I_{sM}^2 \omega_{f} \quad (2\text{-}22)$$

式（2-22）等同于式（2-6b），表明若保持 I_{sM} 恒定，则电磁转矩与转差频率 ω_{f} 呈线性关系。那么，与基于气隙磁场的转矩控制相比，为什么基于转子磁场的转矩控制就可以获得线性的机械特性呢？

基于气隙磁场进行转矩控制，由图 1-36 可知，定子通过气隙传送给转子的电磁功率为

$$P_{e} = 3E_{g} I_{r} \cos\psi_2 \quad (2\text{-}23)$$

式（2-23）中的转子电流 I_{r} 是负载电流而不是有功电流。保持气隙磁场恒定则意味着，在一定的定子频率下，E_{g} 保持为常值。由式（1-180）可知，当转差率 s 由零开始增大时，I_{r} 随之增大，传送给转子的视在功率也随之增加，此时增加的视在功率中主要是电磁功率。由式（1-181）可知，当 s 增大时，内功率因数 $\cos\psi_2$ 也在变化。当 s 增大到某一值后，再继续增大时，虽然视在功率增大了，但由于内功率因数 $\cos\psi_2$ 的减小，使得电磁功率反而下降了。在这一过程中，电磁转矩与转差率间呈现了非线性关系。显然，这种非线性是由转子存在漏磁场而引起的。

若控制转子磁场恒定，相当于在一定的定子频率下，控制图 1-36 中的转子电动势 E_{r} 为常值，这样就完全消除了转子漏磁场的影响，此时由 EF 两点送入转子的功率已全部为电磁功率，即有

$$P_{e} = 3E_{r} I_{r} = 3E_{r}^2 \frac{s}{R_{r}} \quad (2\text{-}24)$$

电磁转矩为

$$T_{e} = \frac{3p_0}{\omega_{s}} \frac{E_{r}^2}{R_{r}} s = 3p_0 \Psi_{r}^2 \frac{1}{R_{r}} \omega_{f} \quad (2\text{-}25)$$

式（2-25）即为式（2-6b），表明电磁转矩与转差率具有线性关系。但是采用T形等效电路控制转子磁场是困难的，为此采用了T－I形等效电路。

如图2-1和图2-2所示，此时将定子电流$\dot{I}_s$分解成了$\dot{I}_{sM}$和$\dot{I}_{sT}$，$\dot{I}_{sT}$为纯转矩分量，$\dot{I}_{sM}$为纯励磁分量，两者在相位上正交，解除了耦合关系。若能够分别独立地控制$\dot{I}_{sM}$和$\dot{I}_{sT}$，如同他励直流电动机那样可以独立控制定子励磁电流i_f和电枢电流i_q，两者在转矩控制上就可以实现解耦。而在基于气隙磁场的转矩控制中，如图2-2所示，$\dot{I}_g$和（$-\dot{I}_r$）在相位上不为正交，两者存在耦合关系，因为（$-\dot{I}_r$）在$\dot{I}_g$方向上有分量存在，（$-\dot{I}_r$）的改变会直接影响气隙磁场，自然在转矩控制上，两者间也是无法实现解耦的。

2.1.2 转矩控制动态分析

下面仍以转子为笼型结构的三相感应电动机为例，从转矩生成角度来分析基于转子磁场的瞬态转矩控制。

由图1-32可知，转子磁场为气隙磁场与转子漏磁场的合成磁场，以磁链矢量表示，即有

$$\boldsymbol{\psi}_r = \boldsymbol{\psi}_g + \boldsymbol{\psi}_{r\sigma} \tag{2-26}$$

转子漏磁场是由转子各导条电流产生的，漏磁场轴线与转子电流矢量$\boldsymbol{i}_r$方向一致，即有

$$\boldsymbol{\psi}_{r\sigma} = L_{r\sigma}\boldsymbol{i}_r \tag{2-27}$$

可将式（2-26）和式（2-27）表示为图2-3的形式。

实际上，$\boldsymbol{\psi}_r$已经计及了链过转子绕组的全部磁通，可以将$\boldsymbol{\psi}_r$理解为是转子绕组的全（净）磁链。

现假定转子磁链矢量$\boldsymbol{\psi}_r$的旋转速度是变化的，但幅值始终保持恒定，可将图2-3表示为图2-4a的形式。

在图2-4a中，转子磁场相对转子的旋转速度为转差速度ω_f，$\omega_f=\omega_s-\omega_r$，也可看成转子磁场静止不动，而转子以转差速度$\omega_f$相对转子磁场顺时针方向旋转。因为转子磁场幅值恒定，所以在各导条中只能产生运动电动势，而不会感生变压器电动势。运动于N极下的各导条中的电动势方向一律向里，运动于S极下的各导条中的电动势方向一律向外。图2-4a中，将转子磁场轴线定义为M轴，T轴超前M轴90°电角度，MT轴系随$\boldsymbol{\psi}_r$同步旋转。

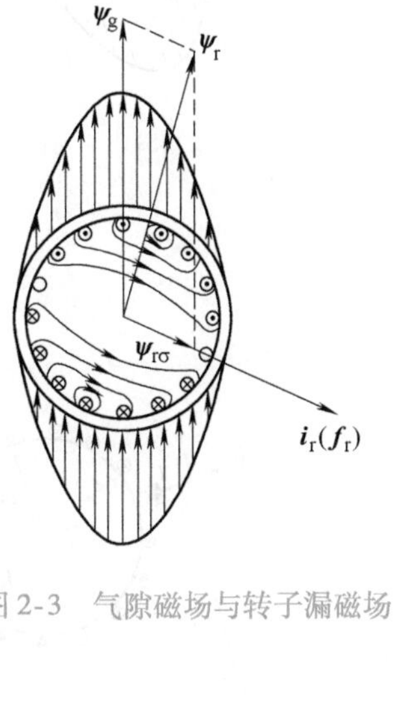

图2-3　气隙磁场与转子漏磁场

在图2-4a中，可将导条4和12看成是一个线圈，线圈有效匝数为1，于是可得

$$0 = R_B i_B + \frac{d\phi_{gB}}{dt} + \frac{d\phi_{\sigma rB}}{dt}$$

$$R_B i_B = -\frac{d}{dt}(\phi_{gB} + \phi_{\sigma rB}) = e_B$$

式中，R_B是此线圈电阻；ϕ_{gB}是气隙磁场与此线圈交链的磁通；$\phi_{\sigma rB}$是转子漏磁场与此线圈交链的磁通；（$\phi_{gB}+\phi_{\sigma rB}$）为与此线圈交链的全部（净）磁通，也就是与此线圈交链的转

子磁通；e_B 是转子磁通在此线圈中产生的运动电动势。

对于其他导条可同样处理。

因此，对于转子磁场而言，转子各线圈就相当于一个无漏电感的转子电路，各导条中电流必然与运动电动势方向一致，且在时间上不再存在滞后问题。在转子磁场作用下，转子笼型绕组表现出的这种无漏电感的纯电阻特性是构成基于转子磁场矢量控制的物理基础。

在图 2-4a 中，因为转子磁场在空间为正弦分布，所以各导条中运动电动势大小在空间上亦呈正弦分布，同样各导条电流大小在空间上也呈正弦分布；由于各导条中电流与运动电动势在时间上没有滞后，因此导条中电流与运动电动势的空间分布在相位上保持一致，如图 2-4b所示，于是由各导条电流构成的转子磁动势矢量便始终与转子磁场轴线保持正交；即使在动态情况下，转差速度发生变化时，这种正交关系也不会改变。

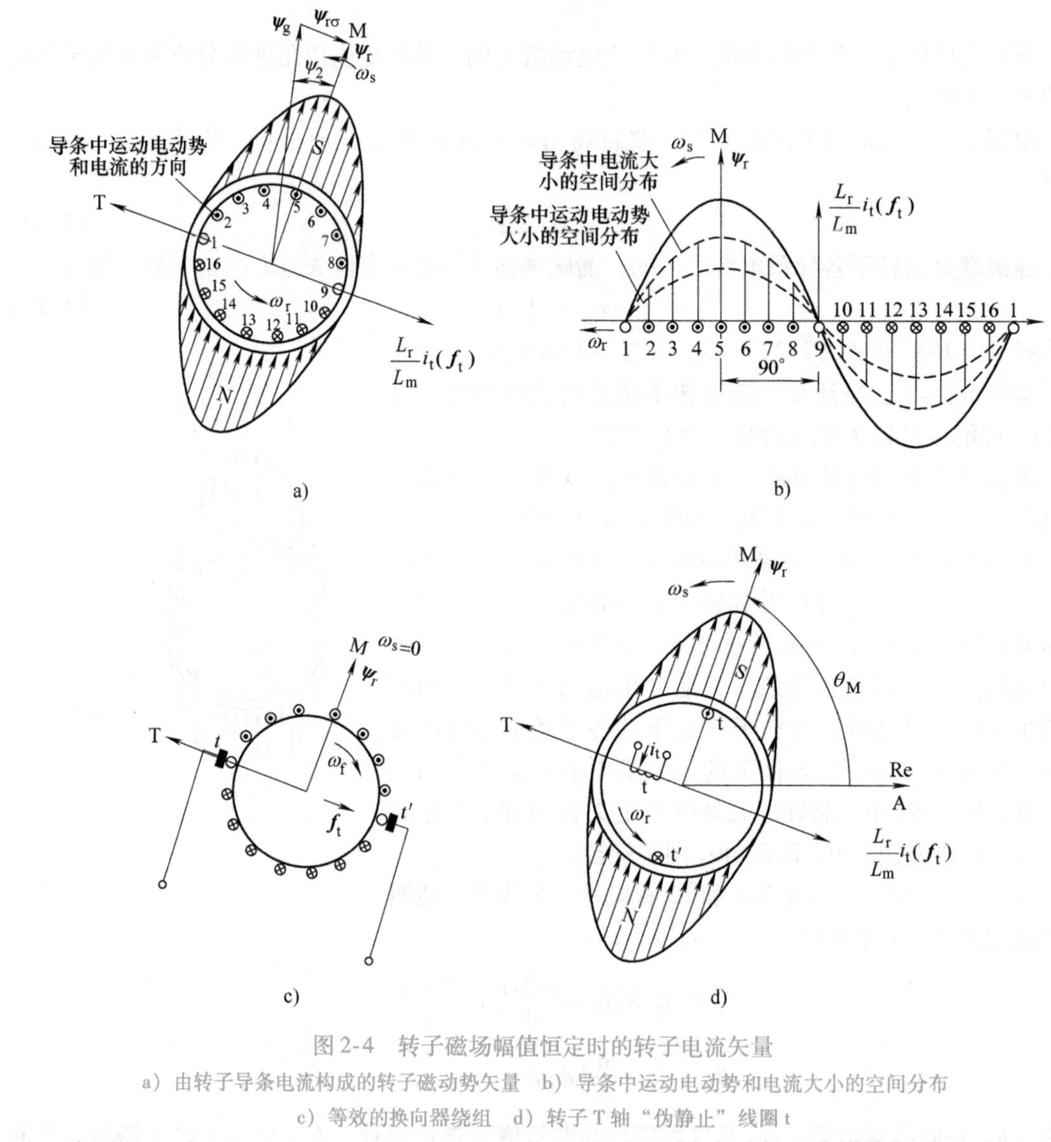

图 2-4　转子磁场幅值恒定时的转子电流矢量

a）由转子导条电流构成的转子磁动势矢量　b）导条中运动电动势和电流大小的空间分布

c）等效的换向器绕组　d）转子 T 轴“伪静止”线圈 t

将图 2-4a 与图 1-13 对比分析，可以看出，此时转子磁场相当于他励直流电动机的定子励磁磁场，转子笼型绕组相当于电枢绕组。尽管笼型转子的各导条在 N 极和 S 极下交替旋转，但整个导条产生的磁动势矢量 $\boldsymbol{f}_r$ 其轴线却始终与转子磁场轴线正交，即转子笼型绕组同样具有换向器绕组的特性，可将其等效为图 2-4c 的形式，它所产生的磁动势矢量即为 $\boldsymbol{f}_r$，图 2-4 中将其表示为 $\boldsymbol{f}_t$，它位于 T 轴上且与 T 轴方向相反。进一步将这个换向器绕组等效为“伪静止”线圈 t，如图 2-4d 所示，t 线圈与图 1-15 中的线圈 q 相对应。

图 2-4a 中，转子电流矢量 $\boldsymbol{i}_r$ 已表示为（L_r/L_m）i_t，因为 $\boldsymbol{i}_r$ 位于 T 轴上，故以坐标分量形式来表示，小写字母“t”表示是转子侧的量，系数 L_r/L_m 是由定、转子磁动势平衡方程式确定的，在以后的分析中会予以解释。此转子电流已相当于直流电动机的电枢电流，完全用于产生转矩，故称为转子转矩电流。

由图 2-4a，可将式（1-176）表示为

$$t_e = p_0 |\psi_g \| \boldsymbol{i}_r| \cos\psi_2 = p_0 \psi_r i_r \tag{2-28}$$

式中，ψ_r 和 i_r 分别为转子磁链矢量和转子电流矢量的幅值。

式（2-28）表明，基于转子磁场的转矩生成，与基于气隙磁场的转矩生成相比，已消除了转子漏磁场的影响，可将三相感应电动机等效为他励直流电动机。控制转子电流 i_r 就相当于控制直流电动机电枢电流 i_q，如果再能够控制转子磁场幅值恒定，转矩与转子电流就具有线性关系，从转矩控制角度看，可获得与他励直流电动机相同的控制特性。

转子磁场幅值变化时的转子电流矢量如图 2-5 所示。电动机在动态运行中，如果转子磁场幅值也发生了变化，那么在转子各导条中还会感生变压器电动势。若在图 2-5a 所示时刻，转子磁场幅值正在增加，各导条中的电动势便如图中所示。其中处于 T 轴位置上的两个导条中变压器电动势最大，而处于 M 轴位置上的两个导条中变压器电动势为零，这与运动电动势的空间分布情况恰好相反。由于转子各线圈相当于无漏电感电路，因此各导条电流大小的空间分布与变压器电动势大小的空间分布相一致，如图 2-5b 所示。

图 2-5a 中的笼型绕组也具有换向器绕组的特性，即转子在旋转时，尽管导条的位置在变化，但处于 M 轴左侧的各导条中电流的方向始终向内，而处于 M 轴右侧的各导条中电流的方向始终向外，由整个导条电流建立起的转子磁动势 $\boldsymbol{f}_m$ 其轴线始终与 M 轴相反（当转子磁场幅值增加时）或相同（当转子磁场幅值减小时）。同样可将笼型绕组等效为换向器绕组，如图 2-5c 所示，再将这个换向器绕组等效为“伪静止”线圈 m，如图 2-5d 所示。因为转子磁场ψ_r 在 T 轴方向上的分量为零，所以在线圈 m 中不会产生运动电动势。

应该指出的是，由于转子磁动势矢量 $\boldsymbol{f}_m$ 产生的励磁磁场与转子磁场在方向上始终一致或相反，因此不会产生电磁转矩；从机电能量转换角度看，导条中的变压器电动势不会将磁场能量转换为机械能，因而不会产生电磁转矩。

由于转子笼型绕组为短路绕组，当转子磁场幅值变化时，笼型短路绕组相当于变压器的二次侧短路绕组，一定会产生短路电流来阻尼转子磁场的变化。此转子电流仅影响转子磁场的励磁变化，故称为转子电流励磁分量。如果转子磁场幅值不变，就不会在笼型绕组中感生这种阻尼电流，转子线圈 m 中的电流 i_m 便为零。

在动态情况下，考虑到图 2-4 和图 2-5 所示的两种情况，可将转子笼型绕组等效为如图 2-6a 所示的 MT 轴换向器绕组，图中所示的导体内电流方向与 i_t 相对应，导体外电流方向与 i_m 相对应，进一步可将两换向器绕组表示为位于 MT 轴上的“伪静止”线圈 m 和 t，如图 2-6b所示。

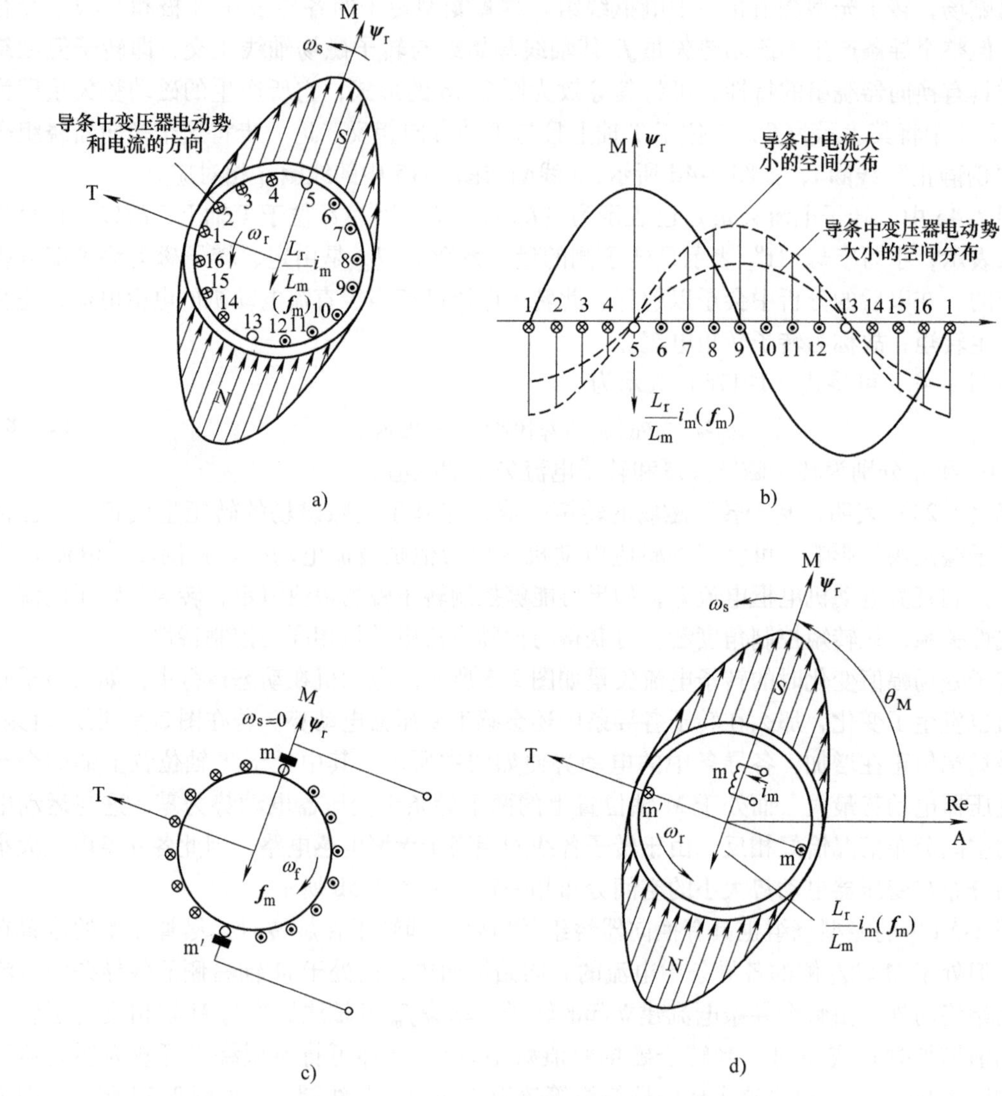

图 2-5 转子磁场幅值变化时的转子电流矢量

a）转子电流与转子磁动势 b）导条中变压器电动势和电流大小的空间分布

c）等效的换向器绕组 d）转子 M 轴伪静止线圈 m

接下来的问题是，如何建立和控制转子磁场？在正弦稳态下，由图 2-2 可知，是将定子电流 $\dot{I}_s$ 分解为励磁分量 $\dot{I}_{sM}$ 和转矩分量 $\dot{I}_{sT}$，前者用以建立转子磁场 $\psi_r = L_m I_{sM}$，后者用来平衡转子电流，$\dot{I}_{sT} = -(L_r/L_m)\dot{I}_r$。这实质上是将定子磁动势 $\boldsymbol{f}_s$ 分解为两个分量 $\boldsymbol{f}_M$ 和 $\boldsymbol{f}_T$，由 $\boldsymbol{f}_M$ 建立转子磁场，由 $\boldsymbol{f}_T$ 与转子磁动势相平衡，进而相当于将图 1-32 中的单轴线圈 s 改造为 MT 轴上的双轴线圈 M 和 T，每个线圈有效匝数与单轴线圈相同。这相当于，在 MT 轴系内，将定子电流矢量分解成两个分量，$\boldsymbol{i}_s = i_M + \mathrm{j}i_T$。双轴线圈 M 和 T 流过电流 i_M 和 i_T 时，分别产生磁动势矢量 $\boldsymbol{f}_M$ 和 $\boldsymbol{f}_T$，i_M 便为定子电流矢量 $\boldsymbol{i}_s$ 的励磁分量（用以建立转子磁场），i_T 为转矩分量（用以平衡转子 T 轴磁动势）。这种情形也可用图 2-2 中时间相量与空间矢量

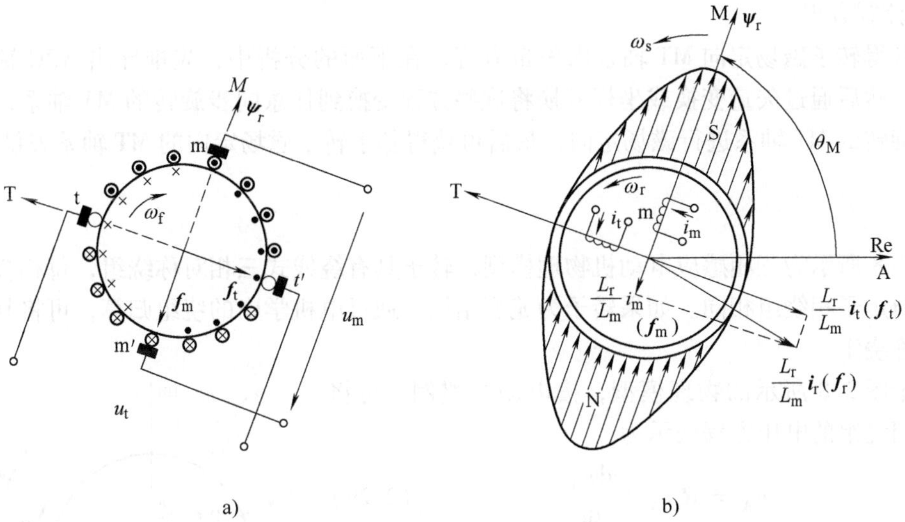

图 2-6　转子笼型绕组等效为 MT 轴线圈

a）等效的 MT 轴换向器绕组　b）MT 轴“伪静止”线圈

（括号内物理量）的时空关系来说明。事实上，定子电流矢量 $\boldsymbol{i}_s$ 是由三相正弦电流构成的矢量，$\boldsymbol{i}_s$ 的 M 轴分量 $\boldsymbol{i}_M$ 便是由三相正弦电流中的励磁分量 $\dot{I}_{sMA}$、$\dot{I}_{sMB}$ 和 $\dot{I}_{sMC}$ 构成的矢量，而 T 轴分量 $\boldsymbol{i}_T$ 是由三相正弦电流中的转矩分量 $\dot{I}_{sTA}$、$\dot{I}_{sTB}$ 和 $\dot{I}_{sTC}$ 构成的矢量。因取 A 轴同为时间参考轴和空间参考轴，所以图中的 $\dot{I}_s$ 实为 A 相电流，而 $\dot{I}_{sM}$ 和 $\dot{I}_{sT}$ 实为 $\dot{I}_{sMA}$ 和 $\dot{I}_{sTA}$。这说明，在正弦稳态下也可运用时间相量来分析磁场和转矩控制问题，但在动态下，图 2-2 便不再成立。采用空间矢量，不仅在稳态情况下，在动态情况下也能时刻将 $\boldsymbol{i}_s$ 分解成两个分量 i_M 和 i_T，由 i_M 和 i_T 分别控制转子磁场和平衡转子电流的转矩分量。最后，可将图 2-6b 进一步表示为图 2-7 所示的物理模型，可以用此物理模型来分析基于转子磁场的稳态和瞬态转矩控制问题。

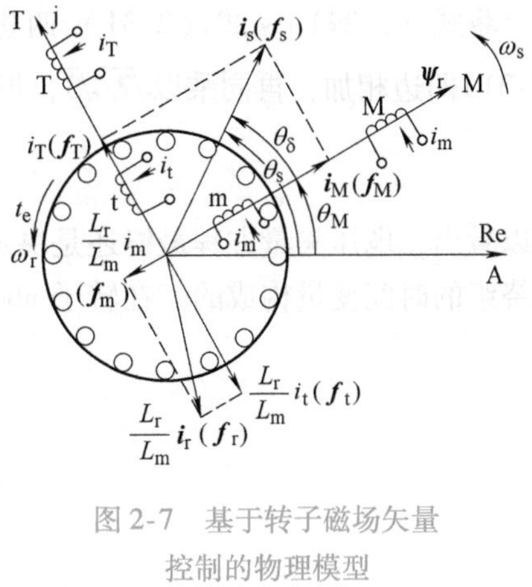

图 2-7　基于转子磁场矢量控制的物理模型

然而，$\boldsymbol{i}_s(\boldsymbol{f}_s)$ 可在空间分解成无数对分量 $i_M(\boldsymbol{f}_M)$ 和 $i_T(\boldsymbol{f}_T)$，或者说，在空间复平面内，MT 轴系有无数多个可供选择，其中只有一个特定轴系，此轴系的 M 轴应与转子磁链矢量 ψ_r 始始取得一致，此时 $i_M(\boldsymbol{f}_M)$ 才会是产生 ψ_r 的真实的励磁电流（矢量）。通常，将此称为 MT 轴系沿转子磁场定向，简称磁场定向（Field Orientation）。将此时的 MT 轴系称为转子磁场定向 MT 轴系。

2.2　空间矢量方程

为在转子磁场定向 MT 轴系内实现转子磁场和转矩的有效控制，这就要确定对 i_M 和 i_T 的控制规律。为此，先要求得转子磁场定向 MT 轴系内的矢量方程，然后再从中构建对 i_M

和 i_T 的控制方程。

为获得转子磁场定向 MT 轴系内矢量方程，在下面的分析中，先推导出 ABC 轴系的矢量方程，然后通过矢量变换或坐标变换将这些方程变换到任意同步旋转的 MT 轴系，再将任意同步旋转的 MT 轴系进行磁场定向，最后可获得基于转子磁场定向的 MT 轴系矢量方程。

2.2.1 ABC 轴系矢量方程

图 2-8 所示为三相感应电动机物理模型，转子具有绕线式三相对称绕组，每相绕组的有效匝数与定子相绕组相同。如果转子为笼型结构，通过电机学中的绕组归算，可将其等效为三相对称绕组。

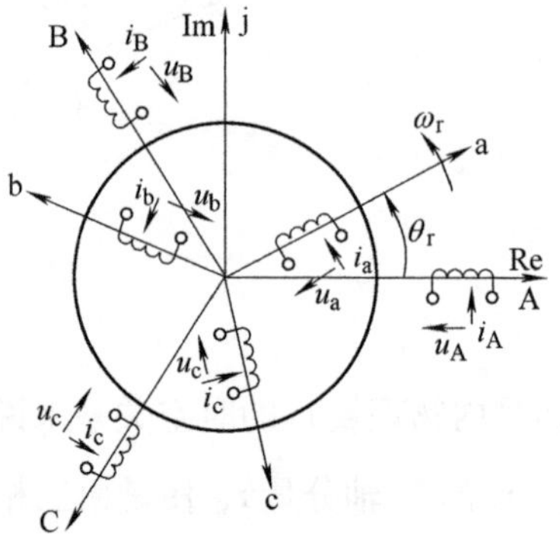

图 2-8 三相感应电动机物理模型

对于图 2-8 所示的物理模型，按电动机惯例，可将定子三相绕组的电压方程表示为

$$u_A = R_s i_A + \frac{d\psi_A}{dt} \tag{2-29}$$

$$u_B = R_s i_B + \frac{d\psi_B}{dt} \tag{2-30}$$

$$u_C = R_s i_C + \frac{d\psi_C}{dt} \tag{2-31}$$

式中，R_s 为每相绕组电阻，ψ_A、ψ_B 和ψ_C 分别为三相绕组的全磁链。

式（2-29）~式（2-31）为标量（时间变量）方程。将式（2-29）~式（2-31）两边分别同乘以 a^0、a 和 a^2，然后将式（2-29）~式（2-31）两边相加，再同乘以$\sqrt{2}/\sqrt{3}$，根据空间矢量定义，可得如下的定子电压矢量方程

$$\boldsymbol{u}_s = R_s \boldsymbol{i}_s + \frac{d\boldsymbol{\psi}_s}{dt} \tag{2-32}$$

可以看出，电压矢量方程最终还是决定于三相绕组的时变量方程，因为空间矢量毕竟是由三相绕组的时间变量构成的。在转子 abc 轴系中，同样可将转子三相绕组的电压方程表示为

$$u_a = R_r i_a + \frac{d\psi_a}{dt} \tag{2-33}$$

$$u_b = R_r i_b + \frac{d\psi_b}{dt} \tag{2-34}$$

$$u_c = R_r i_c + \frac{d\psi_c}{dt} \tag{2-35}$$

式中，R_r 为每相绕组电阻，ψ_a、ψ_b 和ψ_c 分别为三相绕组的全磁链。

同理，由式（2-33）~式（2-35）可得转子电压矢量方程为

$$\boldsymbol{u}_r^{abc} = R_r \boldsymbol{i}_r^{abc} + \frac{d\boldsymbol{\psi}_r^{abc}}{dt} \tag{2-36}$$

式中，上角标“abc”表示是转子 abc 轴系中的矢量。

式（1-116a）所示的变换关系同样适用于其他矢量，即有

$$\boldsymbol{u}_r^{abc} = \boldsymbol{u}_r e^{-j\theta_r} \tag{2-37}$$

$$\boldsymbol{i}_{\mathrm{r}}^{\mathrm{abc}}=\boldsymbol{i}_{\mathrm{r}}\mathrm{e}^{-\mathrm{j}\theta_{\mathrm{r}}} \tag{2-38}$$

$$\boldsymbol{\psi}_{\mathrm{r}}^{\mathrm{abc}}=\boldsymbol{\psi}_{\mathrm{r}}\mathrm{e}^{-\mathrm{j}\theta_{\mathrm{r}}} \tag{2-39}$$

将式（2-37）～式（2-39）代入式（2-36），可得以ABC轴系表示的转子电压矢量方程。即有

$$\boldsymbol{u}_{\mathrm{r}}=R_{\mathrm{r}}\boldsymbol{i}_{\mathrm{r}}+\frac{\mathrm{d}\boldsymbol{\psi}_{\mathrm{r}}}{\mathrm{d}t}-\mathrm{j}\omega_{\mathrm{r}}\boldsymbol{\psi}_{\mathrm{r}} \tag{2-40}$$

式中，ω_{r} 为转子的电角速度。

如1.3.1节所述，这实际上是用一个经频率归算的静止的转子代替实际旋转的转子，且转子a相绕组轴线与定子A相绕组取得一致，如图2-9所示。

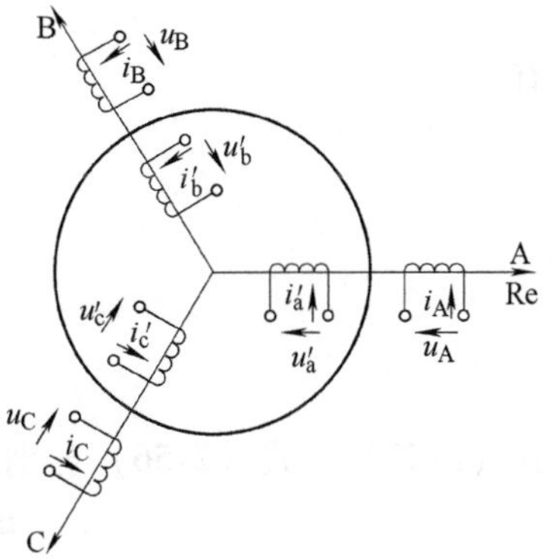

图2-9　转子绕组频率归算后的物理模型

由1.3.4节已知，定、转子磁链矢量方程为

$$\boldsymbol{\psi}_{\mathrm{s}}=L_{\mathrm{s}}\boldsymbol{i}_{\mathrm{s}}+L_{\mathrm{m}}\boldsymbol{i}_{\mathrm{r}} \tag{2-41}$$

$$\boldsymbol{\psi}_{\mathrm{r}}=L_{\mathrm{m}}\boldsymbol{i}_{\mathrm{s}}+L_{\mathrm{r}}\boldsymbol{i}_{\mathrm{r}} \tag{2-42}$$

将式（2-41）和式（2-42）分别代入式（2-32）和式（2-40），可得以电感参数表示的电压矢量方程为

$$\begin{pmatrix}\boldsymbol{u}_{\mathrm{s}}\\ \boldsymbol{u}_{\mathrm{r}}\end{pmatrix}=\begin{pmatrix}R_{\mathrm{s}} & 0\\ 0 & R_{\mathrm{r}}\end{pmatrix}\begin{pmatrix}\boldsymbol{i}_{\mathrm{s}}\\ \boldsymbol{i}_{\mathrm{r}}\end{pmatrix}+p\begin{pmatrix}L_{\mathrm{s}} & L_{\mathrm{m}}\\ L_{\mathrm{m}} & L_{\mathrm{r}}\end{pmatrix}\begin{pmatrix}\boldsymbol{i}_{\mathrm{s}}\\ \boldsymbol{i}_{\mathrm{r}}\end{pmatrix}-\mathrm{j}\omega_{\mathrm{r}}\begin{pmatrix}0 & 0\\ L_{\mathrm{m}} & L_{\mathrm{r}}\end{pmatrix}\begin{pmatrix}\boldsymbol{i}_{\mathrm{s}}\\ \boldsymbol{i}_{\mathrm{r}}\end{pmatrix} \tag{2-43}$$

可将式（2-43）简写成

$$\begin{pmatrix}\boldsymbol{u}_{\mathrm{s}}\\ \boldsymbol{u}_{\mathrm{r}}\end{pmatrix}=\begin{pmatrix}R_{\mathrm{s}}+L_{\mathrm{s}}p & L_{\mathrm{m}}p\\ L_{\mathrm{m}}(p-\mathrm{j}\omega_{\mathrm{r}}) & R_{\mathrm{r}}+L_{\mathrm{r}}(p-\mathrm{j}\omega_{\mathrm{r}})\end{pmatrix}\begin{pmatrix}\boldsymbol{i}_{\mathrm{s}}\\ \boldsymbol{i}_{\mathrm{r}}\end{pmatrix} \tag{2-44}$$

式中，p 为微分算子，$p=\mathrm{d}/\mathrm{d}t$。

可将式（2-32）和式（2-40）表示为另一种形式。在ABC轴系中，定、转子磁链矢量 $\boldsymbol{\psi}_{\mathrm{s}}$ 和 $\boldsymbol{\psi}_{\mathrm{r}}$ 为

$$\boldsymbol{\psi}_{\mathrm{s}}=|\boldsymbol{\psi}_{\mathrm{s}}|\mathrm{e}^{\mathrm{j}\rho_{\mathrm{s}}} \tag{2-45}$$

$$\boldsymbol{\psi}_{\mathrm{r}}=|\boldsymbol{\psi}_{\mathrm{r}}|\mathrm{e}^{\mathrm{j}\rho_{\mathrm{r}}} \tag{2-46}$$

式中，ρ_{s} 和 ρ_{r} 分别为 $\boldsymbol{\psi}_{\mathrm{s}}$ 和 $\boldsymbol{\psi}_{\mathrm{r}}$ 的空间相位。将式（2-45）和式（2-46）分别代入式（2-32）和式（2-40），可得

$$\boldsymbol{u}_{\mathrm{s}}=R_{\mathrm{s}}\boldsymbol{i}_{\mathrm{s}}+\frac{\mathrm{d}|\boldsymbol{\psi}_{\mathrm{s}}|}{\mathrm{d}t}\mathrm{e}^{\mathrm{j}\rho_{\mathrm{s}}}+\mathrm{j}\omega_{\mathrm{s}}\boldsymbol{\psi}_{\mathrm{s}} \tag{2-47}$$

$$0=R_{\mathrm{r}}\boldsymbol{i}_{\mathrm{r}}+\frac{\mathrm{d}|\boldsymbol{\psi}_{\mathrm{r}}|}{\mathrm{d}t}\mathrm{e}^{\mathrm{j}\rho_{\mathrm{r}}}+\mathrm{j}(\omega_{\mathrm{s}}-\omega_{\mathrm{r}})\boldsymbol{\psi}_{\mathrm{r}} \tag{2-48}$$

利用 $\omega_{\mathrm{s}}-\omega_{\mathrm{r}}=\omega_{\mathrm{f}}=s\omega_{\mathrm{s}}$ 的关系，可将式（2-48）表示为

$$0=\frac{R_{\mathrm{r}}}{s}\boldsymbol{i}_{\mathrm{r}}+\frac{1}{s}\frac{\mathrm{d}|\boldsymbol{\psi}_{\mathrm{r}}|}{\mathrm{d}t}\mathrm{e}^{\mathrm{j}\rho_{\mathrm{r}}}+\mathrm{j}\omega_{\mathrm{s}}\boldsymbol{\psi}_{\mathrm{r}} \tag{2-49}$$

式（2-48）和式（2-49）中，已假定 $\boldsymbol{\psi}_{\mathrm{r}}$ 在空间旋转的电角速度亦为 ω_{s}。式右端的第一项与电阻压降相对应；第二项与由 $\boldsymbol{\psi}_{\mathrm{r}}$ 幅值变化感生的变压器电动势矢量相对应；第三项与由 $\boldsymbol{\psi}_{\mathrm{r}}$ 旋转产生的运动电动势矢量相对应。

在正弦稳态下，$\boldsymbol{\psi}_{\mathrm{s}}$ 和 $\boldsymbol{\psi}_{\mathrm{r}}$ 的幅值不变，式（2-47）和式（2-49）右端第二项均为零，于是可将式（2-47）和式（2-49）表示为

$$\boldsymbol{u}_s = R_s \boldsymbol{i}_s + j\omega_s \boldsymbol{\psi}_s \quad (2\text{-}50)$$

$$0 = \frac{R_r}{s}\boldsymbol{i}_r + j\omega_s \boldsymbol{\psi}_r \quad (2\text{-}51)$$

另有

$$\boldsymbol{\psi}_s = \boldsymbol{\psi}_{s\sigma} + \boldsymbol{\psi}_g \quad (2\text{-}52)$$

$$\boldsymbol{\psi}_r = \boldsymbol{\psi}_{r\sigma} + \boldsymbol{\psi}_g \quad (2\text{-}53)$$

$$\boldsymbol{\psi}_g = L_m(\boldsymbol{i}_s + \boldsymbol{i}_r) = L_m \boldsymbol{i}_g \quad (2\text{-}54)$$

$$\boldsymbol{\psi}_{s\sigma} = L_{s\sigma}\boldsymbol{i}_s \quad (2\text{-}55)$$

$$\boldsymbol{\psi}_{r\sigma} = L_{s\sigma}\boldsymbol{i}_r \quad (2\text{-}56)$$

将式（2-52）~式（2-56）分别代入式（2-50）和式（2-51），可得

$$\boldsymbol{u}_s = R_s \boldsymbol{i}_s + j\omega_s L_{s\sigma}\boldsymbol{i}_s + j\omega_s L_m \boldsymbol{i}_g \quad (2\text{-}57)$$

$$0 = \frac{R_r}{s}\boldsymbol{i}_r + j\omega_s L_{r\sigma}\boldsymbol{i}_r + j\omega_s L_m \boldsymbol{i}_g \quad (2\text{-}58)$$

由式（2-57）和式（2-58）可得如图 2-10 所示的等效电路和如图 2-11 所示的稳态矢量图。在正弦稳态下，图 2-10 和图 2-11 分别与图 1-36 和图 1-37 具有时空对应关系。

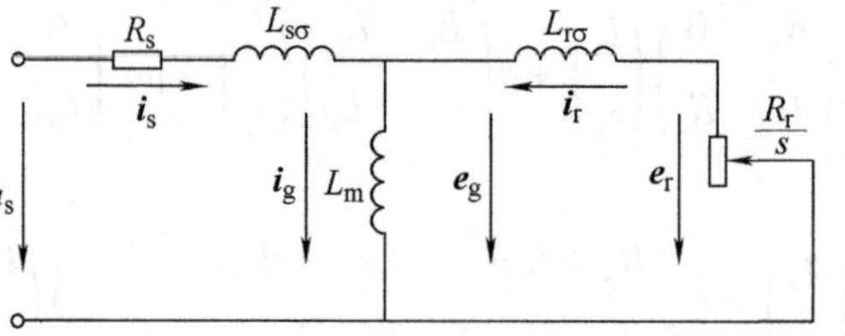

图 2-10　三相感应电动机稳态等效电路

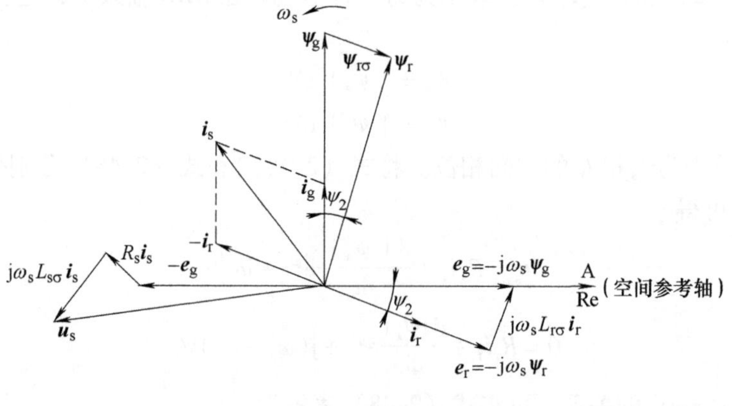

图 2-11　三相感应电动机稳态矢量图

以 ABC 轴系表示的矢量方程是分析矢量控制的基础方程。但是，还不能直接利用这些方程来实现矢量控制。例如，基于转子磁场定向的矢量控制，首先要解决的是如何将定子电流矢量 $\boldsymbol{i}_s$ 分解为励磁分量 i_M 和转矩分量 i_T，这在静止的三相 ABC 轴系内是无法实现的，为此，先要将静止的 ABC 轴系矢量方程转变为任意同步旋转的 MT 轴系矢量方程，然后再将任意同步旋转的 MT 轴系沿转子磁场方向进行磁场定向。这需要通过坐标变换或矢量变换来实现。

2.2.2 坐标变换和矢量变换

1. 静止 ABC 轴系到静止 DQ 轴系的坐标变换

静止 ABC 轴系与静止 DQ 轴系如图 2-12 所示。为满足功率不变约束，在图 2-12 中，设定 DQ 轴系中定子绕组 DQ 以及转子绕组 dq 的有效匝数均为 ABC 轴系每相绕组有效匝数的 $\sqrt{3}/\sqrt{2}$倍。

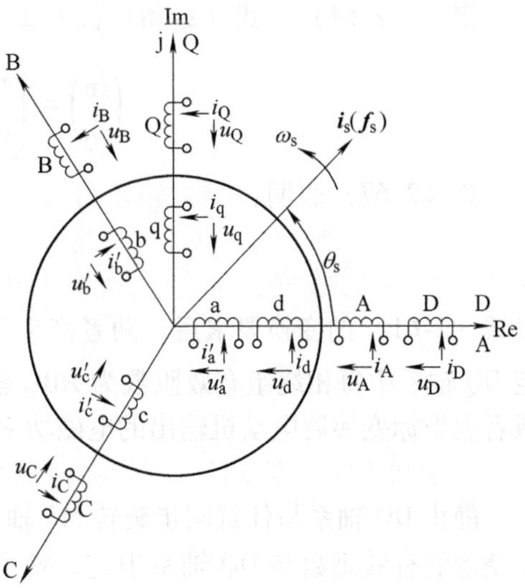

图 2-12 静止 ABC 轴系与静止 DQ 轴系

磁动势等效是坐标变换的基础和原则。因为只有这样，坐标变换后才不会改变电动机内的气隙磁场分布，才不会影响机电能量转换和电磁转矩生成。

ABC 轴系定子三相电流 i_A、i_B 和 i_C 产生的磁动势与二相定子电流 i_D 和 i_Q 产生的磁动势，若能满足式（2-59）和式（2-60）的关系，则两个轴系产生的便是同一个定子磁动势矢量 $\boldsymbol{f}_s$，即有

$$\sqrt{\frac{3}{2}}N_s i_D = N_s i_A \cos 0° + N_s i_B \cos\frac{2\pi}{3} + N_s i_C \cos\frac{4\pi}{3} \tag{2-59}$$

$$\sqrt{\frac{3}{2}}N_s i_Q = 0 + N_s i_B \sin\frac{2\pi}{3} + N_s i_C \sin\frac{4\pi}{3} \tag{2-60}$$

于是，可得

$$\begin{pmatrix} i_D \\ i_Q \end{pmatrix} = \sqrt{\frac{2}{3}}\begin{pmatrix} 1 & -\frac{1}{2} & -\frac{1}{2} \\ 0 & \frac{\sqrt{3}}{2} & -\frac{\sqrt{3}}{2} \end{pmatrix}\begin{pmatrix} i_A \\ i_B \\ i_C \end{pmatrix} \tag{2-61}$$

或者

$$\begin{pmatrix} i_A \\ i_B \\ i_C \end{pmatrix} = \sqrt{\frac{2}{3}}\begin{pmatrix} 1 & 0 \\ -\frac{1}{2} & \frac{\sqrt{3}}{2} \\ -\frac{1}{2} & -\frac{\sqrt{3}}{2} \end{pmatrix}\begin{pmatrix} i_D \\ i_Q \end{pmatrix} \tag{2-62}$$

这种变换同样适用于其他矢量。应指出，上述变换中，没有列写出与零序电流相关的部分。

基于磁动势等效原则，由 $\boldsymbol{i}_s = i_D + \mathrm{j}i_Q$ 和 $\boldsymbol{i}_s = \sqrt{\frac{2}{3}}\ (i_A + ai_B + a^2 i_C)$，可直接得到

$$i_D + \mathrm{j}i_Q = \sqrt{\frac{2}{3}}(i_A + ai_B + a^2 i_C) \tag{2-63}$$

利用关系式 $\mathrm{e}^{\mathrm{j}\theta} = \cos\theta + \mathrm{j}\sin\theta$，并令等式（2-63）左右两边虚、实部相等，同样可得式(2-61)和式（2-62）所示的坐标变换。

在正弦稳态下，设定子三相电流为

$$i_A = \sqrt{2}I_s\cos(\omega_s t + \phi_1) \tag{2-64}$$

$$i_B = \sqrt{2}I_s\cos(\omega_s t + \phi_1 - 120°) \tag{2-65}$$

$$i_C = \sqrt{2}I_s\cos(\omega_s t + \phi_1 - 240°) \tag{2-66}$$

式中，ϕ_1为定子A相电流初始相位角。

将式（2-64）~式（2-66）代入式（2-61），可得

$$\begin{pmatrix} i_D \\ i_Q \end{pmatrix} = \begin{pmatrix} \sqrt{3}I_s\cos(\omega_s t + \phi_1) \\ \sqrt{3}I_s\sin(\omega_s t + \phi_1) \end{pmatrix} \tag{2-67}$$

式（2-67）表明，ABC轴系到DQ轴系的变换，仅是一种相数的变换，只是将对称的三相静止绕组变换为了对称的二相静止绕组，就产生圆形旋转磁动势方式而言，两者没有本质的区别，都是在静止的空间对称绕组内通以时变的交流电流，电流的频率没有改变，在满足式（2-61）的变换要求后，两者产生了同一个磁动势矢量。由式（2-67）可以证明，设定DQ轴系中每相绕组有效匝数为ABC轴系每相匝数的$\sqrt{3}/\sqrt{2}$倍，满足了功率不变的约束，或者说坐标变换后电动机输出的电磁功率和转矩不变。

2. 静止DQ轴系到任意同步旋转MT轴系的变换

静止DQ轴系与任意同步旋转MT轴系如图2-13所示。图中，设定MT轴系中定、转子每绕组的有效匝数与DQ轴系中定、转子每绕组的有效匝数相同，且MT轴系与定子电流矢量$\boldsymbol{i}_s$同步旋转，旋转速度同为ω_s。

在MT轴系中，可将$\boldsymbol{i}_s$表示为$\boldsymbol{i}_s^M = |\boldsymbol{i}_s|e^{j\theta_\delta}$；在DQ轴系中，可将$\boldsymbol{i}_s$表示为$\boldsymbol{i}_s^D = |\boldsymbol{i}_s|e^{j\theta_s}$。于是，可有

$$\boldsymbol{i}_s^M = \boldsymbol{i}_s^D e^{-j\theta_M} \tag{2-68}$$

$$\boldsymbol{i}_s^D = \boldsymbol{i}_s^M e^{j\theta_M} \tag{2-69}$$

式（2-68）和式（2-69）表示的即为DQ轴系与MT轴系间的矢量变换，$e^{-j\theta_M}$为DQ轴系到MT轴系的变换因子，反之$e^{j\theta_M}$为MT轴系到DQ轴系的变换因子。$e^{-j\theta_M}$和$e^{j\theta_M}$可同样用于其他矢量的变换。

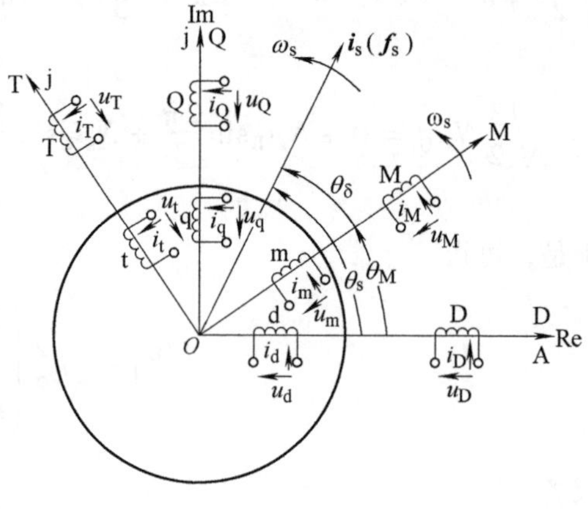

图2-13　静止DQ轴系与任意同步旋转MT轴系

依据磁动势等效原则，由图2-13可得

$$i_M = i_D\cos\theta_M + i_Q\sin\theta_M \tag{2-70}$$

$$i_T = -i_D\sin\theta_M + i_Q\cos\theta_M \tag{2-71}$$

或者

$$\begin{pmatrix} i_M \\ i_T \end{pmatrix} = \begin{pmatrix} \cos\theta_M & \sin\theta_M \\ -\sin\theta_M & \cos\theta_M \end{pmatrix}\begin{pmatrix} i_D \\ i_Q \end{pmatrix} \tag{2-72a}$$

同理，可得

$$\begin{pmatrix} i_D \\ i_Q \end{pmatrix} = \begin{pmatrix} \cos\theta_M & -\sin\theta_M \\ \sin\theta_M & \cos\theta_M \end{pmatrix}\begin{pmatrix} i_M \\ i_T \end{pmatrix} \tag{2-72b}$$

事实上，将$\boldsymbol{i}_s^M$和$\boldsymbol{i}_s^D$分别表示为$\boldsymbol{i}_s^M = i_M + ji_T$和$\boldsymbol{i}_s^D = i_D + ji_Q$，由式（2-68）和式（2-69）

便可直接得到式（2-70）和式（2-71）。这表明，矢量变换与坐标变换实质是一样的，前者是由变换因子反映了两个复平面极坐标间的关系，后者是由坐标变换矩阵反映了两个复平面内坐标分量间的关系。

在正弦稳态下，MT 轴系恒速旋转，θ_M 可表示为 $\theta_M=\omega_s t+\theta_0$，$\theta_0$ 为 MT 轴系相对 DQ 轴系的初始相位角，由于 θ_0 可取任意值，因此图 2-13 中的 MT 轴系为任意选择的同步旋转轴系。现将式（2-67）所示的定子电流 i_D 和 i_Q 变换到 MT 轴系中，可得

$$\begin{pmatrix} i_M \\ i_T \end{pmatrix}=\begin{pmatrix} \sqrt{3}I_s\cos(\phi_1-\theta_0) \\ \sqrt{3}I_s\sin(\phi_1-\theta_0) \end{pmatrix}$$

上式表明，i_M 和 i_T 已变为直流量，即通过 DQ 轴系到任意同步旋转 MT 轴系的变换，已将定子二相绕组中的对称正弦电流变换为了 MT 轴系定子二相绕组中的恒定直流。

在正弦稳态下，图 2-13 中的 $\boldsymbol{i}_s$（$\boldsymbol{f}_s$）为幅值恒定的单轴矢量，$|\boldsymbol{i}_s|=\sqrt{3}I_s$，因此 $\boldsymbol{i}_s(\boldsymbol{f}_s)$ 可以看成是向单轴线圈通以直流电流 $\sqrt{3}I_s$ 后产生的。现由同步旋转的 MT 轴系来产生这个矢量，自然双轴线圈 MT 中的电流 i_M 和 i_T 也应为直流。或者说，i_M 和 i_T 是 $\boldsymbol{i}_s$ 分解在 MT 轴系上的两个分量，自然 i_M 和 i_T 也应为直流量。

由静止 ABC 轴系到静止 DQ 轴系的变换仅是一种由三相到二相的“相数变换”，而静止 DQ 轴系到同步旋转 MT 轴系的变换却是一种“频率变换”。此时，式（2-72a）和式（2-72b）中的变换矩阵亦相当于一台变频器。

在直流电机中，通过电刷和换向器的作用，将电枢绕组中的交变电流改变为了直流，或者将外电路的直流改变为了电枢绕组中的交流。式（2-72a）或式（2-72b）进行的变换起到了电刷和换向器同样的作用，所以又将这种变换称为换向器变换。在图 2-13中，经过这种变换，已相当于将定子 DQ 绕组以及转子 dq 绕组同时变换成为换向器绕组，正是依靠这种换向器变换最终将三相感应电动机变换成为等效的直流电动机，才使三相感应电动机的转矩控制水平产生了“质”的飞跃，才可与直流电动机相媲美。

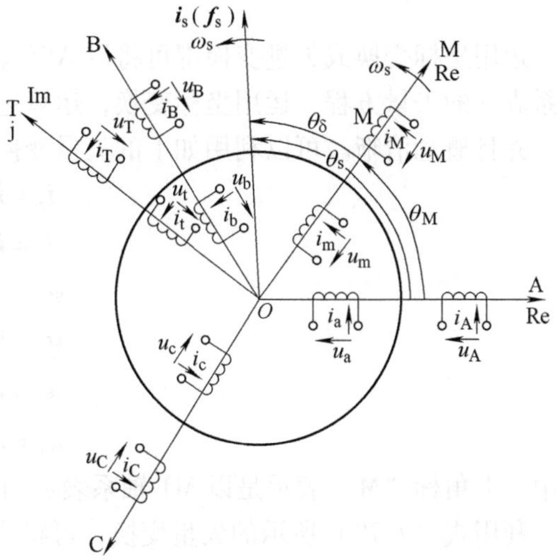

图 2-14　静止 ABC 轴系与任意同步旋转 MT 轴系

3. 静止 ABC 轴系到任意同步旋转 MT 轴系的变换

静止 ABC 轴系与任意同步旋转 MT 轴系如图 2-14 所示。利用矢量变换也可将图2-14中的 $\boldsymbol{i}_s$（$\boldsymbol{f}_s$）由 ABC 轴系直接变换到 MT 轴系，即有

$$\boldsymbol{i}_s^M=\boldsymbol{i}_s e^{-j\theta_M} \tag{2-73}$$

或者

$$\boldsymbol{i}_s=\boldsymbol{i}_s^M e^{j\theta_M} \tag{2-74}$$

若将 $\boldsymbol{i}_s^M=i_M+ji_T$ 和 $\boldsymbol{i}_s=\sqrt{\frac{2}{3}}(i_A+ai_B+a^2i_C)$ 分别代入式（2-73），则有

$$i_{\mathrm{M}}+\mathrm{j}i_{\mathrm{T}}=\sqrt{\frac{2}{3}}\left(i_{\mathrm{A}}\mathrm{e}^{-\mathrm{j}\theta_{\mathrm{M}}}+i_{\mathrm{B}}\mathrm{e}^{\mathrm{j}\left(\frac{2\pi}{3}-\theta_{\mathrm{M}}\right)}+i_{\mathrm{C}}\mathrm{e}^{\mathrm{j}\left(\frac{4\pi}{3}-\theta_{\mathrm{M}}\right)}\right) \tag{2-75}$$

利用关系式 $\mathrm{e}^{\mathrm{j}\theta}=\cos\theta+\mathrm{j}\sin\theta$，并令等式（2-75）左右两边虚、实部相等，可得

$$\begin{pmatrix} i_{\mathrm{M}} \\ i_{\mathrm{T}} \end{pmatrix}=\sqrt{\frac{2}{3}}\begin{pmatrix} \cos\theta_{\mathrm{M}} & \cos\left(\theta_{\mathrm{M}}-\frac{2\pi}{3}\right) & \cos\left(\theta_{\mathrm{M}}-\frac{4\pi}{3}\right) \\ -\sin\theta_{\mathrm{M}} & -\sin\left(\theta_{\mathrm{M}}-\frac{2\pi}{3}\right) & -\sin\left(\theta_{\mathrm{M}}-\frac{4\pi}{3}\right) \end{pmatrix}\begin{pmatrix} i_{\mathrm{A}} \\ i_{\mathrm{B}} \\ i_{\mathrm{C}} \end{pmatrix} \tag{2-76}$$

或者

$$\begin{pmatrix} i_{\mathrm{A}} \\ i_{\mathrm{B}} \\ i_{\mathrm{C}} \end{pmatrix}=\sqrt{\frac{2}{3}}\begin{pmatrix} \cos\theta_{\mathrm{M}} & -\sin\theta_{\mathrm{M}} \\ \cos\left(\theta_{\mathrm{M}}-\frac{2\pi}{3}\right) & -\sin\left(\theta_{\mathrm{M}}-\frac{2\pi}{3}\right) \\ \cos\left(\theta_{\mathrm{M}}-\frac{4\pi}{3}\right) & -\sin\left(\theta_{\mathrm{M}}-\frac{4\pi}{3}\right) \end{pmatrix}\begin{pmatrix} i_{\mathrm{M}} \\ i_{\mathrm{T}} \end{pmatrix} \tag{2-77}$$

上述变换同样适用于其他矢量。

应注意的是，虽然可以将 $\boldsymbol{i}_{\mathrm{s}}$ 由 ABC 轴系直接变换到 MT 轴系，但可理解为是先将 $\boldsymbol{i}_{\mathrm{s}}$ 由 ABC 轴系变换到了 DQ 轴系，再由 DQ 轴系变换到了 MT 轴系。实际上，由式（2-61）和式（2-72a）就可以得到式（2-76）。

2.2.3 任意同步旋转 MT 轴系矢量方程

运用坐标变换或矢量变换都可将以 ABC 轴系表示的矢量方程转换为以任意同步旋转 MT 轴系表示的矢量方程。运用坐标变换，运算过程会十分冗杂，而运用矢量变换，不仅运算简捷，并且概念清晰。可以利用如下的矢量变换关系，即有

$$\begin{aligned} \boldsymbol{i}_{\mathrm{s}} &= \boldsymbol{i}_{\mathrm{s}}^{\mathrm{M}}\mathrm{e}^{\mathrm{j}\theta_{\mathrm{M}}} \\ \boldsymbol{i}_{\mathrm{r}} &= \boldsymbol{i}_{\mathrm{r}}^{\mathrm{M}}\mathrm{e}^{\mathrm{j}\theta_{\mathrm{M}}} \\ \boldsymbol{\psi}_{\mathrm{s}} &= \boldsymbol{\psi}_{\mathrm{s}}^{\mathrm{M}}\mathrm{e}^{\mathrm{j}\theta_{\mathrm{M}}} \\ \boldsymbol{\psi}_{\mathrm{r}} &= \boldsymbol{\psi}_{\mathrm{r}}^{\mathrm{M}}\mathrm{e}^{\mathrm{j}\theta_{\mathrm{M}}} \\ \boldsymbol{u}_{\mathrm{s}} &= \boldsymbol{u}_{\mathrm{s}}^{\mathrm{M}}\mathrm{e}^{\mathrm{j}\theta_{\mathrm{M}}} \\ \boldsymbol{u}_{\mathrm{r}} &= \boldsymbol{u}_{\mathrm{r}}^{\mathrm{M}}\mathrm{e}^{\mathrm{j}\theta_{\mathrm{M}}} \end{aligned} \tag{2-78}$$

式中，上角标“M”表示是以 MT 轴系表示的矢量。

利用式（2-78）所示的矢量变换，可将式（2-41）和式（2-42）所示的定子磁链矢量方程由 ABC 轴系变换到 MT 轴系，即有

$$\boldsymbol{\psi}_{\mathrm{s}}^{\mathrm{M}}=L_{\mathrm{s}}\boldsymbol{i}_{\mathrm{s}}^{\mathrm{M}}+L_{\mathrm{m}}\boldsymbol{i}_{\mathrm{r}}^{\mathrm{M}} \tag{2-79}$$

$$\boldsymbol{\psi}_{\mathrm{r}}^{\mathrm{M}}=L_{\mathrm{m}}\boldsymbol{i}_{\mathrm{s}}^{\mathrm{M}}+L_{\mathrm{r}}\boldsymbol{i}_{\mathrm{r}}^{\mathrm{M}} \tag{2-80}$$

同样，可将式（2-32）和式（2-40）表示的定、转子电压矢量方程由 ABC 轴系变换到 MT 轴系，即有

$$\boldsymbol{u}_{\mathrm{s}}^{\mathrm{M}}=R_{\mathrm{s}}\boldsymbol{i}_{\mathrm{s}}^{\mathrm{M}}+p\boldsymbol{\psi}_{\mathrm{s}}^{\mathrm{M}}+\mathrm{j}\omega_{\mathrm{s}}\boldsymbol{\psi}_{\mathrm{s}}^{\mathrm{M}} \tag{2-81}$$

$$\boldsymbol{u}_{\mathrm{r}}^{\mathrm{M}}=R_{\mathrm{r}}\boldsymbol{i}_{\mathrm{r}}^{\mathrm{M}}+p\boldsymbol{\psi}_{\mathrm{r}}^{\mathrm{M}}+\mathrm{j}\omega_{\mathrm{f}}\boldsymbol{\psi}_{\mathrm{r}}^{\mathrm{M}} \tag{2-82}$$

若将式中的磁链、电压和电流矢量分别以 MT 轴系坐标分量表示，则有

$$\boldsymbol{\psi}_{\mathrm{s}}^{\mathrm{M}}=\psi_{\mathrm{M}}+\mathrm{j}\psi_{\mathrm{T}} \tag{2-83}$$

$$\psi_r^M = \psi_m + j\psi_t \tag{2-84}$$

$$\boldsymbol{i}_s^M = i_M + ji_T \tag{2-85}$$

$$\boldsymbol{i}_r^M = i_m + ji_t \tag{2-86}$$

$$\boldsymbol{u}_s^M = u_M + ju_T \tag{2-87}$$

$$\boldsymbol{u}_r^M = u_m + ju_t \tag{2-88}$$

将式（2-83）~式（2-86）分别代入式（2-79）和式（2-80），可得以 MT 轴系坐标分量表示的定、转子磁链方程

$$\psi_M = L_s i_M + L_m i_m \tag{2-89}$$

$$\psi_T = L_s i_T + L_m i_t \tag{2-90}$$

$$\psi_m = L_m i_M + L_r i_m \tag{2-91}$$

$$\psi_t = L_m i_T + L_r i_t \tag{2-92}$$

同理，由式（2-81）和式（2-82），可得以电流和磁链分量表示的电压分量方程

$$u_M = R_s i_M + p\psi_M - \omega_s \psi_T \tag{2-93}$$

$$u_T = R_s i_T + \omega_s \psi_M + p\psi_T \tag{2-94}$$

$$u_m = R_r i_m + p\psi_m - \omega_f \psi_t \tag{2-95}$$

$$u_t = R_r i_t + \omega_f \psi_m + p\psi_t \tag{2-96}$$

因为转子绕组是短路的，式（2-95）和式（2-96）中的 u_m 和 u_t 应为零。

若将式（2-89）~式（2-92）代入式（2-93）~式（2-96），可得以电流坐标分量和电感参数表示的电压分量方程，即有

$$\begin{pmatrix} u_M \\ u_T \\ 0 \\ 0 \end{pmatrix} = \begin{pmatrix} R_s + L_s p & -\omega_s L_s & L_m p & -\omega_s L_m \\ \omega_s L_s & R_s + L_s p & \omega_s L_m & L_m p \\ L_m p & -\omega_f L_m & R_r + L_r p & -\omega_f L_r \\ \omega_f L_m & L_m p & \omega_f L_r & R_r + L_r p \end{pmatrix} \begin{pmatrix} i_M \\ i_T \\ i_m \\ i_t \end{pmatrix} \tag{2-97}$$

2.2.4 转子磁场定向 MT 轴系矢量方程

虽然将定子电流矢量 $\boldsymbol{i}_s$ 可在任意同步旋转 MT 轴系内分解成两个正交分量 i_M 和 i_T，但是有无数多个 MT 轴系可供选择，也就是可将 $\boldsymbol{i}_s$ 分解成无数对 i_M 和 i_T。

MT 旋转轴系的磁场定向如图 2-15 所示。图中，若取 M 轴与ψ_r 一致，则 $\boldsymbol{f}_M$（i_M）与ψ_r 同向，分量 i_M 自然就是建立转子磁场的纯励磁分量，而 T 轴分量也就是纯转矩分量。在 2.1.2 节中，已将 MT 轴系沿转子磁场方向定向称为磁场定向。

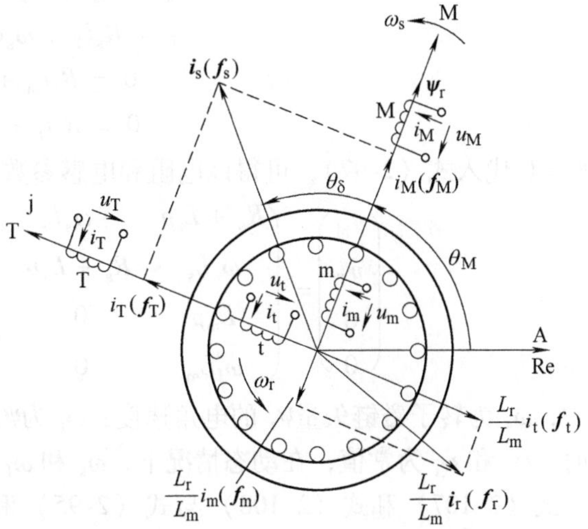

图 2-15　MT 旋转轴系的磁场定向

如果能够随时确定电动机内客观存

在的转子磁场轴线的空间相位 θ_M，就能随时确定所要选择的 MT 轴系的空间相位，也就实现了磁场定向。

如图 2-15 所示，因为 M 轴已与ψ_r 取得一致，所以转子磁链矢量ψ_r 在 T 轴方向上的分量ψ_t 应为零；反之，如果转子磁场在 T 轴方向上的分量为零，那么实际上已经实现了 MT 轴系的磁场定向。因此，可将转子磁场在 T 轴方向上的分量为零作为磁场定向的约束条件。由于 MT 轴系是沿转子磁场定向的，常将这种矢量控制称为基于转子磁场定向的矢量控制，又称为转子磁场定向控制或者磁场定向控制（Field Orientation Control，FOC）。

前面已推导出任意同步旋转 MT 轴系中的矢量方程，只要对其加以转子磁场 T 轴分量为零的约束，就可将其转化为磁场定向 MT 轴系的矢量方程。

1. 定、转子磁链方程

磁链矢量方程仍为

$$\psi_s^M = L_s \boldsymbol{i}_s^M + L_m \boldsymbol{i}_r^M \tag{2-98}$$

$$\psi_r^M = L_m \boldsymbol{i}_s^M + L_r \boldsymbol{i}_r^M \tag{2-99}$$

磁场定向 MT 轴系与任意同步旋转 MT 轴系的区别在于，前者必须满足磁场定向约束，即有$\psi_t=0$。于是，若将式（2-98）和式（2-99）写成坐标分量形式，则有

$$\psi_M = L_s i_M + L_m i_m \tag{2-100}$$

$$\psi_T = L_s i_T + L_m i_t \tag{2-101}$$

$$\psi_m = L_m i_M + L_r i_m \tag{2-102}$$

$$0 = L_m i_T + L_r i_t \tag{2-103}$$

式中，ψ_m 是转子 m 绕组的全磁链。

转子磁场定向后，ψ_m 即为图 1-32 中和 2.1.2 节用于转矩动态分析的图 2-4 ~ 图 2-7 中的转子磁链矢量ψ_r。于是，可将式（2-102）写成

$$\psi_r = \psi_m = L_m i_M + L_r i_m \tag{2-104}$$

2. 定、转子电压方程

由于$\psi_t=0$，由式（2-93）~式（2-96），可得

$$u_M = R_s i_M + p\psi_M - \omega_s \psi_T \tag{2-105}$$

$$u_T = R_s i_T + \omega_s \psi_M + p\psi_T \tag{2-106}$$

$$0 = R_r i_m + p\psi_r \tag{2-107}$$

$$0 = R_r i_t + \omega_f \psi_r \tag{2-108}$$

将$\psi_t=0$ 代入式（2-97），可得以电阻和电感参数表示的磁场定向电压方程为

$$\begin{pmatrix} u_M \\ u_T \\ 0 \\ 0 \end{pmatrix} = \begin{pmatrix} R_s + L_s p & -\omega_s L_s & L_m p & -\omega_s L_m \\ \omega_s L_s & R_s + L_s p & \omega_s L_m & L_m p \\ L_m p & 0 & R_r + L_r p & 0 \\ \omega_f L_m & 0 & \omega_f L_r & R_r \end{pmatrix} \begin{pmatrix} i_M \\ i_T \\ i_m \\ i_t \end{pmatrix} \tag{2-109}$$

式中，ω_s 为转子磁链矢量ψ_r 的电角速度；ω_f 为ψ_r 相对转子的转差角速度。电动机在稳态运行时，ω_s 和 ω_f 为常值；在动态情况下，ω_s 和 ω_f 均是变量。

式（2-107）和式（2-108）与式（2-95）和式（2-96）比较，已消除了 $-\omega_f\psi_t$ 项和 $p\psi_t$项，这意味着转子线圈 m 与 t 间不再有磁耦合。因此，满足磁场定向约束$\psi_t=0$，又称为

解耦约束，两者是同一个意思。

对比图 2-7 和图 2-15 可以看出，两者表示的物理模型相同。对于图 2-7，是通过定性分析得到的，但是这种定性分析尚无法建立 MT 轴系内的矢量方程，还无法实施实际的矢量控制。对于图 2-15，是先将笼型绕组归算为三相对称绕组，然后通过矢量变换最终将转子三相对称绕组等效成为图 2-15 所示的 MT 轴系上的转子绕组 m、t（伪静止线圈），这种矢量变换实际上是将转子笼型绕组先等效为图 2-6a 所示的换向器绕组，然后再表示为图 2-6b 所示的伪静止线圈，与此同时获得了转子电压方程式（2-107）和式（2-108）。图 2-6b 中，由于 ψ_r 在 T 轴方向上的分量 ψ_t 为零，伪静止线圈 m 在 T 轴下旋转时不会产生运动电动势，故式（2-107）中不再存在运动电动势项 $-\omega_f\psi_t$，仅有因 ψ_r 幅值变化在 m 线圈中引起的变压器电动势项 $p\psi_r$，此变压器电动势被 m 线圈电阻压降所平衡；由于 ψ_r 在 T 轴方向上的分量 ψ_t 为零，伪静止线圈 t 中也不会再存在变压器电动势，故式（2-108）中没有出现变压器电动势项 $p\psi_t$，只有因 t 线圈在 M 轴下旋转而产生的运动电动势项 $\omega_f\psi_r$，此运动电动势被 t 线圈电阻压降所平衡。对定子三相绕组而言，先进行静止 ABC 轴系到静止 DQ 轴系的变换，再经过静止 DQ 轴系到磁场定向 MT 轴系的变换，最后将定子二相静止绕组 DQ 变换为了换向器绕组 MT，如图 2-16 所示。

图 2-16 中，可看成 MT 轴系不动而定子二相 DQ 绕组顺时针同步旋转，旋转速度为 ω_s。通过式（2-72a）的换向器变换，将定子二相 DQ 绕组变换为了 MT 轴系换向器绕组，尽管定子在旋转，但在位于 M 轴和 T 轴两对电刷 M-M′和 T-T′作用下，两换向器绕组产生的磁动势 $\boldsymbol{f}_M$ 和 $\boldsymbol{f}_T$ 在空间却静止不动。事实上，定子绕组的这种换向器变换与转子绕组的换向器变换本质上是一样的，唯一的差别是转子换向器绕组相对 MT 轴系的旋转速度为转差速度 ω_f，而定子换向器绕组相对 MT 轴系的旋转速度为 ω_s。

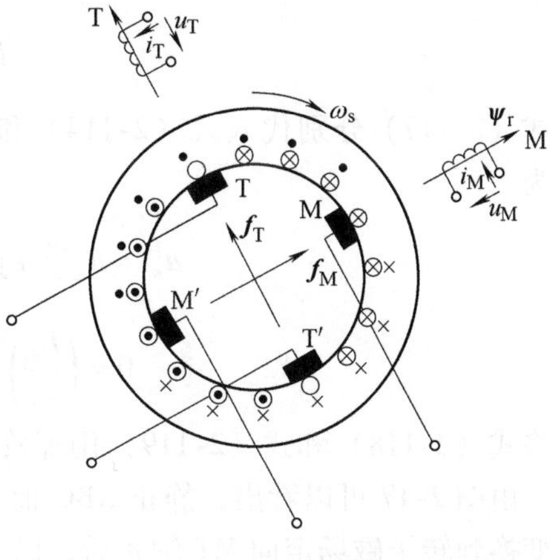

图 2-16　定子 MT 轴系换向器绕组

式（2-105）中，右端第二项是定子磁场分量 ψ_M 变化时在 M 轴换向器绕组 M 中感生的变压器电动势，第三项是换向器绕组 M 在定子磁场分量 ψ_T 作用下产生的运动电动势。同理，可以解释式（2-106）右端第二项和第三项具有的物理意义。值得注意的是，两式中运动电动势前的符号不同。运动电动势的正负可以这样确定：在图 2-15 中，令产生运动电动势的线圈沿旋转方向旋转 90°电角度，若其轴线与产生该电动势的磁场轴线方向一致，则运动电动势在方程中取负号；反之，则取正号。例如，M 线圈反时针旋转 90°电角度后，其轴线与 T 轴方向相同，故 u_M 电压方程中 $\omega_s\psi_T$ 项应为负号；同理，T 轴线圈反时针旋转 90°电角度后，其轴线与 M 轴方向相反，故 u_T 电压方程中 $\omega_s\psi_M$ 项应为正号。

定子电压方程式（2-105）与转子电压方程式（2-107）比较，多了一项 $-\omega_s\psi_T$，这是因为定子磁链 ψ_s 在 T 轴方向上的分量 ψ_T 并不为零。参见图 1-32 可知，MT 轴系沿转子磁场定向后，由于定、转子漏磁场的缘故，ψ_s 在 T 轴方向仍有分量 ψ_T。同样原因，在定子电压方程式（2-106）中仍会有变压器电动势 $p\psi_T$。

将电压方程式（2-105）~式（2-108）表示为矢量方程，仍为

$$\boldsymbol{u}_s^M = R_s\boldsymbol{i}_s^M + p\boldsymbol{\psi}_s^M + j\omega_s\boldsymbol{\psi}_s^M \tag{2-110}$$

$$0 = R_r\boldsymbol{i}_r^M + p\boldsymbol{\psi}_r^M + j\omega_f\boldsymbol{\psi}_r^M \tag{2-111}$$

根据式（2-110）和式（2-111），可以推导出稳态下的 MT 轴系电压矢量方程和等效电路。

此时，$p\boldsymbol{\psi}_s^M=0$，$p\boldsymbol{\psi}_r^M=0$，于是有

$$\boldsymbol{u}_s^M = R_s\boldsymbol{i}_s^M + j\omega_s\ (L_s\boldsymbol{i}_s^M + L_m\boldsymbol{i}_r^M) \tag{2-112}$$

$$0 = R_r\boldsymbol{i}_r^M + j\omega_f\ (L_m\boldsymbol{i}_s^M + L_r\boldsymbol{i}_r^M) \tag{2-113}$$

可将式（2-112）和式（2-113）改写为

$$\boldsymbol{u}_s^M = R_s\boldsymbol{i}_s^M + j\omega_s\left(L_s - \frac{L_m^2}{L_r}\right)\boldsymbol{i}_s^M + j\omega_s\frac{L_m^2}{L_r}\left(\boldsymbol{i}_s^M + \frac{L_r}{L_m}\boldsymbol{i}_r^M\right) \tag{2-114}$$

$$0 = R_r\boldsymbol{i}_r^M + j\omega_f L_m\left(\boldsymbol{i}_s^M + \frac{L_r}{L_m}\boldsymbol{i}_r^M\right) \tag{2-115}$$

由式（2-107）可知，此时 $i_m=0$，于是由式（2-99）和式（2-102）可得

$$L_m\boldsymbol{i}_s^M + L_r\boldsymbol{i}_r^M = L_m i_M \tag{2-116}$$

或者

$$\boldsymbol{i}_s^M + \frac{L_r}{L_m}\boldsymbol{i}_r^M = i_M \tag{2-117}$$

将式（2-117）分别代入式（2-114）和式（2-115），可得转子磁场定向稳态电压矢量方程为

$$\boldsymbol{u}_s^M = R_s\boldsymbol{i}_s^M + j\omega_s\left(L_s - \frac{L_m^2}{L_r}\right)\boldsymbol{i}_s^M + j\omega_s\frac{L_m^2}{L_r}i_M \tag{2-118}$$

$$0 = \left(\frac{L_m}{L_r}\right)^2\frac{R_r}{s}\left(\frac{L_r}{L_m}\boldsymbol{i}_r^M\right) + j\omega_s\frac{L_m^2}{L_r}i_M \tag{2-119}$$

可将式（2-118）和式（2-119）用等效电路表示，如图 2-17 所示。

由图 2-17 可以看出，静止 ABC 轴系变换到转子磁场定向 MT 轴系后，已将定子电流矢量 $\boldsymbol{i}_s^M$ 分解为 i_M 和 i_T，i_M 为产生ψ_r 的励磁分量，i_T 为平衡转子电流的转矩分量。

图 2-17 与图 2-1 是时空对应的，图 2-1 是以 ABC 轴系中定子绕组的时间相量表示的等效电路，而图 2-17 是以 MT 轴系中空间矢量表示的等效电路，两者在形式上完全相同。

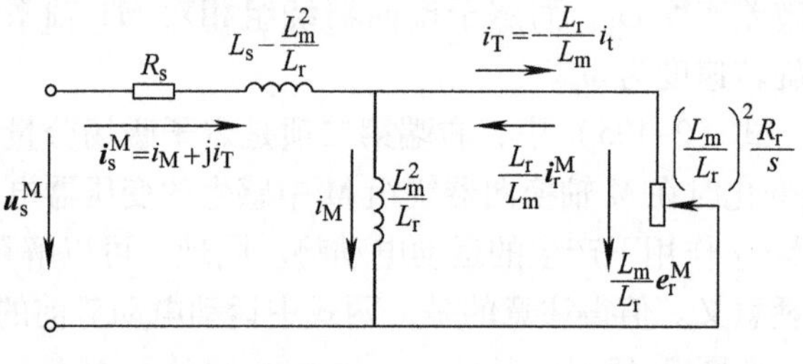

图 2-17　转子磁场定向 MT 轴系稳态等效电路

3. 定、转子电流方程

由式（2-107），可得

$$i_m = -\frac{p\psi_r}{R_r} \tag{2-120}$$

式（2-120）表明，当转子磁链ψ_r 变化时，一定会在转子绕组 m 中感生电流 i_m。将式（2-120）代入式（2-102），则有

$$\psi_r = L_m \frac{i_M}{1 + T_r p} \tag{2-121}$$

式中，T_r 为转子时间常数，$T_r = L_r/R_r$。

式（2-121）是个一阶惯性环节，表明了当 i_M 从一个稳态值变化到另一个稳态值时，转子磁链ψ_r 的变化规律。实际上，笼型感应电动机是由定子边励磁的单边励磁电动机，如图 2-15 所示，当定子电流中的励磁分量 i_M 不变时，ψ_r 是仅由 i_M 产生的，转子绕组 m 中的电流 $i_m = 0$。当 i_M 由某一稳态值突然变化时，ψ_r 也随之变化，因ψ_r 仅存在于 M 轴方向，所以不会在转子绕组 t 内感生变压器电动势，但如图 2-5a 所示，一定会在 m 绕组中感生变压器电动势，产生了转子电流 i_m。此时 m 绕组（换向器绕组）就相当于变压器二次侧短路绕组，i_m 反过来又会阻尼磁链ψ_r 的变化。图 2-5a 表示的是当ψ_r 增大时，在转子绕组 m 中感生了 i_m，i_m 产生的磁场方向一定与ψ_r 相反，因为它要阻尼ψ_r 的变化，这是短路的转子绕组固有特性决定的。

如果令

$$i_{mr} = \frac{\psi_r}{L_m} \tag{2-122}$$

则由式（2-104），可得

$$i_{mr} = i_M + \frac{L_r}{L_m} i_m = i_M + (1 + \sigma_r) i_m \tag{2-123}$$

式中，σ_r 为转子漏磁系数，$\sigma_r = L_{r\sigma}/L_m$；$i_{mr}$ 为等效励磁电流。

可见，控制ψ_r 实质上是要控制 i_{mr}，由于 i_{mr} 已计及了 i_m 的阻尼作用，这实际上是一种动态控制过程。在动态过程中可以控制ψ_r，这是矢量控制具有良好动态性能的一个重要原因，能够在动态情况下控制电动机内的磁场也是矢量控制与传统交流调速变频控制的重要差别之一。

当转子磁链ψ_r 恒定时，则有

$$i_M = i_{mr} = \frac{\psi_r}{L_m} \tag{2-124}$$

在正弦稳态下，由式（2-124），可得

$$I_{sM} = \frac{\Psi_r}{L_m} \tag{2-125}$$

式（2-125）中的 I_{sM} 即为图 2-1 中的励磁电流 I_{sM}。

由于$\psi_t = 0$，由式（2-103）可得

$$i_T = -\frac{L_r}{L_m} i_t \tag{2-126}$$

式（2-126）与正弦稳态方程式（2-14）相对应，实际上就是磁场定向后定、转子磁动势平衡方程，反映了三相感应电动机磁动势平衡原理。如图 2-15 所示，因为 T 轴方向上不存在转子磁场，所以转子电流（L_r/L_m）i_t 产生的磁动势 $\boldsymbol{f}_t$ 应完全被定子电流 i_T 产生的磁动势 $\boldsymbol{f}_T$ 所平衡。正是在这种磁动势平衡中，电磁功率由定子侧传递给了转子。

即使在动态情况下，定子电流 i_T 和 i_t 也能满足式（2-126）。亦即，当 i_T 突然变化时 i_t 也能立即跟踪其变化，这是因为 T 轴方向上不存在转子磁场分量，所以不会产生阻尼现象。这使得电动机对转矩指令具有了瞬时跟踪能力，提高了系统的响应速度和动态性能，体现了基于转子磁场矢量控制的优势。

由式（2-108），可得

$$i_t = -\frac{1}{R_r}\psi_r\omega_f \tag{2-127}$$

将式（2-127）代入式（2-126），则有

$$i_T = \frac{T_r}{L_m}\psi_r\omega_f \tag{2-128}$$

由式（2-121）和式（2-122），可得

$$i_M = \frac{1}{L_m}(1 + T_r p)\psi_r = (1 + T_r p)i_{mr} \tag{2-129}$$

式（2-128）和式（2-129）是动态情况下，定子电流转矩分量和励磁分量与转子磁链和转差频率的关系式，常被作为矢量控制的电流控制方程。三相感应电动机只有定子端口与电源相接，矢量控制是通过对定子电流两个分量的控制来实现的，显然这是十分重要的方程。

4. 电磁转矩

在1.4.1节中，借助ABC轴系列写了电磁转矩矢量表达式，由式（1-166）已知

$$t_e = -p_0\boldsymbol{\psi}_r \times \boldsymbol{i}_r \tag{2-130}$$

因为矢量$\boldsymbol{\psi}_r$和$\boldsymbol{i}_r$是客观存在的，当$\boldsymbol{\psi}_r$和$\boldsymbol{i}_r$用不同轴系表示时，电磁转矩不会改变，所以电磁转矩矢量表达式与所选轴系无关。因此，只要将式（2-130）中的矢量换成MT轴系中的矢量，就可以直接得到以MT轴系表示的电磁转矩矢量方程，即有

$$t_e = -p_0\boldsymbol{\psi}_r^M \times \boldsymbol{i}_r^M \tag{2-131}$$

式（2-131）是以转子磁链和转子电流矢量表示的转矩表达式，也是基于转子磁场实现转矩控制的基本依据。将式（2-131）以坐标分量来表示，则有

$$t_e = p_0(\psi_t i_m - \psi_m i_t) \tag{2-132}$$

将式（2-126）代入式（2-132），可得

$$t_e = p_0\frac{L_m}{L_r}\psi_r i_T \tag{2-133}$$

将式（2-121）代入式（2-133），可得

$$t_e = p_0\frac{L_m^2}{L_r}\left(\frac{i_M}{1 + T_r p}\right)i_T \tag{2-134}$$

将式（2-129）代入式（2-134），可得

$$t_e = p_0\frac{L_m^2}{L_r}i_{mr}i_T \tag{2-135}$$

式（2-133）～式（2-135）是在满足磁场定向约束下的电磁转矩方程，在转子磁链ψ_r恒定或变化时均适用，又称为转矩动态方程，常被作为基于转子磁场定向的转矩控制方程。

当转子磁链ψ_r恒定时，式（2-133）变为

$$t_e = p_0\frac{L_m^2}{L_r}i_M i_T \tag{2-136}$$

在正弦稳态下，$i_M = \sqrt{3}I_{sM}$，$i_T = \sqrt{3}I_{sT}$，故式（2-136）与以相量表示的转矩方程式（2-18）相对应。

5. 转速方程

由式（2-128），可得

$$\omega_{\mathrm{f}} = \frac{1}{T_{\mathrm{r}}}\frac{L_{\mathrm{m}}}{\psi_{\mathrm{r}}}i_{\mathrm{T}} \tag{2-137}$$

或者

$$\omega_{\mathrm{f}} = \frac{1}{T_{\mathrm{r}}}\frac{i_{\mathrm{T}}}{i_{\mathrm{mr}}} \tag{2-138}$$

将式（2-133）代入式（2-137），可得

$$\omega_{\mathrm{f}} = \frac{1}{p_0}\frac{L_{\mathrm{r}}}{T_{\mathrm{r}}}\frac{1}{\psi_{\mathrm{r}}^2}t_{\mathrm{e}} \tag{2-139}$$

由式（2-139），可得

$$t_{\mathrm{e}} = p_0\frac{T_{\mathrm{r}}}{L_{\mathrm{r}}}\psi_{\mathrm{r}}^2\omega_{\mathrm{f}} \tag{2-140}$$

转子磁链ψ_{r}恒定或变化时，式（2-137）~式（2-140）均适用。

在转子磁链ψ_{r}恒定情况下，式（2-137）和式（2-138）可表示为

$$\omega_{\mathrm{f}} = \frac{1}{T_{\mathrm{r}}}\frac{i_{\mathrm{T}}}{i_{\mathrm{M}}} \tag{2-141}$$

在正弦稳态下，式（2-141）与式（2-20）相对应。

式（2-137）~式（2-140）反映了转差角频率、转子磁通、定子电流两个分量和电磁转矩间的关系。应从物理本质上理解这些物理量间的关系：MT 轴系沿转子磁场定向后，如图 2-4a 和式（2-127）所示，转子电流 i_{t} 将决定于运动电动势 $\omega_{\mathrm{f}}\psi_{\mathrm{r}}$，若$\psi_{\mathrm{r}}$保持恒定，则随着 ω_{f} 增大，转子电流 i_{t} 随之增加；与此同时，定子电流转矩分量 i_{T} 也随之增大，以满足定、转子磁动势平衡；随着 i_{T} 增大，电磁转矩随之增加；最后则表现为转矩 t_{e} 与转差频率 ω_{f} 呈线性关系，如式（2-140）所示。在正弦稳态下，$\psi_{\mathrm{r}}=\sqrt{3}\Psi_{\mathrm{r}}=\sqrt{3}L_{\mathrm{m}}I_{\mathrm{sM}}$，式（2-140）便与式（2-22）相对应。式（2-137）~式（2-140）常被用于转差频率矢量控制。

6. 转子磁场定向感应电动机与他励直流电动机转矩控制的类比

笼型感应电动机矢量控制和矢量图如图 2-18 所示。图 2-18a 给出了转子磁场定向 MT 轴系内感应电动机的等效物理模型，实际是图 2-15 的另一表述形式。图中，依靠四对电刷将定、转子绕组都转换为了换向器绕组（定子换向器绕组没有画出）。定子相对 MT 轴系以电角速度 ω_{s} 顺时针方向旋转。当 MT 轴系沿转子磁场定向后，M 轴与ψ_{r}取得一致，T 轴方向上的转子磁场分量ψ_{t}为零。转子相对转子磁链矢量ψ_{r}以转差速度 ω_{f} 顺时针旋转，转子换向器绕组 t 在磁场ψ_{r}作用下产生了运动电动势 $\omega_{\mathrm{f}}\psi_{\mathrm{r}}$，此运动电动势在线圈内产生的电流方向如图中导体内“·”或“×”所示。此时，转子换向器绕组 t 相当于直流电动机电枢绕组，定子换向器绕组 M 相当于直流电动机励磁绕组，转子磁场ψ_{r}相当于励磁磁场ψ_{f}。

但是，直流电动机电枢绕组与电源相接，电能可以直接输入电枢，通过调节电枢电流即可控制电磁转矩。对于三相感应电动机而言，转子绕组是短路的，电能只能由定子端口输入，再通过电磁感应传递给转子（转子绕组在转子磁场中运动产生运动电动势，由此产生转子电流，进而产生转矩和电磁功率）。虽然不能采用直接控制转子电流的方式来控制转矩，但是由定、转子磁动势平衡可得

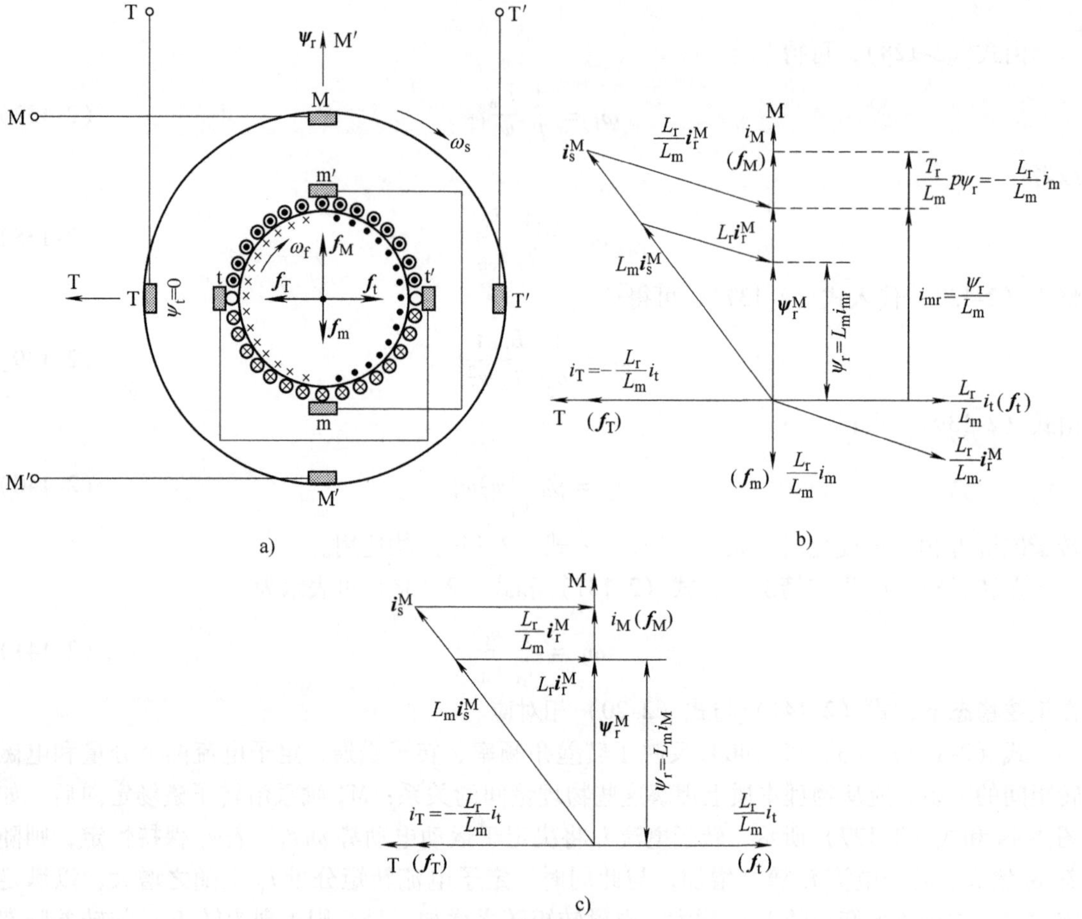

图 2-18　三相感应电动机矢量控制模型和矢量图

a）转子磁场定向 MT 轴系　b）磁场定向后磁链和电流动态矢量图

c）磁场定向后磁链和电流稳态矢量图

$$i_{\mathrm{T}} = -\frac{L_{\mathrm{r}}}{L_{\mathrm{m}}} i_{\mathrm{t}}$$

电磁转矩则为

$$t_{\mathrm{e}} = p_0 \frac{L_{\mathrm{m}}}{L_{\mathrm{r}}} \psi_{\mathrm{r}} i_{\mathrm{T}} \tag{2-142}$$

式（2-142）表明，控制 i_{T} 即相当于控制转子电流 i_{t}，也就控制了电磁转矩。

对于直流电动机，励磁绕组轴线与电枢绕组轴线在空间正交，当励磁磁场ψ_{f} 变化时，不会在电枢绕组中感生变压器电动势。对于三相感应电动机的转子绕组则不然，转子磁场的变化必会在其中感生变压器电动势，产生了转子电流 i_{m}。为了计及 i_{m} 对转子磁场变化的阻尼作用，与直流电动机电枢绕组相比，图 2-18a 中 M 轴上又多了一个转子换向器绕组 m，转子磁场的控制也要比他励直流电动机励磁磁场的控制复杂。

图 2-18b 和图 2-18c 是转子磁场定向后磁链和电流的动态矢量图和稳态矢量图，通过矢量图可进一步说明它们的相互关系和在动态过程中的变化。

至此，通过矢量变换和磁场定向，已经在磁场定向 MT 轴系内将三相感应电动机变换为一台等效的直流电动机，尽管这台等效的直流电动机与真正的他励直流电动机并不完全相同，但从转矩控制的角度看，作为控制对象，两者是完全等效的。

对于 ABC 轴系，由式（2-42），可将式（2-130）改写为

$$t_e = -p_0 L_m \boldsymbol{i}_s \times \boldsymbol{i}_r \tag{2-143}$$

根据定、转子电流矢量的定义，可将式（2-143）以定、转子三相电流来表示，则有

$$\begin{aligned} t_e = -p_0 \frac{2}{3} L_m \Big[& (i_A i_a + i_B i_b + i_C i_c)\sin\theta_r + \\ & (i_A i_b + i_B i_c + i_C i_a)\sin\left(\theta_r + \frac{2\pi}{3}\right) + \\ & (i_A i_c + i_B i_a + i_C i_b)\sin\left(\theta_r - \frac{2\pi}{3}\right)\Big] \end{aligned} \tag{2-144}$$

式中，θ_r 是图 2-8 中转子的空间相位角。

式（2-144）表明，在 ABC 轴系内直接控制电磁转矩非常困难。将三相感应电动机由 ABC 轴系变换到磁场定向 MT 轴系后，可以得到转矩方程式（2-142），于是将三相感应电动机的转矩控制，转换成为与直流电动机相同的转矩控制，不仅在稳态下，即使在动态下也可实现这种转矩控制。

他励直流电动机的励磁电流和电枢电流两者自然解耦，可以单独控制。在转子磁场定向 MT 轴系内，i_T 是纯转矩分量，i_M 是纯励磁分量，两者之间不存在耦合，并可各自独立地控制，也就实现了解耦。控制 i_T 相当于控制直流电动机电枢电流 i_q。控制 i_M 就相当于控制直流电动机励磁电流 i_f，当控制ψ_r（i_{mr}）恒定时，转矩与 i_T 具有线性关系。只不过当转子磁场指令ψ_r^*（i_{mr}^*）变化时，应按式（2-129）所示的规律来控制 i_M，此比例微分环节使 i_M 在动态中能够实现强迫励磁，避免了实际磁通的滞后。于是，对于控制系统而言，可以借鉴直流系统的控制理论和控制技术来控制这台等效的直流电动机，能够获得与实际直流电动机相媲美的控制品质。

但是这种解耦控制只能在磁场定向 MT 轴系内进行，而转矩实际是在 ABC 轴系内生成的，还需要将控制变量 i_M 和 i_T 再变换到 ABC 轴系，如式（2-77）所示，将等效的直流电动机还原为真实的三相感应电动机。实际的电磁转矩还是由式（2-144）决定，但经过了矢量控制，这个实际转矩必然会与按式（2-142）控制的转矩值相等。

2.3 基于转子磁场定向的矢量控制系统

磁场定向是矢量控制中必不可少的。磁场定向可分为直接磁场定向和间接磁场定向两种方式。通常，又将采用前者方式的矢量控制称为直接矢量控制，将后者称为间接矢量控制。

直接磁场定向是通过磁场检测或运算（估计）来确定转子磁链矢量的空间位置。直接检测磁场，方法简单，但由于受电机定、转子齿槽的影响，检测信号脉动较大，实际上难以应用。通常是通过一定的运算估计出转子磁链矢量，又将其称为磁链观测法。

间接磁场定向不需要观测转子磁链矢量的实际位置，定向是通过控制转差频率而实现的，又称为转差频率法。

2.3.1 直接磁场定向

磁链估计一般是根据定子电压矢量方程或者转子电压矢量方程，利用可以直接检测到的物理量，例如定子三相电压、电流和转速，通过必要的运算来获得转子磁链矢量的幅值和相位信息。

1. 电压－电流模型

以 ABC 轴系表示的定子电压矢量方程为

$$\boldsymbol{u}_s = R_s\boldsymbol{i}_s + \frac{d\psi_s}{dt} = R_s\boldsymbol{i}_s + L_s\frac{d\boldsymbol{i}_s}{dt} + L_m\frac{d\boldsymbol{i}_r}{dt}$$

由式（2-42），可得

$$\boldsymbol{u}_s = R_s\boldsymbol{i}_s + \sigma L_s\frac{d\boldsymbol{i}_s}{dt} + \frac{L_m}{L_r}\frac{d\psi_r}{dt} \tag{2-145}$$

将式（2-145）以 DQ 轴系坐标分量表示，则有

$$\psi_d = \frac{L_r}{L_m p}[u_D - (R_s + \sigma L_s p)i_D] \tag{2-146}$$

$$\psi_q = \frac{L_r}{L_m p}[u_Q - (R_s + \sigma L_s p)i_Q] \tag{2-147}$$

式（2-146）和式（2-147）构成了电压－电流模型，如图 2-19 所示。

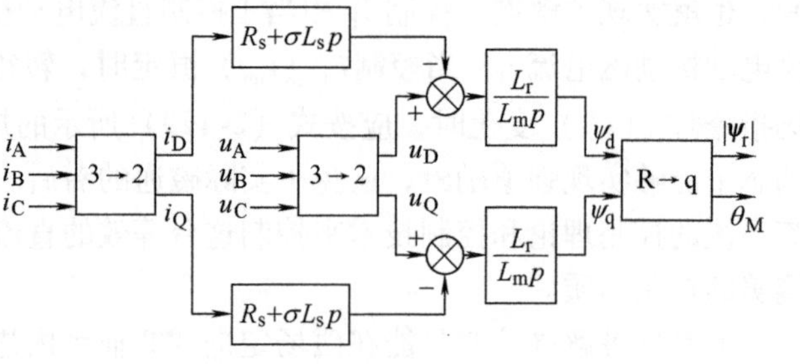

图 2-19 电压－电流模型

图 2-19 中，u_A、u_B 和 u_C 为定子三相电压检测值，i_A、i_B 和 i_C 为定子三相电流检测值，在没有零序分量情况下，只要检测两相值就够了。3→2 表示由静止 ABC 轴系到静止 DQ 轴系的坐标变换。R→q 表示由直角坐标到极坐标的转换，即有

$$|\psi_r| = \sqrt{\psi_d^2 + \psi_q^2} \tag{2-148}$$

$$\theta_M = \arccos\frac{\psi_d}{|\psi_r|} \tag{2-149}$$

式中，$|\psi_r|$ 为ψ_r 的幅值；θ_M 即为ψ_r 以 A 轴为参考轴的空间相位，如图 2-15 所示。

在低速时，式（2-146）和式（2-147）中的定子电压值较小，若定子电阻值不准确，定子电阻压降的偏差对积分结果的影响会增大。定子电阻会随负载和环境温度的变化而变化，变化后的阻值甚至可达原值的 2 倍。由于采用了纯积分器，积分器的温漂问题和并非完全线性的频率响应特性，积分的初始值和误差积累，都会使结果产生偏差。这些是电压－电流模型的不足之处。

2. 电流－转速模型

在静止 ABC 轴系中，由以下转子电压矢量方程和转子磁链矢量方程

$$0 = R_r\boldsymbol{i}_r + \frac{d\psi_r}{dt} - j\omega_r\psi_r$$

$$\psi_r = L_m\boldsymbol{i}_s + L_r\boldsymbol{i}_r$$

可得

$$T_r\frac{d\psi_r}{dt}+\psi_r = L_m\boldsymbol{i}_s+j\omega_r T_r\psi_r \tag{2-150}$$

再将式（2-150）分解成虚部和实部，可得以 DQ 轴系坐标分量表示的转子磁链方程

$$\psi_d = \frac{1}{T_r p+1}(L_m i_D-\omega_r T_r\psi_q) \tag{2-151}$$

$$\psi_q = \frac{1}{T_r p+1}(L_m i_Q+\omega_r T_r\psi_d) \tag{2-152}$$

式（2-151）和式（2-152）构成了电流 - 转速模型，如图 2-20 所示。图中，i_A、i_B 和 i_C 为定子三相电流检测值，ω_r 为转子电角速度检测值。

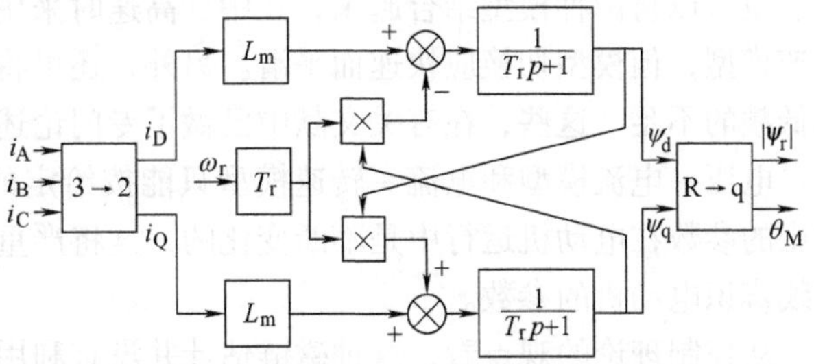

图 2-20　由 ABC 轴系给出的电流 - 转速模型

还可以利用以磁场定向 MT 轴系表示的转子电压矢量方程来获取ψ_r 的幅值和相位。已知

$$0 = R_r\boldsymbol{i}_r^M+\frac{d\psi_r^M}{dt}+j\omega_f\psi_r^M \tag{2-153}$$

假定磁场已经定向，则有

$$\psi_r^M = L_m|\boldsymbol{i}_{mr}| \tag{2-154}$$

由式（2-154），可得

$$\boldsymbol{i}_r^M=\frac{L_m}{L_r}(|\boldsymbol{i}_{mr}|-\boldsymbol{i}_s^M) \tag{2-155}$$

将式（2-154）和式（2-155）代入式（2-153），有

$$T_r\frac{d|\boldsymbol{i}_{mr}|}{dt}+|\boldsymbol{i}_{mr}| = \boldsymbol{i}_s^M-j\omega_f T_r|\boldsymbol{i}_{mr}| \tag{2-156}$$

将式（2-156）分解为实轴和虚轴分量，可得

$$T_r\frac{d|\boldsymbol{i}_{mr}|}{dt}+|\boldsymbol{i}_{mr}| = i_M \tag{2-157}$$

$$\omega_s=\omega_r+\frac{1}{T_r}\frac{i_T}{|\boldsymbol{i}_{mr}|} \tag{2-158}$$

式（2-158）中，ω_r 为实测的转子电角速度；ω_s 为待估的转子磁链矢量ψ_r 的电角速度；右端第二项给出的是转差角速度 ω_f。

由式（2-157）和式（2-158）构成了另一个电流 - 转速模型，如图 2-21 所示。图 2-21a 中，i_A、i_B、i_C 和 ω_r 为实测值，$e^{-j\theta_M}$为 DQ 轴系到 MT 轴系的变换因子。由图 2-15 可知，ω_s 经积分后便为ψ_r 在 ABC 轴系中的空间相位 θ_M。也可以利用定子三相电流和转子位置 θ_r（见图 2-8）的检测值来获取ψ_r 的幅值和相位，如图 2-21b 所示。

电流 - 转速模型，明显的缺陷是估计结果严重依赖于转子时间常数 T_r。如果 T_r 存在偏差，将会直接导致磁场定向不准，引起 MT 轴系间不希望有的耦合。分析表明，电动机在高速运行时，T_r 存在偏差容易引起磁通振荡。电动机在运行中，转子电阻会随负载在较大范围内变化，转子自感易受磁路饱和的影响。

综上所述，在中、高速范围选择电压 - 电流模型较合适，而电流 - 转速模型适合于低

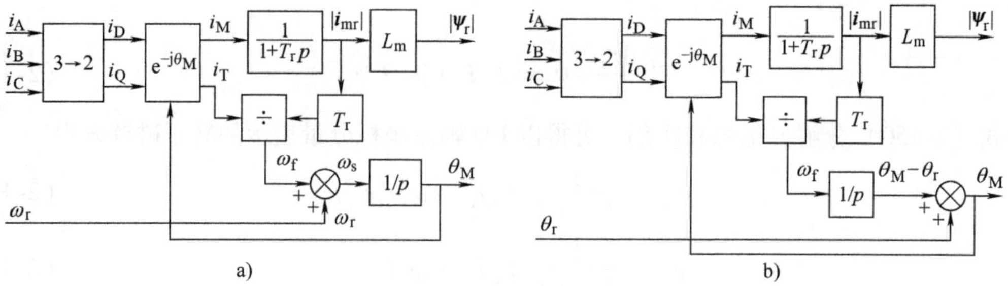

图 2-21　由 MT 轴系给出的电流 – 转速模型

a）以定子三相电流和转速的实测值作为输入　b）以定子三相电流和转子位置的实测值作为输入

速。也可以将两种模型结合起来，在中、高速时采用电压 – 电流模型，在低速时采用电流 – 转速模型，但模型切换应快速而平滑。另外，还可将两种模型综合在一起，以相互弥补高频和低频的不足。这些，在有关文献中已做了专门论述。

电压 – 电流模型和电流 – 转速模型只能按给定的数学模型来获取ψ_r的信息，而数学模型中的参数在电动机运行中是不断变化的，这将严重影响转子磁链观测的准确度，必要时需在线辨识电动机的参数。

从控制理论的观点看，这种磁链估计并没有利用转子磁链的输出误差构成负反馈，因此只能说是一种运算。为提高观测精度，还必须考虑误差修正问题，这就要构成“磁通观测器”。有关参数辨识和磁通观测器的问题将在第 6 章中论述。

2.3.2　间接磁场定向

在实际控制系统中，转子磁链决定于指令值ψ_r^*。在磁场定向条件下，$\psi_r^* = L_m i_{mr}^*$，通常又将 i_{mr}^*作为控制转子磁链的指令值。由式（2-129），可得

$$i_M^* = (1 + T_r p) i_{mr}^* \tag{2-159}$$

i_M^*与 i_{mr}^*具有唯一的对应关系。将 i_M^* 作为电动机的输入量，可控制定子电流矢量的励磁分量。

电磁转矩的指令值为 t_e^*，在磁场定向条件下，由式（2-135），可得

$$i_T^* = \frac{1}{p_0}\frac{L_r}{L_m^2}\frac{t_e^*}{i_{mr}^*} \tag{2-160}$$

将 i_T^* 作为电动机的输入量，可控制定子电流矢量的转矩分量。

由式（2-138），可知

$$\omega_f^* = \frac{1}{T_r}\frac{i_T^*}{i_{mr}^*} = \frac{1}{T_r}\left(\frac{1 + T_r p}{i_M^*}\right) i_T^* \tag{2-161}$$

另有

$$i_s^* = \sqrt{i_M^{*2} + i_T^{*2}} \tag{2-162}$$

式（2-161）和式（2-162）表明，当 i_M^* 和 i_T^* 给定后，也就唯一确定了 ω_f^* 和 i_s^*；反之，由 ω_f^* 和 i_s^* 也唯一决定了 i_M^* 和 i_T^*。于是，当 i_M^* 和 i_T^* 给定后，可将 ω_f^* 和 i_s^* 作为控制变量。当满足 $\omega_f = \omega_f^*$ 和 $i_s = i_s^*$ 的约束时，实际的 i_M 和 i_T 一定分别与 i_M^* 和 i_T^* 相等，这意味着定子电流矢量 $\boldsymbol{i}_s$ 实际上已按磁场定向要求分解为励磁分量 i_M^* 和转矩分量 i_T^*，也就实

现了磁场定向。这就是通过转差频率控制实现间接磁场定向的基本原理。所以，常将这种间接磁场定向方式称为转差频率法。

为什么满足转差频率和定子电流的约束就能实现磁场定向呢？下面来做进一步说明，这里假定 i_{mr}^* 为常值，即有 $i_{mr}^* = i_M^*$。

在图 2-15 中，MT 轴系沿转子磁场定向的目的，是要将定子电流矢量 $\boldsymbol{i}_s^*$ 分解为励磁分量 i_M^* 和转矩分量 i_T^*。此时，$\boldsymbol{i}_s^*$ 在 MT 轴系内的相位 θ_δ^* 应为

$$\theta_\delta^* = \arctan \frac{i_T^*}{i_M^*} \tag{2-163}$$

假设 MT 轴系已经沿转子磁场定向，由式（2-161）可得

$$\omega_f^* = \frac{1}{T_r}\frac{i_T^*}{i_M^*} = \frac{1}{T_r}\tan\theta_\delta^* \tag{2-164}$$

式（2-164）表明，在磁场定向条件下，ω_f^* 和 θ_δ^* 有严格对应关系。当控制 $i_s = i_s^*$ 时，已控制定子电流矢量 $\boldsymbol{i}_s$ 的幅值与 $|\boldsymbol{i}_s^*|$ 相等；如果再控制 $\omega_f = \omega_f^*$，则进一步控制了 $\boldsymbol{i}_s$ 在 MT 轴系中的相位 $\theta_\delta = \theta_\delta^*$，于是将 $\boldsymbol{i}_s$ 唯一地分解成为 i_M^* 和 i_T^*，也就实现了磁场定向。换言之，在磁场定向条件下，在图 2-15 中，定子电流矢量 $\boldsymbol{i}_s^*$ 可由直角坐标分量 i_M^* 和 i_T^* 确定，也可由极坐标中的幅值 i_s^* 和相位 θ_δ^* 来确定，即可由 i_s^* 和 ω_f^* 来确定；满足 $i_s = i_s^*$ 和 $\omega_f = \omega_f^*$ 的约束，就等同于控制 $\boldsymbol{i}_s = \boldsymbol{i}_s^*$，也就达到磁场定向的最终目的。

实际上，在磁场定向条件下，电磁转矩和转子磁链与定子电流和转差角频率间存在着严格的对应关系。

由图 2-15 和式（2-164），可得

$$i_M^* = i_s^* \cos\theta_\delta^* = \frac{i_s^*}{\sqrt{1 + T_r^2 \omega_f^{*2}}} \tag{2-165}$$

由式（2-165）还可得

$$\psi_r^* = L_m i_M^* = L_m \frac{i_s^*}{\sqrt{1 + T_r^2 \omega_f^{*2}}} \tag{2-166}$$

将式（2-166）代入式（2-140），得

$$t_e^* = p_0 \frac{L_m^2}{L_r} T_r i_M^{*2} \omega_f^* = p_0 \frac{L_m^2}{L_r} \frac{T_r \omega_f^*}{1 + T_r^2 \omega_f^{*2}} i_s^{*2} \tag{2-167}$$

式（2-166）和式（2-167）表明，如果能满足 $i_s = i_s^*$ 和 $\omega_f = \omega_f^*$ 的约束条件，那么实际磁链 ψ_r 和转矩 t_e 也一定与指令值 ψ_r^* 和 t_e^* 相等。

通过定子电流控制环节可保证 $i_s = i_s^*$。为满足 $\omega_f = \omega_f^*$，可限定电动机的输入条件，即确定下式为电动机的定子频率输入方程：

$$\omega_s^* = \omega_f^* + \omega_r \tag{2-168}$$

式中，ω_r 为实际转速值。

当定子实际频率 $\omega_s = \omega_s^*$ 时，可以保证 $\omega_f = \omega_f^*$。

可将式（2-168）表示为

$$\theta_M^* = \int \omega_s^* \mathrm{d}t = \int (\omega_r + \omega_f^*) \mathrm{d}t$$

$$= \theta_r + \theta_f^* \tag{2-169}$$

如图 2-22 所示，θ_r 是转子三相轴系 abc（图中只画出了 a 轴）相对定子静止 DQ 轴系的空间相位，θ_f^* 是 MT 轴系相对 abc 轴系的空间相位，θ_M^* 是 MT 轴系相对 DQ 轴系的空间相位。

图 2-22 中，检测转子速度 ω_r 相当于检测了转子位置 θ_r，对 ω_f^* 积分相当于确定角度 θ_f^*，由 θ_r 和 θ_f^* 确定了 MT 轴系的相位 θ_M^*。

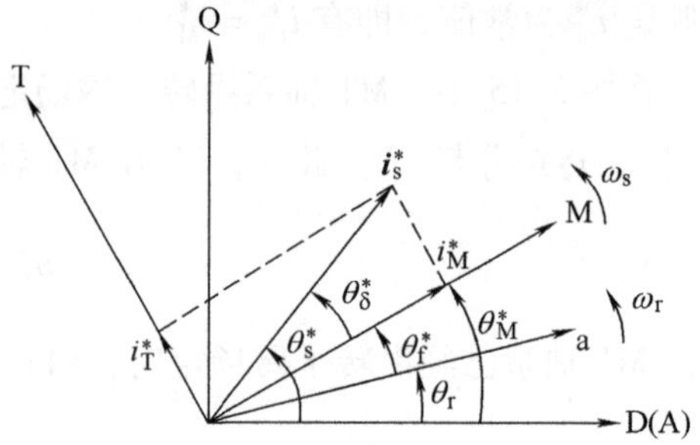

图 2-22　三个参考轴系间的关系

对于转差频率控制，如式（2-161）所示，转子时间常数 T_r 的偏差对控制结果影响很大，其中转子电阻 R_r 在运行中发生变化是引起偏差的主要原因。因此，如何消除转子电阻 R_r 变化的影响，是转差频率控制必须解决的问题。解决方法之一是进行参数辨识，这在以后会进行讨论。

2.3.3　由电压源逆变器馈电的控制系统

1. 定子电压解耦控制

在三相感应电动机矢量控制系统中，如果由电压源逆变压馈电，就必须利用定子电压方程，通过控制定子电压来控制定子电流。

由式（2-110），也可将 MT 轴系内的定子电压矢量方程表示为

$$\boldsymbol{u}_s^M = R_s \boldsymbol{i}_s^M + L_s \frac{d\boldsymbol{i}_s^M}{dt} + L_m \frac{d\boldsymbol{i}_r^M}{dt} + j\omega_s L_s \boldsymbol{i}_s^M + j\omega_s L_m \boldsymbol{i}_r^M \tag{2-170}$$

式（2-170）中有 $\boldsymbol{i}_r^M$ 项，而 $\boldsymbol{i}_r^M$ 是不可测量的，必须将其从方程中消去。由式（2-99），可知

$$\boldsymbol{\psi}_r^M = L_m \boldsymbol{i}_s^M + L_r \boldsymbol{i}_r^M \tag{2-171}$$

MT 轴系沿转子磁场定向后，$\psi_r^M = L_m |\boldsymbol{i}_{mr}|$，于是有

$$\boldsymbol{i}_r^M = \frac{L_m}{L_r}(|\boldsymbol{i}_{mr}| - \boldsymbol{i}_s^M) \tag{2-172}$$

将式（2-172）代入式（2-170），然后再将矢量方程表示为坐标分量形式，则有

$$T'_s \frac{di_M}{dt} + i_M = \frac{u_M}{R_s} + \omega_s T'_s i_T - (1-\sigma) T_s \frac{d|\boldsymbol{i}_{mr}|}{dt} \tag{2-173}$$

$$T'_s \frac{di_T}{dt} + i_T = \frac{u_T}{R_s} - \omega_s T'_s i_M - (1-\sigma) T_s \omega_s |\boldsymbol{i}_{mr}| \tag{2-174}$$

式中，T_s 为定子时间常数，$T_s = L_s/R_s$；T'_s为定子瞬态时间常数，$T'_s = \sigma T_s$。

式（2-173）和式（2-174）表明，在定子电压 u_M和 u_T作用下，对于定子电流 i_M 和 i_T 而言，三相感应电动机表现为一阶惯性环节，时间常数等于电动机瞬态时间常数，增益为定子电阻的倒数。另外，两轴电压方程是耦合的，不能通过两轴电压来单独控制 i_M 和 i_T。但是矢量控制要求能够独立控制定子电流矢量 $\boldsymbol{i}_s$ 的励磁分量 i_M 和转矩分量 i_T，为此需要对定子电压方程进行解耦处理，解耦的含义是指能够实现独立控制两个电流分量的电压控制。

应该指出，电压解耦方程的形式是多种多样的，下面从转子磁场定向基本方程出发来建立解耦电路。这里，假设$|\boldsymbol{i}_{mr}|$ = 常值。

将式（2－173）和式（2-174）表示为

$$L'_s \frac{\mathrm{d}i_M}{\mathrm{d}t} + R_s i_M - \omega_s L'_s i_T = u_M \tag{2-175}$$

$$L'_s \frac{\mathrm{d}i_T}{\mathrm{d}t} + R_s i_T + \omega_s L'_s i_M + (1-\sigma) L_s \omega_s |\boldsymbol{i}_{mr}| = u_T \tag{2-176}$$

用于控制直轴和交轴电流的两轴电压为

$$\hat{u}_M = L'_s \frac{\mathrm{d}i_M}{\mathrm{d}t} + R_s i_M \tag{2-177}$$

$$\hat{u}_T = L'_s \frac{\mathrm{d}i_T}{\mathrm{d}t} + R_s i_T \tag{2-178}$$

将式（2-173）和式（2-174）的耦合项表示为

$$u_{PM} = -\omega_s L'_s i_T \tag{2-179}$$

$$u_{PT} = \omega_s L'_s i_M + (1-\sigma) L_s \omega_s |\boldsymbol{i}_{mr}| \tag{2-180}$$

可将 u_{PM} 和 u_{PT} 分别叠加到两轴电流调节器输出端，即有

$$u_M = \hat{u}_M + u_{PM} \tag{2-181}$$

$$u_T = \hat{u}_T + u_{PT} \tag{2-182}$$

根据式（2-179）和式（2-180）可以设计解耦电路。

2. 直接磁场定向伺服系统

采用电压源逆变器可以构成各种结构和多种形式的伺服系统，以满足不同伺服驱动的要求。作为一个具体方案，图2-23给出了由电压源逆变器馈电和直接磁场定向的伺服系统框图。下面，以此为例来说明矢量控制伺服系统的构成和特点。

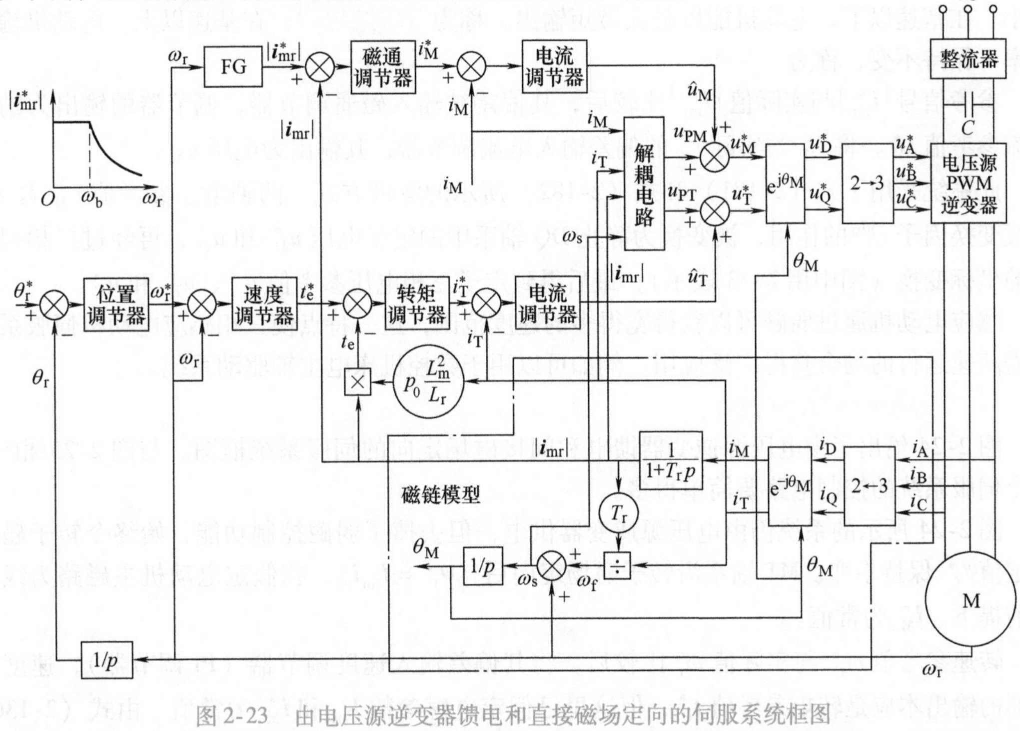

图2-23　由电压源逆变器馈电和直接磁场定向的伺服系统框图

图2-23中，三相感应电动机由电压源逆变器馈电，逆变器可以采用适当的脉宽调制技术控制输出电压，这里不再赘述。这个伺服系统采用了串级结构，包括了位置、速度和电流

的闭环控制。该系统采用光电编码器作为传感器直接获取转子速度和位置信息。

基于转子磁场的矢量控制是在磁场定向 MT 轴系内进行的，为此先要解决磁场定向问题。系统采用了如图 2-21a 所示的电流 – 转速模型，将定子三相电流和转速的检测值输入该模型后，获取了转子磁链矢量ψ_r 的幅值（以$|\boldsymbol{i}_{mr}|$的形式给出）和空间相位 θ_M，同时又给出了转矩电流 i_T 的实际值，用以构成反馈控制。在 MT 轴系内，因为 i_M 和 i_T 间没有耦合，对 i_M 和 i_T 是分开独立控制的，以此构成了两个相对独立的子系统。

位置偏差信号经位置调节器作用后，给出了转子速度参考值 ω_r^*。将 ω_r^* 与实际 ω_r 的偏差作为速度调节器的输入，速度调节器通常是 PI 调节器，其输出为转矩参数值 t_e^*。由于系统采用的是直接矢量控制方式，因此按式（2-135），由$|\boldsymbol{i}_{mr}|$和 i_T 的实际值来获取实际电磁转矩 t_e。将 t_e^* 和 t_e 的偏差输入转矩调节器，其输出为转矩电流参数值 i_T^*。事实上，也可以不采用转矩调节器，但这要求电感 L_m 和 L_r 为常值，只有在此条件下，转矩 t_e 才与 i_T 成正比。将 i_T^* 与实际 i_T 的偏差输入电流调节器。电流调节器是根据式（2-178）设计的，其输出为电压 $\hat{u}_T$。等效励磁电流$|\boldsymbol{i}_{mr}^*|$以指令形式给出，$|\boldsymbol{i}_{mr}^*|$值的确定与电动机磁路饱和程度和转速 ω_r 有关。当 ω_r 在基速以下时，设定$|\boldsymbol{i}_{mr}^*|$为常值，$|\boldsymbol{i}_{mr}^*|$决定了转子磁链矢量的幅值，因此$|\boldsymbol{i}_{mr}^*|$的最大值受限于电动机磁路可允许达到的饱和程度。在稳定运行时，随着转子速度的增加，定子电压会随之增大，当转速增加到某一值时，定子电压会达到逆变器可能提供的最大电压，将此时的转速称为基速，记为 ω_b。若继续提高转速，就必须相应地减小励磁电流$|\boldsymbol{i}_{mr}|$，即应进行弱磁控制。在图 2-23 中，应用函数发生器（FG）来实现弱磁，当 ω_r 低于基速时，FG 的输出保持恒定；当 ω_r 超过基速时，FG 令$|\boldsymbol{i}_{mr}^*|$值随 ω_r 增大而反比例地减小。在基速以下，电动机能以最大转矩输出，称为恒转矩运行；在基速以上，电动机输出功率可保持不变，称为恒功率运行。

参考信号$|\boldsymbol{i}_{mr}^*|$与实际值$|\boldsymbol{i}_{mr}|$比较后，其偏差被输入磁通调节器，调节器的输出为励磁电流参考值 i_M^*。将 i_M^* 与实际 i_M 的偏差输入电流调节器，其输出为电压 $\hat{u}_M$。

此系统采用了式（2-181）和式（2-182）所示的解耦方式。两轴电压参考值 u_M^* 和 u_T^* 通过变换因子 $e^{j\theta_M}$的作用，被变换为静止 DQ 轴系中的定子电压 u_D^* 和 u_Q^*，再经过二相到三相的坐标变换（图中用 2→3 表示），最后得到定子三相电压参考值 u_A^*、u_B^* 和 u_C^*。

感应电动机通过弱磁可以获得宽得多的速度范围，这一特点使三相感应电动机伺服系统在需高速运行的场合获得广泛应用，例如可以用于数控机床电主轴驱动系统。

3. 间接磁场定向伺服系统

图 2-24 给出了由电压源逆变器馈电和间接磁场定向的伺服系统框图。与图 2-23 相比，这个伺服系统的控制电路要简单得多。

图 2-24 所示的系统仍由电压源逆变器供电，但去掉了弱磁控制功能，始终令转子磁链给定值ψ_r^* 保持不变。MT 轴系沿转子磁场定向后，$\psi_r^* = L_m \boldsymbol{i}_M$，在假定电动机主磁路为线性的前提下，$\boldsymbol{i}_M^*$ 为常值。

转速参考值 ω_r^* 与实际值 ω_r 比较后，将其偏差输入速度调节器（PI 调节器），速度调节器的输出本应是转矩参考值 t_e^*，但这里已假定电感参数 L_m 和 $\boldsymbol{i}_M^*$ 为常值，由式（2-136）可知，电磁转矩仅与 i_T 成正比，因此速度调节器的输出直接就是 T 轴电流的给定值 i_T^*。

由图 2-24，可知

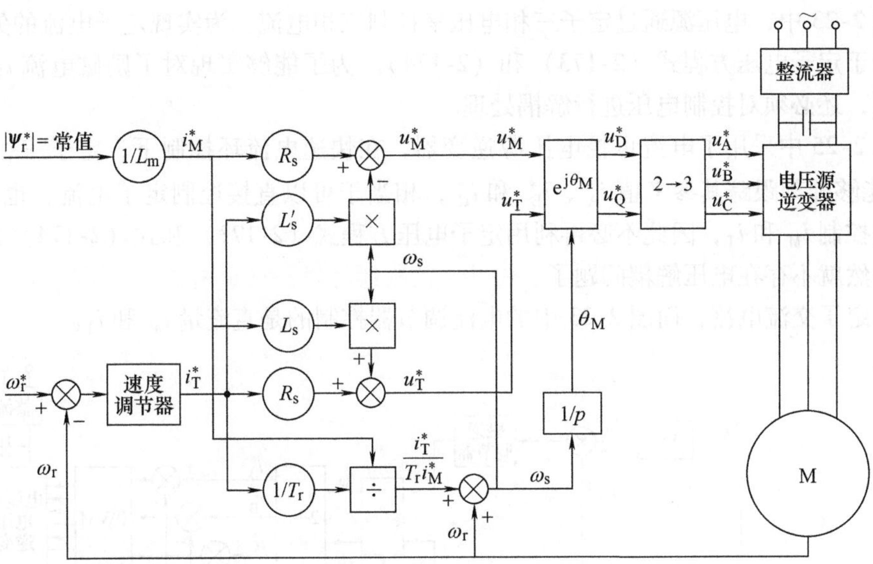

图 2-24　由电压源逆变器馈电和间接磁场定向的伺服系统框图

$$\omega_s = \omega_r + \frac{i_T^*}{T_r i_M^*} \tag{2-183}$$

式中，ω_r 为实际值，等式右端第二项为转差频率 ω_f^*。

式（2-183）即为定子频率输入方程。可见系统采用的是间接磁场定向，或者说是转差频率控制。

系统的解耦电路是根据式（2-173）和式（2-174）设计的。由于 $|\boldsymbol{i}_{mr}^*|$ 为常值，则有

$$u_M^* = R_s i_M^* - \omega_s L_s' i_T^* \tag{2-184}$$

$$u_T^* = R_s i_T^* + \omega_s L_s i_M^* + L_s' \frac{\mathrm{d}i_T^*}{\mathrm{d}t} \tag{2-185}$$

图 2-24 中的解耦电路忽略了 $L_s'\mathrm{d}i_T^*/\mathrm{d}t$ 项，在瞬态电感 L_s' 远小于励磁电感 L_m 的情况下，这种忽略是可以的。对于统一设计的转子为笼型结构的标准化感应电动机，L_s' 要比 L_m 小得多。

如果不能满足 L_s' 远小于 L_m 的条件，例如对于某些专门用于伺服驱动的感应电动机，就不能忽略 $L_s'\mathrm{d}i_T^*/\mathrm{d}t$ 项，否则当转矩参考值发生阶跃变化时，电磁转矩会产生超调。

2.3.4　由电流可控电压源逆变器馈电的控制系统

当功率不是很大时，目前采用的电压源逆变器多数是由晶体管组成的。因晶体管开关频率很高，可实现快速的电流闭环控制，可以构成电流可控电压源逆变器，使逆变器具有了电流源功能，提高了伺服系统的快速响应能力。电流控制环的高增益和逆变器具有的 PWM 控制模式，能迫使电动机快速跟踪参考电流，这种好似将电流强迫输入电动机的功能与电流源逆变器相当。下面讨论由电流可控电压源逆变器馈电的伺服系统的构成和特点。

1. 直接磁场定向的伺服系统

这类控制系统的组成方案是多种多样的，图 2-25 给出的是其中一种方案的框图。

图 2-25 所示的伺服系统与图 2-23 所示的系统相比较，结构和控制方式基本相同，主要的区别是由电压源逆变器馈电改为由电流可控电压源逆变器馈电。

在图 2-23 中，电压源通过定子三相电压来控制三相电流，为实现定子电流的矢量控制，必须依赖于定子电压方程式（2-173）和（2-174）。为了能够实现对了励磁电流 i_M 和 i_T 的独立控制，还必须对控制电压进行解耦处理。

在图 2-25 中采用了电流可控电压源逆变器，在快速电流环控制下，定子三相电流 i_A、i_B 和 i_C 能够即刻跟踪其参考值 i_A^*、i_B^* 和 i_C^*，相当于可以直接控制定子电流，也就等同于可以直接控制 i_M 和 i_T，因此不必再利用定子电压方程式（2-173）和式（2-174）来控制 i_M 和 i_T，自然就不存在电压解耦问题了。快速电流控制环是一种高增益的电流调节器，控制的是实际的定子交流电流，而图 2-23 中的电流调节器控制的是直流量 i_M 和 i_T。

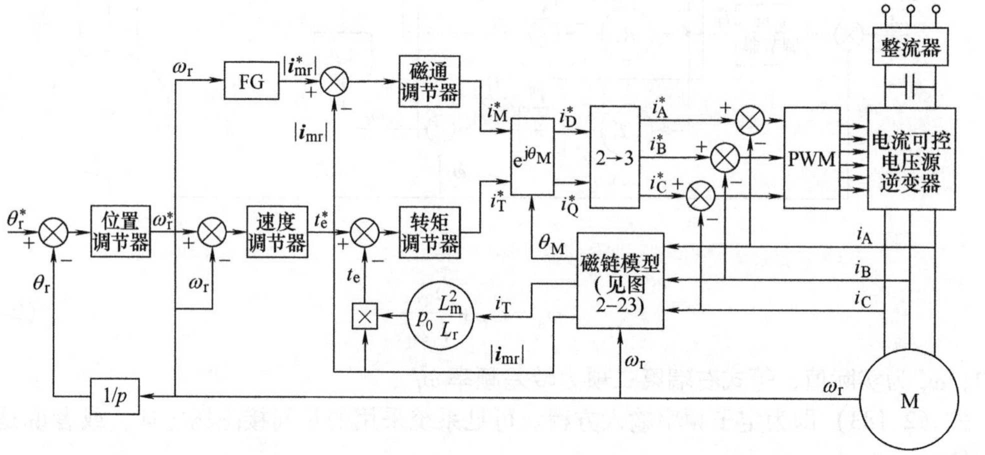

图 2-25　由电流可控电压源逆变器馈电和直接磁场定向的伺服系统框图

图 2-25 所示的矢量控制系统采用的磁链模型即为图 2-23 点画线框所示的磁链模型，在图 2-25 中以标有“磁链模型”的方框来表示。

与图 2-23 比较，图 2-25 所示的控制系统取消了解耦电路，快速电流环的时间延迟可忽略不计，因此提高了系统的快速响应能力。

2. 间接磁场定向的伺服系统

由电流可控电压源逆变器馈电，采用间接磁场定向的矢量控制方案也是多种多样的，图 2-26a 给出了一个具体方案的框图。

由式（2-168）可知，定子频率输入方程为

$$\omega_s^* = \omega_r + \omega_f^* \tag{2-186}$$

由式（2-138），可知

$$\omega_f^* = \frac{1}{T_r}\frac{i_T^*}{i_{mr}^*} \tag{2-187}$$

于是有

$$\omega_s^* = \omega_r + \frac{1}{T_r}\frac{i_T^*}{i_{mr}^*} \tag{2-188}$$

$$\theta_M^* = \theta_r + \theta_f^* \tag{2-189}$$

如图 2-22 所示，θ_r 是转子 abc 轴系的空间相位，$\theta_r = \int \omega_r \mathrm{d}t$，在图 2-26a 所示的系统中，可

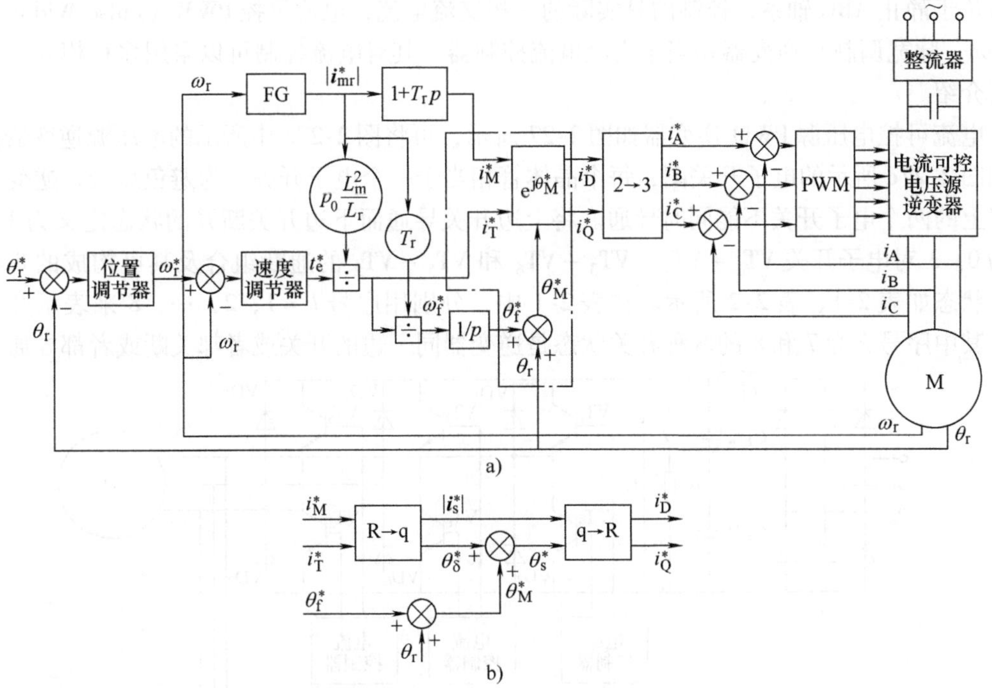

图 2-26　由电流可控电压源逆变器馈电和间接磁场定向的伺服系统框图
a）直角坐标　b）极坐标

利用传感器来检测转子的实际相位 θ_r；$\theta_f^* = \int \frac{1}{T_r} \frac{i_T^*}{i_{mr}^*} dt$，是转差频率角；$\theta_r$ 加上 θ_f^* 就可以确定 MT 轴系所期望的定向坐标 θ_M^*。

图 2-26a 中，将 $e^{j\theta_M^*}$ 作为旋转 MT 轴系到静止 DQ 轴系的变换因子，这样一定会使 MT 轴系的实际空间坐标 $\theta_M = \theta_M^*$，可使实际的转差频率角 $\theta_f = \theta_f^*$，也就满足了转差频率约束 $\omega_f = \omega_f^*$。

系统采用了对定子三相电流 i_A、i_B 和 i_C 的闭环控制，使得 $|\boldsymbol{i}_s| = |\boldsymbol{i}_s^*|$，也就满足了定子电流矢量幅值的约束条件。

满足了间接磁场定向约束，可得 $i_M = i_M^*$ 和 $i_T = i_T^*$，实际的定子电流矢量 $\boldsymbol{i}_s$ 一定等于期望的矢量 $\boldsymbol{i}_s^*$。在图 2-22 中，期望的定子电流矢量 $\boldsymbol{i}_s^*$ 在磁场定向 MT 轴系内可表示为 $\boldsymbol{i}_s^* = |\boldsymbol{i}_s^*| e^{j\theta_\delta^*}$，当用静止 DQ 轴系表示时，则为 $\boldsymbol{i}_s^* = |\boldsymbol{i}_s^*| e^{j(\theta_\delta^* + \theta_M^*)} = |\boldsymbol{i}_s^*| e^{j\theta_s^*}$，可用这种极坐标来取代图 2-26a 中点画线框内的直角坐标，如图 2-26b 所示。

与图 2-25 所示的控制系统相比，由于采用了间接磁场定向，不需要采用磁链模型（或磁链观测器）估计转子磁链矢量，提高了系统的快速响应能力。但是，由于采用了间接磁场控制方式，无法对转矩进行反馈控制，因此系统的稳态控制准确度和动态特性也就更依赖于磁场定向是否准确。对于 $i_s = i_s^*$ 的约束而言，通过快速的电流闭环控制，其幅值约束可以得到基本满足，且不受电动机参数变化的影响，而对于 $\omega_f = \omega_f^*$ 的约束则不然，由式（2-188）可知，转子时间常数与实际值的偏差对磁场定向的准确性影响很大。

3. 电流可控电压源的电流控制模式

在图 2-25 和图 2-26 所示的伺服系统中，采用了电流可控电压源逆变器，此时电流控制环节位于静止 ABC 轴系，控制的是实际的三相交流电流，电流可控 PWM（Pulse Width Modulation，脉宽调制）逆变器相当于交流电流控制器，其对电流控制可以采用多种模式。下面主要介绍滞环比较控制。

电流可控电压源 PWM 逆变器如图 2-27 所示，可将图 2-27a 中所示的电压源逆变器简化成如图 2-27c 所示的电子开关图，每个晶体管相当于一个电子开关。为避免短接，逆变器每支臂上的两个电子开关不能同时导通。将上边开关导通而下边开关断开的状态定义为 1，否则为 0。3 对电子开关 VT_1-VT_4、VT_3-VT_6 和 VT_5-VT_2 的通断组合及其可构成的 8 种开关通状态如表 2-1、表 2-2 所示。在表 2-1 中，分别用序号 $k=1, 2, \cdots, 8$ 来表示开关状态，其中序号 k 为 7 和 8 的两种开关状态是逆变器同一边的开关或者都关断或者都导通。

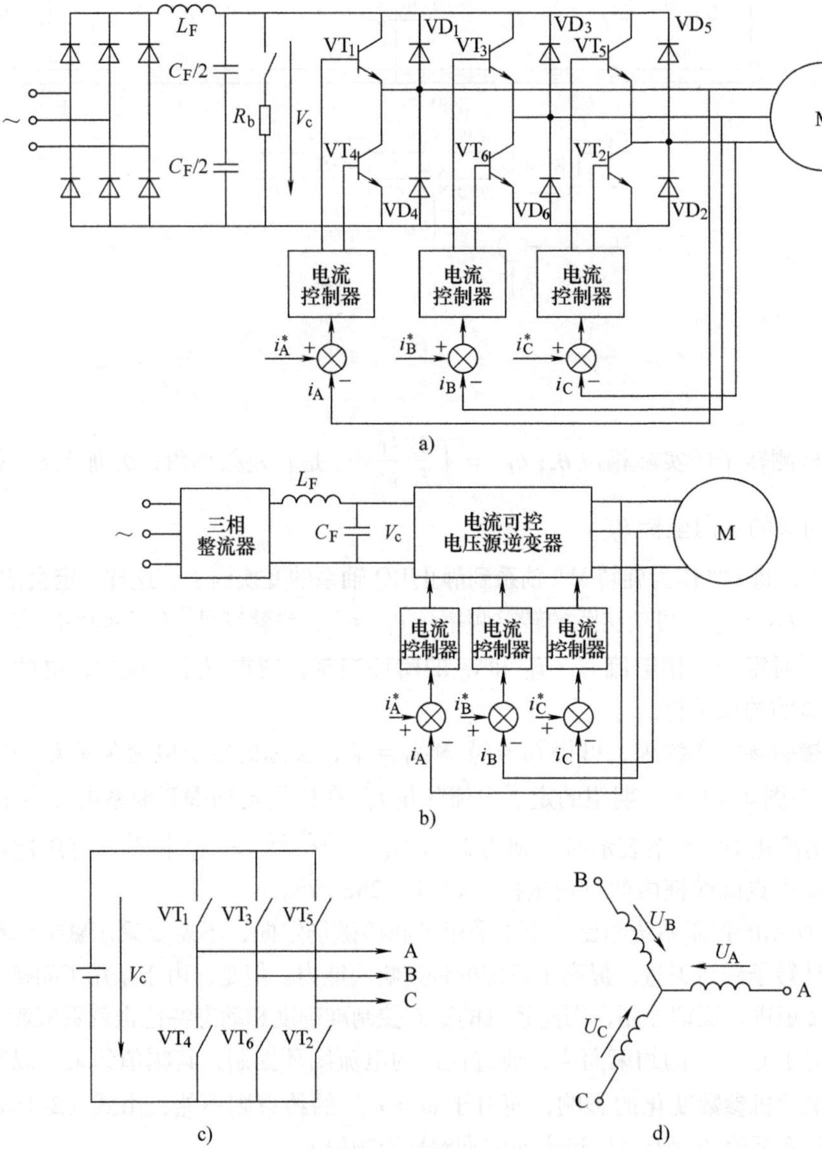

图 2-27　电流可控电压源 PWM 逆变器

a）较完整电路　b）简化电路　c）逆变器电子开关　d）定子三相绕组轴线位置

表 2-1 逆变器电子开关 8 种开关状态

k	S_A	S_B	S_C
1	1	0	0
2	1	1	0
3	0	1	0
4	0	1	1
5	0	0	1
6	1	0	1
7	1	1	1
8	0	0	0

表 2-2 电子开关的通断组合

S_A	VT_1	VT_4
1	通	断
0	断	通
S_B	VT_3	VT_6
1	通	断
0	断	通
S_C	VT_5	VT_2
1	通	断
0	断	通

如果用“+”号表示相绕组接线端（首端）处于高电位，用“-”号表示处于低电位，则表 2-1 中的 8 种开关状态与三相绕组 8 个导通状态间的对应关系为

$$k_1\ (1\quad 0\quad 0) \rightarrow (A^+B^-C^-)$$
$$k_2\ (1\quad 1\quad 0) \rightarrow (A^+B^+C^-)$$
$$k_3\ (0\quad 1\quad 0) \rightarrow (A^-B^+C^-)$$
$$k_4\ (0\quad 1\quad 1) \rightarrow (A^-B^+C^+)$$
$$k_5\ (0\quad 0\quad 1) \rightarrow (A^-B^-C^+)$$
$$k_6\ (1\quad 0\quad 1) \rightarrow (A^+B^-C^+)$$
$$k_7\ (1\quad 1\quad 1) \rightarrow (A^+B^+C^+)$$
$$k_8\ (0\quad 0\quad 0) \rightarrow (A^-B^-C^-)$$

由图 2-27c 可知，若开关状态为 k_1（1 0 0），则有 $u_A = 2V_c/3$，$u_B = u_C = -V_c/3$，由 u_A、u_B 和 u_C 构成的开关电压矢量 $\boldsymbol{u}_{s1}$ 为

$$\boldsymbol{u}_{s1} = \sqrt{\frac{2}{3}}\left(\frac{2}{3}V_c - \frac{1}{3}V_c e^{j120^\circ} - \frac{1}{3}V_c e^{j240^\circ}\right) = \sqrt{\frac{2}{3}}V_c \tag{2-190}$$

式中，V_c 是供给逆变器的直流电压。

对于 k_2（1 1 0），可有

$$\boldsymbol{u}_{s2} = \sqrt{\frac{2}{3}}V_c e^{j60^\circ} \tag{2-191}$$

于是，对于 $k=1, 2, \cdots, 6$，6 种导通状态构成的开关电压矢量可表示为

$$\boldsymbol{u}_{sk} = \sqrt{\frac{2}{3}}V_c e^{j(k-1)\frac{\pi}{3}} \qquad k=1, 2, \cdots, 6 \tag{2-192}$$

此外，还可获得两个零开关矢量（$k=7$，$k=8$）。式（2-192）对应的 6 个非零开关电压矢量如图 2-28 所示。

图 2-28 表明，$\boldsymbol{u}_{sk}$ 的作用方向一定与三相绕组轴线 ABC 一致，或者相反。例如对于 k_1（1 0 0），$\boldsymbol{u}_{s1}$ 的作用方向与 A 轴一致；而对于 k_4（0 1 1），$\boldsymbol{u}_{s4}$ 的作用方向与 A 轴相反，于是有 $\boldsymbol{u}_{s4} = -\boldsymbol{u}_{s1}$。

应该指出，对于每一导通状态，只有在逆变器 3 支臂上相应的电子开关全部导通，且都在持续时间内，上述开关电压矢量才有具体“值”的含义。因为不在持续时间内，逆变器

就不会有实际电压矢量输出。

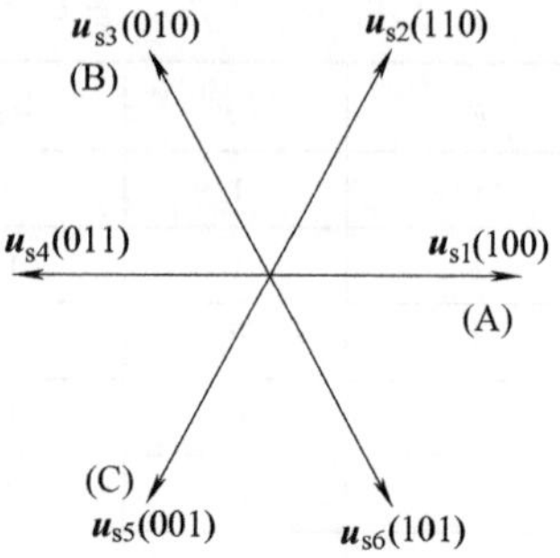

图 2-28　6 个非零开关电压矢量

图 2-27b 中的电流控制器为 3 个独立的相电流滞环比较器，由它们来控制逆变器各臂上、下两个电子开关的导通或者关断。

图 2-29 给出了对逆变器一条支臂的控制框图。滞环比较器的滞环宽度为 $2h=2\Delta i_{\mathrm{Amax}}$，其中 Δi_{Amax} 是设定的最大电流偏差。A 相电流参考值 i_{A}^* 与实际值 i_{A} 比较产生了电流偏差 Δi_{A}（$\Delta i_{\mathrm{A}}=i_{\mathrm{A}}^*-i_{\mathrm{A}}$）。当实际相电流 i_{A} 超过给定电流 i_{A}^*，且偏差达到 Δi_{Amax} 时，滞环比较器的输出使 A 相上桥臂的 $\mathrm{VT_1}$ 关断，经过保持电路必要的保护延迟后，下桥臂的 $\mathrm{VT_4}$ 导通，结果把 A 相绕组首端由高电位切换至低电位，因而电流开始下降。当实际相电流 i_{A} 降到比给定电流 i_{A}^* 低 Δi_{Amax} 时，滞环比较器的输出使 A 相下桥臂的 $\mathrm{VT_4}$ 关断，上桥臂的 $\mathrm{VT_1}$ 导通，电流再上升。由此上、下两个电子开关反复通断，迫使实际电流在滞环宽度 $2h$ 内呈锯齿状地不断跟踪给定电流的波形。于是，通过调节滞环比较器的宽度 $2h$，可以有效地控制 A 相电流的偏差。滞环宽度直接影响电流的跟踪性能：宽度过宽时，开关频率低，跟踪误差大；宽度过窄时，跟踪误差小，但开关频率过高，开关损耗增大。滞环比较器控制的实际 A 相电流波形如图 2-30 所示。其他两个滞环比较器的原理相同。

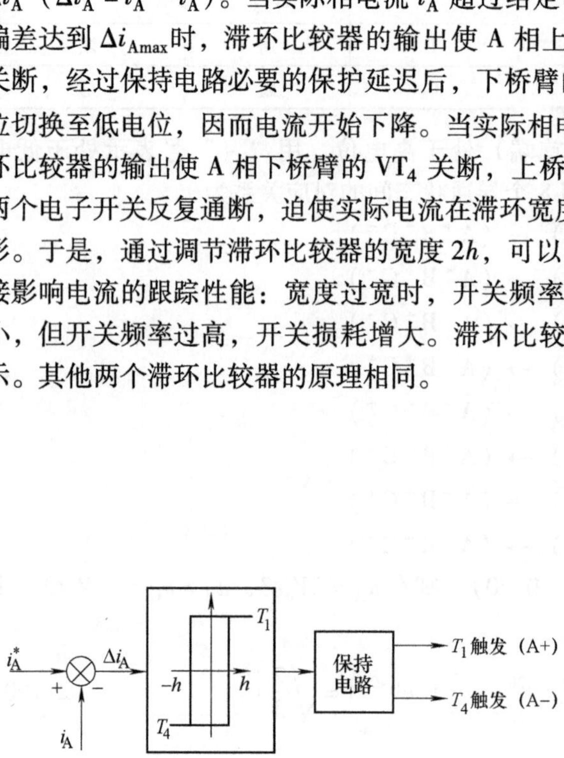

图 2-29　对逆变器一条支臂的控制框图

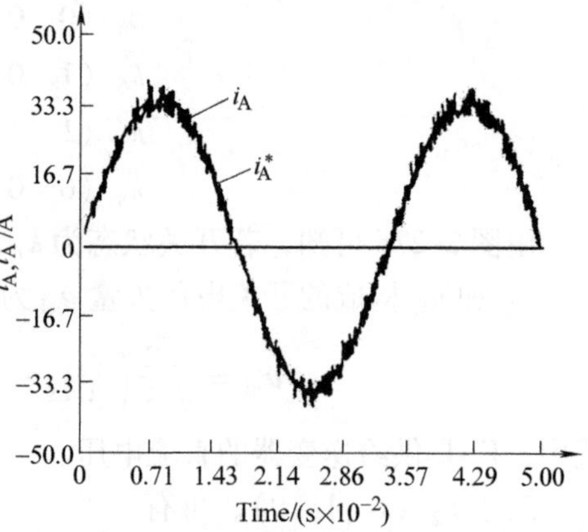

图 2-30　滞环比较器控制的实际 A 相电流波形

可以利用开关图来研究滞环控制的特性，因为由开关图可以看出滞环比较器是如何控制逆变器开关导通与关断的。用图 2-31 所示的复平面来表示参考电流矢量 $\boldsymbol{i}_{\mathrm{s}}^*$ 和实际电流矢量 $\boldsymbol{i}_{\mathrm{s}}$ 以及电流矢量偏差 $\Delta\boldsymbol{i}_{\mathrm{s}}$（$\Delta\boldsymbol{i}_{\mathrm{s}}=\boldsymbol{i}_{\mathrm{s}}^*-\boldsymbol{i}_{\mathrm{s}}$）。

定子电流矢量 $\boldsymbol{i}_{\mathrm{s}}^*$ 在 A 轴方向上的投影为

$$\mathrm{Re}(\boldsymbol{i}_{\mathrm{s}}^*)=\mathrm{Re}\left(\sqrt{\frac{2}{3}}(i_{\mathrm{A}}^*+ai_{\mathrm{B}}^*+a^2i_{\mathrm{C}}^*)\right)=\sqrt{\frac{3}{2}}i_{\mathrm{A}}^*$$

同理，可得 $\boldsymbol{i}_{\mathrm{s}}^*$ 在 B 轴和 C 轴方向上的投影为

$$\mathrm{Re}(a^2\boldsymbol{i}_{\mathrm{s}}^*)=\mathrm{Re}\left(\sqrt{\frac{2}{3}}(a^2i_{\mathrm{A}}^*+i_{\mathrm{B}}^*+ai_{\mathrm{C}}^*)\right)=\sqrt{\frac{3}{2}}i_{\mathrm{B}}^*$$

$$\mathrm{Re}(a\boldsymbol{i}_s^*)=\mathrm{Re}\left(\sqrt{\frac{2}{3}}(ai_A^*+a^2i_B^*+i_C^*)\right)=\sqrt{\frac{3}{2}}i_C^*$$

以上各式对 $\boldsymbol{i}_s$ 和 $\Delta\boldsymbol{i}_s$ 同样适用。

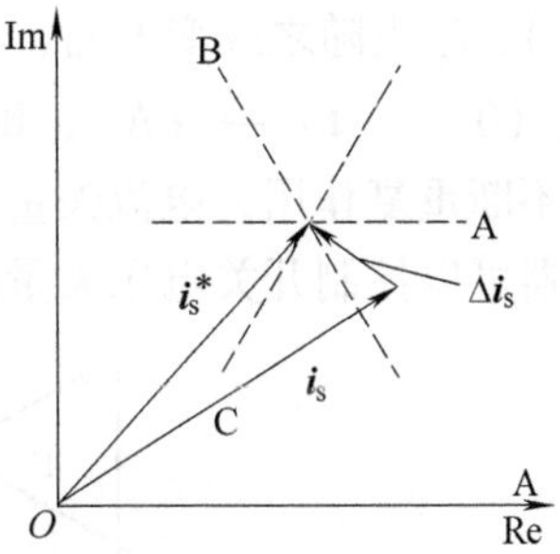

图 2-31 复平面上的定子电流矢量

A 相开关线如图 2-32 所示。图中，开关线 +A 和 –A 相距宽度为 $2h'$，h'与 h 的关系为 $h'=(\sqrt{3}/\sqrt{2})h$。在 A 相滞环比较器作用下，电流偏差 Δi_A 会被限制在滞环宽度 $2h$ 内，这相当于将 $\Delta\boldsymbol{i}_s$ 限制在宽度 $2h'$内，也就是 $\boldsymbol{i}_s$ 与 $\boldsymbol{i}_s^*$ 在 A 轴方向上的偏差（$\sqrt{3}/\sqrt{2}$）Δi_A 将受限于开关线 +A 和 –A。同样可画出 B 相和 C 相的开关线。若将三相开关线同时画出，就得到如图 2-33 所示的开关图。开关图的中心固定于参考电流矢量 $\boldsymbol{i}_s^*$ 的顶点上，随 $\boldsymbol{i}_s^*$ 一起移动。在 3 个滞环比较器作用下，$\boldsymbol{i}_s$ 在跟踪 $\boldsymbol{i}_s^*$ 的过程中，其偏差 $\Delta\boldsymbol{i}_s^*$ 将被限定于由三相开关线构成的内六边形内。

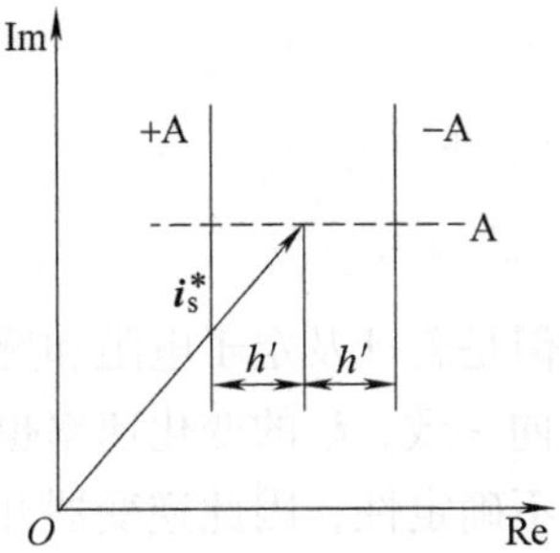

图 2-32 A 相开关线

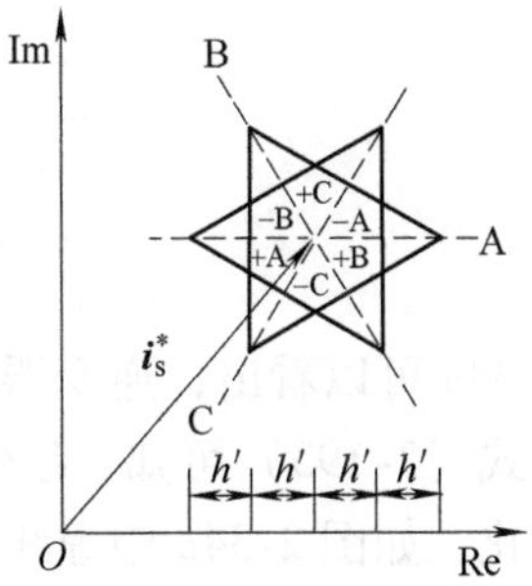

图 2-33 滞环比较器开关图

在磁场定向条件下，由式（2-145）可知，定子电压矢量方程可表示为

$$\boldsymbol{u}_s=R_s\boldsymbol{i}_s+\sigma L_s\frac{\mathrm{d}\boldsymbol{i}_s}{\mathrm{d}t}+\frac{L_m}{L_r}\frac{\mathrm{d}\psi_r}{\mathrm{d}t} \tag{2-193}$$

式中，σL_s 为定子瞬态电感，$\frac{L_m}{L_r}\frac{\mathrm{d}\psi_r}{\mathrm{d}t}$与转子磁链矢量在定子绕组中产生的感应电动势矢量相对应。

如果不计定子电阻和感应电动势的影响，则有

$$\boldsymbol{u}_s=\sigma L_s\frac{\mathrm{d}\boldsymbol{i}_s}{\mathrm{d}t} \tag{2-194}$$

可将式（2-194）近似地表示为

$$\Delta\boldsymbol{i}_s=\frac{1}{\sigma L_s}\boldsymbol{u}_s\Delta t \tag{2-195}$$

式（2-195）表明，定子电流矢量 $\boldsymbol{i}_s$ 偏差的方向与开关电压矢量 $\boldsymbol{u}_s$ 方向相同，其变化率决定于开关电压矢量的幅值和定子瞬态电感。

下面利用开关图来分析逆变器的开关过程。定子电流矢量 $\boldsymbol{i}_s$ 的变化轨迹如图 2-34 所示。图 2-34a 中，如果不计定子电阻和感应电动势的影响，则在初始开关电压矢量 $\boldsymbol{u}_{s1}$（1 0 0）→（A^+，B^-，C^-）作用下，$\boldsymbol{i}_s$ 会沿着 $\boldsymbol{u}_{s1}$ 的方向移动，一旦碰到 +C 开关线，逆变器臂 C 的开关状态便发生转换，开关电压矢量由 $\boldsymbol{u}_{s1}$ 转换为 $\boldsymbol{u}_{s6}$（1 0 1）→（A^+，B^-，

C^+)，$\boldsymbol{i}_s$ 也随之改变方向，将沿 $\boldsymbol{u}_{s6}$ 方向移动。当 $\boldsymbol{i}_s$ 碰到 $-A$ 开关线后，开关电压又转换为 $\boldsymbol{u}_{s5}$（0　0　1）→（A^-，B^-，C^+），$\boldsymbol{i}_s$ 便沿着 $\boldsymbol{u}_{s5}$ 方向移动。依次下去，6 个非零开关矢量会不断重复作用，电流矢量 $\boldsymbol{i}_s$ 轨迹如图 2-34a 中实线所示。由此可见，通过 3 个电流滞环比较器可以控制开关电压矢量的转换，以此将电流矢量偏差 $\Delta\boldsymbol{i}_s$ 限制在内六边形内。

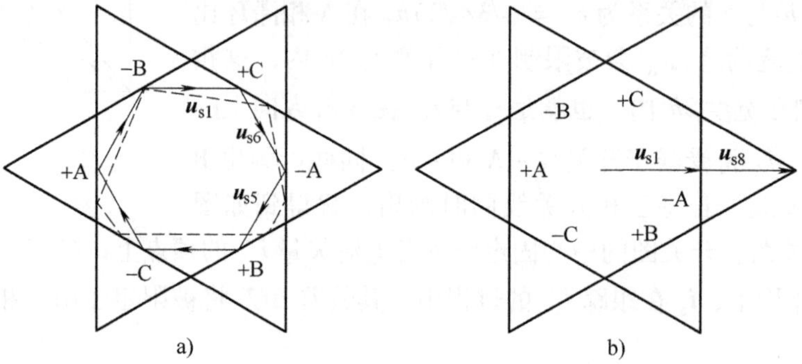

图 2-34　定子电流矢量 $\boldsymbol{i}_s$ 的变化轨迹

a）非零开关电压矢量作用　b）零开关电压矢量作用

实线－定子电阻和感应电动势为零

虚线－定子电阻和感应电动势不为零

由图 2-34a 可以看出，逆变器的开关频率是固定的。但是若计及定子电阻和感应电动势的影响，由式（2-193）可知，$\boldsymbol{i}_s$ 变化的方向不再与 $\boldsymbol{u}_s$ 方向一致，$\boldsymbol{i}_s$ 的变化速率也随转子速度变化而变化，如图 2-34a 中虚线所示，其运动轨迹具有不确定性，因此逆变器开关频率不是固定的，这是电流滞环控制的一个不足。另外，滞环带宽越窄，逆变器的开关频率越高，带宽要受电子开关最高开关频率的限制，自然也受开关损耗允许值的限制。

实际相电流与参考电流偏差基本上被限制在滞环比较器的带宽内，但有时也会超过带宽，如图 2-34b 所示。这是因为采用 3 个滞环比较器分别独立控制三相电流时，不可避免地会出现零电压矢量，使电动机处于空转状态。例如，对于如图 2-34b 所示的电流轨迹，开始电压矢量为 $\boldsymbol{u}_{s1}$（A^+，B^-，C^-），它迫使电流矢量 $\boldsymbol{i}_s$ 与开关线 A^- 相遇，这将导致开关电压矢量由 $\boldsymbol{u}_{s1}$ 转换为 $\boldsymbol{u}_{s8}$（A^-，B^-，C^-），电动机便处于空转状态，此时在感应电动势作用下，或者由于参考电流变化等原因，A 相电流偏差有可能进一步增大，直到电流矢量轨迹碰到另一开关线时，开关电压矢量才会再次转换。如果电流矢量轨迹与两开关线（B^+，C^+）交点相遇，在这种特殊情况下，A 相电流偏差将达到最大，等于 $2h$。

但是，另一方面，合理应用零电压矢量可以明显减小逆变器开关频率，因为在零电压矢量作用下，电流矢量轨迹的速度要低于非零电压矢量作用下的速度。

滞环控制的优点是实施起来比较简单，所以获得了广泛应用。图 2-35 给出了某台电动机在这种控制策略下，定子相电压、相电流和转矩在起动初始和稳定后的变化曲线（实验曲线），实验过程中保持定子电流矢量幅值不变。可以看出，当电流幅值不变时，平均转矩是不变的。

滞环比较器和电压源逆变器构成了快速电流控制环，它相当于一个高增量的 P 调节器。此时的逆变器已成为电流可控 PWM 逆变器，它的好似能将电流强迫输入电动机的功能就像理想的可控电流源。这种控制方式使实际电流能够快速跟踪参考电流，提高了系统的跟踪能力。

可以看出，滞环比较器通过控制开关电压矢量的转换，迫使实际电流快速跟踪参考电流，可以基本消除电流跟踪中的延迟和滞后，很大程度上消除了定子瞬态电感和感应电动势对电流动态过程的影响，这相当于对电机方程实现了降阶处理。

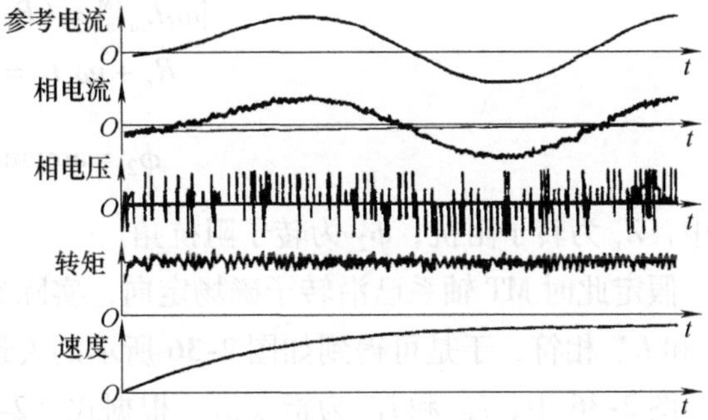

图 2-35　滞环控制的运动曲线

滞环比较控制是依靠定子电流的快速变化实现了对参考电流的快速跟踪，由式（2-193）可以看出，为提高定子电流的变化率应使定子电压有较大的冗余度，这在一定程度上增大了逆变器的容量。

这种控制方式一定会产生幅值偏差，同时电流中会存在高次谐波，会增加损耗，可能还会产生噪声。在低速运行时，可能还会产生冲击电流。

除了滞环比较控制，还可以采用斜坡比较控制和预测电流控制等控制方式。

与滞环控制相比，斜坡比较控制的优点是开关频率可以预置，因此保证不会超过逆变器的开关能力，但它比滞环控制要复杂些。

定子电流控制的目标是要使实际电流能严格跟踪指令电流，尽量减小失真或畸变，这实质上是要解决如何优选逆变器开关电压矢量的问题。预测电流控制就是根据预测的电流变化轨迹来确定期望的定子电压矢量，再通过对开关电压矢量调制，使逆变器提供的实际电压矢量与期望的定子电压矢量相等。这种控制模式的优点是可以减小逆变器开关频率，并可提高快速响应能力，但计算复杂，对软件要求高。

应该指出，对定子电流的调制和控制策略除上述 3 种模式外，还可有多种选择。这些方法的最终目的是要使实际电流能够更好和快速地跟踪指令电流，尽量降低开关频率，且从软硬件上容易实现，又有较低的成本。

2.4　基于转子磁场的矢量控制中的几个技术问题

2.4.1　电动机参数变化对磁场定向和系统性能的影响

磁场定向是三相感应电动机实现矢量控制的前提和基础。对于上面讨论的磁场定向，无论采用哪种方法，均涉及到电动机参数。若参数值与实际不符，或在运行中发生变化，都将直接影响到磁场定向的准确性，这可能会使矢量控制丧失原本技术上的优势，造成系统稳态和动态性能下降。

1. 转子电阻变化对磁场定向和稳态性能的影响

在采用转差频率法进行的间接磁场定向中，转子时间常数是影响最大也是最关键的参数。其中，转子电阻受温度的影响，会在很大范围内变化，在有些情况下，是使转子时间常数发生变化的主要原因。

在正弦稳态下，由 MT 轴系转子电压矢量方程式（2-115），可得

$$-\mathrm{j}\omega_{\mathrm{f}}L_{\mathrm{m}}\boldsymbol{i}_{\mathrm{s}}^{\mathrm{M}}=(R_{\mathrm{r}}+\mathrm{j}\omega_{\mathrm{f}}L_{\mathrm{r}})\boldsymbol{i}_{\mathrm{r}}^{\mathrm{M}} \tag{2-196}$$

$$R_{\mathrm{r}}+\mathrm{j}\omega_{\mathrm{f}}L_{\mathrm{r}}=Z_{\mathrm{r}}\underline{/\phi_2}$$

$$\phi_2=\arctan\omega_{\mathrm{f}}\frac{L_{\mathrm{r}}}{R_{\mathrm{r}}}$$

式中，Z_{r} 为转子阻抗；ϕ_2 为转子阻抗角。

假定此时MT轴系已沿转子磁场定向，实际参数 R_{r}、L_{r} 和 L_{m} 的数值分别与给定值 R_{r}^*、L_{r}^* 和 L_{m}^* 相符，于是可得到如图2-36所示的矢量图和相位关系。

图2-36中，i_{M}^* 和 i_{T}^* 为指令值。根据式（2-141），可得

$$\omega_{\mathrm{f}}\frac{L_{\mathrm{r}}^*}{R_{\mathrm{r}}^*}=\frac{i_{\mathrm{T}}^*}{i_{\mathrm{M}}^*} \tag{2-197}$$

于是有

$$\phi_2=\arctan\frac{i_{\mathrm{T}}^*}{i_{\mathrm{M}}^*}=\theta_{\delta}^* \tag{2-198}$$

由图2-36可知，在式（2-198）的约束下，必然会使转子电流矢量 $\boldsymbol{i}_{\mathrm{r}}^{\mathrm{M}}$ 与T轴相反。因为在稳态时，转子磁链矢量ψ_{r} 要超前 $\boldsymbol{i}_{\mathrm{r}}$90°电角度，所以$\psi_{\mathrm{r}}$ 必然与 i_{M}^* 一致，这说明选定的这个MT轴系是沿转子磁场定向的。于是，指令值 i_{M}^* 就成为真正的励磁分量，i_{T}^* 也成为了真正的转矩分量。

现在分析实际值 R_{r} 与给定值 R_{r}^* 不相等的情形。先假定 $R_{\mathrm{r}}>R_{\mathrm{r}}^*$，于是有

$$\frac{L_{\mathrm{r}}^*}{R_{\mathrm{r}}}<\frac{L_{\mathrm{r}}^*}{R_{\mathrm{r}}^*} \tag{2-199}$$

因为控制系统是按转差频率法间接磁场定向的，已满足约束条件 $|\boldsymbol{i}_{\mathrm{s}}|=|\boldsymbol{i}_{\mathrm{s}}^*|$ 和 $\omega_{\mathrm{f}}=\omega_{\mathrm{f}}^*$，所以图2-36中定子电流矢量 $\boldsymbol{i}_{\mathrm{s}}^{\mathrm{M}}$ 的幅值和相位应不变。但是，由于实际阻抗角 ϕ_2 小于 θ_{δ}^*，故实际转子电流 $\boldsymbol{i}_{\mathrm{r}}^{\mathrm{M}}$ 不会再处于与T轴相反的位置上，而要偏离T轴 δ 角度，结果也使实际转子磁通矢量$\psi_{\mathrm{r}}^{\mathrm{M}}$ 偏离M轴 δ 角度，如图2-37所示。

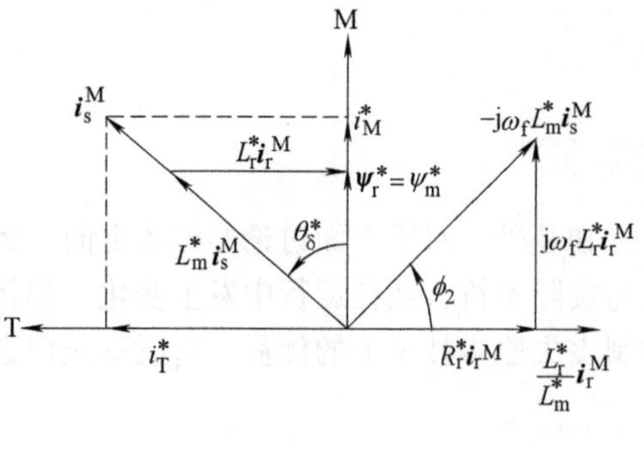

图2-36　磁场定向时定、转子电流和磁链矢量图和相位关系

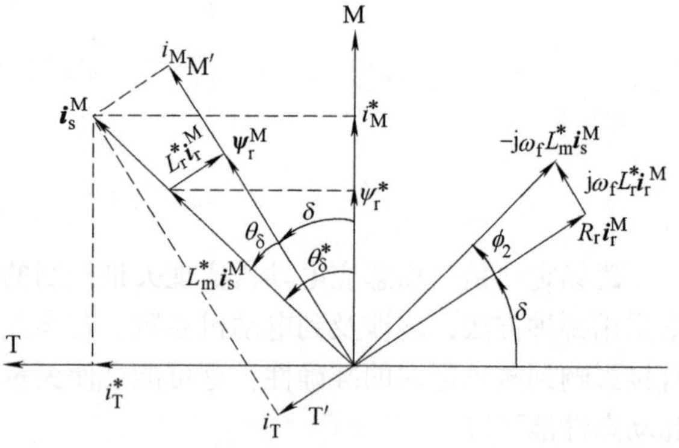

图2-37　磁场定向破坏后定、转子电流和磁链矢量图和相位关系

由图2-37可以看出，虽然定子电流矢量 $\boldsymbol{i}_{\mathrm{s}}^{\mathrm{M}}$ 没变，但是 $\boldsymbol{i}_{\mathrm{s}}^{\mathrm{M}}$ 实际上是在M′T′轴系上分解为两个正交分量 i_{M} 和 i_{T}，它们才是真正的励磁分量和转矩分量。这意味着指令值 i_{M}^* 和 i_{T}^*

没有成为转子磁通和电磁转矩的实际控制量，也就无法实现矢量控制。例如，若仍保持 i_M^* 恒定，但在调节 i_T^* 时，因为 i_T^* 在 M′轴上有分量存在，转子磁通 ψ_r 也会随之变化，虽然仍可在电动机外部独立调节 i_M^* 和 i_T^*，可在电动机内部已达不到独立控制转子磁链和转矩的目的，此时实际的 ψ_r 值已偏离了给定值 ψ_r^*。对于图 2-37 所示的情形，实际的 ψ_r 要大于 ψ_r^*，将使电动机过励，引起磁路饱和，功率因数下降，损耗增大和温升变高。

2. 转子时间常数变化对动态性能的影响

电动机在运行中，除了转子电阻 R_r 会发生变化外，磁路饱和程度也会使转子电感 L_r 发生变化，两者都会改变转子时间常数。

假定励磁电流指令 i_M^* 保持不变，在此条件下考虑转子时间常数变化对系统动态性能的影响。

定义

$$\Delta T_r = T_r^* - T_r \tag{2-200}$$

$$\Delta\psi_m = \psi_m - \psi_m^* \tag{2-201}$$

$$\Delta\psi_t = \psi_t - \psi_t^* \tag{2-202}$$

图 2-37 中，磁场定向遭到破坏后，MT 轴系已不再沿转子磁场方向定向，而变为一个任意的 MT 轴系，以这个 MT 轴系表示的转子磁链和电压矢量方程为

$$\psi_r^M = L_m \boldsymbol{i}_s^M + L_r \boldsymbol{i}_r^M \tag{2-203}$$

$$0 = R_r \boldsymbol{i}_r^M + p\psi_r^M + j\omega_f \psi_r^M \tag{2-204}$$

由式（2-203）和式（2-204），可得

$$p\psi_r^M = -\frac{1}{T_r}\psi_r^M + \frac{L_m}{T_r}\boldsymbol{i}_s^M - j\omega_f\psi_r^M \tag{2-205}$$

将式（2-205）写成坐标分量形式，则有

$$p\psi_m = -\frac{\psi_m}{T_r} + \frac{L_m}{T_r}i_M^* + \omega_f\psi_t \tag{2-206}$$

$$p\psi_t = -\frac{\psi_t}{T_r} + \frac{L_m}{T_r}i_T^* - \omega_f\psi_m \tag{2-207}$$

式（2-206）和式（2-207）中，定子电流分量 i_M^* 和 i_T^* 带“ * ”号，是因为这个 MT 轴系是由给定值 i_M^* 和 i_T^* 构成的。

将式（2-201）和式（2-202）分别代入式（2-206）和式（2-207），可得

$$p(\psi_m^* + \Delta\psi_m) = -\frac{1}{T_r}(\psi_m^* + \Delta\psi_m) + \omega_f(\psi_t^* + \Delta\psi_t) + \frac{L_m}{T_r}i_M^* \tag{2-208}$$

$$p(\psi_t^* + \Delta\psi_t) = -\frac{1}{T_r}(\psi_t^* + \Delta\psi_t) - \omega_f(\psi_m^* + \Delta\psi_m) + \frac{L_m}{T_r}i_T^* \tag{2-209}$$

因为给定值是按磁场定向设定的，同时又满足输入方程，所以有

$$i_M^* = \frac{\psi_m^*}{L_m} \tag{2-210}$$

$$\psi_m^* = \frac{L_m}{T_r^*}\frac{i_T^*}{\omega_f^*} \tag{2-211}$$

$$\omega_f = \omega_f^* \tag{2-212}$$

因已假定 i_M^* 保持不变，则有ψ_m^* = 常值，另有$\psi_t^*=0$。将式（2-210）和式（2-212）分别代入式（2-208）和式（2-209），可得

$$p\Delta\psi_m=-\frac{1}{T_r}\Delta\psi_m+\omega_f^*\Delta\psi_t \tag{2-213}$$

$$p\Delta\psi_t=-\frac{1}{T_r}\Delta\psi_t-\omega_f^*\Delta\psi_m+L_m i_T^*\left(\frac{1}{T_r}-\frac{1}{T_r^*}\right) \tag{2-214}$$

式（2-213）和式（2-214）是磁链增量 $\Delta\psi_m$ 和 $\Delta\psi_t$ 的一次线性微分方程组，式(2-214)等号右端最后一项是微分方程的输入项。

求取微分方程式（2-213）和式（2-214）的状态响应可发现，转子时间常数发生偏差后，转子磁通在 MT 轴系内的增量要经过振荡后才能趋于稳定，显然在这一过程中电磁转矩会随之发生振荡。另外，磁场定向约束$\psi_t=0$ 遭到破坏，转子磁场在 T 轴方向上也产生了磁场分量，当指令 i_T^* 变化后，转子电流 i_t 因受阻尼的作用不会再像磁场定向那样能立即跟踪 i_T^* 的变化，这将直接影响电动机对转矩指令的跟踪能力。

由式（2-213）和式（2-214）构成的微分方程组的两个特征根分别为

$$s_1=a+\mathrm{j}b=-\frac{1}{T_r}+\mathrm{j}\omega_f^* \tag{2-215}$$

$$s_2=a-\mathrm{j}b=-\frac{1}{T_r}-\mathrm{j}\omega_f^* \tag{2-216}$$

谐振角频率

$$\omega_0=\sqrt{a^2+b^2}=\frac{1}{T_r}\sqrt{1+\omega_f^{*2}T_r^2} \tag{2-217}$$

因为 $a^2<\omega_0^2$，所以 $\Delta\psi_m$ 和 $\Delta\psi_t$ 的零输入响应是欠阻尼的衰减振荡。此时 $\Delta\psi_m$ 的零输入解为

$$\Delta\psi_m=K_m\mathrm{e}^{-t/T_r}\cos(\omega_f^*t+\theta_m) \tag{2-218}$$

式中，K_m 和 θ_m 取决于磁链增量的初始值。

同理，也可求得 $\Delta\psi_t$ 的零输入解。

以上分析表明，即使在 $\Delta T_r=0$ 的情况下，无论何种原因或扰动使磁场定向遭到破坏后，都会在 MT 轴系内产生增量 $\Delta\psi_m$ 和 $\Delta\psi_t$。当扰动消除后，这两个磁通增量不会立即消除，而是以振荡形式衰减。

由上分析可以看出，由于转子参数发生偏差，不仅会使电动机在不合适的稳态工作点下运行，还会使系统动态性能下降，甚至产生振荡。因此在控制系统中，需要考虑对参数变化的补偿环节。如果参数变化是由温升引起的，补偿环节的快速性可以不考虑；如果是由磁路饱和引起的电感变化，补偿环节就要做快速响应。

在高性能矢量控制系统中，常采用参数辨识或自适应控制来解决这些问题，也可采用滑模变结构控制或智能控制等方法来解决。

2.4.2 磁路饱和对磁场定向和系统性能的影响

1. 对转矩输出特性的影响

在磁场定向及稳态情况下，由式（2-124）和式（2-140）可知，电磁转矩为

$$t_e=p_0\frac{L_m^2}{L_r}T_r i_M^2\omega_f \tag{2-219}$$

式（2-219）实际上就是感应电动机在转子磁场定向控制下的机械特性。显然，当 i_M 保持恒定时，机械特性是一条直线，该直线的斜率为

$$\frac{t_e}{\omega_f}=p_0\frac{L_m^2}{L_r}T_r i_M^2=\frac{p_0}{R_r}\psi_r^2 \tag{2-220}$$

机械特性的斜率取决于定子电流励磁分量，也就是转子磁链ψ_r，显然要受磁路饱和程度的影响。

在磁场定向后，稳态电磁转矩可表示为

$$T_e=p_0\frac{L_m^2}{L_r}i_M i_T \tag{2-221}$$

可以证明，在磁路不饱和情况下，当 $i_M=i_T$ 时，每安培定子电流 i_s 产生的转矩值最大；当磁路饱和时，随着 i_T 的增大，i_M 即使按比例随之增大，也不再会得到这种理想的结果，因为转子磁通已受到饱和极限的限制。

在实际运行中，电动机在恒转矩区运行时，设定ψ_r 为常值，ψ_r 值确定的依据是使主磁路达到适度程度的饱和，这样可以充分利用磁性材料，获得尽可能高的转矩/电流比。

2. 对弱磁运行的影响

图 2-38 所示为恒转矩和弱磁运行区域，合理选择转子磁链值，就是要合理地设定参数 L_m^*。图 2-39 是将电动机主磁路分段线性化的磁化曲线，此时，选定 $L_m^*=L_{mm}$作为电感值是比较合适的。

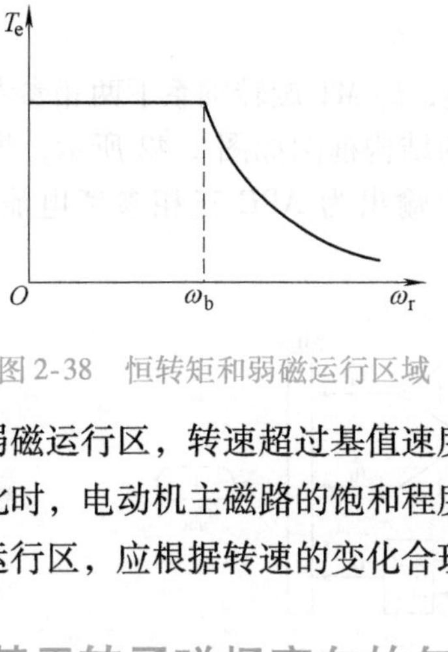

图 2-38　恒转矩和弱磁运行区域

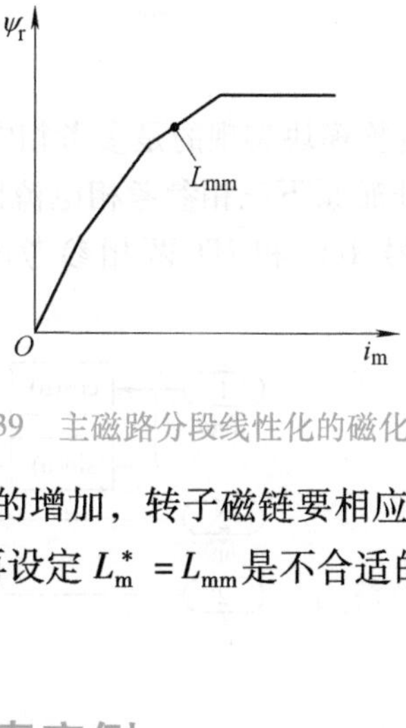

图 2-39　主磁路分段线性化的磁化曲线

在弱磁运行区，转速超过基值速度 ω_b 后，随着转速的增加，转子磁链要相应地反比例减少，此时，电动机主磁路的饱和程度也要下降，显然再设定 $L_m^*=L_{mm}$是不合适的。因此，在弱磁运行区，应根据转速的变化合理地设定 L_m^*。

2.5　基于转子磁场定向的矢量控制系统仿真实例

在 Matlab6.5 的 Simulink 环境下，利用 Sim Power System Toolbox 2.3 丰富的模块库，在分析三相感应电动机数学模型的基础上，可建立基于转子磁场定向矢量控制系统的仿真模型。系统采用双闭环结构：转速环采用 PI 调节器，电流环采用电流滞环调节。根据模块化建模的思想，将控制系统分割为各个功能独立的子模块，其中主要包括：三相感应电动机本体模块、速度调节模块、3/2 变换模块、2/3 变换模块、电流滞环调节模块、转矩计算模块、逆变器模块和电机参数测量等。通过这些功能模块的有机整合，就可在 Matlab/Simulink 中

搭建出感应电动机矢量控制系统的仿真模型，整体设计框图如图 2-40 所示。

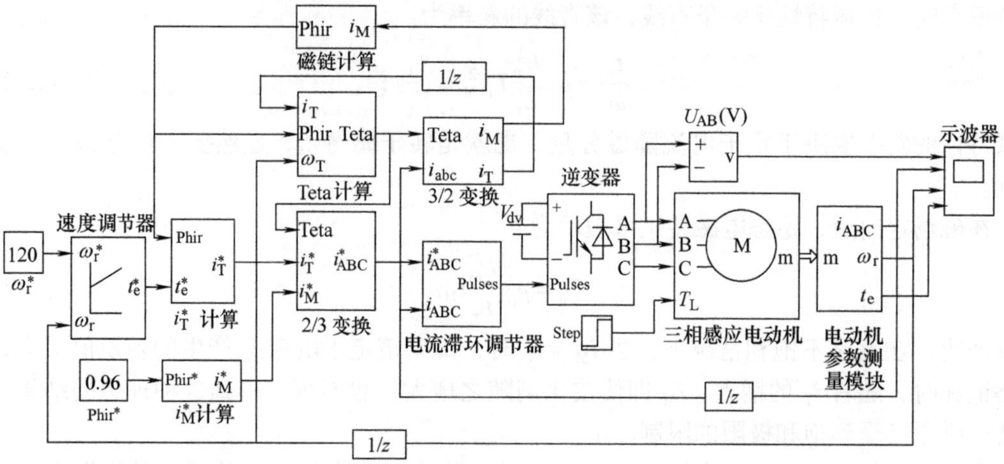

图 2-40　基于 Simulink 的感应电动机矢量控制系统的仿真模型的整体设计框图

三相静止 ABC 轴系到同步旋转 MT 轴系的 3/2 变换模块的结构框图如图 2-41 所示。

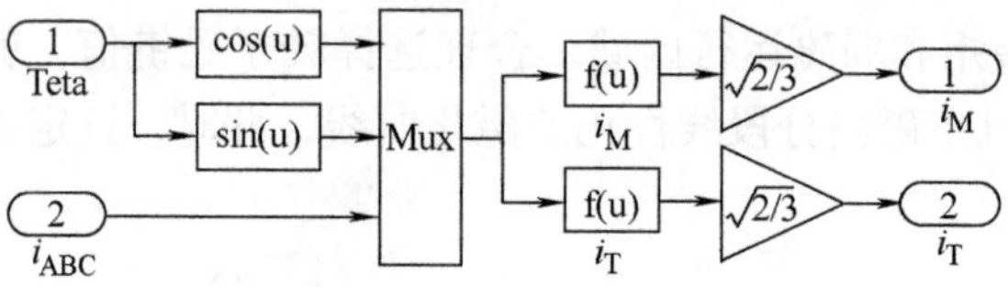

图 2-41　3/2 变换模块的结构框图

2/3 变换模块实现的是参考相电流的 MT/ABC 变换，即 MT 旋转轴系下两相参考相电流到 abc 静止轴系下三相参考相电流的 2/3 变换，模块的结构框图如图 2-42 所示，模块输入为位置信号 Teta 和 MT 两相参考电流 i_M^* 和 i_T^*；模块输出为 ABC 三相参考电流 i_A^*、i_B^* 和 i_C^*。

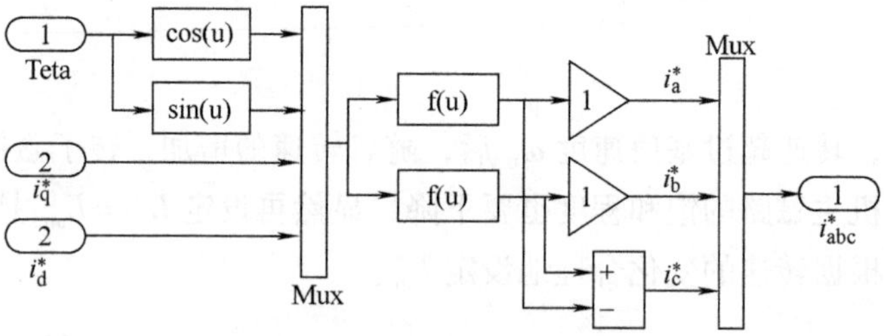

图 2-42　2/3 变换模块的结构框图

电流滞环调节模块的作用是实现滞环电流调节，输入为三相参考电流 i_A^*、i_B^*、i_C^* 和三相实际电流 i_A、i_B、i_C，输出为逆变器控制信号，模块的结构框图如图 2-43 所示。当实际电流低于参考电流且偏差大于滞环比较器的环宽时，对应相正向导通，负向关断；当实际电流超过参考电流且偏差大于滞环比较器的环宽时，对应相正向关断，负向导通。选择适当的滞环环宽，即可使实际电流不断跟踪参考电流的波形，实现电流闭环控制。

三相感应电动机的参数如下：功率 $P_n = 3.7\text{kW}$，线电压 $U_{AB} = 410\text{V}$，定子相绕组电阻 $R_s = 0.087\Omega$，转子相绕组电阻 $R_r = 0.228\Omega$，定子绕组自感 $L_s = 0.8\text{mH}$，转子绕组自感 $L_r =$

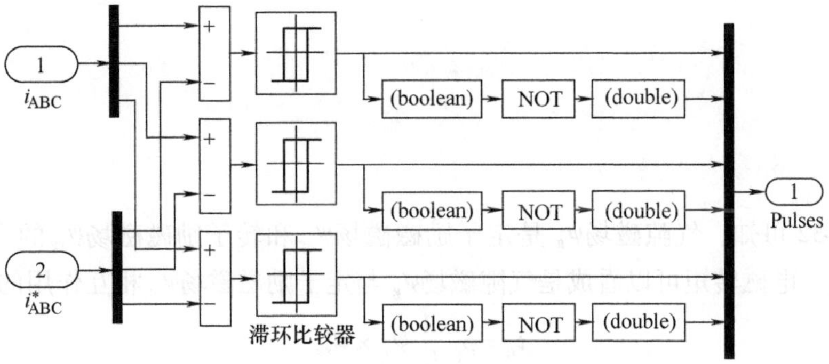

图 2-43　电流滞环调节模块的结构框图

0.8mH，定、转子之间的互感 $L_m = 0.76$mH，转动惯量 $J = 0.662\text{kg}\cdot\text{m}^2$，额定转速 $\omega_n = 120$rad/s，极对数 $p_0 = 2$。转子磁链给定为0.96Wb，速度调节器参数为 $K_P = 900$，$K_I = 6$，电流滞环宽度为10。系统空载起动，待进入稳态后，在 $t = 0.5$s 时突加负载 $T_L = 100\text{N}\cdot\text{m}$，可得系统转矩 t_e、转速 ω_r 和定子三相电流 i_A、i_B、i_C 电流，以及线电压 U_{AB} 的仿真曲线，如图 2-44 ~ 图 2-47 所示。

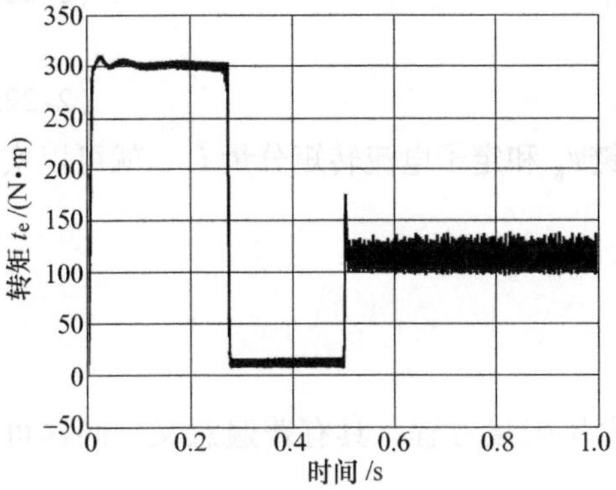

图 2-44　转矩响应曲线

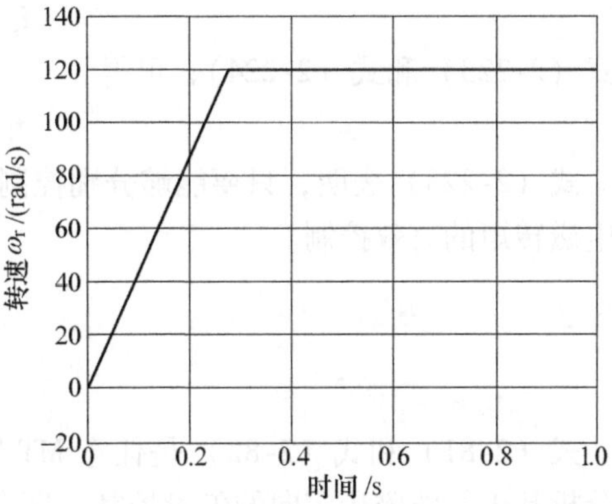

图 2-45　转速响应曲线

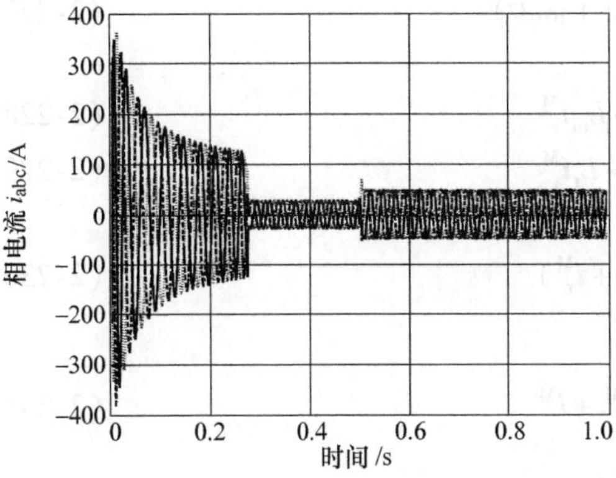

图 2-46　相电流曲线

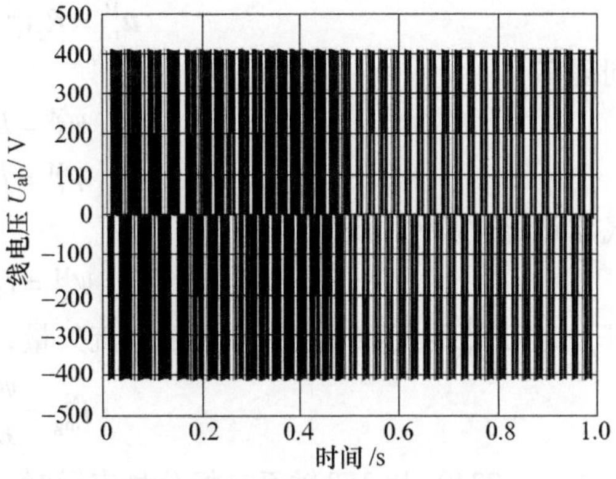

图 2-47　线电压曲线

由仿真波形可以看出，在 $\omega_r = 120$rad/s 的参考转速下，系统响应快速且平稳；在 $t = 0.5$s 时突加负载，转速发生突降，但又能迅速恢复到平衡状态，稳态运行时无静差。

2.6 基于气隙磁场定向的矢量控制

2.6.1 基于气隙磁场的转矩控制

参见图 1-32 可知，气隙磁场ψ_g 是定子励磁磁场ψ_{sg}和转子励磁磁场ψ_{rg}的合成磁场。式（1-163）表明，电磁转矩可以看成是气隙磁场ψ_g 与定子励磁磁场ψ_{sg}相互作用的结果，即有

$$t_e = p_0 \frac{1}{L_m} \boldsymbol{\psi}_g \times \boldsymbol{\psi}_{sg} \tag{2-222}$$

由式（1-153），可将式（2-222）表示为

$$t_e = p_0 \boldsymbol{\psi}_g \times \boldsymbol{i}_s \tag{2-223}$$

式（2-223）表明，电磁转矩是定子电流在气隙磁场作用下生成的。

气隙磁场定向是指将同步旋转的 MT 轴系沿着气隙磁场方向定向。同基于转子磁场定向的矢量控制一样，可以在这个 MT 轴系内，实现对电磁转矩的矢量控制。

定子电流矢量 $\boldsymbol{i}_s$ 在气隙磁场定向 MT 轴系内可表示为

$$\boldsymbol{i}_s = i_M + \mathrm{j} i_T \tag{2-224}$$

由式（2-223）和式（2-224），可得

$$t_e = p_0 \psi_g i_T \tag{2-225}$$

式（2-225）表明，只要能够分别控制气隙磁链ψ_g 和定子电流转矩分量 i_T，就可以实现对电磁转矩的有效控制。

2.6.2 矢量控制方程

1. 定子电压控制方程

式（2-81）和式（2-82）是任意 MT 轴系的电压矢量方程，具有普遍意义，同样可用来分析基于气隙磁场定向的矢量控制。即有

$$\boldsymbol{u}_s^M = R_s \boldsymbol{i}_s^M + p\boldsymbol{\psi}_s^M + \mathrm{j}\omega_s \boldsymbol{\psi}_s^M \tag{2-226}$$

$$\boldsymbol{u}_r^M = R_r \boldsymbol{i}_r^M + p\boldsymbol{\psi}_r^M + \mathrm{j}\omega_f \boldsymbol{\psi}_r^M \tag{2-227}$$

同理有

$$\boldsymbol{\psi}_s^M = L_s \boldsymbol{i}_s^M + L_m \boldsymbol{i}_r^M \tag{2-228}$$

$$\boldsymbol{\psi}_r^M = L_m \boldsymbol{i}_s^M + L_r \boldsymbol{i}_r^M \tag{2-229}$$

气隙磁链矢量$\boldsymbol{\psi}_g$ 可表示为

$$\boldsymbol{\psi}_g^M = L_m (\boldsymbol{i}_s^M + \boldsymbol{i}_r^M) \tag{2-230}$$

定义 $\boldsymbol{i}_{mg}^M$ 为气隙磁场等效励磁电流矢量，即有

$$\boldsymbol{i}_{mg}^M = \frac{\boldsymbol{\psi}_g^M}{L_m} = \boldsymbol{i}_s^M + \boldsymbol{i}_r^M \tag{2-231}$$

当式（2-231）用 MT 轴系坐标分量表示时，可得

$$\boldsymbol{i}_{mg}^M = i_M + \mathrm{j} i_T + i_m + \mathrm{j} i_t \tag{2-232}$$

因 MT 轴系已沿气隙磁场定向，故 $\boldsymbol{i}_{mg}^M$ 在 T 轴方向上的分量为零，于是可得

$$i_T = -i_t \tag{2-233}$$

$$i_{mg} = \frac{\psi_g}{L_m} = i_M + i_m \tag{2-234}$$

将式（2-228）和式（2-231）代入式（2-226），有

$$\boldsymbol{u}_s^M = R_s \boldsymbol{i}_s^M + L_{s\sigma} \frac{d\boldsymbol{i}_s^M}{dt} + L_m \frac{d\boldsymbol{i}_{mg}^M}{dt} + j\omega_s (L_{s\sigma} \boldsymbol{i}_s^M + L_m \boldsymbol{i}_{mg}^M) \tag{2-235}$$

将式（2-235）写成坐标分量形式，可得定子电压分量方程为

$$u_M = R_s i_M + L_{s\sigma} \frac{di_M}{dt} + L_m \frac{di_{mg}}{dt} - \omega_s L_{s\sigma} i_T \tag{2-236}$$

$$u_T = R_s i_T + L_{s\sigma} \frac{di_T}{dt} + \omega_s (L_{s\sigma} i_M + L_m i_{mg}) \tag{2-237}$$

由式（2-236）和式（2-237），可得

$$T_{s\sigma} \frac{di_M}{dt} + i_M = \frac{u_M}{R_s} - \frac{L_m}{R_s} \frac{di_{mg}}{dt} + \omega_s \frac{L_{s\sigma}}{R_s} i_T \tag{2-238}$$

$$T_{s\sigma} \frac{di_T}{dt} + i_T = \frac{u_T}{R_s} - \frac{\omega_s}{R_s} (L_{s\sigma} i_M + L_m i_{mg}) \tag{2-239}$$

式中，$T_{s\sigma} = L_{s\sigma}/R_s$，称为定子漏磁时间常数。

由式（2-225）和式（2-234），可将电磁转矩表示为

$$t_e = p_0 L_m i_{mg} i_T \tag{2-240}$$

根据式（2-238）~式（2-240），可构成基于气隙磁场定向的矢量控制系统。因为式（2-238）和式（2-239）是由定子电压表示的方程，且式中没有转子电流项，所以应该是由电压源逆变器馈电时优先考虑的控制方程，只要能够检测（或估计）出气隙磁链矢量的幅值和相位，就可以构成矢量控制系统。但是，由式（2-238）和式（2-239）可以看出，必须先要构成去耦电路，解决两方程的耦合问题。

2. 定子电流控制方程

由式（2-227），可得转子电压矢量方程为

$$0 = R_r \boldsymbol{i}_r^M + p\psi_r^M + j\omega_f \psi_r^M \tag{2-241}$$

将式（2-229）和式（2-231）代入式（2-241），可得

$$0 = R_r (\boldsymbol{i}_{mg}^M - \boldsymbol{i}_s^M) + L_r \frac{d\boldsymbol{i}_{mg}^M}{dt} - L_{r\sigma} \frac{d\boldsymbol{i}_s^M}{dt} + j\omega_f (L_r \boldsymbol{i}_{mg}^M - L_{r\sigma} \boldsymbol{i}_s^M) \tag{2-242}$$

将式（2-242）表示为坐标分量形式，有

$$\frac{1}{T_{r\sigma}} \left(i_{mg} + T_r \frac{di_{mg}}{dt} \right) = \frac{di_M}{dt} + \frac{1}{T_{r\sigma}} i_M - \omega_f i_T \tag{2-243}$$

$$\omega_f \left(\frac{T_r}{T_{r\sigma}} i_{mg} - i_M \right) = \frac{di_T}{dt} + \frac{1}{T_{r\sigma}} i_T \tag{2-244}$$

式中，$T_{r\sigma}$为转子漏磁时间常数，$T_{r\sigma} = L_{r\sigma}/R_r$。

由式（2-243）和式（2-244），可得

$$i_T = \frac{T_r i_{mg} - T_{r\sigma} i_M}{1 + T_{r\sigma} p} \omega_f \tag{2-245}$$

$$i_M = \frac{(1 + T_r p) i_{mg} + T_{r\sigma} \omega_f i_T}{1 + T_{r\sigma} p} \tag{2-246}$$

式（2-245）和式（2-246）是动态情况下，定子电流分量 i_M 和 i_T 与气隙磁场等效励磁电流 i_{mg} 和转差频率 ω_f 的关系式，可被作为矢量控制系统的电流控制方程。这两个方程更适用于由电流可控 PWM 逆变器馈电的控制系统。

可将式（2-245）和式（2-246）与式（2-128）和式（2-129）进行一下比较。若忽略转子漏电感 $L_{r\sigma}$，式（2-245）和式（2-246）就变为

$$i_T = T_r i_{mg} \omega_f = \frac{T_r}{L_m} \psi_g \omega_f \tag{2-247}$$

$$i_M = (1 + T_r p) i_{mg} = \frac{1}{L_m}(1 + T_r p) \psi_g \tag{2-248}$$

此时，基于气隙磁场和转子磁场两种控制方式下的电流控制方程便具有完全相同的形式。事实上，由图 1-32 可以看出，气隙磁场与转子磁场间只是相差一个转子漏磁场。若忽略了转子漏磁场，气隙磁场和转子磁场便成为同一磁场，自然电流控制方程也就不会再有差别。

但是，由于转子漏磁场的存在，当控制气隙磁场时，式（2-245）和式（2-246）是两个耦合方程。虽然进行了磁场定向，仍然无法像基于转子磁场定向的矢量控制那样，可以通过定子电流两个分量去独立控制气隙磁链和电磁转矩。为了达到独立控制气隙磁链和电磁转矩的目的，必须对式（2-245）和式（2-246）进行解耦处理，这就要比控制转子磁场复杂些。

3. 矢量图和等效电路

由磁链方程式（2-230）以及电流方程式（2-231）、式（2-233）和式（2-234），可给出气隙磁场定向的磁链和电流矢量图，如图 2-48 所示。

可以将图 2-48 与图 2-18b 进行一下比较。乍看起来，两者形式上几乎相同。但在图 2-18b中，转子电流 M 轴分量 i_m 只是在动态情况下才存在，因为只有转子磁场变化时才会在转子 m 绕组中感生电流，当转子磁场稳定后，i_m 便随之消失。可是，在图 2-48 中，即使气隙磁场不变化，i_m 都始终存在，它是转子电流 $\boldsymbol{i}_r^M$ 中的无功分量，i_m 与定子电流无功分量 i_M 之和为气隙磁场等效励磁电流 i_{mg}。在转子磁场幅值恒定情况下，图 2-18c 中的定子电流转矩分量 i_T 与转子电流（L_r/L_m）i_r 大小相等方向相反，整个转子电流都是有功电流；在气隙磁场幅值恒定情况下，图 2-48 中的转子电流为负载电流，定子电流转矩分量 i_T 也只能平衡转子电流中的有功分量 i_t，图中的ψ_2 是转子的内功率因数角，此ψ_2 与图 1-34c 中的ψ_2 是同一角度，图 1-34d 已表明，由于转子漏磁场的存在，使得 $\boldsymbol{i}_r$ 不能与ψ_g 正交。

在基于气隙磁场的矢量控制中，由于 ω_f 的变化，如图 1-34c 所示，转子电流矢量 $\boldsymbol{i}_r$ 的幅值和内功率因数角ψ_2 也会随转差角频率 ω_f 的变化而改变，于是无功电流 i_m 和有功电流 i_t 都随之发生变化。为保持气隙磁场恒定，就要控制 i_M，使等效励磁电流 i_{mg}始终保持不变，亦即 i_M 的控制与转差角频率 ω_f 有关，如式（2-246）所示。这点与转子磁场矢量控制有很大不同，在控制转

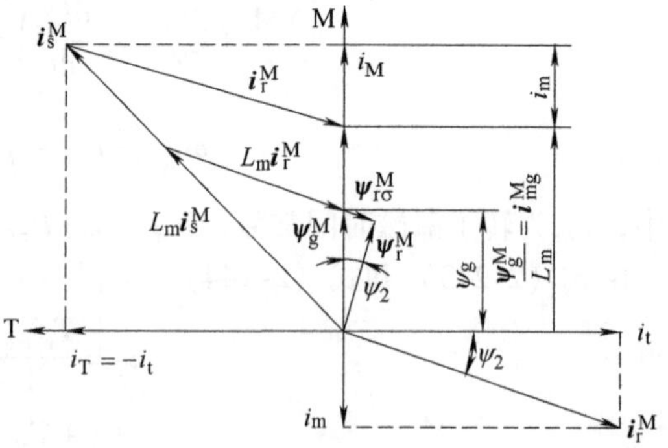

图 2-48　气隙磁场定向的磁链和电流矢量图

子磁场时，i_M 与 ω_f 完全无关。

如图 2-48 所示，由于转子漏磁场的存在，对于转子磁路而言，T 轴方向的净磁链不再为零，这会阻尼转子电流分量 i_t 的变化，所以式（2-245）是个一阶惯性环节，其时间常数 $T_{r\sigma}$ 与转子漏电感 $L_{r\sigma}$ 有关。在转子磁场矢量控制中，转子磁路在 T 轴方向上的净磁链为零，对转子电流分量 i_t 不存在阻尼问题，转子电流 i_t 能够即刻跟踪定子转矩电流 i_T 的变化，这就提高了电动机的快速响应能力。

由电压矢量方程式（2-226）和式（2-227）以及磁链矢量方程式（2-228）和式（2-229），可写出

$$\boldsymbol{u}_s^M = R_s\boldsymbol{i}_s^M + L_{s\sigma}\frac{d\boldsymbol{i}_s^M}{dt} + \frac{d\boldsymbol{\psi}_g^M}{dt} + j\omega_s L_{s\sigma}\boldsymbol{i}_s^M + j\omega_s L_m\boldsymbol{i}_{mg}^M \tag{2-249}$$

$$0 = R_r\boldsymbol{i}_r^M + \frac{d\boldsymbol{\psi}_g^M}{dt} + L_{r\sigma}\frac{d\boldsymbol{i}_r^M}{dt} + j\omega_f L_m\boldsymbol{i}_{mg}^M + j\omega_f L_{r\sigma}\boldsymbol{i}_r^M \tag{2-250}$$

当稳态运行时，可将式（2-249）和式（2-250）改写为

$$\boldsymbol{u}_s^M = R_s\boldsymbol{i}_s^M + j\omega_s L_{s\sigma}\boldsymbol{i}_s^M + j\omega_s L_m\boldsymbol{i}_{mg}^M \tag{2-251}$$

$$0 = R_r\boldsymbol{i}_r^M + j\omega_f L_m\boldsymbol{i}_{mg}^M + j\omega_f L_{r\sigma}\boldsymbol{i}_r^M \tag{2-252}$$

再将转子电压方程式（2-252）写成

$$0 = \frac{R_r}{s}\boldsymbol{i}_r^M + j\omega_s L_m\boldsymbol{i}_{mg}^M + j\omega_s L_{r\sigma}\boldsymbol{i}_r^M \tag{2-253}$$

由式（2-251）和式（2-253）可得稳态运行时的等效电路，如图 2-49 所示。图 2-49 与图 1-36 是对应的。

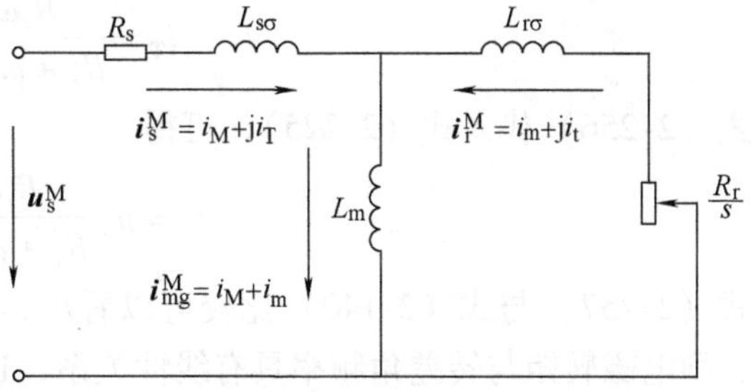

图 2-49　气隙磁场定向的稳态等效电路

2.6.3　矢量控制系统

1. 间接磁场定向控制系统

当采用转差频率法进行间接磁场定向时，可以直接利用式（2-245）和式（2-246），即有

$$\omega_f = \frac{(1 + T_{r\sigma}p)i_T}{T_r i_{mg} - T_{r\sigma}i_M} \tag{2-254}$$

$$i_M = \frac{(1 + T_r p)i_{mg} + T_{r\sigma}\omega_f i_T}{1 + T_{r\sigma}p} \tag{2-255}$$

同转子磁场间接磁场定向相比，式（2-254）和式（2-255）中多了由于转子漏磁场引起的附加项，磁场定向要复杂些，涉及的参数多了一个 $T_{r\sigma}$，定向的准确性更加受电动机参数的影响。

根据式（2-254）和式（2-255）进行间接磁场定向的矢量控制系统框图如图 2-50 所示，将此图与转子磁场间接磁场定向的控制系统相比，控制系统要复杂些。

2. 稳态运行特性

在稳态运行时，由式（2-245）和式（2-246），可得

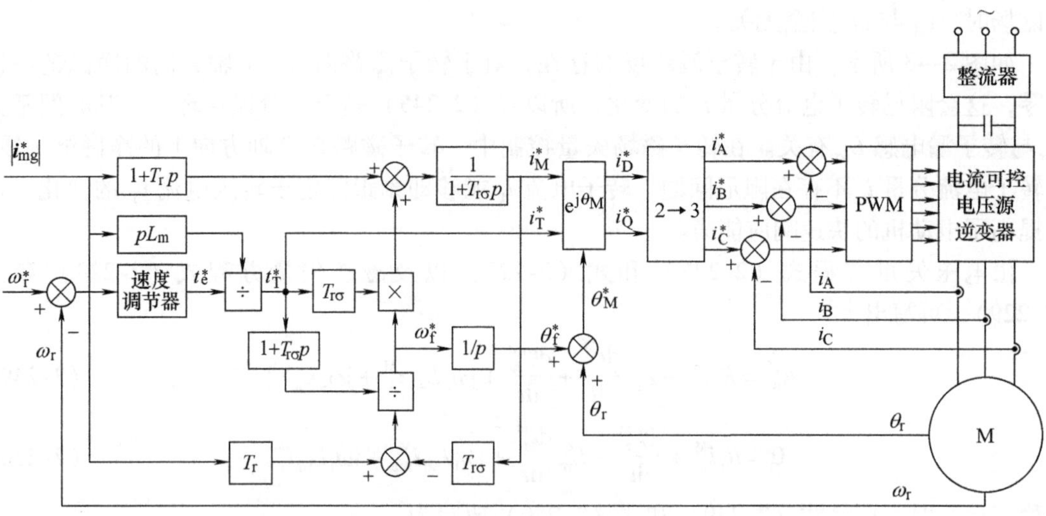

图 2-50　由电流可控 PWM 逆变器馈电的气隙磁场间接定向的矢量控制系统框图

$$i_{\mathrm{T}}=\frac{R_{\mathrm{r}}\omega_{\mathrm{f}}}{R_{\mathrm{r}}^{2}+\omega_{\mathrm{f}}^{2}L_{\mathrm{r\sigma}}^{2}}|\psi_{\mathrm{g}}| \tag{2-256}$$

将式（2-256）代入式（2-225），可得

$$T_{\mathrm{e}}=p_{0}\frac{R_{\mathrm{r}}\omega_{\mathrm{f}}}{R_{\mathrm{r}}^{2}+\omega_{\mathrm{f}}^{2}L_{\mathrm{r\sigma}}^{2}}|\psi_{\mathrm{g}}|^{2} \tag{2-257}$$

将式（2-257）与式（2-140）比较可以看出，在转子磁场矢量控制中，若控制转子磁链恒定，则电磁转矩与转差角频率具有线性关系，这说明通过控制转子磁场已改变了三相感应电动机固有的机械特性，可使机械特性线性化，提高了伺服驱动的控制品质。但在气隙磁场矢量控制中，在稳态情况下，式（2-257）与式（1-182b）是同一方程（$|\psi_{\mathrm{g}}|=\sqrt{3}\boldsymbol{\Psi}_{\mathrm{g}}$），机械特性是非线性的，即为图 1-38 所示的三相感应电动机固有的 $T_{\mathrm{e}}-s$ 曲线。之所以会产生这种差异，是因为基于气隙磁场定向的转矩控制无法消除转子漏磁场的影响。

事实上，用于气隙磁场矢量控制的稳态等效电路图 2-49 就是图 1-36 所示的 T 形等效电路。在 1.4.2 节分析 VVVF 技术的原理时，曾反复强调，由于 VVVF 技术依据的是这个稳态等效电路，因此无法解决动态控制问题，那么为什么采用矢量控制技术而且同样采用了转差频率控制，就解决了动态控制问题呢？这是因为基于气隙磁场的矢量控制，当按式（2-254）和式（2-255）进行控制时，不仅能够在稳态下控制气隙磁场矢量ψ_{g}，而且在动态下也能严格控制ψ_{g}；不仅能够在稳态下控制转差频率 ω_{f}，而且在动态下也能严格控制 ω_{f}，这相当于在图 2-48 中可以严格控制转子电流矢量 $\boldsymbol{i}_{\mathrm{r}}^{\mathrm{M}}$ 的幅值和相位ψ_{2}。于是即使在动态下，也能严格控制矢量$\psi_{\mathrm{g}}^{\mathrm{M}}$ 和 $\boldsymbol{i}_{\mathrm{r}}^{\mathrm{M}}$ 的幅值和两者间的相位，满足了式（1-171）对基于气隙磁场转矩控制所提出的要求，也就实现了对电磁转矩的瞬态控制。这恰是 VVVF 的转差频率控制所无法做到的。矢量控制无论在稳态下还是动态下，都能实现对电动机内部磁场的控制，这是两者本质上的不同，正因如此，矢量控制才使电机控制技术产生了“质”的飞跃。

由式（2-257）可求得产生最大转矩时的转差频率，即有

$$\omega_{\mathrm{fmax}}=\frac{R_{\mathrm{r}}}{L_{\mathrm{r\sigma}}}=\frac{1}{T_{\mathrm{r\sigma}}} \tag{2-258}$$

将式（2-258）代入式（2-257），可得最大转矩为

$$T_{\text{emax}}=\frac{p_0}{2L_{\text{r}\sigma}}|\psi_{\text{g}}|^2 \tag{2-259}$$

由式（2-225），可得

$$i_{\text{Tmax}}=\frac{|\psi_{\text{g}}|}{2L_{\text{r}\sigma}} \tag{2-260}$$

式（2-258）表明，发生最大转矩时的 $\omega_{\text{f max}}$ 与转子电阻和漏电感有关，此时定子电流转矩分量的极限值 $i_{\text{T max}}$ 由式（2-260）确定，当给定值 i_{T}^* 大于此值时，电机运行将进入不稳定状态。这些与电机学中的分析结果是一致的。这表明，基于气隙磁场的矢量控制虽然解决了动态控制问题，但是还不能改变电动机的固有的非线性的机械特性。

2.7 基于定子磁场定向的矢量控制

2.7.1 基于定子磁场的转矩控制

将式（2-223）表示为

$$t_{\text{e}}=p_0(\psi_{\text{g}}+L_{\text{s}\sigma}\boldsymbol{i}_{\text{s}})\times\boldsymbol{i}_{\text{s}}=p_0\psi_{\text{s}}\times\boldsymbol{i}_{\text{s}} \tag{2-261}$$

式中，ψ_{s} 是定子磁链矢量（参见图 1-32）。

式（2-261）表明，也可以进行基于定子磁场的转矩矢量控制。现仍在 MT 轴系内对电磁转矩进行矢量控制，不过此 MT 轴系已沿定子磁场定向。于是，可将式（2-261）表示为

$$t_{\text{e}}=p_0\psi_{\text{s}}i_{\text{T}} \tag{2-262}$$

同气隙磁场矢量控制一样，只要能有效地控制定子磁链ψ_{s} 和定子电流转矩分量 i_{T}，就可以有效控制稳定和瞬态电磁转矩。

2.7.2 矢量控制方程

式（2-81）和式（2-82）是任意 MT 轴系的电压矢量方程，它们同样可用来推导基于定子磁场定向的定子电压控制方程或者定子电流控制方程。

1. 定子电压控制方程

定义 $\boldsymbol{i}_{\text{ms}}^{\text{M}}$ 为定子磁链等效励磁电流矢量，即有

$$\boldsymbol{i}_{\text{ms}}^{\text{M}}=\frac{\psi_{\text{s}}^{\text{M}}}{L_{\text{m}}}=\frac{L_{\text{s}}}{L_{\text{m}}}\boldsymbol{i}_{\text{s}}^{\text{M}}+\boldsymbol{i}_{\text{r}}^{\text{M}} \tag{2-263}$$

可将式（2-263）表示为

$$\boldsymbol{i}_{\text{ms}}^{\text{M}}=(1+\sigma_{\text{s}})\boldsymbol{i}_{\text{s}}^{\text{M}}+\boldsymbol{i}_{\text{r}}^{\text{M}} \tag{2-264}$$

式中，σ_{s} 为定子漏磁系数，$\sigma_{\text{s}}=L_{\text{s}\sigma}/L_{\text{m}}$。

将式（2-263）表示为

$$\boldsymbol{i}_{\text{ms}}^{\text{M}}=\frac{L_{\text{s}}}{L_{\text{m}}}(i_{\text{M}}+\text{j}i_{\text{T}})+(i_{\text{m}}+\text{j}i_{\text{t}}) \tag{2-265}$$

因$\psi_{\text{s}}^{\text{M}}$ 与 M 轴方向一致，$\psi_{\text{s}}^{\text{M}}$ 在 T 轴方向上没有分量，故由式（2-265），可得

$$i_{ms}=\frac{L_s}{L_m}i_M+i_m \tag{2-266}$$

$$i_T=-\frac{L_m}{L_s}i_t \tag{2-267}$$

由式（2-263）和式（2-81），可得

$$\boldsymbol{u}_s^M=R_s\boldsymbol{i}_s^M+L_m\frac{d\boldsymbol{i}_{ms}^M}{dt}+j\omega_s L_m\boldsymbol{i}_{ms}^M \tag{2-268}$$

将式（2-268）写成坐标分量形式，可得定子电压分量方程为

$$u_M=R_si_M+L_m\frac{di_{ms}}{dt} \tag{2-269}$$

$$u_T=R_si_T+\omega_sL_mi_{ms} \tag{2-270}$$

式（2-269）和式（2-270）间存在耦合，不能通过 u_M 和 u_T 各自独立地控制 i_M 和 i_T，因此必须设计解耦电路进行电压解耦。

将电磁转矩方程式（2-262）表示为

$$t_e=p_0L_mi_{ms}i_T \tag{2-271}$$

由式（2-269）~式（2-271）可构成由电压源逆变器馈电的定子磁场矢量控制系统。

2. 定子电流控制方程

当采用电流可控 PWM 逆变器构成矢量控制系统时，必须将电流作为控制变量。为此，可利用转子电压矢量方程式（2-82）。将式（2-229）代入式（2-82），则有

$$0=R_r\boldsymbol{i}_r^M+L_m\frac{d\boldsymbol{i}_s^M}{dt}+L_r\frac{d\boldsymbol{i}_r^M}{dt}+j\omega_fL_m\boldsymbol{i}_s^M+j\omega_fL_r\boldsymbol{i}_r^M \tag{2-272}$$

因转子电流是不可观测的，必须将转子电流 $\boldsymbol{i}_r^M$ 从方程中消去。为此，将式（2-263）代入式（2-272），可得

$$0=R_r\left(\boldsymbol{i}_{ms}^M-\frac{L_s}{L_m}\boldsymbol{i}_s^M\right)+L_r\frac{d\boldsymbol{i}_{ms}^M}{dt}-\frac{\sigma L_sL_r}{L_m}\frac{d\boldsymbol{i}_s^M}{dt}+j\omega_f\left(L_r\boldsymbol{i}_{ms}^M-\frac{\sigma L_sL_r}{L_m}\boldsymbol{i}_s^M\right) \tag{2-273}$$

将式（2-273）分成实部和虚部，可得以坐标分量表示的转子电压分量方程，有

$$\frac{L_m}{\sigma L_s}\frac{di_{ms}}{dt}+\frac{L_m}{\sigma L_sT_r}i_{ms}=\frac{di_M}{dt}+\frac{i_M}{\sigma T_r}-\omega_fi_T \tag{2-274}$$

$$\omega_f\left(\frac{L_m}{\sigma L_s}i_{ms}-i_M\right)=\frac{di_T}{dt}+\frac{i_T}{\sigma T_r} \tag{2-275}$$

式（2-274）和式（2-275）中，定子电流转矩分量 i_T 和励磁分量 i_M 间存在耦合，可利用解耦电路来消除这种耦合。

由式（2-274）和式（2-275），可得

$$i_T=\frac{\frac{1}{L_s}(L_mi_{ms}-\sigma L_si_M)T_r\omega_f}{1+\sigma T_rp} \tag{2-276}$$

$$i_M=\frac{\frac{L_m}{L_s}(1+T_rp)i_{ms}+\sigma T_r\omega_fi_T}{1+\sigma T_rp} \tag{2-277}$$

式中，σ 为漏磁系数，$\sigma=1-L_m^2/L_sL_r$；σT_r 为转子瞬态时间常数，$\sigma T_r=\sigma L_r/R_r$，$\sigma L_r=L_r'$，

L_r'为转子瞬态电感。

可以看出，与基于转子磁场定向的定子电流控制方程相比，基于定子磁场定向的定子电流控制方程要复杂得多，这主要是由定、转子漏磁场造成的。

当采用间接磁场定向时，可以将式（2-276）和式（2-277）作为定子电流控制方程，由于两式与气隙磁场定向的矢量控制方程式（2-245）和式（2-246）具有相似的形式，因此可以参照图2-50构成由电流可控PWM逆变器馈电的定子磁场定向控制系统。

若忽略定、转子漏电感，令式（2-276）和式（2-277）中的$\sigma=0$，则有

$$i_T=\frac{T_r}{L_s}\psi_s\omega_f \tag{2-278}$$

$$i_M=\frac{L_m}{L_s}(1+T_rp)i_{ms}=\frac{1}{L_s}(1+T_rp)\psi_s \tag{2-279}$$

上述两方程式（2-278）和式（2-279）与转子磁场定向时的电流控制方程式（2-128）和式（2-129）具有相同的形式，也与忽略转子漏电感$L_{r\sigma}$时气隙磁场定向的电流控制方程式（2-247）和式（2-248）形式相同。

3. 矢量图和等效电路

由定子磁链矢量方程

$$\boldsymbol{\psi}_s^M=L_s\boldsymbol{i}_s^M+L_m\boldsymbol{i}_r^M \tag{2-280}$$

以及电流方程

$$\frac{L_m}{L_s}\boldsymbol{i}_{ms}^M=\boldsymbol{i}_s^M+\frac{L_m}{L_s}\boldsymbol{i}_r^M \tag{2-281}$$

$$i_T=-\frac{L_m}{L_s}i_t \tag{2-282}$$

$$\frac{L_m}{L_s}i_{ms}=i_M+\frac{L_m}{L_s}i_m \tag{2-283}$$

可以得到MT轴系沿定子磁场定向的磁链和电流矢量图，如图2-51所示。

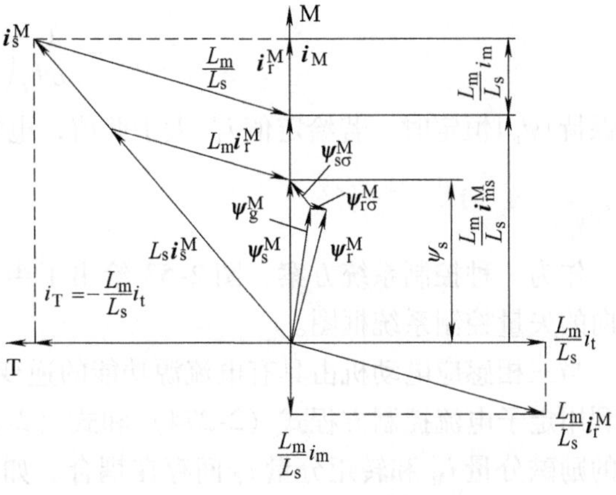

图2-51　定子磁场定向的磁链和电流矢量图

图2-51与图2-48类似，可以参照对图2-48的分析，来说明定子磁场定向后定、转子磁链和电流矢量间的关系。

在稳态情况下，可将定、转子电压方程式（2-226）和式（2-227）改写为

$$\boldsymbol{u}_s^M=R_s\boldsymbol{i}_s^M+j\omega_sL_s\left(\boldsymbol{i}_s^M+\frac{L_m}{L_s}\boldsymbol{i}_r^M\right) \tag{2-284}$$

$$0=\left(\frac{L_s}{L_m}\right)^2\frac{R_r}{s}\frac{L_m}{L_s}\boldsymbol{i}_r^M+j\omega_sL_s\left(\boldsymbol{i}_s^M+\frac{L_m}{L_s}\boldsymbol{i}_r^M\right)+j\omega_sL_s\left(\frac{L_sL_r}{L_m^2}-1\right)\frac{L_m}{L_s}\boldsymbol{i}_r^M \tag{2-285}$$

由式（2-284）和式（2-285），可得到以MT轴系表示的基于定子磁场定向的稳态等效电路，如图2-52所示。

4. 稳态运行特性

在稳态运行时，由式（2-276）和式（2-277），可得

$$i_{\mathrm{T}}=\left(\frac{L_{\mathrm{m}}}{L_{\mathrm{s}}}\right)^2\frac{R_{\mathrm{r}}\omega_{\mathrm{f}}}{R_{\mathrm{r}}^2+(\omega_{\mathrm{f}}L_{\mathrm{r}\sigma})^2}|\boldsymbol{\psi}_{\mathrm{s}}| \tag{2-286}$$

将式（2-286）代入式（2-262），可得

$$T_{\mathrm{e}}=p_0\left(\frac{L_{\mathrm{m}}}{L_{\mathrm{s}}}\right)^2\frac{R_{\mathrm{r}}\omega_{\mathrm{f}}}{R_{\mathrm{r}}^2+(\omega_{\mathrm{f}}L_{\mathrm{r}\sigma})^2}|\boldsymbol{\psi}_{\mathrm{s}}|^2 \tag{2-287}$$

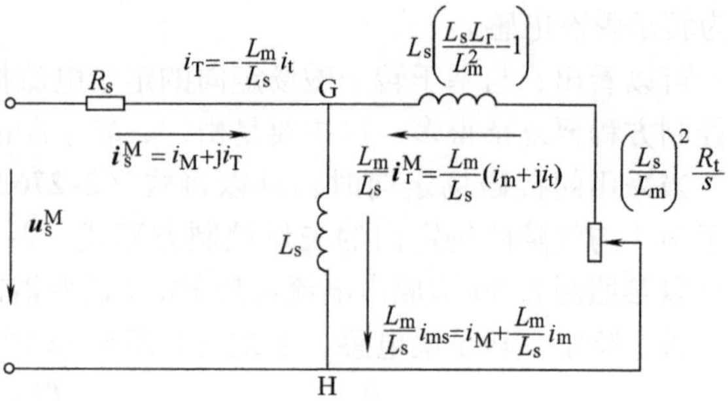

图 2-52　MT 轴系定子磁场定向的稳态等效电路

式（2-287）表明，当控制定子磁链恒定时，转矩与转差角频率之间具有非线性关系，亦即电动机的机械特性是非线性的。

比较式（2-257）和式（2-287），可以看出，两者具有相同的形式。若忽略定子漏磁场（$L_{\mathrm{s}\sigma}=0$），则式（2-287）便成为式（2-257）。可见，引起机械特性为非线性的根本原因是存在转子漏磁场的作用。事实上，两者的稳态特性基本是一致的，没有本质的差别。对基于气隙磁场定向矢量控制的分析同样适用于基于定子磁场定向的矢量控制。

由式（2-287）可求得产生最大转矩时的转差角频率，即有

$$\omega_{\mathrm{f\,max}}=\frac{R_{\mathrm{r}}}{\sigma L_{\mathrm{r}}}=\frac{1}{\sigma T_{\mathrm{r}}} \tag{2-288}$$

将式（2-288）代入式（2-287），可得最大电磁转矩为

$$T_{\mathrm{e\,max}}=\frac{p_0}{2\sigma L_{\mathrm{r}}}\left(\frac{L_{\mathrm{m}}}{L_{\mathrm{s}}}\right)^2|\boldsymbol{\psi}_{\mathrm{s}}|^2 \tag{2-289}$$

此时，对应的最大转矩电流为

$$i_{\mathrm{T\,max}}=\frac{1}{2\sigma L_{\mathrm{r}}}\left(\frac{L_{\mathrm{m}}}{L_{\mathrm{s}}}\right)^2|\boldsymbol{\psi}_{\mathrm{s}}| \tag{2-290}$$

当保持$|\boldsymbol{\psi}_{\mathrm{s}}|$恒定时，若给定值 i_{T}^* 大于此值，电机运行即进入不稳定状态。

2.7.3　矢量控制系统

作为一种控制系统方案，图 2-53 给出了由电流可控 PWM 逆变器馈电，采用直接磁场定向的矢量控制系统框图。

当三相感应电动机由具有电流源功能的逆变器馈电时，可以不考虑定子电压方程，但必须利用定子电流控制方程式（2-274）和式（2-275）。而由式（2-274）可以看出，定子电流的励磁分量 i_{M} 和转矩分量 i_{T} 间存在耦合。如果转矩分量 i_{T} 变化，而励磁分量 i_{M} 不随之相应改变，等效励磁电流$|\boldsymbol{i}_{\mathrm{ms}}|$就会产生瞬变过程，这会影响系统的动态特性。因此，必须构建解耦电路来消除这种耦合。

图 2-53 中，将定子等效励磁电流参考值 $|\boldsymbol{i}_{\mathrm{ms}}^*|$ 与实测值 $|\boldsymbol{i}_{\mathrm{ms}}|$ 比较后的偏差输入磁通调节器（PI），调节器输出为定子电流励磁分量 $\hat{i}_{\mathrm{M}}$ 。为实现解耦，需要将解耦电流 i_{dM} 加入 $\hat{i}_{\mathrm{M}}$ 中。于是有

$$i_{\mathrm{M}}=\hat{i}_{\mathrm{M}}+i_{\mathrm{dM}} \tag{2-291}$$

将式（2-291）代入式（2-274）中，可得

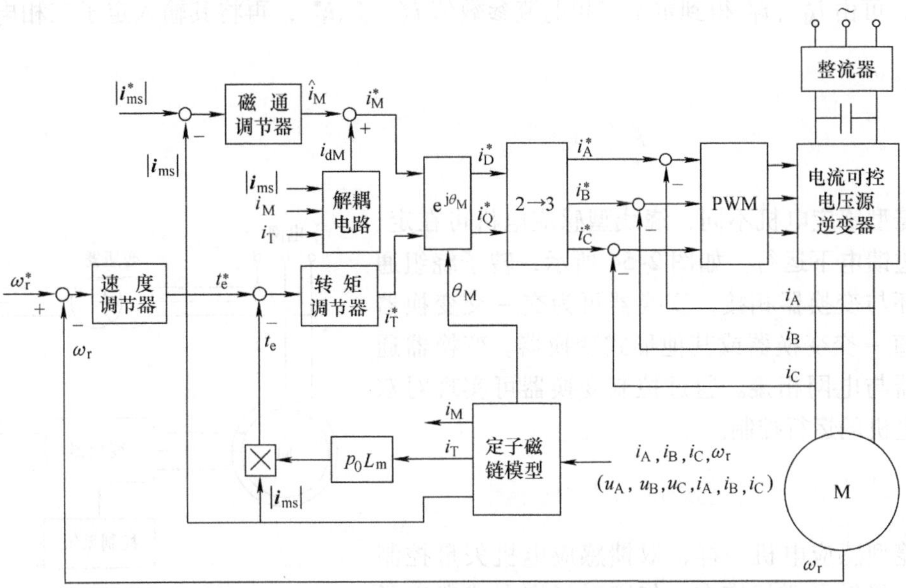

图 2-53 由电流可控 PWM 逆变器馈电定子磁场直接定向矢量控制系统框图

$$\frac{L_m}{\sigma L_s}\frac{\mathrm{d}i_{ms}}{\mathrm{d}t}+\frac{L_m}{\sigma L_s T_r}i_{ms}=\frac{\mathrm{d}\hat{i}_M}{\mathrm{d}t}+\frac{\hat{i}_M}{\sigma T_r}+\frac{\mathrm{d}i_{dM}}{\mathrm{d}t}+\frac{i_{dM}}{\sigma T_r}-\omega_f i_T \tag{2-292}$$

如果式（2-292）中等式右端最后三项之和为零，i_{ms} 就可与 i_T 解除耦合。即有

$$\frac{\mathrm{d}i_{dM}}{\mathrm{d}t}+\frac{i_{dM}}{\sigma T_r}=\omega_f i_T$$

可得

$$i_{dM}=\omega_f i_T\frac{\sigma T_r}{1+\sigma T_r p} \tag{2-293}$$

式（2-293）中的转差角频率 ω_f 可由式（2-275）求得，即

$$\omega_f=\frac{(1+\sigma T_r p)L_s i_T}{T_r(L_m i_{ms}-\sigma L_s i_M)} \tag{2-294}$$

由式（2-293）和式（2-294）可构成解耦电路。

图 2-53 所示的控制系统采用了定子磁场直接磁场定向方式。为此，必须估计（观测）定子等效励磁电流矢量 $\boldsymbol{i}_{ms}$ 的空间相位 θ_M 和幅值 $|\boldsymbol{i}_{ms}|$。同转子磁场直接磁场定向一样，可以利用磁链模型来观测 $\boldsymbol{i}_{ms}$。一种方法是由转子电压方程式（2-274）和式（2-275），以及转速方程 $\omega_f=\omega_s-\omega_r$，构成定子磁链模型（电流—转速模型），模型的输入为定子三相电流 i_A、i_B、i_C 和转速 ω_r 的检测值；另一种方法是利用定子电压矢量方程式（2-32）构成定子磁链模型（电压—电流模型），模型的输入为定子三相电压和电流的检测值。两种模型的具体构成可借鉴 2.3.1 节所述，这里不再详述。

将转速参考值 ω^*_r 与检测值 ω_r 的偏差值输入速度调节器（PI），调节器的输出为转矩参考值 t^*_e，再将其与检测值 t_e 的偏差值输入转矩调节器（PI），便得到转矩电流参考值 i^*_T。

通过 MT 轴系到 DQ 轴系的旋转变换（$e^{j\theta_M}$），以及 DQ 轴系到 ABC 轴系的静止变换

(2→3)，可由 i_M^* 、i_T^* 得到定子三相电流参数值 i_A^* 、i_B^* 、i_C^* ，再将其输入定子三相电流控制环节。

2.8 双馈感应电机的矢量控制

与笼型感应电机不同，绕线型感应电机可在定、转子双边馈电下运行。如图 2-54 所示，转子绕组通过集电环与变换器相接，变换器可为交 - 交变换器或交 - 直 - 交变换器或其他形式变换器。变换器通过变压器与电网相接。通过控制变换器可实现对双馈感应电机的运行控制。

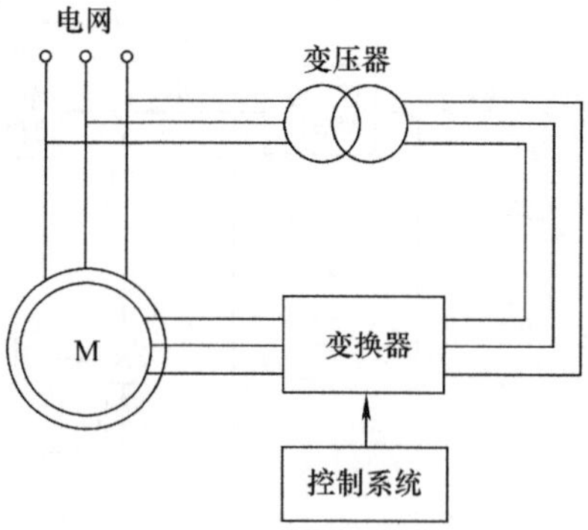

图 2-54　双馈感应电机运行与控制简图

2.8.1 基于定子磁场定向的矢量控制

与笼型感应电机一样，双馈感应电机矢量控制也可以选择转子磁场定向、气隙磁场定向或者定子磁场定向。现讨论基于定子磁场定向的矢量控制。

图 2-52 为笼型感应电机定子磁场定向矢量控制稳态等效电路，其转子为短路。对绕线型转子而言，相当于施加了外电压 $\boldsymbol{u}'^{M}_{r}$，如图 2-55 所示。在以下的分析中仍按电动机惯例设定各物理量的正方向。

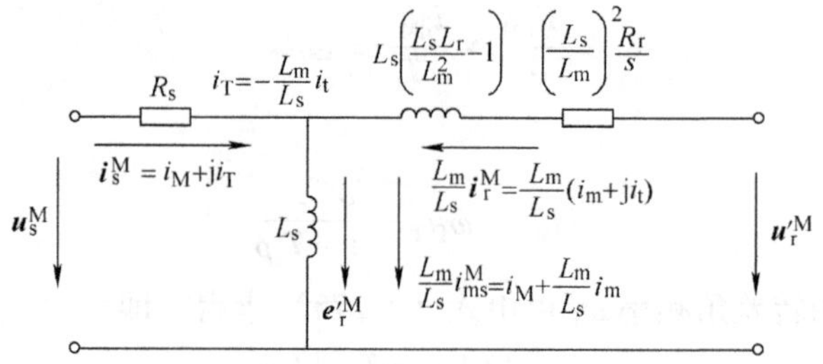

图 2-55　双馈感应电机定子磁场定向稳态等效电路图

1. 基于定子磁场定向的矢量控制

(1) 定子电压矢量方程

任意旋转 MT 轴系内的定、转子电压矢量方程式（2-226）和式（2-227）同样是分析双馈感应电机磁场定向的基本方程。

定义 $\boldsymbol{i}_{ms}$ 为定子等效励磁电流矢量，即有

$$\boldsymbol{i}_{ms} = \frac{\boldsymbol{\psi}_s^M}{L_m} \tag{2-295}$$

如果 M 轴与$\boldsymbol{i}_{ms}$取得一致，MT 轴系实则已沿定子磁场定向。

将式（2-295）代入式（2-226），可得

$$\boldsymbol{u}_s^M = R_s \boldsymbol{i}_s^M + L_m \frac{d\,\boldsymbol{i}_{ms}}{dt} + j\omega_s L_m \boldsymbol{i}_{ms} \tag{2-296}$$

式中，ω_s 为 $\boldsymbol{i}_{ms}$（ψ_s^M）的旋转速度。

式（2-296）表明，与笼型感应电机相比，双馈感应电机的定子电压矢量方程没有变化。对比图 2-55 和图 2-52 也可看到这一点。

电流矢量方程式（2-263）同样适用于双馈感应电机，即有

$$\boldsymbol{i}_{ms}=\frac{\boldsymbol{\psi}_s^M}{L_m}=\frac{L_s}{L_m}\boldsymbol{i}_s^M+\boldsymbol{i}_r^M \tag{2-297}$$

将式（2-297）表示为坐标分量形式，则有

$$\frac{L_m}{L_s}i_{ms}=i_M+\frac{L_m}{L_s}i_m \qquad i_{ms}=\frac{L_s}{L_m}i_M+i_m \tag{2-298}$$

$$i_T=-\frac{L_m}{L_s}i_t \tag{2-299}$$

表面看来，式（2-298）与式（2-266）形式上完全相同，但表达的物理事实却已大不相同。对于笼型感应电机而言，如图 2-52 所示，转子电路处于短接状态，稳态运行时，转子电流励磁分量 i_m 是因转子存在漏磁场而产生的无功分量。若 MT 轴系沿转子磁场定向，则因转子电路相当于无漏电感的纯电阻电路，无功电流便为零，如图 2-17 所示，转子磁场就完全由定子电流励磁分量 i_M 所建立；由于笼型感应电机由定子单边励磁，故对励磁的控制只能通过控制定子电流励磁分量 i_M 来实现；在动态情况下，如图 2-18b 所示，也会产生转子电流 i_m，但这是因转子磁场变化，在笼型短路绕组中感生的阻尼电流，转子磁场稳定后便随之消失。

双馈感应电机则不然，如图 2-55 所示，转子电流已不再仅决定于转子电动势 $\boldsymbol{e}'^M_r$，而是由 $\boldsymbol{e}'^M_r$ 与外施电压 $\boldsymbol{u}'^M_r$ 共同决定的，通过控制 $\boldsymbol{u}'^M_r$ 便可以控制转子电流励磁分量 i_m，也就是双馈感应电机可以双边励磁。但在图 2-54 所示的装置中，定子绕组直接接于电网，定子电流励磁分量 i_M 在定子侧是不可控的，只能在转子侧通过控制 $\boldsymbol{u}'^M_r$ 来控制 i_m，进而控制定子励磁电流 i_M。

由定子磁链矢量方程式（2-228）以及电流矢量方程式（2-297）、式（2-298）和式（2-299），可得 MT 轴系沿定子磁场定向的磁链与电流动态矢量图，如图 2-56 所示。图中，定子电流 $\boldsymbol{i}_s^M$ 分解为转矩分量 i_T 与励磁分量 i_M。现假设电机运行于电动机状态，故有 $i_T>0$，i_T 与 T 轴一致；现控制 $i_M<0$，i_M 与 M 轴相反，也可以控制 $i_M>0$，i_M 便与 M 轴一致。转子电流矢量 $\boldsymbol{i}_r^M$ 也分解为 i_m 与 i_t 两个分量，若令 $|\boldsymbol{i}_{ms}|$ = 常值，则如图 2-56 所示，$\frac{L_m}{L_s}i_m$ 中的一部分抵消了 i_M 的去磁作用，余下部分则为 $\frac{L_m}{L_s}\boldsymbol{i}_{ms}$，产生了定子磁场 ψ_s^M。反之，如果设定 $|\boldsymbol{i}_{ms}|$ = 常值，则由给定的 i_M（$i_M>0$ 或 $i_M<0$），便决定了 $\frac{L_m}{L_s}i_m$ 的期望值，也就确定了转子电流励磁分量 i_m 的控制目标。

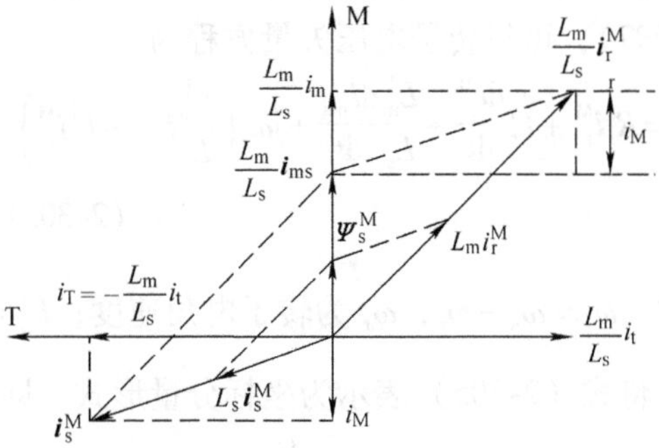

图 2-56　双馈感应电机定子磁场定向磁链和电流动态矢量图

因此，可将式（2-298）作为定子励磁电流控制方程，通过控制 i_m 可以间接控制定子电流分量 i_M，进而可实现对定子无功功率的控制。

式（2-299）表明，转子电流 $\frac{L_m}{L_s}i_t$ 始终与 i_T 大小相等方向相反，实质是反映了磁动势平衡原理，这与笼型感应电机一致。图 2-56 中，i_T 与 T 轴方向一致，$\frac{L_m}{L_s}i_t$ 便与 T 轴方向相反；或者反之。因此，可将式（2-299）作为定子电流转矩分量控制方程，通过控制 i_t 可以直接控制定子电流转矩分量 i_T，进而可实现对定子有功功率的控制。

将式（2-296）表示为坐标分量形式，则有

$$u_M = R_s i_M + L_m \frac{di_{ms}}{dt} = R_s i_M + \frac{d\psi_s}{dt} \tag{2-300}$$

$$u_T = R_s i_T + \omega_s L_m i_{ms} = R_s i_T + \omega_s \psi_s \tag{2-301}$$

由于双馈感应电机的控制变量已为转子电流，故可将定子电压矢量方程表示为另一种形式。将式（2-297）代入式（2-296），可得

$$\boldsymbol{u}_s^M = \frac{R_s L_m}{L_s}(\boldsymbol{i}_{ms} - \boldsymbol{i}_r^M) + L_m \frac{d\boldsymbol{i}_{ms}}{dt} + j\omega_s L_m \boldsymbol{i}_{ms} \tag{2-302}$$

式（2-302）的坐标分量形式则为

$$T_s \frac{di_{ms}}{dt} + i_{ms} = \frac{T_s}{L_m}u_M + i_m \tag{2-303}$$

$$\omega_s T_s i_{ms} = \frac{T_s}{L_m}u_T + i_t \tag{2-304}$$

转子电流矢量 $\boldsymbol{i}_r$ 在 MT 轴系及其他轴系中的空间相位如图 2-57 所示。

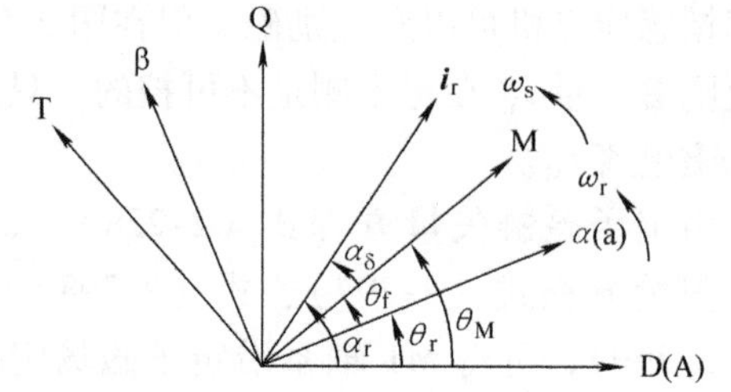

图 2-57　转子电流矢量 $\boldsymbol{i}_r$ 在各空间轴系中的相位

（2）转子电压矢量方程

由式（2-227）、式（2-229）和式（2-297），可得转子电压矢量方程为

$$\boldsymbol{u}_r^M = R_r \boldsymbol{i}_r^M + L'_r \frac{d\boldsymbol{i}_r^M}{dt} + \frac{L_m^2}{L_s}\frac{d\boldsymbol{i}_{ms}}{dt} + j\omega_f\left(\frac{L_m^2}{L_s}\boldsymbol{i}_{ms} + L'_r \boldsymbol{i}_r^M\right) \tag{2-305}$$

式中，$\omega_f = \omega_s - \omega_r$，$\omega_r$ 为转子电角速度；$L'_r = \sigma L_r$，$\sigma = 1 - \frac{L_m^2}{L_s L_r}$，$\sigma$ 为漏磁系数。

将式（2-305）表示为坐标分量形式，即有

$$T'_r \frac{di_m}{dt} + i_m = \frac{u_m}{R_r} + \omega_f T'_r i_t - (1-\sigma)\ T_r \frac{d|\boldsymbol{i}_{ms}|}{dt} \tag{2-306}$$

$$T'_r \frac{di_t}{dt} + i_t = \frac{u_t}{R_r} - \omega_f T'_r i_m - \omega_f\ (1-\sigma)\ T_r |\boldsymbol{i}_{ms}| \tag{2-307}$$

式中，$T_r = L_r/R_r$，T_r 为转子时间常数；$T'_r = \sigma T_r$，T'_r 为转子瞬态时间常数。

式（2-306）和式（2-307）表明，通过转子外加电压分量 u_m 可以控制转子电流励磁分量 i_m，而通过转子外加电压 u_t 可以控制转子电流转矩分量 i_t。

现将双馈感应电机定子磁场定向的定子电压方程式（2-300）、式（2-301）与笼型感应电机转子磁场定向的转子电压方程式（2-107）、式（2-108）进行比较，可以看出两者在形式上相似，只是式（2-301）中的外加电压不为零；而前者的转子电压方程式（2-306）、式（2-307）与后者的定子电压方程式（2-173）、式（2-174）在形式上完全相同。为什么会有这样的结果呢？比较图 2-55 与图 2-1 可以看出，如果令图 2-55 中的 $\boldsymbol{u}_s^M=0$，则两者的拓扑结构完全相同。从拓扑结构上看，相当于两者的定、转子进行了置换。此时，双馈电机的定子绕组亦相当于无漏电感的纯电阻电路；而转子电路由于漏电感的存在，使得两轴转子电压方程产生了耦合，这与笼型感应电机沿转子磁场定向的定子电路情况相同。

将式（2-306）与式（2-307）的耦合项表示为

$$u_{pm}=-\omega_f L_r' i_t+(1-\sigma)L_r\frac{d|\boldsymbol{i}_{ms}|}{dt} \tag{2-308}$$

$$u_{pt}=\omega_f L_r' i_m+\omega_f(1-\sigma)L_r|\boldsymbol{i}_{ms}| \tag{2-309}$$

在实际控制系统中，通常设定 $|\boldsymbol{i}_{ms}|$ = 常值，可由式（2-308）和式（2-309）构成解耦电路。

（3）稳态电压矢量方程与矢量图

由式（2-296）和式（2-305），可得稳态运行时的定、转子电压矢量方程。即有

$$\begin{aligned}\boldsymbol{u}_s^M&=R_s\boldsymbol{i}_s^M+j\omega_s L_m\boldsymbol{i}_{ms}\\&=R_s\boldsymbol{i}_s^M+j\omega_s\boldsymbol{\psi}_s\end{aligned} \tag{2-310}$$

$$\begin{aligned}\boldsymbol{u}_r^M&=R_r\boldsymbol{i}_r^M+j\omega_f L'_r\boldsymbol{i}_r^M+j\omega_f\frac{L_m^2}{L_s}\boldsymbol{i}_{ms}\\&=R_r\boldsymbol{i}_r^M+j\omega_f L'_r\boldsymbol{i}_r^M+j\omega_f\frac{L_m}{L_s}\boldsymbol{\psi}_s\end{aligned} \tag{2-311}$$

将式（2-310）和式（2-311）表示为

$$\boldsymbol{u}_s^M=R_s\boldsymbol{i}_s^M-\boldsymbol{e}_s^M \tag{2-312}$$

$$\boldsymbol{u}_r^M=R_r\boldsymbol{i}_r^M+j\omega_f L'_r\boldsymbol{i}_r^M-\boldsymbol{e}_r^M \tag{2-313}$$

式中，$\boldsymbol{e}_s^M$ 为在定子绕组中感生的电动势矢量，$\boldsymbol{e}_s^M=-j\omega_s L_m\boldsymbol{i}_{ms}^M=-j\omega_s\boldsymbol{\psi}_s$；$\boldsymbol{e}_r^M$ 为转子绕组中感生的电动势矢量，$\boldsymbol{e}_r^M=-j\omega_f\frac{L_m^2}{L_s}\boldsymbol{i}_{ms}=-j\omega_f\frac{L_m}{L_s}\boldsymbol{\psi}_s$。

由式（2-312）和式（2-313）可得稳态矢量图，如图 2-58 所示。在正弦稳态下，可将电流矢量方程式（2-298）、式（2-299）和电压矢量方程式（2-312）、式（2-313）以及矢量图 2-58 直接转换为相量方程和相量图。应该指出，稳态矢量图不是唯一的，而决定于电机的运行状态。图 2-58 对应的运行状态为 $i_T>0$，$i_M<0$，$\omega_f>0$。

（4）功率方程与功率控制方程

1）有功功率。由式（2-226）可得输入定子的电功率为

$$\begin{aligned}P_s&=\mathrm{Re}(\boldsymbol{u}_s\boldsymbol{i}_s^*)=R_s i_s^2+\mathrm{Re}\left(\frac{d\boldsymbol{\psi}_s}{dt}\boldsymbol{i}_s^*\right)+\mathrm{Re}(j\omega_s\boldsymbol{\psi}_s\boldsymbol{i}_s^*)\\&=P_{cus}+P_{ms}+P_{es}\end{aligned} \tag{2-314}$$

式中，$\boldsymbol{i}_s^*$ 为 $\boldsymbol{i}_s$ 的共轭矢量；等式右端第 1 项为定子总铜耗（P_{cus}）；第 2 项是因磁场的磁能变化引起的电功率（P_{ms}），稳态运行时此项为零；第 3 项是与机电能量转换相关的转换功

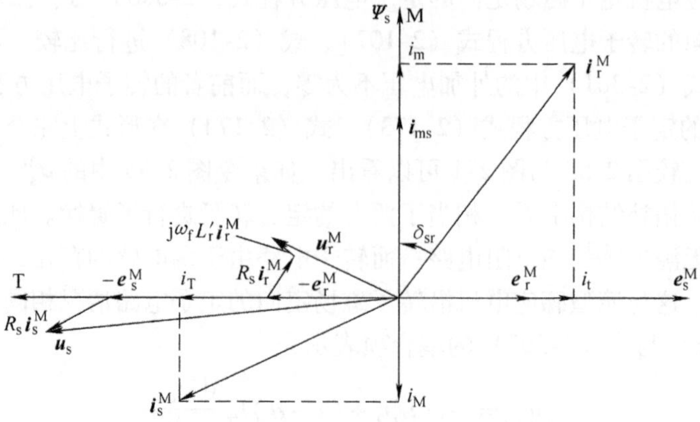

图 2-58　双馈感应电机稳态电压矢量图

率（P_{es}），又称电磁功率。

由式（2-89）和式（2-90），可得

$$P_{es} = \mathrm{Re}(j\omega_s \boldsymbol{\psi}_s \boldsymbol{i}_s^*) = \omega_s(\psi_M i_T - \psi_T i_M)$$
$$= \omega_s L_m (i_T i_m - i_M i_t) \tag{2-315}$$

同理，由式（2-227）可得输入转子的电功率为

$$P_r = \mathrm{Re}(\boldsymbol{u}_r \boldsymbol{i}_r^*) = R_r i_r^2 + \mathrm{Re}\left(\frac{d\boldsymbol{\psi}_r}{dt}\boldsymbol{i}_r^*\right) + \mathrm{Re}(j\omega_f \boldsymbol{\psi}_r \boldsymbol{i}_r^*)$$
$$= P_{\omega r} + P_{mr} + P_{er} \tag{2-316}$$

式中，P_{er}为电磁功率。

由式（2-91）和式（2-92），可得

$$P_{er} = R_e(j\omega_f \boldsymbol{\psi}_r \boldsymbol{i}_r^*) = \omega_f(\psi_M i_t - \psi_t i_m)$$
$$= -\omega_f L_m (i_T i_m - i_M i_t) \tag{2-317}$$

已知

$$s = \frac{\omega_s - \omega_r}{\omega_s}$$

$$\omega_f = \omega_s - \omega_r = s\omega_s$$

由式（2-315）和式（2-317），可得

$$P_{er} = -sP_{es} \tag{2-318}$$

式（2-318）表明，转子电磁功率 P_{er}与定子电磁功率 P_{es} 的关系同转差率相关，故又将 P_{er} 称为转差功率。式（2-318）对判断转差功率流向及电机运行状态具有指导意义。

稳态运行时，若忽略定、转子电阻，则有

$$P_s = P_{es} \quad P_r = P_{er}$$

式中，P_s 和 P_r 分别为定子和转子的有功功率。可知

$$P_r = -sP_s \tag{2-319}$$

总电磁功率为

$$P_e = P_{es} + P_{er} = (1 - s)P_{es} \tag{2-320}$$

总有功功率为

$$P_1 = P_s + P_r = (1-s)P_s \tag{2-321}$$

2）无功功率。若不考虑因电机磁场变化引起的无功功率，则电网向电机定子输入的无功功率可表示为

$$\begin{aligned} Q_s &= \mathrm{Im}(\boldsymbol{u}_s \boldsymbol{i}_s^*) = \mathrm{Im}(\mathrm{j}\omega_s \boldsymbol{\psi}_s \boldsymbol{i}_s^*) \\ &= \omega_s \psi_s i_M = \omega_s L_m i_{ms} i_M \end{aligned} \tag{2-322}$$

3）定子有功功率和无功功率控制方程。由式（2-315），可将 P_{es}表示为

$$P_{es} = \omega_s \psi_s i_T = \omega_s L_m i_{ms} i_T \tag{2-323}$$

由式（2-322），可知

$$Q_s = \omega_s \psi_s i_M = \omega_s L_m i_{ms} i_M \tag{2-324}$$

式（2-323）和式（2-324）表明，若保持 $|\boldsymbol{i}_{ms}|$ = 常值，则可以通过定子电流转矩分量 i_T 来控制定子有功功率，通过定子电流励磁分量 i_M 来控制定子无功功率。如果能够各自独立地控制 i_T 和 i_M，就可实现对有功功率和无功功率的解耦控制。这也是选择定子磁场定向的重要原因之一。

但是，对 i_M 和 i_T 的控制只能通过控制转子电流励磁分量 i_m 和转矩分量 i_t 来实现。由电流控制方程式（2-299），可得

$$\begin{aligned} P_{es} &= \omega_s \psi_s i_T \\ &= -\omega_s \frac{L_m}{L_s} \psi_s i_t \\ &= -\omega_s \frac{L_m^2}{L_s} i_{ms} i_t \end{aligned} \tag{2-325}$$

此时，总电磁功率为

$$\begin{aligned} P_e &= P_{es} + P_{er} \\ &= -(1-s)\omega_s \frac{L_m}{L_s} \psi_s i_t \\ &= -(1-s)\omega_s \frac{L_m^2}{L_s} i_{ms} i_t \end{aligned} \tag{2-326}$$

利用电流控制方程式（2-298），由式（2-322）可得

$$Q_s = \frac{\omega_s}{L_s} \psi_s (\psi_s - L_m i_m) \tag{2-327}$$

或者

$$Q_s = \omega_s \frac{L_m^2}{L_s} i_{ms} (i_{ms} - i_m) \tag{2-328}$$

分析表明，可将式（2-325）作为定子有功功率控制方程；可将式（2-327）或者式（2-328）作为定子无功功率控制方程。

显然，对转子电流励磁分量 i_m 和转矩分量 i_t 的控制只能通过变换器来实现。如果能够控制 $i_{ms}(\psi_s)$ 恒定，且能够各自独立控制 i_m 和 i_t，就能实现定子有功功率和无功功率的精确控制，并能实现对两者的解耦控制。当采用电流型变换器馈电时，可以直接控制 i_t 和 i_m；当采用电压型变换器馈电时，必须利用转子电压方程式（2-306）和式（2-307），通过外施电压 u_m 和 u_t 来分别控制转子电流分量 i_m 和 i_t。控制 i_m 和 i_t 的实质就是控制转子电流矢量

$\boldsymbol{i}_r^M$ 在 MT 轴系内的幅值和相位，如图 2-57 所示。

2. 忽略定子电阻的定子磁场定向控制

在定子磁链 $\psi_s(i_{ms})$ 恒定情况下，定子电压矢量方程式（2-296）可表示为

$$\boldsymbol{u}_s^M = R_s\boldsymbol{i}_s^M + j\omega_s\boldsymbol{\psi}_s \tag{2-329}$$

如果忽略定子电阻压降，则有

$$\boldsymbol{u}_s^M = j\omega_s\boldsymbol{\psi}_s \tag{2-330}$$

式（2-330）表明，$\boldsymbol{u}_s^M$ 超前 $\boldsymbol{\psi}_s$90°电角度，图 2-58 中，$\boldsymbol{u}_s^M$ 将与 T 轴一致。则有

$$u_M = 0$$
$$u_T = |\boldsymbol{u}_s| \tag{2-331}$$

且有

$$|\boldsymbol{u}_s| = \omega_s\psi_s \tag{2-332}$$

$$\psi_s = \frac{|\boldsymbol{u}_s|}{\omega_s} \tag{2-333}$$

在这种情况下，可以利用电网（定子）电压矢量 $\boldsymbol{u}_s$ 进行磁场定向。采用这种定向方式，可不必再观测定子磁链，从而简化了控制系统。但是，只能使定子有功功率与无功功率获得近似解耦。在以下分析中，运用式（2-332）和式（2-333）时，应理解为是定子磁场定向下的简化处理。

将式（2-333）代入式（2-323），可得

$$\begin{aligned} p_{es} &= |\boldsymbol{u}_s| i_T \\ &= -\frac{L_m}{L_s}|\boldsymbol{u}_s| i_t \end{aligned} \tag{2-334}$$

由式（2-298），可得

$$i_M = \frac{1}{L_s}\left(\frac{|\boldsymbol{u}_s|}{\omega_s} - L_m i_m\right) \tag{2-335}$$

将式（2-335）代入式（2-324），则有

$$\begin{aligned} Q_s &= |\boldsymbol{u}_s| i_M \\ &= \frac{|\boldsymbol{u}_s|}{L_s}\left(\frac{|\boldsymbol{u}_s|}{\omega_s} - L_m i_m\right) \end{aligned} \tag{2-336}$$

2.8.2 矢量控制下的四种运行状态

在稳态运行情况下，已知转子电压矢量方程为

$$\begin{aligned} \boldsymbol{u}_r^M &= R_r\boldsymbol{i}_r^M + j\omega_f L'_r\boldsymbol{i}_r^M + j\omega_f\frac{L_m}{L_s}\boldsymbol{\psi}_s \\ &= R_r\boldsymbol{i}_r^M + j\omega_f L'_r\boldsymbol{i}_r^M - \boldsymbol{e}_r^M \end{aligned} \tag{2-337}$$

$$\boldsymbol{e}_r^M = -j\omega_f\frac{L_m}{L_s}\boldsymbol{\psi}_s \tag{2-338}$$

由式（2-337）可得稳态等效电路，如图 2-59 所示。

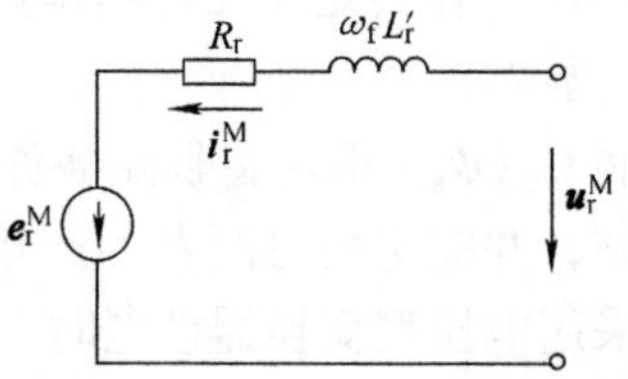

图 2-59　转子稳态等效电路

为分析明了起见，现忽略 L'_r的影响。由式（2-337）可得转子电压分量方程，即有

$$u_{\mathrm{m}} = R_{\mathrm{r}} i_{\mathrm{m}} \tag{2-339}$$

$$u_{\mathrm{t}} = R_{\mathrm{r}} i_{\mathrm{t}} - e_{\mathrm{r}} \tag{2-340}$$

$$e_{\mathrm{r}} = -\omega_{\mathrm{f}} \frac{L_{\mathrm{m}}}{L_{\mathrm{s}}} \psi_{\mathrm{s}} \tag{2-341}$$

式（2-339）表明，通过控制 u_{m} 可以控制转子励磁电流 i_{m}；而转矩分量 i_{t} 则由式（2-340）所决定。由式（2-340），可得转子 t 轴绕组的稳态等效电路，如图 2-60 所示。图中，各物理量正方向符合电动机惯例，当 u_{t} 与 i_{t} 均为正值时，电功率为输入功率；感应电动势正方向与电流正方向一致，符合楞次定律。

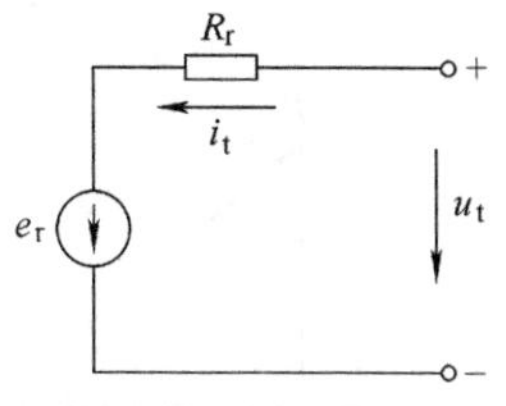

图 2-60　转子 t 轴绕组稳态等效电路

应该指出，在正弦稳态下，图 2-60 中的电流、电动势、电压均为恒定直流量，分别对应于实际转子中角频率为 ω_{f} 的正（余）弦交变量，且大小等于正弦量有效值的$\sqrt{3}$倍。

由上分析可知，定子侧有功功率决定于交轴电流 i_{T}，而 i_{T} 受控于转子电流 i_{t}。因此，可利用图 2-60 来分析双馈感应电动机的基本运行状态，以及转子转差功率流向。

1. 亚同步速电动机运行

1）电机作为电动机运行时，电网向电机定子输入电功率，$P_{\mathrm{es}}>0$，由式（2-323）可知，$i_{\mathrm{T}}>0$，i_{T} 与 T 轴一致；而转子电流 $i_{\mathrm{t}} = -\frac{L_{\mathrm{s}}}{L_{\mathrm{m}}} i_{\mathrm{T}}$（$i_{\mathrm{t}}$ 一定与 i_{T} 方向相反），即 $i_{\mathrm{t}}<0$，i_{t} 与 T 轴相反，如图 2-61a 所示。为简化分析，图中忽略了定子电阻压降，$\boldsymbol{u}_{\mathrm{s}}$ 与 T 轴一致，且假设 $i_{\mathrm{M}}=0$（电机运行于单位功率因数状态，以下分析中均如此）。

2）电机亚同步速运行时，$s>0$（$\omega_{\mathrm{f}}>0$），由式（2-338）可知，$\boldsymbol{e}_{\mathrm{r}}^{\mathrm{M}}$ 与 T 轴相反；忽略 L_{r}'影响，由式（2-337）可得转子电压矢量$\boldsymbol{u}_{\mathrm{r}}^{\mathrm{M}}$，以及其分量 u_{m} 和 u_{t}（图中没有画出）。

3）由电机运行参数 P_{es}和 s 可以完全确定双馈感应电机的运行状态，进而确定了转子交轴电路中的 e_{r}、i_{t}、u_{t} 的大小和方向。由图 2-61a 可知，亚同步速电动机运行时，$e_{\mathrm{r}}<0$，$i_{\mathrm{t}}<0$，$u_{\mathrm{t}}>0$，且有$|e_{\mathrm{r}}|>|u_{\mathrm{t}}|$，由图 2-60 可得图 2-61a 中所示的等效电路。

4）如图 2-61a 中等效电路所示，转差功率为向外输出功率，$P_{\mathrm{er}}<0$。故有

$$\begin{aligned} P_{\mathrm{er}} &= -|e_{\mathrm{r}} i_{\mathrm{t}}| \\ &= -\left|\omega_{\mathrm{f}} \frac{L_{\mathrm{m}}}{L_{\mathrm{s}}} \psi_{\mathrm{s}} \frac{L_{\mathrm{s}}}{L_{\mathrm{m}}} i_{\mathrm{T}}\right| \\ &= -sP_{\mathrm{es}} \end{aligned} \tag{2-342}$$

由式（2-342）得出的结论与式（2-318）表述一致。

5）$P_{\mathrm{er}}<0$，说明转差功率是由转子馈向电网的。为什么这种运行状态下的转差功率是输出功率呢？这是因为图 2-61a 中，$|e_{\mathrm{r}}|>|u_{\mathrm{t}}|$，转子电流 i_{t} 是因转子电动势 e_{r} 产生的，e_{r} 与 i_{t} 方向一致，说明转子电动势所起的作用是发送功率，电机运行情况仍与普通感应电动机一样。交流调速时，u_{t} 的作用相当于代替了转子外加电阻，故早期阶段又称其为串级调速。若变换器为交－直－交变换器，转子侧的变换器应工作于整流状态，而电网侧的变换器应工作于逆变状态，整流器从转子吸收转差功率，再通过直流侧传递出去。

电网向电机输入的总有功功率为

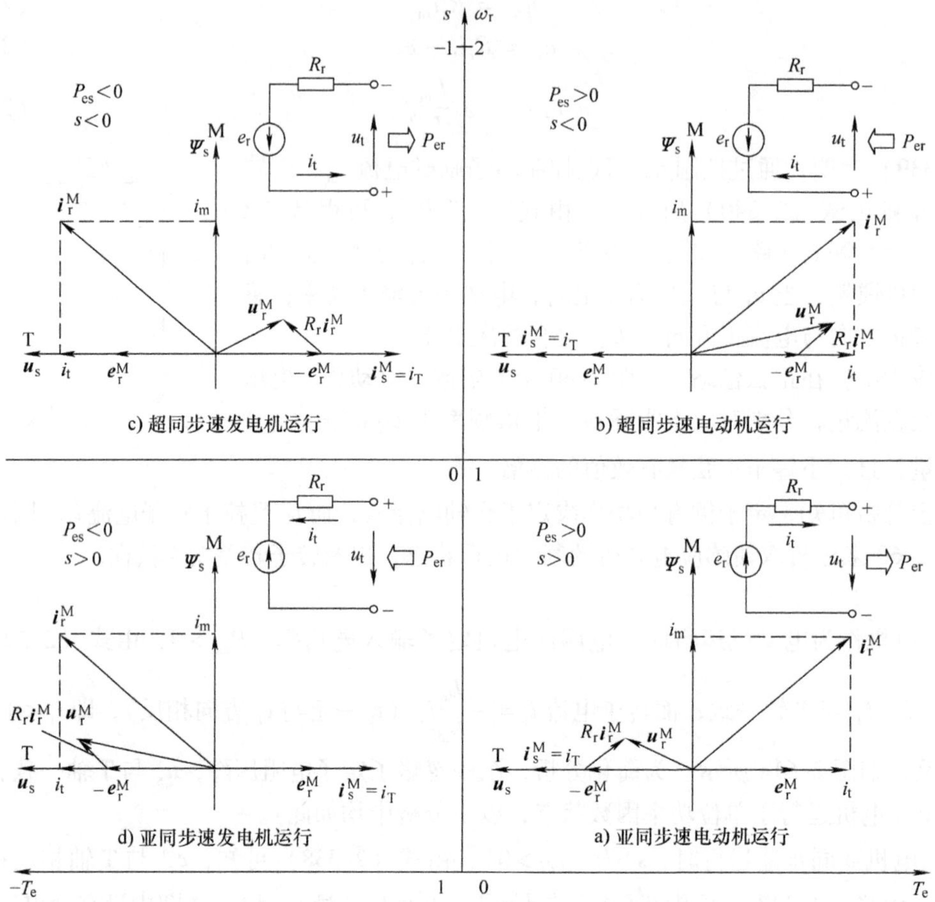

图 2-61　四象限运行状态、转子电压矢量图和交轴等效电路图

$$P_e=(1-s)P_{es} \tag{2-343}$$

2. 超同步速电动机运行

此运行状态与亚同步速电动机运行的差别是，转差率已变为负值，$s<0$（$\omega_f<0$），由式（2-338）可知，感应电动势矢量$\boldsymbol{e}_r^M$方向随之改变，$\boldsymbol{e}_r^M$变为超前$\boldsymbol{\psi}_s 90^\circ$电角度，如图 2-61b 所示。

在笼型感应电动机中，转子速度超过同步速度时，气隙磁场切割转子导体的方向发生了改变，导体中感应电动势方向将随之改变，转子电流方向必定会改变，电磁转矩将由驱动转矩转换为制动转矩，电动机将作为发电机运行。现双馈感应电动机转速已超过同步速，为什么还可以作为电动机运行呢？关键是，感应电动势方向虽然改变了，但此时u_t也改变了方向，且$|u_t|>|e_r|$，如图 2-61b 所示，在外加电压u_t作用下，转子电流i_t方向仍能保持不变。条件是转子侧的变换器必须由整流状态转换为逆变状态，而电网侧的逆变器由逆变转换为整流状态。由此可见，对转子电流的控制是控制双馈感应电机运行状态的核心。

由转子等效电路图可看出，e_r与i_t方向相反，e_r的作用亦已变为吸收电功率，转差功率则由电网馈入转子，即有

$$P_{er} = |s|P_{es} \tag{2-344}$$

此时，输入电机的总有功功率 P_e 则为

$$\begin{aligned} P_e &= P_{es} + P_{er} \\ &= (1+|s|)P_{es} \end{aligned} \tag{2-345}$$

式（2-345）表明，有功功率可从定、转子两边同时馈入电机，电机运行于双馈状态，故将其称为双馈感应电机。

3. 超同步速发电机运行

此时，$P_{es}<0(i_T<0)$，可知 i_t 与 T 轴方向一致；$s(\omega_f)<0$，可确定 $\boldsymbol{e}_r^M$ 与 T 轴方向一致。由此，可得转子电压矢量图，如图 2-61c 所示。

与超同步速电动机运行比较，两者的差别是转子电流方向发生了改变。那如何才能做到这一点呢？由图 2-61c 所示矢量图可以看出，尽管 u_t 方向没变，但其大小上已变为 $|u_t|<|e_r|$，使得转子电流 i_t 改变了流向，如图 2-61c 中转子等效电路所示。此时，转子侧变换器应运行于整流状态，而电网侧变换器则运行于逆变状态。

尽管转子电流 i_t 改变了方向，但 e_r 方向没变，e_r 与 i_t 方向取得了一致，e_r 的作用变为发送功率，将转差功率由转子回馈于电网。即有

$$P_{er} = |s|P_{es} \tag{2-346}$$

此时电机向电网输出的总有功功率为

$$P_e = P_{es} + P_{er} = (1+|s|)P_{es} \tag{2-347}$$

4. 亚同步速发电机运行

与亚同步速电动机运行状态相比，两者的主要差别是转子电流 i_t 改变了方向，如图 2-61d 所示。与图 2-61a 比较可见，图中的 e_r 与 u_t 的方向没变，但因 $|u_t|>|e_r|$，故在外加电压 u_t 作用下，改变了转子电流 i_t 的方向。为此，转子侧的变换器必须由整流状态转换为逆变状态，而电网侧逆变器必须转换为整流状态。

此时，e_r 与 i_t 方向相反，通过 e_r 吸收了由电网馈入的转差功率，则有

$$P_{er} = -sP_{es} \tag{2-348}$$

式中，$P_{es}<0$，故有 $P_{er}>0$，表明转差功率由电网馈入发电机，发电机运行于双馈状态。

电机作为发电机运行，输出的总有功功率为

$$P_e = (1-s)P_{es} \tag{2-349}$$

由上分析，可归纳出四种基本运行状态下电网、定子、转子间的功率传递关系，如图 2-62 所示。

2.8.3 矢量控制的特点

1. 传统串级调速

为了深入理解双馈感应电机矢量控制的实质和特点，以亚同步速电动机运行为例，先来分析传统串级调速的基本原理。

图 2-63 中，当附加电动势 $E_i=0$ 时，则有

$$I_r = \frac{E_g}{\sqrt{R_r^2+(sX_{r\sigma})^2}} = \frac{sE_{g0}}{\sqrt{R_r^2+(sX_{r\sigma})^2}} \tag{2-350}$$

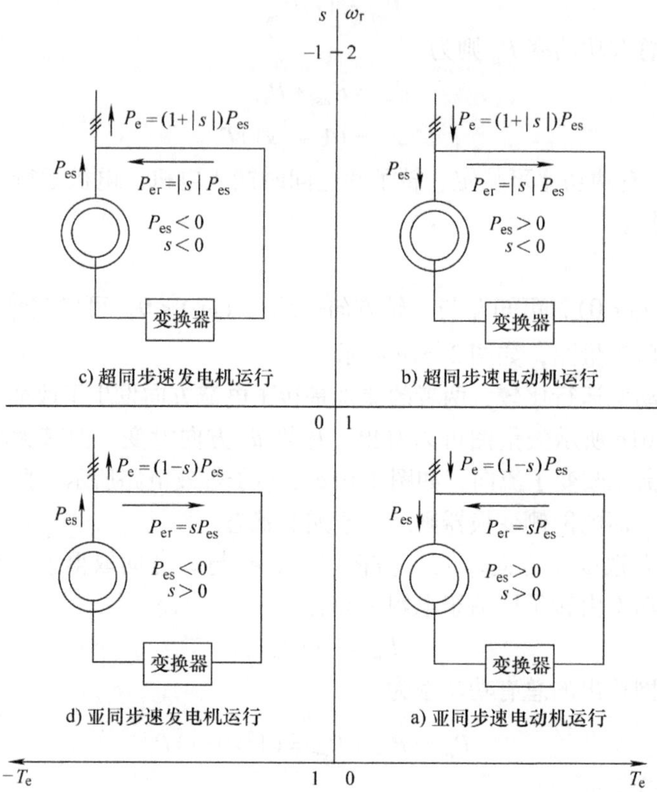

图 2-62　四种基本运行状态下功率传递图

式中，$E_g=sE_{g0}$，E_{g0}为转子静止时（$s=1$）的相电动势；$X_{r\sigma}$为 $s=1$ 时转子相绕组漏磁电抗。

设在串入附加电动势前，电机在转差率 $s=s_1$ 下稳定运行。现将附加电动势 $\dot{E}_i$ 接入转子电路，$\dot{E}_i$ 与转子电动势 $\dot{E}_g$ 频率始终相同，但相位相反。若负载为恒定转矩，则转子电流 I_r 不变，于是有

$$\frac{s_2E_{g0}-E_i}{\sqrt{R_r^2+(s_2X_{r\sigma})^2}}=I_r=\frac{s_1E_{g0}}{\sqrt{R_r^2+(s_1X_{r\sigma})^2}} \tag{2-351}$$

由式（2-351）可以看出，为保持转子电流不变，电动机转差率必然加大。这是因为接入附加电动势 E_i 后，转子电流 I_r 随之减小，引起电磁转矩下降，使得转差率 s 升高，直到 $s=s_2$（$s_2>s_1$），转子电流恢复到原值，电机才会进入新的稳定状态。显然，通过调节附加电动势 E_i，可以改变和控制转子旋转速度。

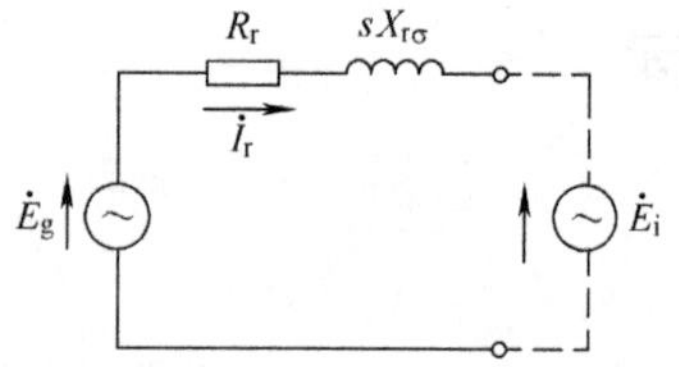

图 2-63　转子稳态等效电路

为了能够实现图 2-63 所示的控制原理，必须能够提供附加电动势 E_i。在实际系统中，采用方法之一是在电网与转子三相绕组间接入一个交－直－交变换器，转子侧变换器具有整流功能，电网侧变换器具有逆变功能，如图 2-64 所示。转子电动势 sE_{g0}经三相不可控整流

装置整流，输出直流电压为 U_d；工作在逆变状态的三相可控整流装置，提供了可调的直流输出电压 U_i，作为调速所需的附加电动势，相当在直流电路中实现了图 2-63 所示的控制方法。同时，可通过逆变器将转差功率回馈于电网。

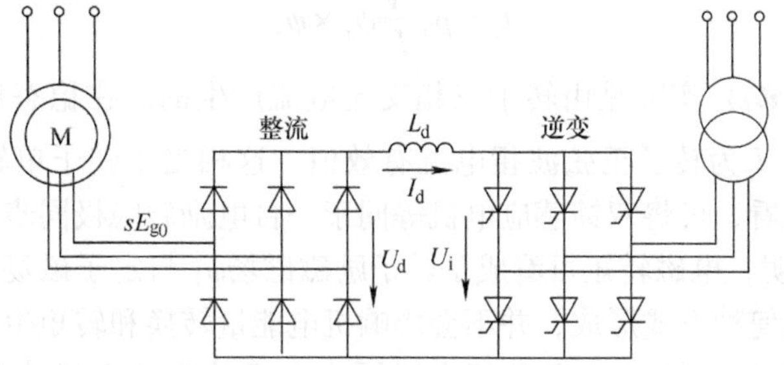

图 2-64　串级调速系统原理图

图 2-64 中，直流回路的电压方程可表示为

$$U_d = R_d I_d + L_d \frac{dI_d}{dt} + U_i \tag{2-352}$$

式中，R_d 为直流回路电阻；L_d 为直流回路总电感。

根据方程式（2-352），可设计具有电流反馈与速度反馈的双闭环串级调速系统。

由上分析可知，在控制原理和方法上，传统串级调速可看成是定子恒压恒频供电下的转子变频调速，仍然属于时域内标量控制范畴。因此，只能控制转子电流的幅值，而不能控制转子电流的相位，由于不能分别控制转子电流励磁分量和转矩分量，也就不能有效控制有功功率、无功功率和功率因数。通常，串级调速系统在高速运行时功率因数在 0.6 左右，低速时功率因数会进一步降低，这已成为提升串级调速品质的技术瓶颈，影响了大容量串级调速系统的应用。

2. 矢量控制

双馈感应电机的矢量控制则不然，在以定子磁场定向的 MT 轴系内，通过控制转子电流分量 i_t，可以控制定子有功功率；通过控制转子电流分量 i_m，可以控制定子无功功率；而且，可以实现对有功功率和无功功率的解耦控制。对 i_m 和 i_t 的控制实质是对转子电流矢量$\boldsymbol{i}_r$ 幅值和相位的控制。可以说，对双馈感应电动机控制的核心和实质是对转子电流的矢量控制，这也是与传统串级调速的本质区别。

图 2-58 中，定义$\boldsymbol{\psi}_f = L_m \boldsymbol{i}_r$，$\boldsymbol{\psi}_f$ 与转子励磁磁场相对应。图 2-58 中，双馈感应电机运行于亚同步速电动机状态，定子有功功率可表示为

$$\begin{aligned} P_e &= \omega_s \psi_s i_T \\ &= \omega_s \psi_s \left| \frac{L_m}{L_s} i_t \right| \\ &= \omega_s \frac{1}{L_s} \psi_s \psi_f \sin \delta_{sr} \end{aligned} \tag{2-353}$$

式中，$|L_m i_t| = |L_m i_r| \sin \delta_{sr} = \psi_f \sin \delta_{sr}$，$\delta_{sr}$ 为转子励磁磁场（$\boldsymbol{\psi}_f$）与定子磁场（$\boldsymbol{\psi}_s$）间的电角度，称为负载角。

定子有功功率对应的电磁转矩为

$$t_e = \frac{P_e}{\Omega_s} = p_0 \frac{1}{L_s}\psi_s\psi_f \sin\delta_{sr} \tag{2-354}$$

可得

$$t_e = p_0 \frac{1}{L_s}\psi_r \times \psi_s \tag{2-355}$$

转子励磁磁场（$\boldsymbol{\psi}_f$）实际是由转子三相交流电流产生的。在稳态情况下，转子电流矢量$\boldsymbol{i}_r$ 的幅值 $i_r = \sqrt{3}I_r$，I_r为转子正弦波相电流有效值，这相当于转子单轴绕组中通入了恒定的直流。从这一角度看，可将双馈感应电机等同于一台电励磁隐极同步电机。

式（2-355）表明，电磁转矩可看成是转子励磁磁场ψ_f 与定子磁场ψ_s 相互作用的结果。至于转子励磁磁场以何种方式形成，并不会影响机电能量转换和转矩生成的实质。其实，当 $s=0$ 时，双馈感应电机的转子绕组已相当于同步电机的直流励磁绕组。事实上，式（2-354）和式（2-355）即为同步电机的转矩表达式，已用于永磁同步电动机的直接转矩控制（见 5. 1. 1 节），ψ_f 为转子励磁磁场，δ_{sr}为负载角。这说明，交流励磁且可异步运行的双馈感应电机还会表现有同步电机的特性。众所周知，接于电网时，电励磁同步电机通过调节励磁可以调节无功功率和功率因数，双馈感应电机同样可以做到这一点。这是双馈感应电机具有的显著特点。归根结底，这是双馈感应电机转子独立励磁的结果。

由笼型感应电机和永磁同步电机构成的矢量控制系统，驱动装置的容量必须与电机功率相匹配。由双馈感应电机构成的调速系统，变换器的容量仅为电机功率的一部分。双馈感应电机适用于大功率、有限调速场合，例如风机、泵类、压缩机等驱动系统。在这些应用中，由于负载转矩与速度的二次方成正比，因此调速范围受到限制。双馈感应电机可四象限运行，如果转速仅限于同步速上下变化，则可进一步降低变换器容量。这是双馈感应电机运行与控制的重要特点。

2. 8. 4 矢量控制系统

1. 由电流型交－交变换器馈电的矢量控制系统

图 2-65 所示的控制系统，采用了电流控制型交－交变换器，称为电流可控周波变换器（A Current－Controlled Cycle Converter）。每一相均由两组反并联可逆桥式变流器构成，三相可逆桥式变流器组成了三相变频器，如图 2-65a 所示。电流波形可接近正弦波，且能够实现能量双向流动；但最高频率受电网频率的限制，一般不超过电网频率的1/3，最高也不超过1/2，主要适用于低速、大功率的传动系统。有关电流可控周波变换器内容，这里不再详述。

图 2-65b 中，电流可控周波变换器每相电流都由电流调节器（PI）独立控制，使输出电流能够跟随参考电流而变化。矢量控制系统的构成有多种方案可供选择，图 2-65c 给出的是一种方案的框图。

图 2-65c 所示系统采用了定子磁场直接磁场定向方式，为此必须观测（估计）定子磁链。一种方法是采用与图 2-53 中笼型感应电动机定子磁场定向同样方法，利用“磁链模型”来观测。但是，对于双馈感应电机，由于转子电流是可以直接检测的，因此也可通过检测定、转子三相电流和转子速度来直接估计定子磁链。

由式（2-297），可得 DQ 轴系内的电流矢量方程为

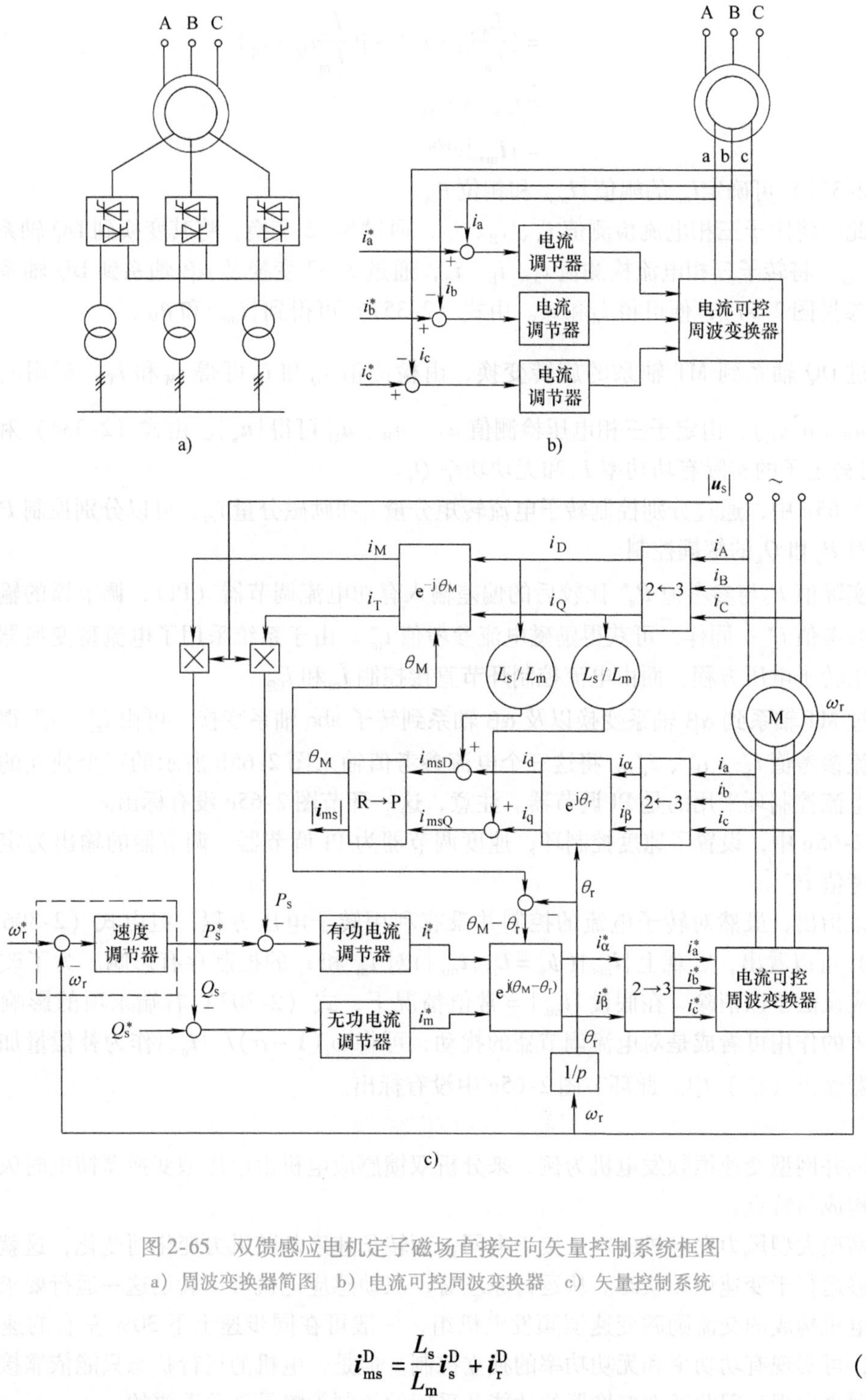

图 2-65　双馈感应电机定子磁场直接定向矢量控制系统框图

a）周波变换器简图　b）电流可控周波变换器　c）矢量控制系统

$$\boldsymbol{i}_{\mathrm{ms}}^{\mathrm{D}}=\frac{L_{\mathrm{s}}}{L_{\mathrm{m}}}\boldsymbol{i}_{\mathrm{s}}^{\mathrm{D}}+\boldsymbol{i}_{\mathrm{r}}^{\mathrm{D}} \tag{2-356}$$

可将式（2-356）表示为

$$
\begin{aligned}
\boldsymbol{i}_{\mathrm{ms}}^{\mathrm{D}} &= \frac{L_{\mathrm{s}}}{L_{\mathrm{m}}}(i_{\mathrm{D}}+\mathrm{j}i_{\mathrm{Q}})+(i_{\mathrm{d}}+\mathrm{j}i_{\mathrm{q}}) \\
&= (\frac{L_{\mathrm{s}}}{L_{\mathrm{m}}}i_{\mathrm{D}}+i_{\mathrm{d}})+\mathrm{j}(\frac{L_{\mathrm{s}}}{L_{\mathrm{m}}}i_{\mathrm{Q}}+i_{\mathrm{q}}) \\
&= i_{\mathrm{msD}}+\mathrm{j}i_{\mathrm{msQ}} \\
&= |\boldsymbol{i}_{\mathrm{ms}}|\mathrm{e}^{\mathrm{j}\theta_{\mathrm{M}}}
\end{aligned} \tag{2-357}
$$

由式（2-357）可确定$\boldsymbol{i}_{\mathrm{ms}}$的幅值$|\boldsymbol{i}_{\mathrm{ms}}|$和相位 θ_{M}。

为此，将定子三相电流检测值 i_{A}、i_{B}、i_{C}，通过3→2 变换，将其变换到 DQ 轴系，可得到 i_{D}和 i_{Q}。将转子三相电流检测值 i_{a}、i_{b}、i_{c}，通过3→2 变换及 αβ 轴系到 DQ 轴系的旋转变换（参见图 2-57），便可得 i_{d}和 i_{q}。由式（2-357）可得到$|\boldsymbol{i}_{\mathrm{ms}}|$和 θ_{M}。

通过 DQ 轴系到 MT 轴系的旋转变换，由检测值 i_{D}和 i_{Q}可得 i_{M}和 i_{T}。利用$\boldsymbol{u}_{\mathrm{s}}=\sqrt{\frac{2}{3}}(u_{\mathrm{A}}+au_{\mathrm{B}}+a^2u_{\mathrm{C}})$，由定子三相电压检测值 u_{A}、u_{B}、u_{C} 可得$|\boldsymbol{u}_{\mathrm{s}}|$。由式（2-334）和式（2-336）可得定子的实际有功功率 P_{s}和无功功率 Q_{s}。

图 2-65c 中，通过分别控制转子电流转矩分量 i_{t}和励磁分量 i_{m}，可以分别控制 P_{s}和 Q_{s}，可实现对 P_{s}和 Q_{s}的解耦控制。

将实际值 P_{s}与参考值 P_{s}^* 比较后的偏差输入有功电流调节器（PI），调节器的输出为转矩电流参考值 i_{t}^*；同样，可获得励磁电流参考值 i_{m}^*。由于系统采用了电流型变换器，因此不必利用转子电压方程，而由电流控制环节直接控制 i_{m}和 i_{t}。

通过 MT 轴系到 αβ 轴系变换以及 αβ 轴系到转子 abc 轴系变换，可由 i_{m}^*、i_{t}^* 得到转子三相电流参考值 i_{a}^*、i_{b}^*、i_{c}^*。将这三个电流参考值输入图 2-65b 所示的三个独立的电流控制环，电流控制环采用的是 PI 调节器。注意，这一环节图 2-65c 没有标出。

图 2-65c 中，设置了速度控制环，速度调节器为 PI 调节器，调节器的输出为定子有功功率参考值 P_{s}^*。

应该指出，虽然对转子电流的控制并没有利用转子电压方程，但由式（2-306）和式（2-307）可以看出，客观上$|\boldsymbol{i}_{\mathrm{ms}}|(\psi_{\mathrm{s}}=L_{\mathrm{m}}|\boldsymbol{i}_{\mathrm{ms}}|)$对 i_{m} 和 i_{t} 的控制存有影响。为了改善动态性能，应设法予以消除。在假设$|\boldsymbol{i}_{\mathrm{ms}}|=$常值情况下，式（2-307）右端末项的影响仍然存在。此项的作用可看成是对电流调节器的扰动，可将 $\omega_{\mathrm{f}}(1-\sigma)L_{\mathrm{r}}|\boldsymbol{i}_{\mathrm{ms}}|$作为补偿量加入到电流调节器输出（$i_{\mathrm{t}}^*$）中。此环节图 2-65c 中没有标出。

2. 由电压源型交－直－交变换器馈电的矢量控制系统

现以并网型变速恒频发电机为例，来分析双馈感应电机由电压型变换器馈电时矢量控制系统的构成与特点。

并网型大型风力发电机的定子接于电网，而转子速度却随风力变化而变化，这就要求发电机能够运行于变速恒频状态。从运行原理看，双馈感应电机可以满足这一运行要求。由双馈感应电机构成的交流励磁变速恒频发电机组，一般可在同步速上下 30% 左右的速度范围内运行，可实现有功功率和无功功率的独立控制。但是，电机的运行状态只能依靠接于转子的变换器来实现，因此所选变换器的功能及采用的控制策略是至关重要的。

图 2-66 所示的是电压型双 PWM 变换器。变换器由两个完全相同的电压型变频器通过

直流母线连接而成，直流母线电容可使两变换器各自独立控制而不会相互干扰。两侧变换器在转子能量不同流向下，交替运行于整流与逆变状态。变换器的有关分析，这里不再详述。

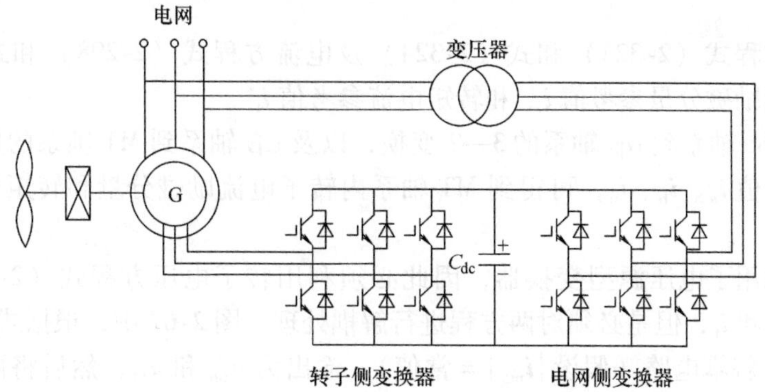

图 2-66　电压型双 PWM 变换器

作为一种控制方案，图 2-67 给出了矢量控制系统框图。矢量控制采用了定子磁场直接磁场定向方式，利用“磁链模型”来观测定子磁链。先将定子三相电压、电流检测值变换到 DQ 轴系，得到 u_D、u_Q 和 i_D、i_Q，再利用“电压－电流”模型估计出定子磁链矢量 $\boldsymbol{\psi}_s$ 的幅值 ψ_s（$\psi_s = L_m|\boldsymbol{i}_{ms}|$）和相位 θ_M。

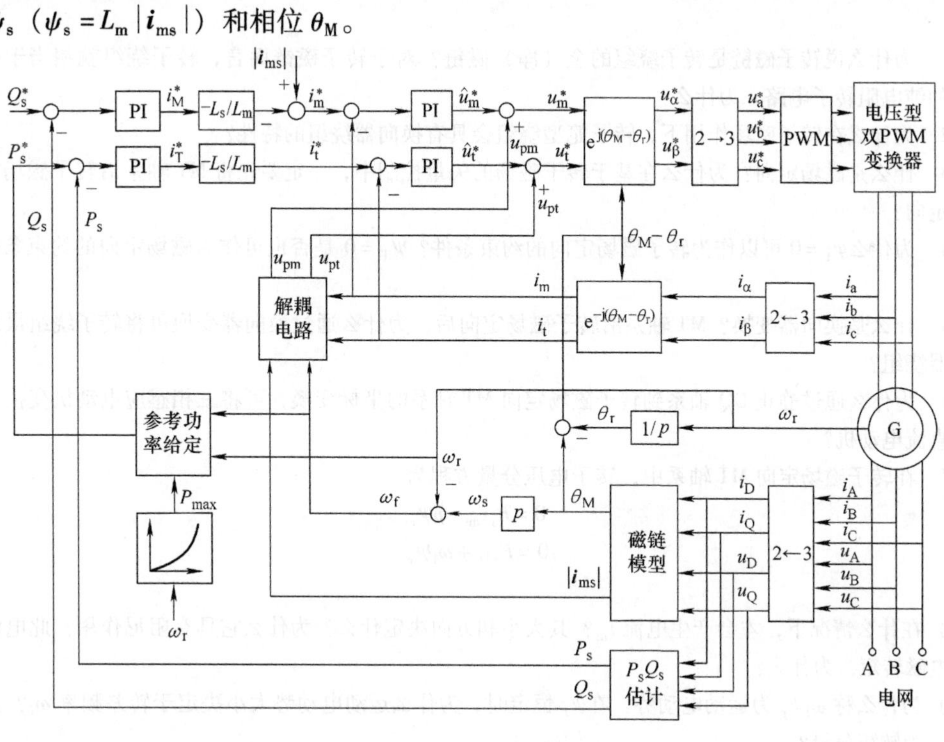

图 2-67　变速恒频风力发电机定子磁场直接定向矢量控制系统框图

定子有功功率可表示为

$$P_s = \mathrm{Re}(\boldsymbol{u}_s \boldsymbol{i}_s^*) = \mathrm{Re}(\boldsymbol{u}_s^{D} \boldsymbol{i}_s^{*D}) = u_D i_D + u_Q i_Q \tag{2-358}$$

同理，有

$$Q_s = \mathrm{Im}(\boldsymbol{u}_s^D \boldsymbol{i}_s^{*D}) = u_Q i_D - u_D i_Q \tag{2-359}$$

利用“磁链模型”的输入值 u_D、u_Q 和 i_D、i_Q，可以得到定子有功功率和无功功率检测值 P_s 和 Q_s。

利用功率方程式（2-323）和式（2-324）及电流方程式（2-298）和式（2-299），可以确定转子电流励磁分量参考值 i_m^* 和转矩电流参考值 i_t^*。

利用转子 abc 轴系到 αβ 轴系的 3→2 变换，以及 αβ 轴系到 MT 轴系的旋转变换，由转子三相电流检测值 i_a、i_b、i_c，可得到 MT 轴系内转子电流励磁分量和转矩分量的实测值 i_t 和 i_m。

由于系统采用了电压源型变换器，因此必须利用转子电压方程式（2-306）和式（2-307）来控制 i_m 和 i_t，但是必须对两方程进行解耦处理。图 2-67 中，根据式（2-308）和式（2-309）设置了解耦电路（假设 $|\boldsymbol{i}_{ms}|$ = 常值），输出为 u_{pm} 和 u_{pt}，然后将两者作为前馈补偿量分别叠加到电流调节器输出 $\hat{u}_m^*$ 和 $\hat{u}_t^*$ 中。

图 2-67 所示系统不仅可以实现对于无功功率和有功功率的独立控制，还可以按照风力发电机的转速功率曲线，给定不同风速和转速下的功率输出目标，以便获得最大的功率输出。

思考题与习题

2-1　为什么说转子磁链是转子绕组的全（净）磁链？对于转子磁链而言，转子绕组就相当于一个无漏电感的纯电阻转子电路，为什么？

2-2　为什么在转子磁场作用下，转子笼型绕组会具有换向器绕组的特性？

2-3　什么是磁场定向？为什么在基于转子磁场的矢量控制中，一定要先将 MT 轴系沿转子磁场方向进行磁场定向？

2-4　为什么 $\psi_t = 0$ 可以作为转子磁场定向的约束条件？$\psi_T = 0$ 是否也可作为磁场定向的约束条件，为什么？

2-5　什么是换向器变换？MT 轴系沿转子磁场定向后，为什么通过换向器变换可将转子绕组最终变换为换向器绕组？

2-6　为什么通过静止 DQ 轴系到转子磁场定向 MT 轴系的坐标变换，可将三相感应电动机变换为一台等效的直流电动机？

2-7　在转子磁场定向 MT 轴系中，转子电压分量方程为

$$0 = R_r i_m + p\psi_r$$
$$0 = R_r i_t + \omega_f \psi_r$$

试论述：

（1）在什么情况下，才会产生电流 i_m？其大小和方向决定什么？为什么它具有阻尼作用？此电流是否会产生电磁转矩，为什么？

（2）为什么称 $\omega_f\psi_r$ 为运动电动势？在 ψ_r 恒定时，为什么运动电动势大小决定于转差频率 ω_f？为什么称电流 i_t 为转矩分量？

（3）三相感应电动机机电能量转换的原理是什么？为什么在 ψ_r 恒定条件下，电磁转矩仅决定于转差频率 ω_f？转差频率控制的原理是什么？

2-8　在转子磁场定向 MT 轴系中，转子电流方程为

$$i_T = -\frac{L_r}{L_m} i_t$$

试论述：

（1）为什么将此式也称为定、转子磁动势平衡方程？三相感应电动机是如何由电网吸收电能的？又如何将电能转换为机械能的？

（2）转子电压分量方程和定、转子磁动势平衡方程是基于转子磁场定向的矢量控制的基本方程，您是如何理解的？

2-9　在基于转子磁场定向的矢量控制中，控制 i_{mr}（ψ_r）和 i_T 就等同于控制转差频率 ω_f，为什么？

2-10　试论述电动机参数变化对直接和间接磁场定向的影响。

2-11　试论述直接磁场定向矢量控制与间接磁场定向矢量控制有什么不同，又有什么内在联系？

2-12　试论述定子电流 3 种控制模式的优缺点。

2-13　气隙磁场定向矢量控制的定子电流控制方程与转子磁场定向矢量控制的定子电流控制方程有什么不同？为什么前者的两个定子电流控制方程间产生了耦合？对于定子磁场定向矢量控制也是如此，为什么？

2-14　在基于气隙磁场或定子磁场定向的转矩控制中，当控制气隙磁链ψ_g 或定子磁链ψ_s 恒定时，电磁转矩 t_e 与转差频率 ω_f 的关系（机械特性）都为非线性，为什么？

2-15　基于气隙磁场或定子磁场定向的矢量控制是否消除了转子漏磁场的影响，为什么？

2-16　基于气隙磁场定向和基于定子磁场定向的矢量控制与基于转子磁场定向的矢量控制比较，有什么本质的不同？

第3章　三相永磁同步电动机的矢量控制

3.1　基于转子磁场定向的矢量方程

3.1.1　转子结构及物理模型

永磁同步电动机是由电励磁三相同步电动机发展而来。它用永磁体代替了电励磁系统，从而省去了励磁绕组、集电环和电刷，而定子与电励磁三相同步电动机基本相同，故称为永磁同步电动机（Permanent Magnet Synchronous Motor，PMSM）。

用于矢量控制的PMSM，要求其永磁励磁磁场在气隙中为正弦分布，或者说在稳态运行时能够在相绕相中产生正弦波感应电动势，这也是PMSM的一个基本特征。

PMSM的转子结构，按永磁体安装形式分类，有面装式、插入式和内装式3种，如图3-1～图3-3所示。

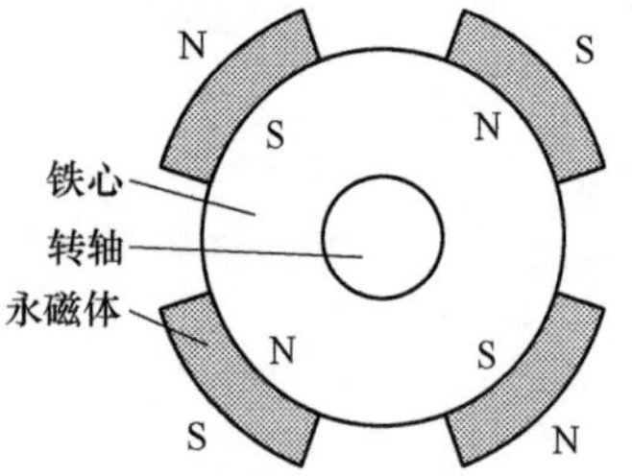

图3-1　面装式转子结构

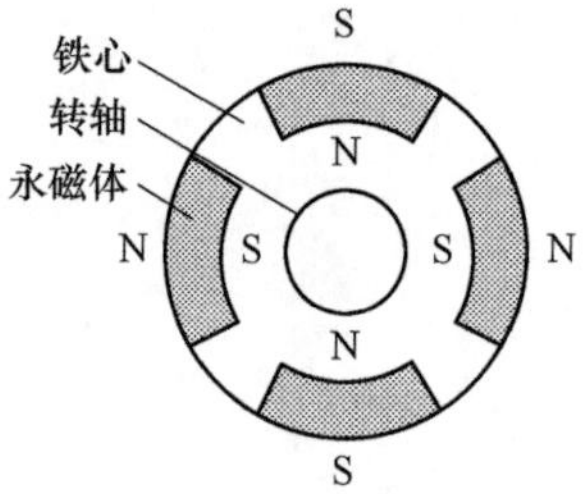

图3-2　插入式转子结构

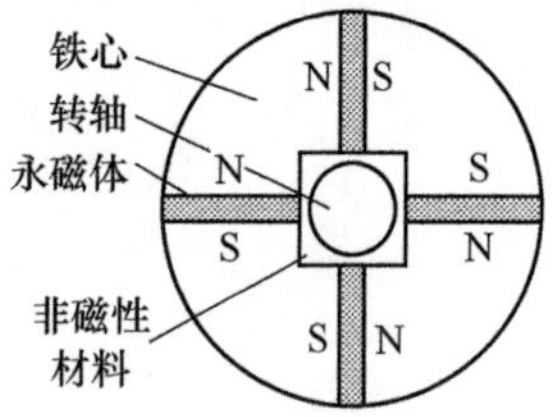

图3-3　内装式转子结构

对于每种类型转子结构，永磁体的形状和转子的结构型式，根据永磁材料的类别和设计要求的不同，可以有多种的选择，可采取各式各样的设计方案。但有一基本原则，即除了考虑成本、制造和可靠运行外，应尽量产生正弦分布的励磁磁场。

永磁材料的类别对电动机结构和性能影响很大。目前采用较多的主要有铁氧体、稀土钴和钕铁硼（两者统称为稀土永磁）3类，其中钕铁硼是一种新型永磁材料，其矫顽力和剩磁一般高于稀土钴，而成本又比稀土钴低得多，因此获得了广泛应用。本书涉及的永磁同步电动机采用的均是稀土钴或钕铁硼永磁材料。

图3-4和图3-5所示分别是二极面装式和插入式PMSM的结构简图。图中，标出了每相绕组电压和电流的正方向，并取两者正方向一致（电动机原则），电压和电流可为任意波形和任意瞬时值；同三相感应电动机一样，将正向电流流经一相绕组产生的正弦波磁动势的轴线定义为相绕组的轴线，并将A轴作为ABC轴系的空间参考坐标，同样可以将三相绕组表示为位于ABC轴上的线圈；假定相绕组中感应电动势的正方向与电流的正方向相反（电动机原则）；取反时针方向为转速和电磁转矩的正方向，负载转矩正方向与此相反。

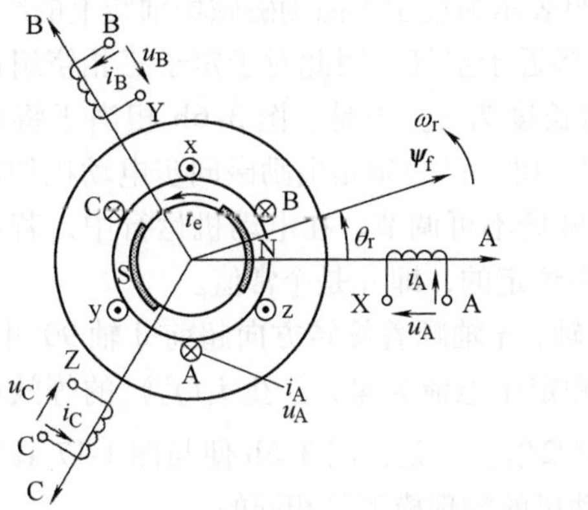

图 3-4　二极面装式 PMSM 结构简图

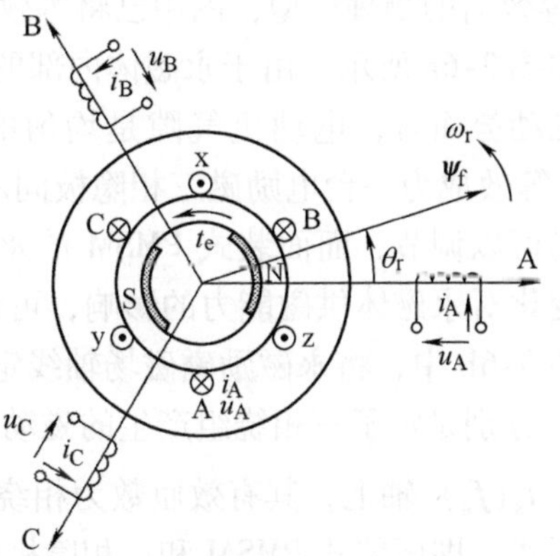

图 3-5　二极插入式 PMSM 结构简图

在建立数学模型之前，先做如下假设：

1）忽略定、转子铁心磁阻，不计涡流和磁滞损耗；

2）永磁材料的电导率为零，永磁体内部的磁导率与空气相同；

3）转子上没有阻尼绕组；

4）永磁体产生的励磁磁场和三相绕组产生的电枢反应磁场在气隙中均为正弦分布；

5）稳态运行时，相绕组中感应电动势波形为正弦波。

二极面装式 PMSM 物理模型如图 3-6 所示。

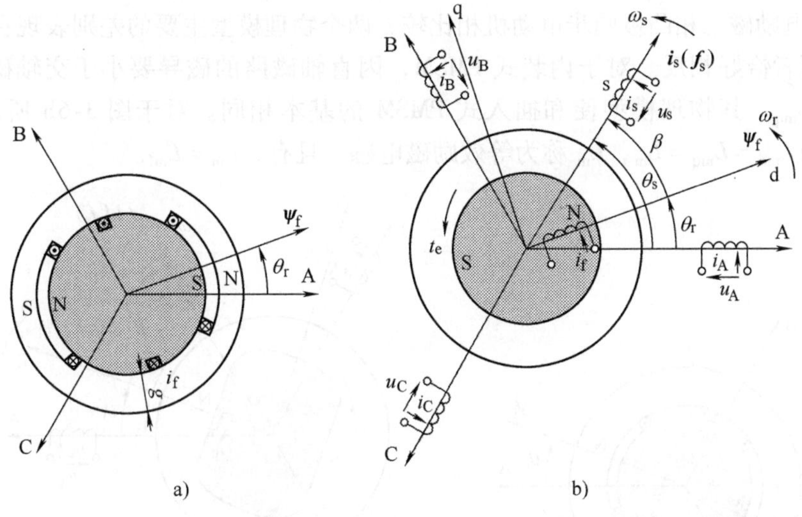

图 3-6　二极面装式 PMSM 物理模型

a）转子等效励磁绕组　b）物理模型

对于面装式转子结构，由于永磁体内部磁导率很小，接近于空气，可以将置于转子表面的永磁体等效为两个空心励磁线圈，如图 3-6a 所示，假设两个线圈在气隙中产生的正弦分布励磁磁场与两个永磁体产生的正弦分布磁场相同。进一步，再将两个励磁线圈等效为置于转子槽内的励磁绕组，其有效匝数为相绕组的$\sqrt{3}/\sqrt{2}$倍，通入等效励磁电流 i_f 后，在气隙中产生的正弦分布励磁磁场与两励磁线圈产生的相同，$\psi_f = L_{mf} i_f$，L_{mf} 为等效励磁电感。图 3-

6b 为等效后的物理模型，图中已将等效励磁绕组表示为位于永磁励磁磁场轴线上的线圈。

如图 3-6a 所示，由于永磁体内部的磁导率接近于空气，因此对于定子三相绕组产生的电枢磁动势而言，电动机气隙是均匀的，气隙长度为 g。于是，图 3-6b 相当于将面装式 PMSM 等效成为一台电励磁三相隐极同步电动机，唯一的差别是电励磁同步电动机的转子励磁磁场可以调节，而面装式 PMSM 的永磁励磁磁场不可调节。在电动机运行中，若不计及温度变化对永磁体供磁能力的影响，可认为ψ_f 是恒定的，即 i_f 是个常值。

图 3-6b 中，将永磁励磁磁场轴线定义为 d 轴，q 轴顺着旋转方向超前 d 轴 90° 电角度。$\boldsymbol{f}_s$ 和 $\boldsymbol{i}_s$ 分别是定子三相绕组产生的磁动势矢量和定子电流矢量，产生 $\boldsymbol{i}_s(\boldsymbol{f}_s)$ 的等效单轴线圈位于 $\boldsymbol{i}_s(\boldsymbol{f}_s)$ 轴上，其有效匝数为相绕组的$\sqrt{3}/\sqrt{2}$倍。于是，图 3-6b 便与图 1-17 具有了相同的形式，即面装式 PMSM 和三相隐极同步电动机的物理模型是相同的。

同理，可将插入式转子的两个永磁体等效为两个空心励磁线圈，再将它们等效为置于转子槽内的励磁绕组，其有效匝数为相绕组有效匝数的$\sqrt{3}/\sqrt{2}$倍，等效励磁电流为 i_f，如图 3-7a 所示。与面装式 PMSM 不同的是，电动机气隙不再是均匀的，此时面对永磁体部分的气隙长度增大为 $g+h$，h 为永磁体的高度，而面对转子铁心部分的气隙长度仍为 g，因此转子 d 轴方向上的气隙磁阻要大于 q 轴方向上的气隙磁阻，可将图 3-7a 等效为图 3-7b 的形式。图中当 $\beta=0°$时，将 $\boldsymbol{i}_s(\boldsymbol{f}_s)$ 在气隙中产生的正弦分布磁场称为直轴电枢反应磁场；当 $\beta=90°$时，将 $\boldsymbol{i}_s(\boldsymbol{f}_s)$ 在气隙中产生的正弦分布磁场称为交轴电枢反应磁场。显然，在幅值相同的$\boldsymbol{i}_s(\boldsymbol{f}_s)$ 作用下，直轴电枢反应磁场要弱于交轴电枢反应磁场，于是有 $L_{md}<L_{mq}$，L_{md} 和 L_{mq}分别为直轴等效励磁电感和交轴等效励磁电感。对比图 3-7b 和图 1-19 可以看出，插入式 PMSM 与电励磁三相凸极同步电动机相比较，两个物理模型主要的差别表现在后者的 $L_{md}>L_{mq}$，即两者恰好相反。对于内装式 PMSM，因直轴磁路的磁导要小于交轴磁路的磁导，故有 $L_{md}<L_{mq}$，其物理模型便和插入式 PMSM 的基本相同。对于图 3-6b 所示的面装式 PMSM，则有$L_{md}=L_{mq}=L_m$，L_m 称为等效励磁电感。且有，$L_m=L_{mf}$。

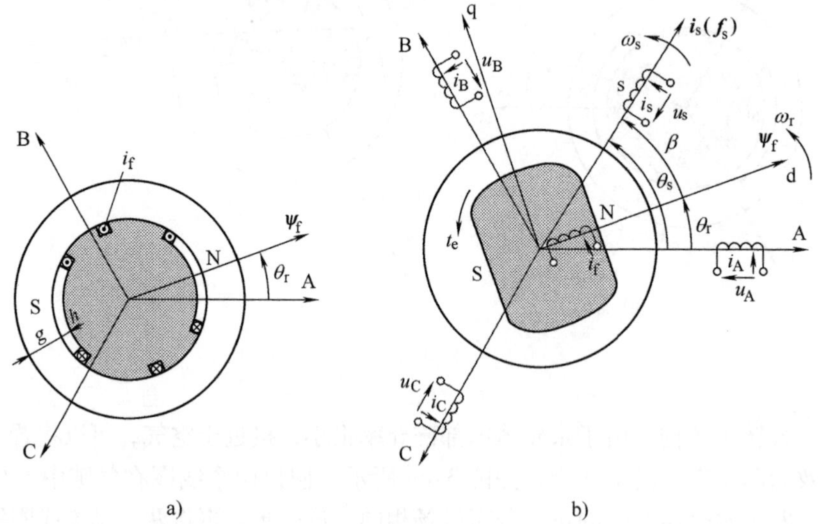

图 3-7　二极插入式 PMSM 的等效物理模型

a）转子等效励磁绕组　b）物理模型

3.1.2 面装式三相永磁同步电动机的矢量方程

1. 定子磁链和电压矢量方程

图 3-6b 中，三相绕组的电压方程可表示为

$$u_A = R_s i_A + \frac{d\psi_A}{dt} \tag{3-1}$$

$$u_B = R_s i_B + \frac{d\psi_B}{dt} \tag{3-2}$$

$$u_C = R_s i_C + \frac{d\psi_C}{dt} \tag{3-3}$$

式中，ψ_A、ψ_B 和ψ_C 分别为 A、B、C 相绕组的全磁链。

可有

$$\begin{pmatrix}\psi_A\\ \psi_B\\ \psi_C\end{pmatrix} = \begin{pmatrix} L_A & L_{AB} & L_{AC}\\ L_{BA} & L_B & L_{BC}\\ L_{CA} & L_{CB} & L_C\end{pmatrix}\begin{pmatrix}i_A\\ i_B\\ i_C\end{pmatrix} + \begin{pmatrix}\psi_{fA}\\ \psi_{fB}\\ \psi_{fC}\end{pmatrix} \tag{3-4}$$

式中，ψ_{fA}、ψ_{fB}和ψ_{fC}分别为永磁励磁磁场链过 A、B、C 绕组产生的磁链。

同电励磁三相隐极同步电动机一样，因电动机气隙均匀，故 A、B、C 绕组的自感和互感都与转子位置无关，均为常值。于是有

$$L_A = L_B = L_C = L_{s\sigma} + L_{m1} \tag{3-5}$$

式中，$L_{s\sigma}$和 L_{m1} 分别为相绕组的漏电感和励磁电感。

另有

$$L_{AB} = L_{BA} = L_{AC} = L_{CA} = L_{BC} = L_{CB} = L_{m1}\cos 120° = -\frac{1}{2}L_{m1} \tag{3-6}$$

式（3-4）可表示为

$$\begin{pmatrix}\psi_A\\ \psi_B\\ \psi_C\end{pmatrix} = \begin{pmatrix} L_{s\sigma}+L_{m1} & -\frac{1}{2}L_{m1} & -\frac{1}{2}L_{m1}\\ -\frac{1}{2}L_{m1} & L_{s\sigma}+L_{m1} & -\frac{1}{2}L_{m1}\\ -\frac{1}{2}L_{m1} & -\frac{1}{2}L_{m1} & L_{s\sigma}+L_{m1}\end{pmatrix}\begin{pmatrix}i_A\\ i_B\\ i_C\end{pmatrix} + \begin{pmatrix}\psi_{fA}\\ \psi_{fB}\\ \psi_{fC}\end{pmatrix} \tag{3-7}$$

式中

$$\psi_A = (L_{s\sigma} + L_{m1})i_A - \frac{1}{2}L_{m1}(i_B + i_C) + \psi_{fA}$$

若定子三相绕组为 Y 形联结，且无中性线引出，则有 $i_A + i_B + i_C = 0$，于是

$$\begin{aligned}\psi_A &= (L_{s\sigma} + \frac{3}{2}L_{m1})i_A + \psi_{fA}\\ &= (L_{s\sigma} + L_m)i_A + \psi_{fA}\\ &= L_s i_A + \psi_{fA}\end{aligned} \tag{3-8}$$

式中，L_m 为等效励磁电感，$L_m = \frac{3}{2}L_{m1}$；L_s 称为同步电感，$L_s = L_{s\sigma} + L_m$。

同样，可将ψ_B和ψ_C表示为式（3-8）的形式。由此可将式（3-7）表示为

$$\begin{pmatrix}\psi_A\\\psi_B\\\psi_C\end{pmatrix}=(L_{s\sigma}+L_m)\begin{pmatrix}i_A\\i_B\\i_C\end{pmatrix}+\begin{pmatrix}\psi_{fA}\\\psi_{fB}\\\psi_{fC}\end{pmatrix}\tag{3-9}$$

同三相感应电动机一样，由三相绕组中的电流i_A、i_B和i_C构成了定子电流矢量$\boldsymbol{i}_s$（见图3-6b），同理由三相绕组的全磁链可构成定子磁链矢量$\boldsymbol{\psi}_s$，由ψ_{fA}、ψ_{fB}和ψ_{fC}可构成转子励磁磁链矢量$\boldsymbol{\psi}_f$，即有

$$\begin{aligned}\boldsymbol{i}_s&=\sqrt{\frac{2}{3}}(i_A+ai_B+a^2i_C)\\\boldsymbol{\psi}_s&=\sqrt{\frac{2}{3}}(\psi_A+a\,\psi_B+a^2\,\psi_C)\\\boldsymbol{\psi}_f&=\sqrt{\frac{2}{3}}(\psi_{fA}+a\,\psi_{fB}+a^2\,\psi_{fC})\end{aligned}\tag{3-10}$$

将式（3-9）两边矩阵的第1行分别乘以$\sqrt{2}/\sqrt{3}$，第2行分别乘以$a\sqrt{2}/\sqrt{3}$，第3行分别乘以$a^2\sqrt{2}/\sqrt{3}$，再将3行相加，可得

$$\boldsymbol{\psi}_s=L_{s\sigma}\boldsymbol{i}_s+L_m\boldsymbol{i}_s+\boldsymbol{\psi}_f\tag{3-11}$$

式中，等式右边第1项是$\boldsymbol{i}_s$产生的漏磁链矢量，与定子相绕组漏磁场相对应；第2项是$\boldsymbol{i}_s$产生的励磁磁链矢量，与电枢反应磁场相对应；第3项是转子等效励磁绕组产生的励磁磁链矢量，与永磁体产生的励磁磁场相对应；等式左边是定子磁链矢量。

通常，将定子电流矢量产生的漏磁场和电枢反应磁场之和称为电枢磁场；将转子励磁磁场称为转子磁场，又称为主极磁场；将电枢磁场与主板磁场之和称为定子磁场。

可将式（3-11）表示为

$$\boldsymbol{\psi}_s=L_s\boldsymbol{i}_s+\boldsymbol{\psi}_f\tag{3-12}$$

式（3-12）为定子磁链矢量方程，$L_s\boldsymbol{i}_s$为电枢磁链矢量，与电枢磁场相对应。

同理，可将式（3-1）~式（3-3）转换为矢量方程，即有

$$\boldsymbol{u}_s=R_s\boldsymbol{i}_s+\frac{d\,\boldsymbol{\psi}_s}{dt}\tag{3-13}$$

将式（3-12）代入式（3-13），可得

$$\boldsymbol{u}_s=R_s\boldsymbol{i}_s+L_s\frac{d\boldsymbol{i}_s}{dt}+\frac{d\,\boldsymbol{\psi}_f}{dt}\tag{3-14}$$

式中，$\boldsymbol{\psi}_f=\psi_f e^{j\theta_r}$，$\theta_r$为$\boldsymbol{\psi}_f$在ABC轴系内的空间相位，如图3-6b所示。

另有

$$\frac{d}{dt}(\psi_f e^{j\theta_r})=\frac{d\,\psi_f}{dt}e^{j\theta_r}+j\omega_r\,\boldsymbol{\psi}_f\tag{3-15}$$

式中，等式右边第1项与变压器电动势相对应，因ψ_f为恒值，故为零；第2项为运动电动势项，是因转子磁场旋转产生的感应电动势，通常又称为反电动势。

最后，可将式（3-13）表示为

$$\boldsymbol{u}_s=R_s\boldsymbol{i}_s+L_s\frac{d\boldsymbol{i}_s}{dt}+j\omega_r\,\boldsymbol{\psi}_f\tag{3-16}$$

式（3-16）为定子电压矢量方程。可将其表示为等效电路形式，如图 3-8 所示。图中，$\boldsymbol{e}_0 = \mathrm{j}\omega_r \boldsymbol{\psi}_f$，为感应电动势矢量。

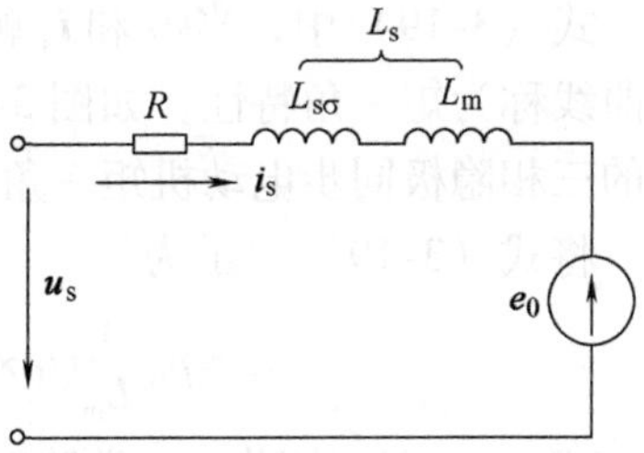

图 3-8　面装式 PMSM 等效电路

在正弦稳态下，因 $\boldsymbol{i}_s$ 幅值恒定，则有

$$L_s \frac{\mathrm{d}\boldsymbol{i}_s}{\mathrm{d}t} = \mathrm{j}\omega_s L_s \boldsymbol{i}_s$$

于是式（3-16）可表示为

$$\boldsymbol{u}_s = R_s \boldsymbol{i}_s + \mathrm{j}\omega_s L_s \boldsymbol{i}_s + \mathrm{j}\omega_s \boldsymbol{\psi}_f \tag{3-17}$$

由式（3-12）和式（3-17）可得如图 3-9a 所示的矢量图。

在 1.4.2 节，在分析三相感应电动机相矢图时已知，在正弦稳态下，（空间）矢量和（时间）相量具有时空对应关系，若同取 A 轴为时空参考轴，可将矢量图直接转换为 A 相绕组的相量图，或者反之。这一结论同样适用于 PMSM，因此可将图 3-9a 所示的矢量图直接转换为 A 相绕组的相量图，如图 3-9b 所示。

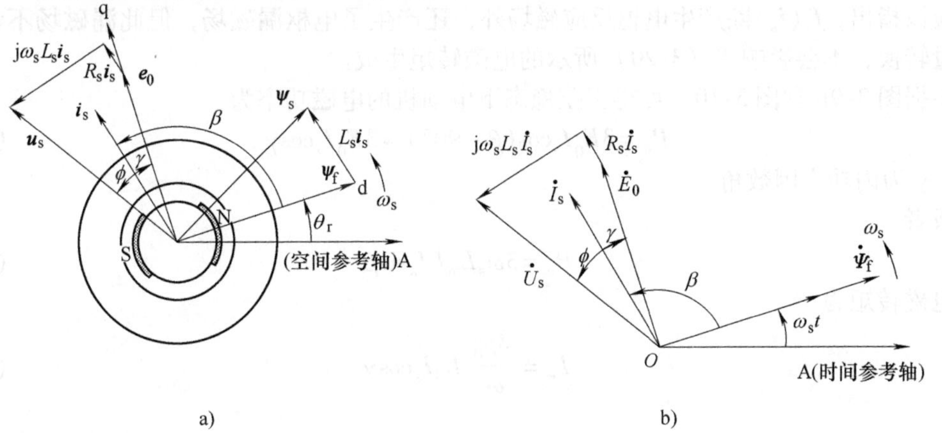

图 3-9　面装式 PMSM 矢量图和相量图

a）稳态矢量图　b）相量图

此时，可将式（3-17）直接转换为

$$\begin{aligned}\dot{U}_s &= R_s \dot{I}_s + \mathrm{j}\omega_s L_s \dot{I}_s + \mathrm{j}\omega_s \dot{\Psi}_f \\ &= R_s \dot{I}_s + \mathrm{j}\omega_s L_s \dot{I}_s + \mathrm{j}\omega_s L_{mf} \dot{I}_f \\ &= R_s \dot{I}_s + \mathrm{j}\omega_s L_s \dot{I}_s + \dot{E}_0\end{aligned} \tag{3-18}$$

式中，$E_0 = \omega_s \Psi_f = \omega_s L_{mf} I_f$，因 $L_{mf} = L_m$，故有 $E_0 = \omega_s L_m I_f$。

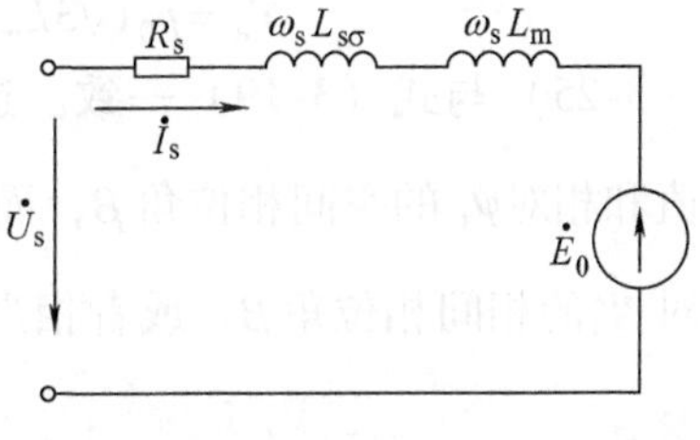

图 3-10　以电压源表示的等效电路

由式（3-18）可得如图 3-10 所示的等效电路。

2. 电磁转矩矢量表达式

根据图 1-17 所示的电励磁三相隐极同步电动机物理模型，已得电磁转矩为

$$t_e = p_0 \psi_f i_s \sin\beta = p_0 \boldsymbol{\psi}_f \times \boldsymbol{i}_s \tag{3-19}$$

对比图 3-6b 和图 1-17 可知，式（3-19）同样适用于面装式 PMSM，只是此时转子磁场不是由转子励磁绕组产生的，而是由永磁体提供的。

式（3-19）中，当ψ_f和$\boldsymbol{i}_s$幅值恒定时，电磁转矩就仅与β角有关，将此时的$t_e-\beta$关系曲线称为矩－角特性，如图3-11所示，β为转矩角。图3-11所示特性曲线与图1-40所示的三相隐极同步电动机矩－角特性完全相同。

将式（3-19）表示为

$$t_e=p_0\frac{1}{L_m}\psi_f\times(L_m\boldsymbol{i}_s) \tag{3-20}$$

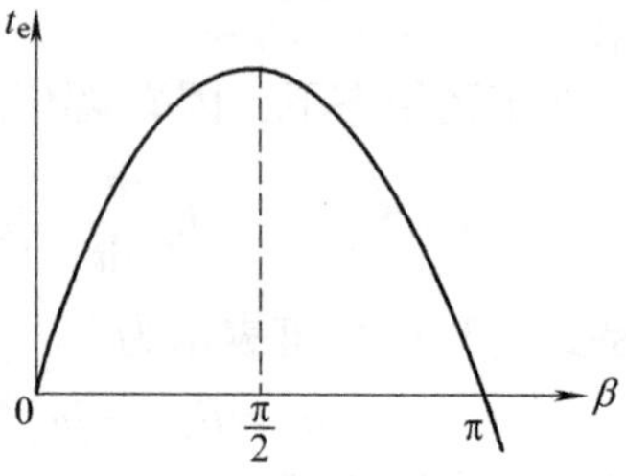

图3-11　$t_e-\beta$关系曲线

式（3-20）表明，电磁转矩可看成是由电枢反应磁场与永磁励磁磁场相互作用的结果，且决定于两个磁场的幅值和相对位置，由于ψ_r幅值恒定，因此将决定于电枢反应磁场$L_m\boldsymbol{i}_s$的幅值和相对ψ_f的相位β。在电机学中，将$\boldsymbol{f}_s$（$\boldsymbol{i}_s$）对主极磁场的影响和作用称为电枢反应，正是由于交轴电枢反应使气隙磁场发生畸变，促使了机电能量转换，才产生了电磁转矩。由式（3-20）也可看出，电枢反应的结果将决定于电枢反应磁场的强弱和其与主极磁场的相对位置。

应该指出，$\boldsymbol{f}_s(\boldsymbol{i}_s)$除产生电枢反应磁场外，还产生了电枢漏磁场，但此漏磁场不参与机电能量转换，不会影响式（3-20）所示的电磁转矩生成。

根据图3-9b和图3-10，可得正弦稳态下电动机的电磁功率为

$$P_e=3E_0I_s\cos(\beta-90°)=3E_0I_s\cos\gamma \tag{3-21}$$

式中，γ为内功率因数角。

或者

$$P_e=3\omega_sL_mI_fI_s\sin\beta \tag{3-22}$$

电磁转矩为

$$T_e=\frac{3p_0}{\omega_s}E_0I_s\cos\gamma \tag{3-23}$$

或者

$$T_e=3p_0L_mI_fI_s\sin\beta \tag{3-24}$$

由式（3-24），可得

$$T_e=p_0(\sqrt{3}L_mI_f)(\sqrt{3}I_s)\sin\beta=p_0\,\psi_fi_s\sin\beta=p_0\,\psi_f\times\boldsymbol{i}_s \tag{3-25}$$

式（3-25）与式（3-19）一致。这说明在转矩的矢量控制中，控制的是定子电流矢量$\boldsymbol{i}_s$的幅值和相对ψ_f的空间相位角β，而在正弦稳态下，就相当于控制定子电流相量$\dot{I}_s$的幅值和相对$\dot{\Psi}_f$的相间相位角β，或者相当于控制$\dot{I}_s$的幅值和相对$\dot{E}_0$的相间相位角γ。

3.1.3　插入式三相永磁同步电动机的矢量方程

如图3-7b所示，对于插入式转子结构，电动机气隙是不均匀的。在幅值相同的$\boldsymbol{i}_s$作用下，因空间相位角β不同，产生的电枢反应磁场不会相同，等效励磁电感不再是常值，而随β角的变化而变化，这给定量计算电枢反应磁场和分析电枢反应作用带来很大困难。在电机学中，常采用双反应（双轴）理论来分析凸极同步电动机问题。对于插入式永磁同步电动机，同样可采用这种分析方法，为此可采用图3-7b中的dq轴系来构建数学模型。

1. 定子磁链和电压方程

将图3-7b表示为图3-12所示同步旋转dq轴系。图中，将单轴线圈S分解为dq轴系上

的双轴线圈 d 和 q，每个轴线圈的有效匝数仍与单轴线圈相同。这相当于将定子电流矢量 $\boldsymbol{i}_s$ 分解为

$$\boldsymbol{i}_s = i_d + \mathrm{j}i_q \tag{3-26}$$

根据双反应理论，可分别求得 i_d（$\boldsymbol{f}_d$）和 i_q（$\boldsymbol{f}_q$）产生的电枢反应磁场，即有

$$\psi_{md} = L_{md}i_d \tag{3-27}$$

$$\psi_{mq} = L_{mq}i_q \tag{3-28}$$

式中，L_{md} 和 L_{mq} 分别为直轴和交轴等效励磁电感，$L_{md} < L_{mq}$。

于是，定子磁场在 dq 轴方向上的分量则分别为

$$\psi_d = L_d i_d + \psi_f \tag{3-29}$$

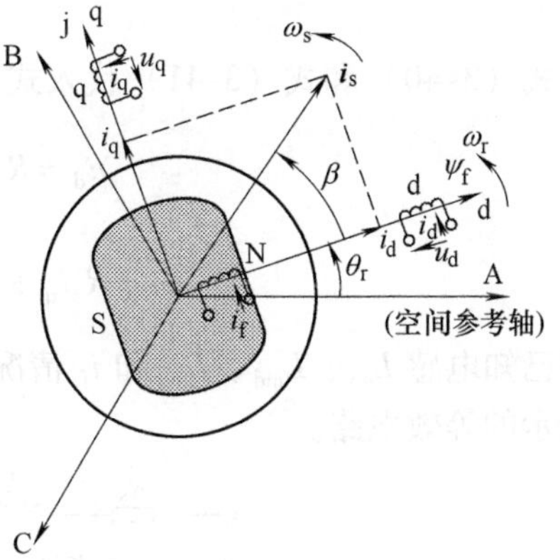

图 3-12　同步旋转 dq 轴系

$$\psi_q = L_q i_q \tag{3-30}$$

式中，L_d 为直轴同步电感，$L_d = L_{s\sigma} + L_{md}$；$L_q$ 为交轴同步电感，$L_q = L_{s\sigma} + L_{mq}$。

由式（3-29）和式（3-30），可得以 dq 轴系表示的定子磁链矢量 $\boldsymbol{\psi}_s$ 为

$$\boldsymbol{\psi}_s^{dq} = \psi_d + \mathrm{j}\,\psi_q = L_d i_d + \psi_f + \mathrm{j}L_q i_q \tag{3-31}$$

定子电压矢量方程式（3-13）是由三相绕组电压方程式（3-1）~式（3-3）得出的，具有普遍意义，对面装式、插入式和内装式 PMSM 均适用。同三相感应电动机一样，通过矢量变换可将 ABC 轴系内定子电压矢量方程式（3-13）变换为以 dq 轴系表示的矢量方程。

利用变换因子 $\mathrm{e}^{\mathrm{j}\theta_r}$，可得

$$\boldsymbol{u}_s = \boldsymbol{u}_s^{dq}\mathrm{e}^{\mathrm{j}\theta_r} \tag{3-32}$$

$$\boldsymbol{i}_s = \boldsymbol{i}_s^{dq}\mathrm{e}^{\mathrm{j}\theta_r} \tag{3-33}$$

$$\boldsymbol{\psi}_s = \boldsymbol{\psi}_s^{dq}\mathrm{e}^{\mathrm{j}\theta_r} \tag{3-34}$$

将式（3-32）~式（3-34）代入式（3-13），可得以 dq 轴系表示的电压矢量方程为

$$\boldsymbol{u}_s^{dq} = R_s\boldsymbol{i}_s^{dq} + \frac{\mathrm{d}\,\boldsymbol{\psi}_s^{dq}}{\mathrm{d}t} + \mathrm{j}\omega_r\,\boldsymbol{\psi}_s^{dq} \tag{3-35}$$

与式（3-13）相比，式（3-35）中多了右端第三项，这是由于 dq 轴系旋转而产生的。

将式（3-35）中的各矢量以坐标分量表示，可得电压分量方程为

$$u_d = R_s i_d + \frac{\mathrm{d}\,\psi_d}{\mathrm{d}t} - \omega_r\,\psi_q \tag{3-36}$$

$$u_q = R_s i_q + \frac{\mathrm{d}\,\psi_q}{\mathrm{d}t} + \omega_r\,\psi_d \tag{3-37}$$

可将式（3-36）和式（3-37）表示为

$$u_d = R_s i_d + L_d\frac{\mathrm{d}i_d}{\mathrm{d}t} - \omega_r L_q i_q \tag{3-38}$$

$$u_q = R_s i_q + L_q\frac{\mathrm{d}i_q}{\mathrm{d}t} + \omega_r(L_d i_d + \psi_f) \tag{3-39}$$

图 3-12 中，由于 $L_{mf} = L_{md}$，可将 ψ_f 表示为 $\psi_f = L_{mf}i_f = L_{md}i_f$，于是可将磁链方程式（3-29）和式（3-30）写为

$$\psi_d = L_{s\sigma}i_d + L_{md}i_d + L_{md}i_f \tag{3-40}$$

$$\psi_q = L_{s\sigma} i_q + L_{mq} i_q \tag{3-41}$$

将式（3-40）和式（3-41）代入式（3-36）和式（3-37），可得

$$u_d = R_s i_d + (L_{s\sigma} + L_{md}) \frac{di_d}{dt} - \omega_r L_q i_q \tag{3-42}$$

$$u_q = R_s i_q + (L_{s\sigma} + L_{mq}) \frac{di_q}{dt} + \omega_r L_d i_d + \omega_r L_{md} i_f \tag{3-43}$$

在已知电感 $L_{s\sigma}$、L_{md}、L_{mq} 和 i_f 情况下，由电压方程式（3-42）和式（3-43）可得图 3-13 所示的等效电路。

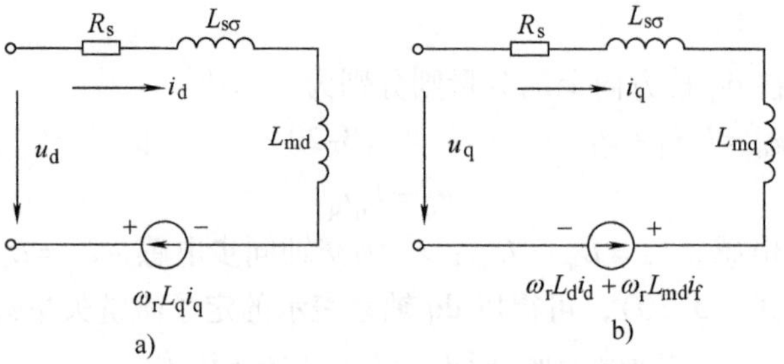

图 3-13　以 dq 轴系表示的电压等效电路

a）直轴　b）交轴

若以感应电动势 e_0 来表示 $\omega_r \psi_f$，则可将电压分量方程表示为

$$u_d = R_s i_d + L_d \frac{di_d}{dt} - \omega_r L_q i_q \tag{3-44}$$

$$u_q = R_s i_q + L_q \frac{di_q}{dt} + \omega_r L_d i_d + e_0 \tag{3-45}$$

对于上述插入式 PMSM 的电压分量方程，若令 $L_d = L_q = L_s$，便可转化为面装式 PMSM 的电压分量方程。

在正弦稳态下，式（3-44）和式（3-45）则变为

$$u_d = R_s i_d - \omega_r L_q i_q \tag{3-46}$$

$$u_q = R_s i_q + \omega_r L_d i_d + e_0 \tag{3-47}$$

此时，$\omega_r = \omega_s$，ω_s 为电源电角频率。

将式（3-46）和式（3-47）改写为

$$u_d = R_s i_d + j\omega_s L_q j i_q \tag{3-48}$$

$$ju_q = R_s j i_q + j\omega_s L_d i_d + je_0 \tag{3-49}$$

于是，可得

$$\boldsymbol{u}_s = R_s \boldsymbol{i}_s + j\omega_s L_d i_d - \omega_s L_q i_q + \boldsymbol{e}_0 \tag{3-50}$$

由式（3-31）和式（3-50），可得到插入式和内装式 PMSM 稳态矢量图，如图 3-14 所示。与图 3-9a 比较，可以看出，由于交、直轴磁路不对称（磁导不同），已将定子电流（磁动势）矢量 $\boldsymbol{i}_s(\boldsymbol{f}_s)$ 分解为交轴分量 $i_q(\boldsymbol{f}_q)$ 和直轴分量 $i_d(\boldsymbol{f}_d)$，这实际上体现了双反应理论的分析方法。

同样，可将图 3-14 所示的矢量图直接转换为 A 相绕组的相量图，如图 3-15a 所示。对于面装式 PMSM，可将图 3-15a 表示为图 3-15b 的形式，此图与图 3-9b 形式相同。

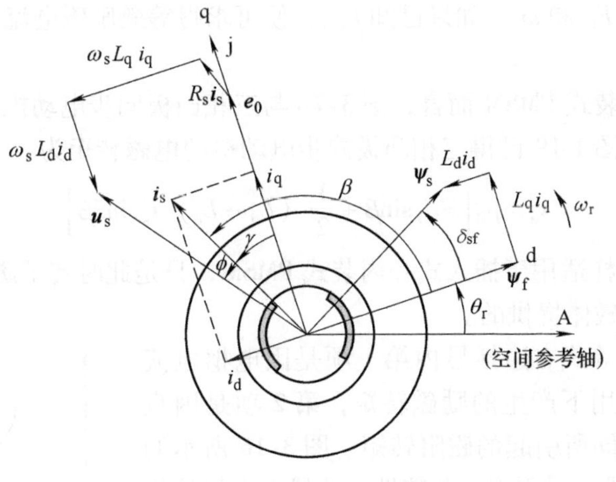

图 3-14 插入式和内装式 PMSM 稳态矢量图

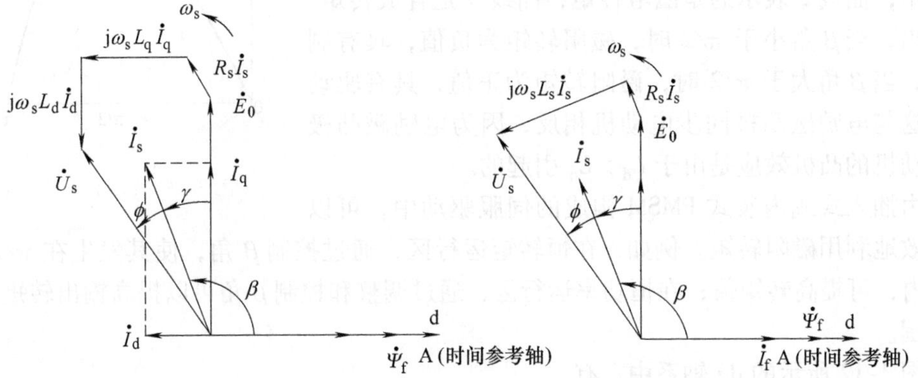

a) b)

图 3-15 PMSM 相量图

a) 插入式和内装式 PMSM b) 面装式 PMSM

实际上，在正弦稳态下，式（3-48）和式（3-49）中各物理量均为恒定的直流量，且为正弦量有效值的$\sqrt{3}$倍。将式（3-48）和式（3-49）各量除以$\sqrt{3}$就变为了正弦量有效值，再将两式两边同乘以 $e^{j\omega_s t}$，就相当于将两式中的（空间）矢量转换为（时间）相量，可将图 3-12 所示的空间复平面转换为时间复平面，且同取 A 轴为时间参考轴，$t=0$ 时，d 轴与 A 轴重合，并取 $\dot{\Psi}_f$ 为参考相量。于是可得到以（时间）相量表示的电压方程为

$$\dot{U}_s = R_s \dot{I}_s + j\omega_s L_d \dot{I}_d + j\omega_s L_q \dot{I}_q + \dot{E}_0 \tag{3-51}$$

对于面装式 PMSM，可将式（3-51）改写为式（3-18）的形式。

图 3-9b 和图 3-15 中，E_0 是永磁励磁磁场产生的运动电动势，即有

$$E_0 = \omega_r \Psi_f = \frac{\omega_r \psi_f}{\sqrt{3}} \tag{3-52}$$

由式（3-52），可得 $\psi_f = \sqrt{3}E_0/\omega_r$。另有

$$i_f = \frac{\sqrt{3}}{\omega_r L_{md}} E_0 \tag{3-53}$$

通过空载试验可确定 E_0 和 ω_r，如果已知 L_{md}，便可求得等效励磁电流 i_f。

2. 电磁转矩表达式

对于插入式和内装式 PMSM 而言，图 3-7b 与三相凸极同步电动机的等效模型图 1-19 具有相同的形式。根据图 1-19 已得三相凸极同步电动机的电磁转矩为

$$t_e = p_0\left[\psi_f i_s \sin\beta + \frac{1}{2}(L_d - L_q) i_s^2 \sin 2\beta\right] \tag{3-54}$$

显然，式（3-54）同样适用于插入式和内装式 PMSM，只是此时转子磁场不是由转子励磁绕组产生的，而是由永磁体提供的。

式（3-54）中，等式右边括号内第 1 项是因电枢电流在永磁体励磁磁场作用下产生的励磁转矩，第 2 项是因直轴磁阻和交轴磁阻不同所引起的磁阻转矩。图 3-16 所示的曲线为 $t_e-\beta$ 特性曲线，也称矩－角特性，曲线 1 表示的是励磁转矩，曲线 2 表示的是磁阻转矩，曲线 3 是合成转矩。可以看出，当 β 角小于 $\pi/2$ 时，磁阻转矩为负值，具有制动性质；当 β 角大于 $\pi/2$ 时，磁阻转矩为正值，具有驱动性质。这与电励磁凸极同步电动机相反，因为电励磁凸极同步电动机的凸极效应是由于 $L_d > L_q$ 引起的。

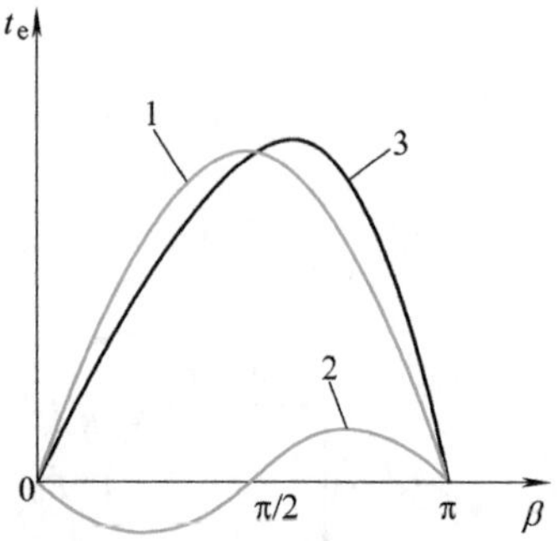

图 3-16　$t_e-\beta$ 特性曲线

在由插入式或内装式 PMSM 构成的伺服驱动中，可以灵活有效地利用磁阻转矩。例如，在恒转矩运行区，通过控制 β 角，使其发生在 $\pi/2 < \beta < \pi$ 范围内，可提高转矩值；在恒功率运行区，通过调整和控制 β 角可以提高输出转矩和扩大速度范围。

在图 3-12 所示的 dq 轴系中，有

$$i_d = i_s \cos\beta \tag{3-55}$$

$$i_q = i_s \sin\beta \tag{3-56}$$

将式（3-55）和式（3-56）代入式（3-54），可得

$$t_e = p_0[\psi_f i_q + (L_d - L_q) i_d i_q] \tag{3-57}$$

式（3-57）为电磁转矩一般表达式。

可将式（3-57）表示为

$$t_e = p_0(\psi_d + j\psi_q) \times (i_d + j i_q) \tag{3-58}$$

于是有

$$t_e = p_0 \boldsymbol{\psi}_s \times \boldsymbol{i}_s \tag{3-59}$$

式（3-59）为电磁转矩矢量表达式。应该指出，式（3-59）既适用于面装式 PMSM，也适用于插入式和内装式 PMSM，具有普遍性。因为 $\boldsymbol{\psi}_s$ 和 $\boldsymbol{i}_s$ 在电动机内客观存在，当参考轴系改变时，并不能改变两者间的作用关系和转矩值，所以式（3-59）对 ABC 轴系和 dq 轴系均适用。

对于面装式 PMSM，可将式（3-59）表示为

$$t_e = p_0(\boldsymbol{\psi}_f + L_s \boldsymbol{i}_s) \times \boldsymbol{i}_s = p_0 \boldsymbol{\psi}_f \times \boldsymbol{i}_s \tag{3-60}$$

式（3-60）和式（3-19）是同一表达式。

3.2 基于转子磁场定向的矢量控制及控制系统

3.2.1 面装式三相永磁同步电动机的矢量控制及控制系统

1. 基于转子磁场的转矩控制

转矩矢量表达式（3-19）表明，在 dq 轴系内通过控制 $\boldsymbol{i}_s$ 的幅值和相位，就可控制电磁转矩。如图 3-6b 所示，这等同于在 dq 轴系内控制 $\boldsymbol{i}_s$ 的两个电流分量 i_q 和 i_d。但是，这个 dq 轴系的 d 轴一定要与ψ_f 方向一致，或者说 dq 轴系是沿转子磁场定向的，通常称之为磁场定向。

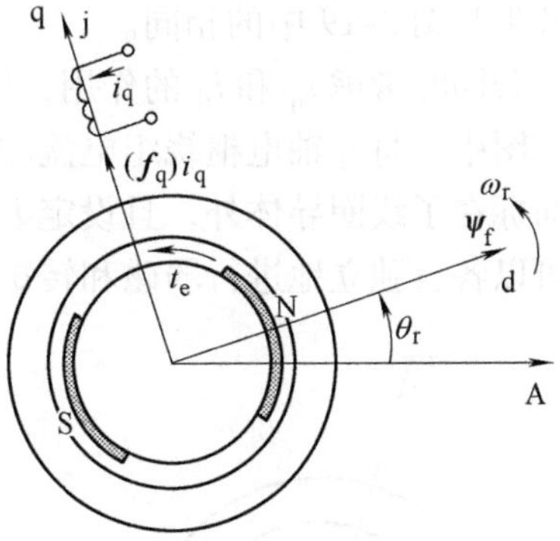

图 3-17　面装式 PMSM 转矩控制（$i_d=0$）

由转矩矢量表达式（3-19），可得

$$t_e = p_0\ \psi_f i_s \sin\beta = p_0\ \psi_f i_q \tag{3-61}$$

式（3-61）表明，决定电磁转矩的是定子电流 q 轴分量，i_q 称为转矩电流。

若控制 $\beta=90°$ 电角度（$i_d=0$），则 $\boldsymbol{i}_s$ 与ψ_f 在空间正交，$\boldsymbol{i}_s=\mathrm{j}i_q$，定子电流全部为转矩电流，此时可将面装式 PMSM 转矩控制表示为图 3-17 的形式。图中，虽然转子以电角度 $\boldsymbol{\omega}_r$ 旋转，但是在 dq 轴系内 $\boldsymbol{i}_s$ 与ψ_f 却始终相对静止，从转矩生成的角度，可将面装式 PMSM 等效为他励直流电动机，如图 3-18a 所示。

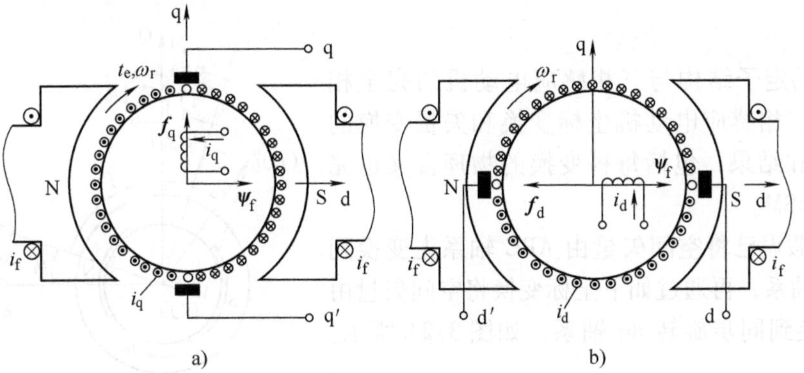

图 3-18　等效他励直流电动机

a）$i_q>0$，$i_d=0$　b）$i_q=0$，$i_d<0$

图 3-18a 中，PMSM 的转子已转换成为直流电动机的定子，定子励磁电流 i_f 为常值，产生的励磁磁场即为ψ_f；PMSM 的 q 轴线圈等效成为电枢绕组，此时直流电动机电刷置于几何中性线上，电枢产生的交轴磁动势即为 $\boldsymbol{f}_q$，它产生的交轴正弦分布磁场与图 3-17 中的相同。

对比图 3-17 和图 3-18a 可以看出，交轴电流 i_q 已相当于他励直流电动机的电枢电流，控制 i_q 即相当于控制电枢电流，可以获得与他励直流电动机同样的转矩控制效果。

2. 弱磁

与他励直流电动机不同的是，PMSM 的转子励磁不可调节。如式（3-29）所示，如果

$i_d<0$，则直轴电枢磁场与永磁励磁磁场方向相反，可使直轴磁场（ψ_α）减小。由图 3-14 可看出，此时 $\omega_s L_d i_d$ 起的作用是使 $\boldsymbol{u}_s$ 的幅值减小。为此，应控制 $\beta<90°$，使定子电流矢量产生去磁分量 i_d。面装式 PMSM 弱磁控制就如图 3-19 所示。

同理，可将图 3-19 等效为他励直流电动机，如图 3-18b 所示。图中，已将直轴线圈转换成为电刷位于 d 轴上的电枢绕组。电枢绕组产生的去磁磁动势 $\boldsymbol{f}_d$ 对直轴磁场的弱磁作用和效果与图 3-19 中的相同。

若同时考虑 i_q 和 i_d 的作用，就可在 dq 轴系内将面装式 PMSM 等效为图 3-20 所示的形式。图中，将 q 轴电枢绕组电流的实际方向标在了线圈导体内，将 d 轴电枢绕组电流的实际方向标在了线圈导体外，且设定 $L_d=L_q$。因为 dq 轴磁场间不存在耦合，所以通过控制 i_d 和 i_q 可以各自独立地进行弱磁和转矩控制，也实现了两种控制间的解耦。

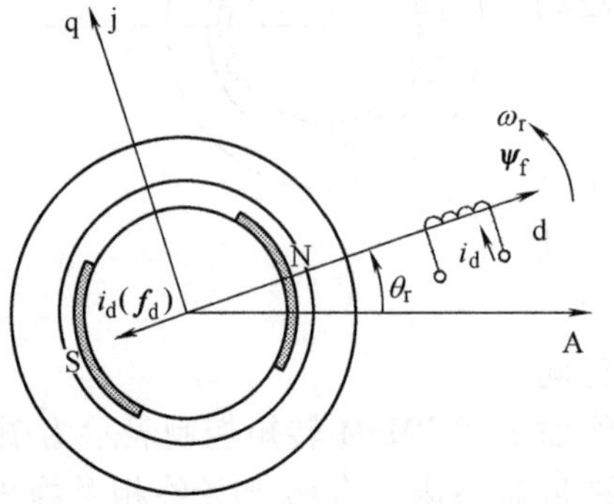

图 3-19　面装式 PMSM 弱磁控制（$i_d<0$）

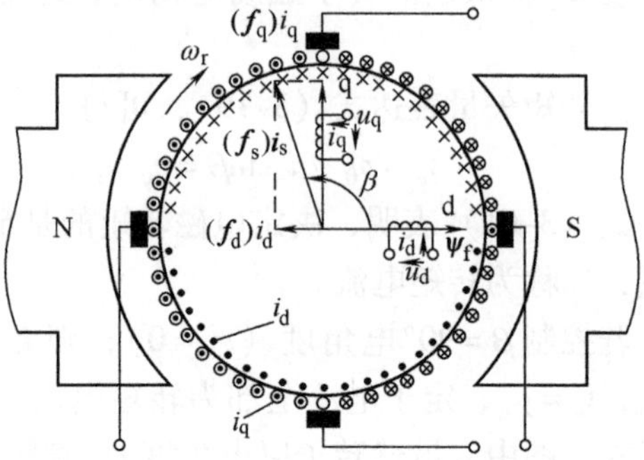

图 3-20　考虑弱磁的等效直流电动机

3. 坐标变换和矢量变换

PMSM 的定子结构与三相感应电动机的完全相同。因此，三相感应电动机坐标变换和矢量变换的原则、过程和结果，包括每种变换的物理含义也完全适用于 PMSM。

这里，假设已将空间矢量由 ABC 轴系先变换到了静止 DQ 轴系，再通过如下坐标变换将空间矢量由 DQ 轴系变换到同步旋转 dq 轴系，如图 3-21 所示。即有

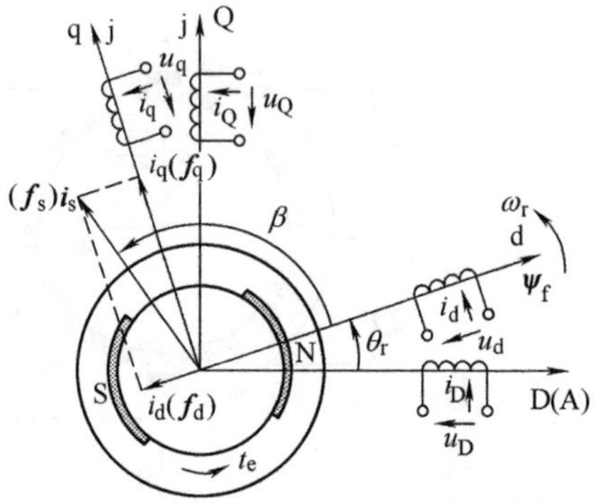

图 3-21　静止 DQ 轴系与同步旋转 dq 轴系

$$\begin{pmatrix} i_d \\ i_q \end{pmatrix} = \begin{pmatrix} \cos\theta_r & \sin\theta_r \\ -\sin\theta_r & \cos\theta_r \end{pmatrix} \begin{pmatrix} i_D \\ i_Q \end{pmatrix} \qquad (3\text{-}62)$$

式（3-62）所示坐标变换的物理含义是将图 3-21 中的 DQ 绕组变换成为具有 dq 轴线的换向器绕组。正是通过这种换向器变换，才将 PMSM 在 dq 轴系内等效成为图 3-20 所示的等效直流电动机。

在三相感应电动机矢量控制中，如 2.2.2 节所述，通过换向器变换，将定子 DQ 绕组变换成为等效直流电动机两个换向器绕组。就这种换向器变换而言，PMSM 与三相感应电动机没有差别，因此电压方程式（3-36）和式（3-37）与三相感应电动机定子电压方程式（2-105）和式（2-106）具有相同的形式。因为换向器绕组具有伪静止特性，所以电压方程式

(3-36) 和式 (3-37) 中也同样出现了运动电动势项 $-\omega_r \psi_q$ 和 $\omega_r \psi_d$。

由静止 ABC 轴系到静止 DQ 轴系的坐标变换为

$$\begin{pmatrix} i_D \\ i_Q \end{pmatrix} = \sqrt{\frac{2}{3}} \begin{pmatrix} 1 & -\frac{1}{2} & -\frac{1}{2} \\ 0 & \frac{\sqrt{3}}{2} & -\frac{\sqrt{3}}{2} \end{pmatrix} \begin{pmatrix} i_A \\ i_B \\ i_C \end{pmatrix} \tag{3-63}$$

于是，由式 (3-62) 和式 (3-63)，可得由静止 ABC 轴系到同步旋转 dq 轴系的坐标变换为

$$\begin{aligned} \begin{pmatrix} i_d \\ i_q \end{pmatrix} &= \sqrt{\frac{2}{3}} \begin{pmatrix} \cos\theta_r & \sin\theta_r \\ -\sin\theta_r & \cos\theta_r \end{pmatrix} \begin{pmatrix} 1 & -\frac{1}{2} & -\frac{1}{2} \\ 0 & \frac{\sqrt{3}}{2} & -\frac{\sqrt{3}}{2} \end{pmatrix} \begin{pmatrix} i_A \\ i_B \\ i_C \end{pmatrix} \\ &= \sqrt{\frac{2}{3}} \begin{pmatrix} \cos\theta_r & \cos\left(\theta_r - \frac{2\pi}{3}\right) & \cos\left(\theta_r - \frac{4\pi}{3}\right) \\ -\sin\theta_r & -\sin\left(\theta_r - \frac{2\pi}{3}\right) & -\sin\left(\theta_r - \frac{4\pi}{3}\right) \end{pmatrix} \begin{pmatrix} i_A \\ i_B \\ i_C \end{pmatrix} \end{aligned} \tag{3-64}$$

由式 (3-64)，可得

$$\begin{pmatrix} i_A \\ i_B \\ i_C \end{pmatrix} = \sqrt{\frac{2}{3}} \begin{pmatrix} \cos\theta_r & -\sin\theta_r \\ \cos\left(\theta_r - \frac{2\pi}{3}\right) & -\sin\left(\theta_r - \frac{2\pi}{3}\right) \\ \cos\left(\theta_r - \frac{4\pi}{3}\right) & -\sin\left(\theta_r - \frac{4\pi}{3}\right) \end{pmatrix} \begin{pmatrix} i_d \\ i_q \end{pmatrix} \tag{3-65}$$

通过式 (3-65) 的变换，实际上是将等效直流电动机还原为了真实的 PMSM。

同三相感应电动机一样，也可以通过变换因子 $e^{-j\theta_r}$ 直接将空间矢量由 ABC 轴系变换到 dq 轴系，或者通过变换因子 $e^{j\theta_r}$ 直接进行 dq 轴系到 ABC 轴系的变换。

4. 矢量控制

如上所述，通过控制交轴电流 i_q 可以直接控制电磁转矩，且 t_e 与 i_q 间具有线性关系，就转矩控制而言，可以获得与实际他励直流电动机同样的控制品质。

同三相感应电动机基于转子磁场矢量控制比较，面装式 PMSM 虽然也是将其等效为他励直流电动机，但面装式 PMSM 的矢量控制要相对简单和容易。对比图 3-20 和图 2-18a 可以看出，面装式 PMSM 只需将定子三相绕组变换为换向器绕组，而三相感应电动机必须将定、转子三相绕组同时变换为换向器绕组。

对于三相感应电动机而言，当采用直接定向方式时，转子磁链估计依据的是定、转子电压矢量方程，涉及多个电动机参数，电动机运行中参数变化会严重影响估计的精确性，即使采用“磁链观测器”也不能完全消除参数变化的影响，当采用间接定向方式时，依然摆脱不了转子参数的影响。对于 PMSM，由于转子磁极在物理上是可观测的，通过传感器可直接观测到转子磁场轴线位置，相比观测感应电动机转子磁场，不仅容易实现，而且不受电动机参数变化的影响。

三相感应电动机的运行原理是基于电磁感应，机电能量转换必须在转子中完成，这使得转矩控制复杂化。在转子磁场定向 MT 轴系中，如下关系式是非常重要和十分关键的，即有

$$0 = R_r i_t + \omega_f \psi_r \tag{3-66}$$

$$t_e = p_0 \frac{T_r}{L_r}\psi_r^2\omega_f \tag{3-67}$$

$$i_T = -\frac{L_r}{L_m}i_t \tag{3-68}$$

式（3-66）表明，在转子磁场恒定条件下，转子转矩电流 i_t 大小取决于运动电动势 $\omega_f\psi_r$，即决定于转差角速度 ω_f。因此，转矩大小是转差频率 ω_f 的函数，且具有线性关系，如式（3-67）所示。式（3-68）表明，电能通过磁动势平衡由定子侧传递给了转子。而且，感应电动机为单边励磁电动机，建立转子磁场的无功功率也必须由定子侧输入，为保证转子磁链恒定或能够快速跟踪其指令值变化（弱磁控制时），在直接磁场定向系统中需要对磁链进行反馈控制和比例微分控制。

三相同步电动机矢量控制是在 dq 轴系内，通过对定子电流的控制实现对电磁转矩的控制。转矩控制的核心是对定子电流矢量幅值和相对转子磁链矢量相位的控制。由于机电能量转换在定子中完成，因此转矩控制可直接在定子侧实现，这些都要比感应电动机转差频率控制相对简单和容易实现。

PMSM 的转子磁场由永磁体提供，若不计温度和磁路饱和影响，可认为转子磁链 ψ_f 恒定，如果不需要弱磁的话，与三相感应电动机相比，相当于省去了励磁控制，使控制系统更加简化。

由上分析可知，无论从能量的传递和转换，还是从磁场定向、矢量变换、励磁和转矩控制来看，PMSM 都要比三相感应电动机直接和简单，其转矩生成和控制更接近于实际的他励直流电动机，动态性能更容易达到实际直流电动机的水平，因此在数控机床、机器人等高性能伺服驱动领域，由三相永磁同步电动机构成的伺服系统获得了广泛应用。

如图 3-6b 所示，定子电流矢量 $\boldsymbol{i}_s$ 在 ABC 轴系中可表示为

$$\boldsymbol{i}_s = |\boldsymbol{i}_s| e^{j\theta_s} = |\boldsymbol{i}_s| e^{j(\theta_r+\beta)} \tag{3-69}$$

式中，β 角由矢量控制确定；θ_r 是实际检测值。

式（3-69）表明，$\boldsymbol{i}_s$ 在 ABC 轴系中的相位总是在转子实际位置上增加一个相位角 β。这就是说，定子电流矢量 $\boldsymbol{i}_s$（也就是电枢反应磁场轴线）在 ABC 轴系中的相位最终还是决定于转子自身的位置，因此将这种控制方式称为自控式。自控式控制就好像电枢反应磁场总是超前 β 电角度而领跑于转子磁场，而且无论在稳态还是在动态下，都能严格控制 β 角。传统开环变频调速中采用的是他控式控制方式，采用的 V/f 控制方式只能控制电枢反应磁场自身的幅值和旋转速度，而不能控制 β 角，其实质是一种标量控制，这是它与矢量控制的根本差别。

由于计算机技术的发展，特别是数字信号处理器（DSP）的广泛应用，加之传感技术以及现代控制理论的日渐成熟，使得 PMSM 矢量控制不仅理论上更加完善，而且实用化程度也越来越高。

5. 矢量控制系统

应该指出，PMSM 矢量控制系统的方案是有多种选择的。作为一个例子，图 3-22 给出了面装式 PMSM 矢量控制系统一个原理性的框图，控制系统采用了如图 2-27 所示的具有快速电流控制环的电流可控 PWM 逆变器。

假设在电动机侧（或在负载侧）安装了光电编码器，通过对所提供信号的处理，可以

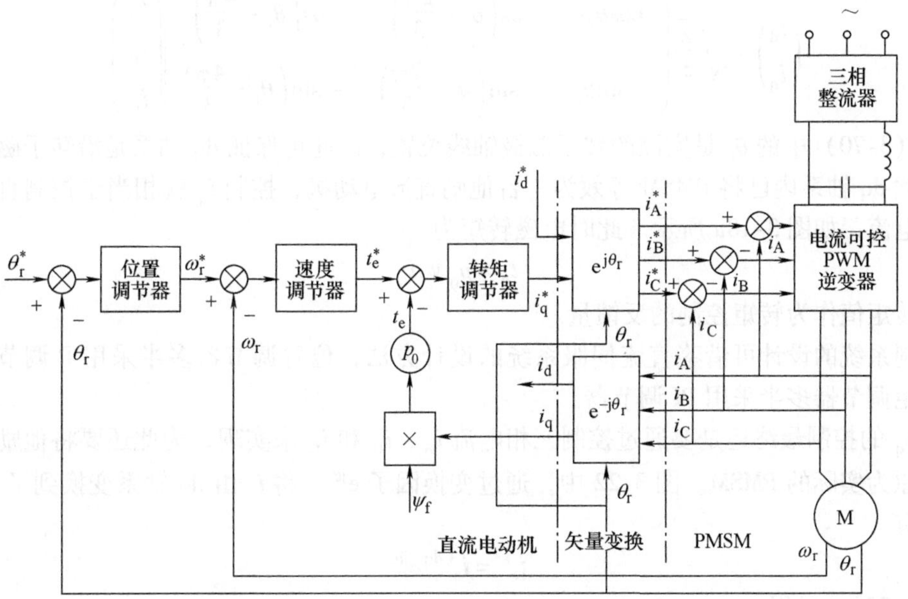

图 3-22 面装式 PMSM 矢量控制系统框图

得到转子磁极轴线的空间相位 θ_r 和转子速度 ω_r。

图 3-22 采用的是由位置、速度和转矩控制环构成的串级控制结构。由转矩调节器的输出可得到交轴电流给定值 i_q^*。直轴电流给定值 i_d^* 可根据弱磁运行的具体要求而确定，这里没有考虑弱磁，令 $i_d^*=0$，定子电流全部为转矩电流。矢量图如图 3-23a 所示，在正弦稳态下，相量图如图 3-23b 所示，此时 PMSM 运行于内功率因数角 $\gamma=0$ 的状态。

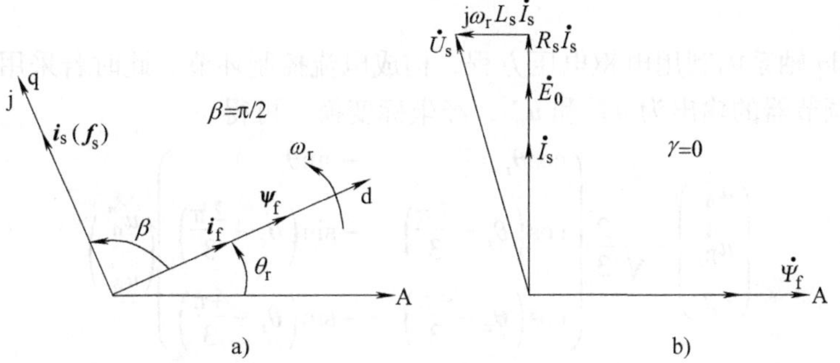

图 3-23 面装式 PMSM 矢量控制

a）矢量图 b）相量图

图 3-22 中，通过变换因子 $e^{-j\theta_r}$，进行静止 ABC 轴系到同步旋转 dq 轴系的矢量变换，即有

$$\boldsymbol{i}_s^{dq}=\boldsymbol{i}_s e^{-j\theta_r} \tag{3-70}$$

由式（3-70），可得

$$\begin{pmatrix} i_d \\ i_q \end{pmatrix} = \sqrt{\frac{2}{3}} \begin{pmatrix} \cos\theta_r & \cos\left(\theta_r - \frac{2\pi}{3}\right) & \cos\left(\theta_r - \frac{4\pi}{3}\right) \\ -\sin\theta_r & -\sin\left(\theta_r - \frac{2\pi}{3}\right) & -\sin\left(\theta_r - \frac{4\pi}{3}\right) \end{pmatrix} \begin{pmatrix} i_A \\ i_B \\ i_C \end{pmatrix} \tag{3-71}$$

由于式（3-70）中的 θ_r 是实测的转子磁极轴线位置，因此可保证 dq 轴系是沿转子磁场定向的。在此 dq 轴系内已将 PMSM 等效为一台他励直流电动机，控制 i_q 就相当于控制直流电动机电枢电流，如图 3-18a 所示。此时电磁转矩为

$$t_e = p_0 \psi_f i_q \tag{3-72}$$

可将此转矩值作为转矩控制的反馈量。

控制系统的设计可借鉴直流伺服系统的设计方法，位置调节器多半采用 P 调节器，速度和转矩调节器多半采用 PI 调节器。

对 i_q 的控制最终还是要通过控制三相电流 i_A、i_B 和 i_C 来实现，为此还要将他励直流电动机还原为实际的 PMSM。图 3-22 中，通过变换因子 $e^{j\theta_r}$，将 $\boldsymbol{i}_s$ 由 dq 轴系变换到了 ABC 轴系，即有

$$\boldsymbol{i}_s^* = \boldsymbol{i}_s^{*\,dq} e^{j\theta_r} \tag{3-73}$$

由式（3-73），可得

$$\begin{pmatrix} i_A^* \\ i_B^* \\ i_C^* \end{pmatrix} = \sqrt{\frac{2}{3}} \begin{pmatrix} \cos\theta_r & -\sin\theta_r \\ \cos\left(\theta_r - \frac{2\pi}{3}\right) & -\sin\left(\theta_r - \frac{2\pi}{3}\right) \\ \cos\left(\theta_r - \frac{4\pi}{3}\right) & -\sin\left(\theta_r - \frac{4\pi}{3}\right) \end{pmatrix} \begin{pmatrix} i_d^* \\ i_q^* \end{pmatrix} \tag{3-74}$$

图 3-22 中，对定子三相电流采用了滞环比较的控制方式。这种控制方式（在三相感应电动机矢量控制中已做了详细说明）使定子电流能快速跟踪参考电流，提高了系统的快速响应能力。

还可以在 dq 轴系内利用电枢电压方程，构成电流控制环节。此时若采用 PI 调节器作为电流调节器，调节器的输出为 u_d^* 和 u_q^*，经坐标变换，可得

$$\begin{pmatrix} u_A^* \\ u_B^* \\ u_C^* \end{pmatrix} = \sqrt{\frac{2}{3}} \begin{pmatrix} \cos\theta_r & -\sin\theta_r \\ \cos\left(\theta_r - \frac{2\pi}{3}\right) & -\sin\left(\theta_r - \frac{2\pi}{3}\right) \\ \cos\left(\theta_r - \frac{4\pi}{3}\right) & -\sin\left(\theta_r - \frac{4\pi}{3}\right) \end{pmatrix} \begin{pmatrix} u_d^* \\ u_q^* \end{pmatrix} \tag{3-75}$$

将 u_A^*、u_B^* 和 u_C^* 输入电压源逆变器，再采用适当的 PWM 技术控制逆变器的输出，使实际三相电压能严格跟踪三相参考电压。

3.2.2 插入式三相永磁同步电动机的矢量控制及控制系统

插入式和内装式 PMSM 将永磁体嵌入或内装在转子铁心内，在结构上增强了可靠性，可提高运行速度；能够有效利用磁阻转矩，提高转矩/电流比；还可降低永磁体励磁磁通，减小永磁体的体积，既有利于弱磁运行，扩展速度范围，又可降低成本。

为分析方便，将转矩方程式（3-57）标幺值化，写成

$$t_{en} = i_{qn}(1 - i_{dn}) \tag{3-76}$$

式中，t_{en}为转矩标幺值；i_{qn}为交轴电流标幺值；i_{dn}为直轴电流标幺值。

式（3-76）中各标幺值的基值被定义为

$$t_{eb}=p_0\ \psi_f i_b$$
$$i_b=\frac{\psi_f}{L_q-L_d} \tag{3-77}$$
$$t_{en}=\frac{t_e}{t_{eb}}\quad i_{qn}=\frac{i_q}{i_b}\quad i_{dn}=\frac{i_d}{i_b}$$

式（3-76）的特点是公式中消除了所有的参数。

式（3-76）表明，在电动机结构确定后，电磁转矩的大小将决定于定子电流的两个分量。但是，对于每一个t_{en}，i_{qn}和i_{dn}都可有无数组组合与之对应。这就需要确定对两个电流分量的匹配原则，也就是定子电流的优化控制问题。显然，优化的目标不同，两个电流分量匹配的原则和控制方式便不同。

电动机在恒转矩运行区，因转速在基速以下，铁耗不是主要的，而铜耗占的比例较大，通常选择按转矩/电流比最大的原则来控制定子电流，这样不仅使电动机铜耗最小，还减小了逆变器和整流器的损耗，可降低系统的总损耗。

电动机在恒转矩区运行时，对应每一转矩值，可由式（3-76）求得不同组合的电流标幺值i_{dn}和i_{qn}，于是可在$i_{dn}-i_{qn}$平面内得到与该转矩相对应的恒转矩曲线，如图3-24中虚线所示。每条恒转矩曲线上有一点与坐标原点最近，这点便与最小定子电流相对应。将各条恒转矩曲线上这样点连起来就确定了最小定子电流矢量轨迹，如图3-24中实线所示。

通过对式（3-76）求极值，可得这两个电流分量的关系，即为

$$t_{en}=\sqrt{i_{dn}(i_{dn}-1)^3} \tag{3-78}$$
$$t_{en}=\frac{i_{qn}}{2}\left(1+\sqrt{1+4i_{qn}^2}\right) \tag{3-79}$$

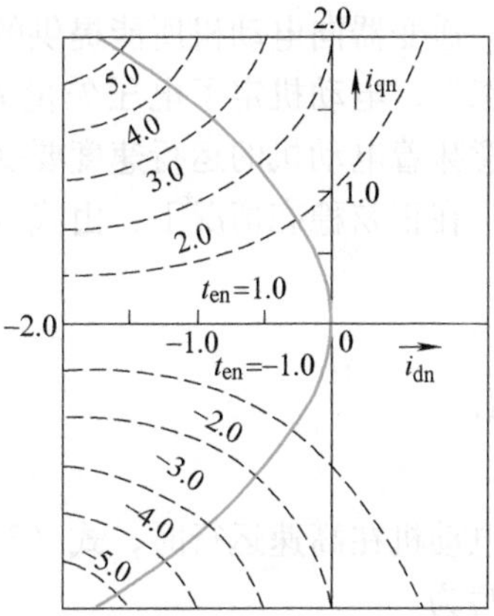

图3-24　可获得最大转矩/电流比的定子电流矢量轨迹

图3-24中，定子电流矢量轨迹在第二和第三象限内对称分布。第二象限内转矩为正（驱动作用），第三象限内转矩为负（制动作用）。轨迹在原点处与q轴相切，它在第二象限内的渐近线是一条45°的直线，当转矩值较低时，轨迹靠近q轴，这表示励磁转矩起主导作用，随着转矩的增大，轨迹渐渐远离q轴，这意味着磁阻转矩的作用越来越大。

图3-25给出了插入式和内装式PMSM恒转矩矢量控制简图，电动机仍由具有快速电流控制环的PWM逆变器馈电，其他的控制环节图中没有画出。

图3-25中，FG_1和FG_2为函数发生器，是根据式（3-78）和式（3-79）构成的，即

$$i_{dn}=f_1(t_{en}) \tag{3-80}$$
$$i_{qn}=f_2(t_{en}) \tag{3-81}$$

图3-26给出了这两条函数曲线。

FG_1和FG_2的输出可转换为两轴电流指令i_d^*和i_q^*，利用矢量变换$e^{j\theta_r}$，将其变换为ABC

轴系中的三相参考电流 i_A^*、i_B^* 和 i_C^*，转子磁极位置 θ_r 是实际检测的，这个角度被用于矢量变换。

图 3-25 的控制系统选择的是令转矩/电流比最大的控制方案，这相当于提高了逆变器和整流器的额定容量，降低了整个系统成本。可以看出，提高转矩生成能力是插入式，特别是内装式 PMSM 的优点之一，但这是以提高电动机制造成本为代价的，因为其转子结构要相对复杂。

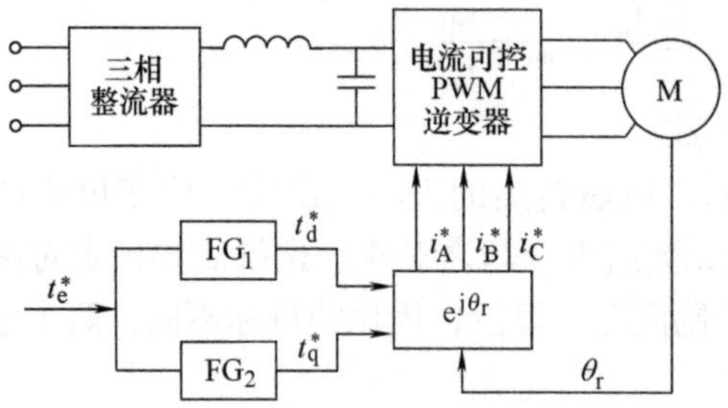

图 3-25 插入式和内装式 PMSM 恒转矩矢量控制简图

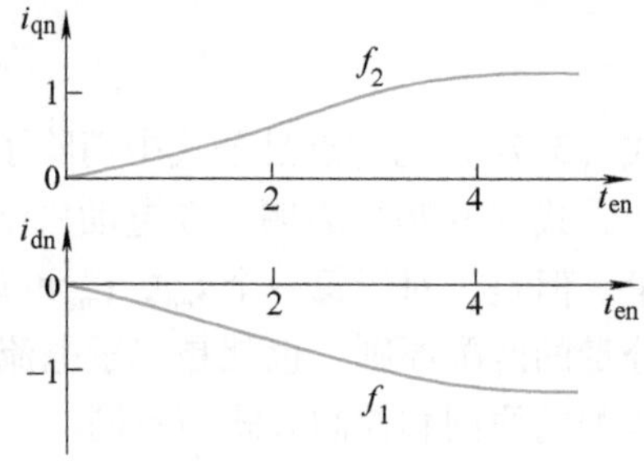

图 3-26 函数 f_1 和 f_2

3.3 弱磁控制与定子电流的最优控制

3.3.1 弱磁控制

1. 基速和转折速度

逆变器向电动机所能提供的最大电压要受到整流器可能输出的直流电压的限制。在正弦稳态下，电动机定子电压矢量 $\boldsymbol{u}_s$ 的幅值直接与电角频率 ω_s，即与转子电角速度 ω_r 有关，这意味着电动机的运行速度要受到逆变器电压极限的制约。

在正弦稳态情况下，由式（3-46）和式（3-47）已知，dq 轴系中的电压分量方程为

$$u_q = R_s i_q + \omega_r L_d i_d + \omega_r \psi_f \tag{3-82}$$

$$u_d = R_s i_d - \omega_r L_q i_q \tag{3-83}$$

且有

$$|\boldsymbol{u}_s| = \sqrt{u_q^2 + u_d^2} \tag{3-84}$$

当电动机在高速运行时，式（3-82）和式（3-83）中的电阻压降可以忽略不计，式（3-84）可写为

$$|\boldsymbol{u}_s|^2 = (\omega_r \psi_f + \omega_r L_d i_d)^2 + (\omega_r L_q i_q)^2 \tag{3-85}$$

应有

$$|\boldsymbol{u}_s|^2 \leqslant |\boldsymbol{u}_s|_{max}^2 \tag{3-86}$$

式中，$|\boldsymbol{u}_s|_{max}$为$|\boldsymbol{u}_s|$允许达到的极限值。

在空载情况下，若忽略空载电流，则由式（3-85），可得

$$\omega_r \psi_f = e_0 = |\boldsymbol{u}_s| \tag{3-87}$$

定义空载电动势 e_0 达到$|\boldsymbol{u}_s|_{max}$时的转子速度为速度基值，记为 ω_{rb}。由式（3-87），可得

$$\omega_{rb} = \frac{|\boldsymbol{u}_s|_{max}}{\psi_f} = \frac{|\boldsymbol{u}_s|_{max}}{L_{mf} i_f} \tag{3-88}$$

式中，L_{mf}为 PMSM 永磁体等效励磁电感。

在负载情况下，当面装式 PMSM 在恒转矩运行区运行时，通常控制定子电流矢量相位β为 90°电角度，则有 $i_d=0$ 和 $i_q=i_s$，由式（3-85）和式（3-86），可得

$$\omega_{rt}=\frac{|\boldsymbol{u}_s|_{max}}{\sqrt{(L_{mf}i_f)^2+(L_s i_s)^2}} \tag{3-89}$$

定义在恒转矩运行区，定子电流为额定值，$|\boldsymbol{u}_s|$达到极限值时的转子速度为转折速度，记为 ω_{rt}。式（3-89）与式（3-88）对比表明，由于电枢磁场的存在使转折速度要低于基值速度，但面装式 PMSM 的同步电感 L_s 较小，因此两者还是相近的。

对于插入式和内装式 PMSM，则如图 3-28b 中运行点 A_1 所示，即有

$$\omega_{rt}=\frac{|\boldsymbol{u}_s|_{max}}{\sqrt{(L_{mf}i_f+L_d i_d)^2+(L_q i_q)^2}} \tag{3-90}$$

由于$\beta>90°$，故式（3-90）中的 i_d 应为负值，此时直轴电枢磁场会使定子电压降低，而交轴电枢磁场会使定子电压升高，两者的不同作用也反映在稳态矢量图 3-14 中。

2. 电压极限椭圆和电流极限圆

为便于分析，将式（3-85）转换为标幺值形式，即有

$$(e_0+x_d i_d)^2+(\rho x_d i_q)^2=\left(\frac{|\boldsymbol{u}_s|}{\omega_r}\right)^2 \tag{3-91}$$

式中，i_d、i_q 和 ω_r 的基值为额定值 i_{sn} 和 ω_{rn}；$e_0=\frac{\omega_{rn}\psi_f}{u_{sn}}$；$x_d=\omega_{rn}L_d\frac{i_{sn}}{u_{sn}}$；$x_q=\omega_{rn}L_q\frac{i_{sn}}{u_{sn}}$；$\rho$为凸极系数，$\rho=\frac{x_q}{x_d}$，对于面装式 PMSM，$\rho=1$，对于插入式和内装式 PMSM，$\rho>1.0$。

定子电压$|\boldsymbol{u}_s|$要受逆变器电压极限的制约，于是有

$$(e_0+x_d i_d)^2+(\rho x_d i_q)^2\leqslant\left(\frac{|\boldsymbol{u}_s|_{max}}{\omega_r}\right)^2 \tag{3-92}$$

同样，逆变器输出电流的能力也要受其容量的限制，定子电流也有一个极限值，即

$$|\boldsymbol{i}_s|\leqslant|\boldsymbol{i}_s|_{max} \tag{3-93}$$

若以定子电流矢量的两个分量表示，则有

$$i_d^2+i_q^2\leqslant i_{s\,max}^2 \tag{3-94}$$

由式（3-92）和式（3-94）构成了电压极限椭圆和电流极限圆，如图 3-27 所示。图中，电流极限圆的半径为 1，即设定 $i_{s\,max}$等于额定值。

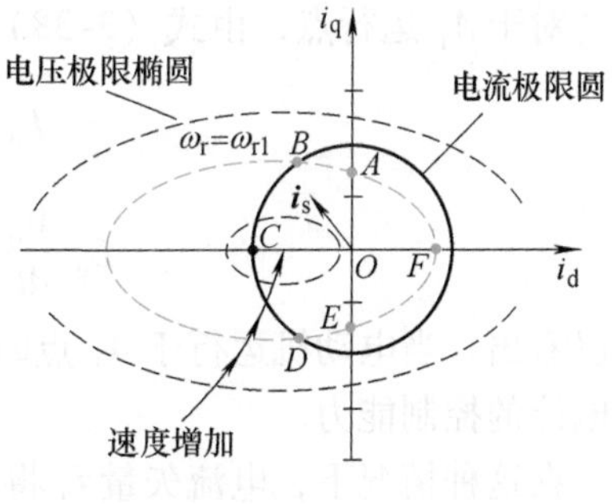

图 3-27 电流极限圆和电压极限椭圆

由式（3-92）可以看出，电压极限椭圆的两轴长度与速度成反比，随着速度的增大便形成了逐渐变小的一簇套装椭圆。因为定子电流矢量 $\boldsymbol{i}_s$ 既要满足电流极限方程，又要满足电压极限方程，所以定子电流矢量 $\boldsymbol{i}_s$ 一定要落在电流极限圆和电压极限椭圆内。例如，当 $\omega_r=\omega_{r1}$时，$\boldsymbol{i}_s$ 要被限制在 *ABCDEF* 范围内。

3. 弱磁控制方式

弱磁控制与定子电流最优控制如图 3-28 所示。

图 3-28 中，不仅给出了电压极限椭圆和电流极限圆，同时还给出了最大转矩/电流比轨

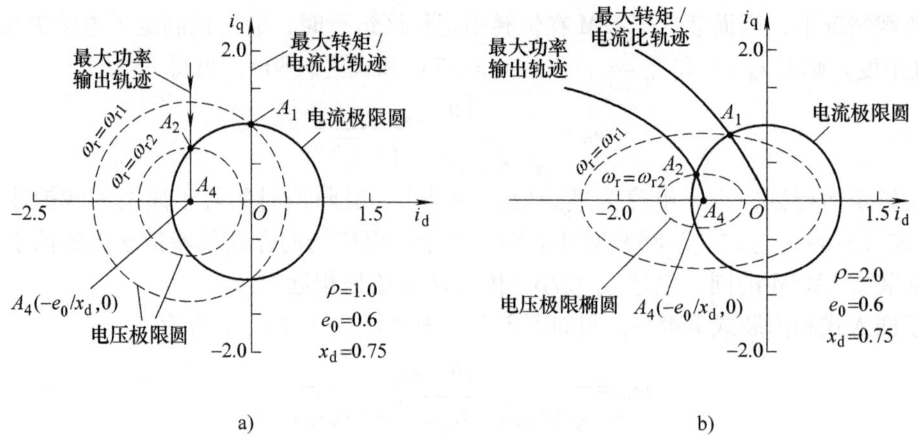

图 3-28　弱磁控制与定子电流最优控制

a）面装式　b）内装式

迹。对于面装式 PMSM，该轨迹即为 q 轴；对于插入式和内装式 PMSM，该轨迹应与图 3-24 中的定子电流矢量轨迹相对应，两轨迹与电流极限圆各相交于 A_1 点。落在电流极限圆内的轨迹为 OA_1 线段，这表示电动机可在此段轨迹内的每一点上作恒转矩运行，而与通过该点的电压极限椭圆对应的速度就是电动机可以达到的最高速度。恒转矩值越高，电压极限椭圆的两轴半径越大，可达到的最高速度越低。其中，A_1 点与最大转矩输出对应，如图 3-29 所示。通过 A_1 点的电压极限椭圆对应的速度为 ω_{r1}，ω_{r1} 即为转折速度 ω_{rt}。若以标幺值表示，则有

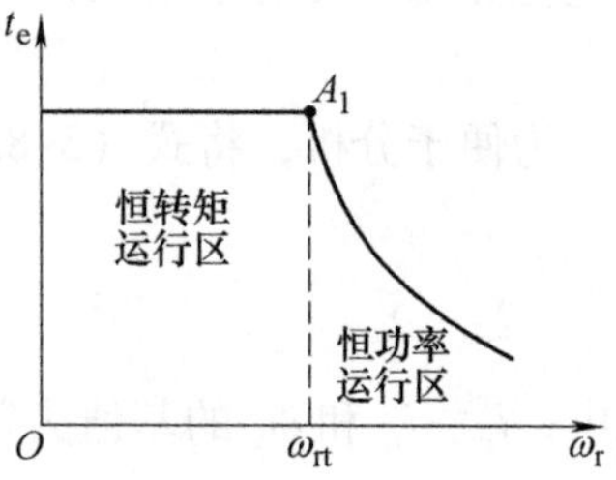

图 3-29　恒转矩与恒功率运行

$$\omega_{rt} = \frac{|\boldsymbol{u}_s|_{max}}{\sqrt{(e_0 + x_d i_d)^2 + (\rho x_d i_q)^2}} \tag{3-95}$$

对于 A_1 运行点，由式（3-82）和式（3-83）可得电压极限方程为

$$u_q|_{max} = \omega_{r1}(L_d i_d + \psi_f) \tag{3-96}$$

$$u_d|_{max} = -\omega_{r1} L_q i_q \tag{3-97}$$

式中，$u_q|_{max}$和$u_d|_{max}$分别为定子电压$|\boldsymbol{u}_s|_{max}$的交轴和直轴分量。

对于 A_1 运行点，由式（3-38）和式（3-39）可得其动态电压方程为

$$L_d \frac{di_d}{dt} = u_d|_{max} + \omega_{r1} L_q i_q = 0 \tag{3-98}$$

$$L_q \frac{di_q}{dt} = u_q|_{max} - \omega_{r1}(L_d i_d + \psi_f) = 0 \tag{3-99}$$

可以看出，当电动机运行于 A_1 点时，电流调节器已处于饱和状态，使控制系统丧失了对定子电流的控制能力。

在这种情况下，电流矢量 $\boldsymbol{i}_s$ 将会脱离 A_1 点，由图 3-28b 可见，其可能会向右摆动，也可能会向左摆动。如果在 A_1 点能够控制交轴分量 i_q 逐渐减小，直轴分量 i_d 逐渐增大，将会迫使定子电流 $\boldsymbol{i}_s$ 向左摆动。由图 3-14 和式（3-85）可知，这都会使定子电压$|\boldsymbol{u}_s|$减小，于是$|\boldsymbol{u}_s| < |\boldsymbol{u}_s|_{max}$，使调节器脱离饱和状态，系统就可恢复对定子电流的控制功能。随着 i_d 的逐渐增大和 i_q 的逐渐减小，转子的速度范围便会得到逐步扩展。之所以会产生这样的效

果，主要是因为反向直轴电流产生的磁动势会起去磁作用，减弱了直轴磁场，所以将这一过程称为弱磁。在弱磁过程中，对 i_d 和 i_q 的控制称为弱磁控制。

如果在弱磁控制中，仍保持定子电流为额定值，那么定子电流矢量 $\boldsymbol{i}_s$ 的轨迹将会由 A_1 点沿着圆周逐步移向 A_2 点。当控制 $\beta = 180°$ 时，定子电流全部为直轴去磁电流，由式(3-92)，可得

$$\omega_{r\max} = \frac{|\boldsymbol{u}_s|_{\max}}{e_0 + x_d i_d} \tag{3-100}$$

一种极限情况是，当 $e_0 + x_d i_d = 0$ 时，电动机速度会增至无限大，此运行点即为图 3-28 中电压极限椭圆的原点 A_4，其坐标为 A_4（$-e_0/x_d$，0）。但这种情况一般是不会发生的。因为若发生 $e_0 + x_d i_d = 0$ 的情况，在实际运行中必须满足 $L_{md} i_f + L_d i_d = 0$（均以实际值表示）的条件。可是，L_{md}与 L_d 近乎相等，而 i_f 通常是个大值，$|i_d|$又不可能过大，因它同样要受到电流极限圆的限制，所以弱磁的效果是有限的。即使逆变器可以提供较大的去磁电流，还要考虑去磁作用过大，可能会造成永磁体的不可逆退磁。与三相感应电动机相比，弱磁能力有限，速度扩展范围受到限制，是 PMSM 的一个不足。

3.3.2 定子电流的最优控制

伺服系统是由 PMSM 和逆变器构成的，电动机的转矩、功率和速度等输出特性自然受到逆变器供电能力的制约。但是，在不超出逆变器供电极限的情况下，仍然可以遵循一定规律去控制定子电流矢量，使电动机输出特性能满足某些特定的要求，这就是要讨论的定子电流最优控制问题。下面仅讨论最大转矩/电流比和最大功率输出控制。

1. 最大转矩/电流比控制

按式（3-91）的处理方式，由式（3-57）同样可得到以标幺值形式给出的功率方程和转矩方程，即有

$$P_e = \omega_r[e_0 i_q + (1-\rho) x_d i_d i_q] \tag{3-101}$$

$$t_e = p_0[e_0 i_q + (1-\rho) x_d i_d i_q] \tag{3-102}$$

图 3-28 中，最大转矩/电流比轨迹与电流极限圆相交于 A_1 点。显然，应控制定子电流矢量 $\boldsymbol{i}_s$ 不超出轨迹 OA_1 的范围。

将式（3-102）写成如下形式：

$$t_e = p_0\left[e_0 i_s \sin\beta + \frac{1}{2}(1-\rho) x_d i_s^2 \sin 2\beta\right] \tag{3-103}$$

通过对式（3-103）求极小值，可得满足转矩/电流比最大的定子电流矢量 $\boldsymbol{i}_s$ 的空间相位，即有

$$\beta = \frac{\pi}{2} + \arcsin\left[\frac{-e_0 + \sqrt{e_0^2 + 8(\rho-1)^2 x_d^2 i_s^2}}{4(\rho-1)x_d i_s}\right] \tag{3-104}$$

此时

$$i_d = |\boldsymbol{i}_s|\cos\beta \tag{3-105}$$

$$i_q = |\boldsymbol{i}_s|\sin\beta \tag{3-106}$$

对于面装式 PMSM，式（3-104）中，$\rho = 1$，β 应取为 $\pi/2$，即有 $i_d = 0$。

式（3-78）和式（3-79）给出了在某一转矩给定值下，可以满足最大转矩/电流比要求

的 i_d 和 i_q，而式（3-104）~式（3-106）给出了在恒转矩运行区，满足最大转矩/电流比的电流控制规律，使定子电流矢量 $\boldsymbol{i}_s$ 的轨迹始终不离开线段 OA_1。其中，A_1 点与最大转矩输出对应，将式（3-105）和式（3-106）代入式（3-95），可得其转折速度为

$$\omega_{rt} = \frac{|\boldsymbol{u}_s|_{max}}{\sqrt{(e_0 + x_d i_{s\,max}\cos\beta)^2 + (\rho x_d i_{s\,max}\sin\beta)^2}} \tag{3-107}$$

对于面装式 PMSM，$\beta = \pi/2$，式（3-107）则为

$$\omega_{rt} = \frac{|\boldsymbol{u}_s|_{max}}{\sqrt{e_0^2 + (x_q i_{s\,max})^2}} \tag{3-108}$$

式中，ω_{rt}即为图 3-28a 中的 ω_{r1}。

2. 最大功率输出控制

为扩展 PMSM 的速度范围可以采取弱磁控制，在弱磁运行区，电动机通常做恒功率输出，也可以要求其输出功率最大。下面讨论在弱磁运行时，为满足最大功率输出的要求，如何对定子电流矢量进行最优控制。

对式（3-101）求极大值，并考虑式（3-92）的电压约束，可推导出在电压极限下，满足这一最优控制的定子电流矢量，其 dq 轴电流分量应为

$$i_d = -\frac{e_0}{x_d} - \Delta i_d \tag{3-109}$$

$$i_q = \frac{\sqrt{\left(\frac{|\boldsymbol{u}_s|_{max}}{\omega_r}\right)^2 - (x_d \Delta i_d)^2}}{\rho x_d} \tag{3-110}$$

式中

$$\Delta i_d = \begin{cases} 0 & \rho = 1 \\ \dfrac{-\rho e_0 + \sqrt{(\rho e_0)^2 + 8(\rho-1)^2\left(\dfrac{|\boldsymbol{u}_s|_{max}}{\omega_r}\right)^2}}{4(\rho-1)x_d} & \rho \neq 1 \end{cases}$$

图 3-28 给出了能满足最大功率输出的定子电流矢量轨迹，其与电流极限圆相交于 A_2 点，与此点对应的速度为 ω_{r2}，这是在电压极限约束下，电动机能以最大功率输出的最低速度。当速度低于 ω_{r2}时，因定子电流矢量轨迹与电压极限椭圆的交点将会落在电流极限圆外，所以这些运行点是达不到的。在 A_2 点以下，即当 $\omega_r > \omega_{r2}$时，若按上述规律控制电流矢量，就可获得最大功率输出。定子电流矢量沿着该轨迹向 A_4 点逼近，A_4 点的坐标是：$i_d = -e_0/x_d$，$i_q = 0$。这是一个极限运行点，电动机转速可达无限大。如上所述，这仅是理论分析结果。

如果 $e_0/x_d > |\boldsymbol{i}_s|_{max}$，那么最大功率输出轨迹将落在电流极限圆外边，如图 3-30 所示。在这种情况下，最大功率输出控制是无法实现的。

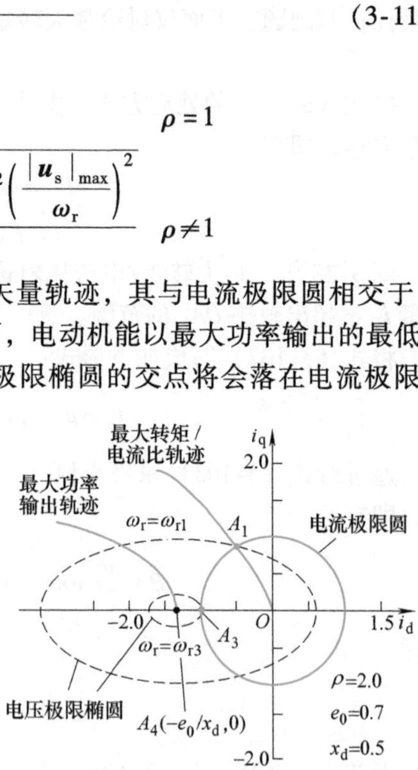

图 3-30 $e_0/x_d > |\boldsymbol{i}_s|_{max}$时定子电流矢量轨迹

综上所述，参看图 3-28，在整个速度范围内对

定子电流矢量可做如下控制：

区间Ⅰ($\omega_r \leqslant \omega_{r1}$)：定子电流可按式（3-104）~式（3-106）控制，定子电流矢量将沿着最大转矩/电流比轨迹变化。

区间Ⅱ($\omega_{r1} < \omega_r \leqslant \omega_{r2}$)：若电动机已运行于 A_1 点，且转速达到了转折速度（$\omega_r = \omega_{r1}$），可控制定子电流矢量由 A_1 点沿着圆周向下移动，这实则就是弱磁控制，随着速度的增大，定子电流矢量由 A_1 点移动到 A_2 点。

区间Ⅲ($\omega_r > \omega_{r2}$)：i_d 和 i_q 可按式（3-109）和式（3-110）进行控制，定子电流矢量沿着最大功率输出轨迹由 A_2 点向 A_4 点移动。当然，若 $e_0/x_d > |\boldsymbol{i}_s|_{max}$，这种控制就不存在了。在这种情况下，可将区间Ⅱ的控制由 A_2 点延伸到 A_3 点，如图 3-30 所示；与 A_3 点对应的转速为 ω_{r3}，这是弱磁控制在理论上可达到的最高转速。

图 3-31 给出了面装式 PMSM 的功率输出特性，图中的参数与图 3-28a 中的相同。在区间Ⅰ，电动机恒转矩输出，且输出最大转矩，输出功率与转速成正比。在区间Ⅱ，若不进行弱磁控制，输出功率将急剧减少，如图中虚线所示；若进行弱磁控制，功率输出将继续增加。在区间Ⅲ，通过控制 i_d 和 i_q 可输出最大功率，并几乎保持不变。

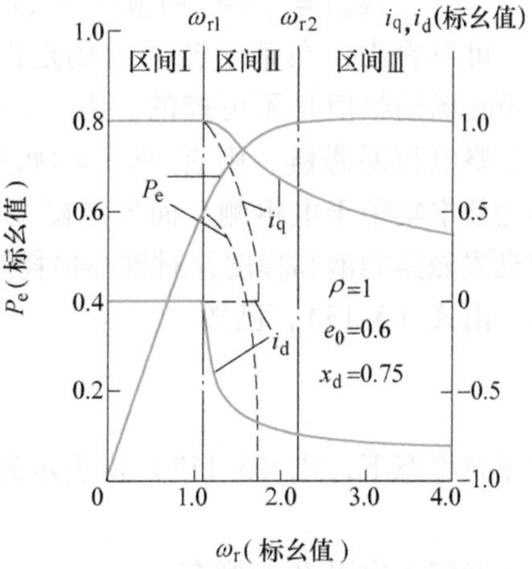

图 3-31　面装式 PMSM 的功率输出特性
——有弱磁　----没弱磁

3.4　基于定子磁场定向的矢量控制

由图 3-9a 可知，面装式 PMSM 的定子磁链矢量为

$$\psi_s = L_s \boldsymbol{i}_s + \psi_f \tag{3-111}$$

式中，$L_s \boldsymbol{i}_s$ 表示的是电枢磁场；ψ_f 表示的是永磁励磁磁场。

定子磁链矢量ψ_s 可表示为

$$\begin{aligned}\psi_s &= L_{s\sigma} \boldsymbol{i}_s + L_m \boldsymbol{i}_s + \psi_f \\ &= \psi_{s\sigma} + \psi_g\end{aligned} \tag{3-112}$$

且有

$$\psi_{s\sigma} = L_{s\sigma} \boldsymbol{i}_s \tag{3-113}$$

$$\psi_g = L_m \boldsymbol{i}_s + \psi_f \tag{3-114}$$

式中，$\psi_{s\sigma}$表示的是电枢漏磁场；ψ_g 表示的是气隙磁场。

式（3-111）表明，PMSM 为双边励磁电动机，电枢磁场和励磁磁场各自由定、转子独立励磁。其中气隙磁场由双边励磁而确定，如式（3-114）所示。

基于转子磁场定向的矢量控制，如图 3-9a 所示，控制的是电枢磁场 $L_s \boldsymbol{i}_s$。由于ψ_f 幅值恒定，因此ψ_s 的幅值和相位就决定于 $\boldsymbol{i}_s$。在恒转矩运行区，控制 $\boldsymbol{i}_s$ 相位 β 为 90°电角度，电枢磁场与永磁励磁磁场正交，如图 3-32 所示，面装式 PMSM 的定子磁场幅值随定子电流变

化而变化，其变化规律为

$$|\psi_s| = \sqrt{(L_s i_s)^2 + \psi_f^2} \tag{3-115}$$

在恒功率运行区，β 大于 90°电角度，则有

$$|\psi_s| = \sqrt{(\psi_f + L_s i_d)^2 + (L_s i_q)^2} \tag{3-116}$$

对于插入式和内装式 PMSM，式（3-116）则为

$$|\psi_s| = \sqrt{(\psi_f + L_d i_d)^2 + (L_q i_q)^2}$$

可以看出，在基于转子磁场定向的矢量控制中，定子磁场的幅值是不可控的。由式(3-112)可以看出，若忽略电枢漏磁链，则有 $|\psi_g| = |\psi_s|$。PMSM 的铁心损耗基本集中于电枢侧，而气隙磁场幅值将会决定电动机主磁路的饱和程度并对铁心损耗影响很大。

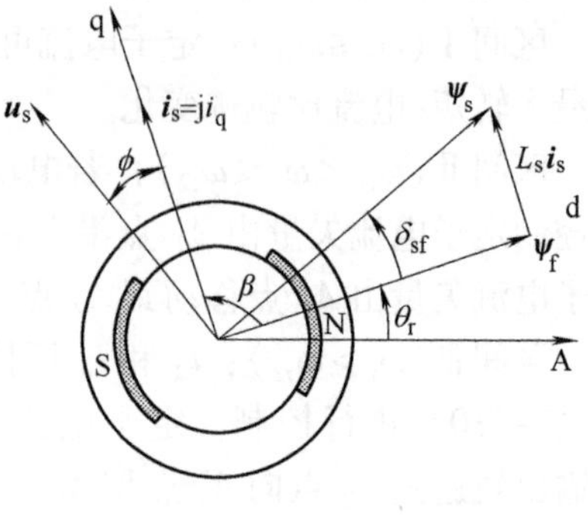

图 3-32　面装式 PMSM 的定子磁场

由式（3-13），已知

$$u_s = R_s i_s + \frac{d\psi_s}{dt} \tag{3-117}$$

在正弦稳态下，式（3-117）可表示为

$$u_s = R_s i_s + j\omega_s \psi_s \tag{3-118}$$

若忽略定子电阻 R_s，则有

$$u_s = j\omega_s \psi_s = j\omega_s (L_s i_s + \psi_f) \tag{3-119}$$

当控制 $i_d = 0$ 时，由图 3-32 可以看出，随着定子电流矢量 i_s 幅值的变化，u_s 和 i_s 间的相位 ϕ 将随之变化，电动机功率因数 $\cos\phi$ 也将随之变化，亦即 $\cos\phi$ 会随定子电流矢量幅值的增大而变坏，这会影响电动机的运行特性。

为有效控制定子磁场和改善电动机运行中的功率因数，可以采用基于定子磁场定向的矢量控制。

3.4.1　矢量控制方程

1. 转矩表达式

以定子磁场定向的矢量图如图 3-33 所示。图中，MT 轴系是沿定子磁场定向的同步旋转轴系。由电磁转矩方程式(3-59)，可得

$$t_e = p_0 \psi_s i_T \tag{3-120}$$

式中，i_T 是定子电流矢量 i_s 的 T 轴分量，称为转矩电流。

式（3-120）表明，通过控制定子磁场的幅值和定子电流分量 i_T，就可以控制转矩。

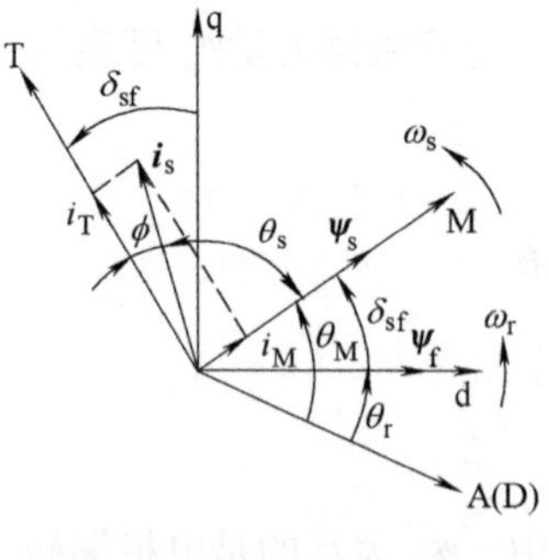

图 3-33　以定子磁场定向的矢量图

图 3-33 中，dq 轴系仍是沿转子磁场定向的同步旋转轴系。

定子磁链矢量的幅值可以表示为

$$|\psi_s| = \sqrt{\psi_d^2 + \psi_q^2} \tag{3-121}$$

且有

$$\psi_q = |\psi_s|\sin\delta_{sf} \tag{3-122}$$

$$\psi_d = |\psi_s|\cos\delta_{sf} \tag{3-123}$$

由式（3-122）和式（3-123），可求得电角度δ_{sf}，δ_{sf}为ψ_s和ψ_f间的相位角，称为负载角。

2. 定子电压方程

在ABC轴系中，定子电压矢量方程为

$$\boldsymbol{u}_s = R_s\boldsymbol{i}_s + \frac{d\boldsymbol{\psi}_s}{dt} \tag{3-124}$$

现将ABC轴系变换到MT轴系，变换关系为

$$\boldsymbol{u}_s = \boldsymbol{u}_s^M e^{j\theta_M} \tag{3-125}$$

$$\boldsymbol{i}_s = \boldsymbol{i}_s^M e^{j\theta_M} \tag{3-126}$$

$$\boldsymbol{\psi}_s = \boldsymbol{\psi}_s^M e^{j\theta_M} \tag{3-127}$$

式中，$\theta_M = \theta_r + \delta_{sf}$。

将式（3-125）~式（3-127）代入式（3-124），可得

$$\boldsymbol{u}_s^M = R_s\boldsymbol{i}_s^M + \frac{d\boldsymbol{\psi}_s^M}{dt} + j\omega_s\boldsymbol{\psi}_s^M \tag{3-128}$$

将式（3-128）表示为

$$u_M = R_s i_M + \frac{d\psi_M}{dt} - \omega_s\psi_T \tag{3-129}$$

$$u_T = R_s i_T + \frac{d\psi_T}{dt} + \omega_s\psi_M \tag{3-130}$$

因MT轴系沿定子磁场定向，有$\psi_T = 0$，$\psi_M = \psi_s$，故式（3-129）和式（3-130）可变为

$$u_M = R_s i_M + \frac{d\psi_s}{dt} \tag{3-131}$$

$$u_T = R_s i_T + \omega_s\psi_s \tag{3-132}$$

由式（3-131）和式（3-132）以及式（3-120）可构成由电压源逆变器构成的定子磁场定向的矢量控制系统。

3.4.2 矢量控制系统

在基于定子磁场定向的矢量控制中，虽然控制的仍然是电枢磁场，亦即控制的仍然是定子电流$\boldsymbol{i}_s$，但与基于转子磁场定向的矢量控制不同的是，控制是在MT轴系内进行的，$\boldsymbol{i}_s$分解为了i_T和i_M。其中，i_M是控制ψ_s幅值的励磁分量，如图3-33所示，通过控制i_M可以控制定子磁场ψ_s；i_T是控制电磁转矩的转矩分量，通过控制i_T可以控制转矩。

在正弦稳态下，若不计定子电阻R_s影响，$\boldsymbol{u}_s$相位便超前ψ_s90°电角度，与T轴一致。通过控制$\boldsymbol{i}_s$在MT轴系中的相位θ_s，即可控制功率因数角ϕ。如果控制$i_M = 0$，$\boldsymbol{i}_s = ji_T$，功率因数就近乎为1。

通过控制$\boldsymbol{i}_s$也可以控制电动机的运行效率。例如，图3-34所示FG_1特性曲线是某台伺服电动机为提高效率而对铁心损耗进行优化的结果，点1对应的是零转矩输出，点2对应的是额定转矩输出时的定子磁链值。图3-35所示FG_2特性曲线是在矢量控制中i_M和i_T应满足的对应关系。图3-36所示为满足这种控制要求的矢量控制系统简图，采用的是电流可控

PWM 逆变器，控制的是定子三相电流。图中，在转矩控制环外也可以加上速度控制环和位置控制环。

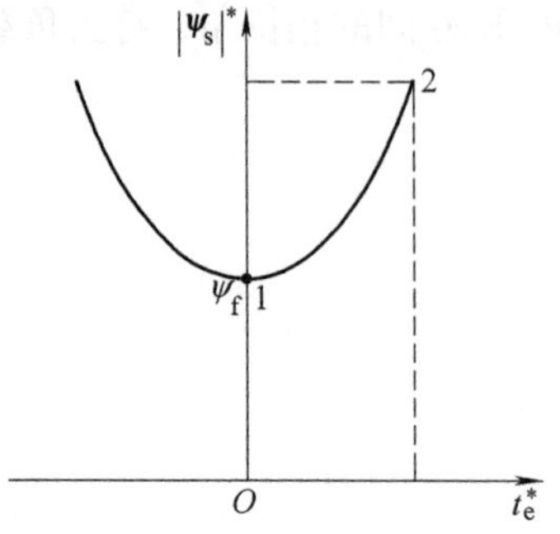

图 3-34　FG_1 特性曲线

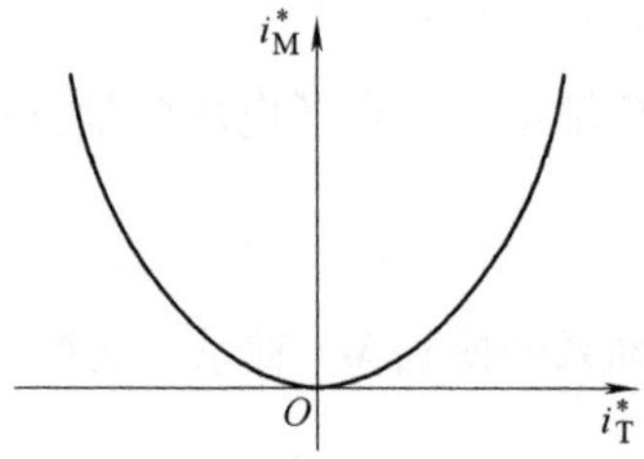

图 3-35　FG_2 特性曲线

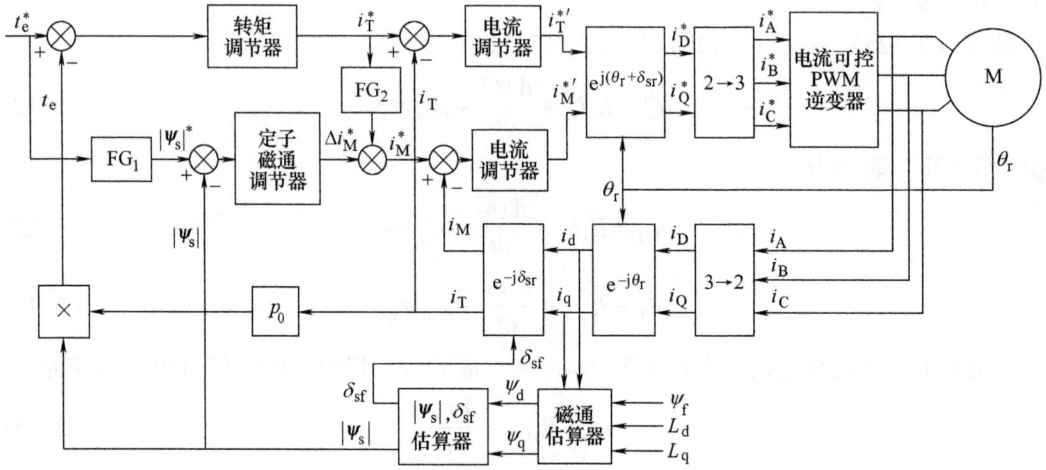

图 3-36　PMSM 以定子磁场定向的矢量控制系统简图

定子磁链幅值$|\psi_s^*|$由图 3-34 所示的 FG_1 给出。$|\psi_s^*|$与实际值$|\psi_s|$进行比较后，将其差值输入定子磁通调节器，输出是 Δi_M^*，以此对 FG_2 特性曲线的输出进行修正。i_M^* 与 i_M 以及 i_T^* 和 i_T 比较后，分别输入两个电流调节器，调节器的输出为 MT 轴系的励磁分量指令值 $i_M^{*\prime}$ 和转矩分量指令值 $i_T^{*\prime}$，经由 MT 轴系到 DQ 轴系的变换后，再由 DQ 轴系变换到 ABC 轴系。定子三相电流 i_A、i_B 和 i_C 检测值经变换后得到 i_q 和 i_d，再经由式（3-29）、式（3-30）和式（3-121）计算可得到$|\psi_s|$，同时也可得到负载角 δ_{sf}。利用 δ_{sf} 可进行 dq 轴系到 MT 轴系的变换，可得到 i_M 和 i_T 的实际值。由 δ_{sf} 得到 $\theta_M = \theta_r + \delta_{sf}$，可进行 MT 轴系到 DQ 轴系的变换，得到 i_D^* 和 i_Q^*。

3.5　谐波转矩及转速波动

3.5.1　谐波转矩

1. 谐波转矩生成

在分析谐波转矩时，做如下假定：

1）不考虑永磁体和转子的阻尼效应；

2）转子励磁磁场对称分布；

3）定子电流不含偶次谐波。

前面分析已经提到，为产生恒定电磁转矩，要求 PMSM 的电动势和电流均为正弦波。实际上，永磁励磁磁场在空间的分布不可能是完全正弦的，感应电动势的波形也可能发生畸变；由逆变器馈入的定子电流，尽管经过调制可以逼近正弦波，但其中还含有许多谐波。

若定子为 Y 形联结，且没有中性线，则定子相电流中不含 3 次和 3 的倍数次谐波。在基于转子磁场的矢量控制中，若控制 $\beta=90°$ 电角度，在稳态下，相绕组中定子电流基波与感应电动势基波同相位。于是可将 A 相电流和感应电动势写为

$$i_A(t) = I_{m1}\sin\omega_r t + I_{m5}\sin5\omega_r t + I_{m7}\sin7\omega_r t + \cdots \tag{3-133}$$

$$e_A(t) = E_{m1}\sin\omega_r t + E_{m5}\sin5\omega_r t + E_{m7}\sin7\omega_r t + \cdots \tag{3-134}$$

式中，ω_r 为转子电角速度，电动机在稳定运行时，就是电源角频率。

A 相电磁功率为

$$p_{eA} = e_A(t)i_A(t) = P_0 + P_2\cos2\omega_r t + P_4\cos4\omega_r t + P_6\cos6\omega_r t + \cdots \tag{3-135}$$

同理，可写出 B 相和 C 相电磁功率为

$$\begin{aligned} p_{eB} &= e_B(t)i_B(t) \\ &= P_0 + P_2\cos2\left(\omega_r t - \frac{2\pi}{3}\right) + P_4\cos4\left(\omega_r t - \frac{2\pi}{3}\right) + P_6\cos6\left(\omega_r t - \frac{2\pi}{3}\right) + \cdots \end{aligned} \tag{3-136}$$

$$\begin{aligned} p_{eC} &= e_C(t)i_C(t) \\ &= P_0 + P_2\cos2\left(\omega_r t + \frac{2\pi}{3}\right) + P_4\cos4\left(\omega_r t + \frac{2\pi}{3}\right) + P_6\cos6\left(\omega_r t + \frac{2\pi}{3}\right) + \cdots \end{aligned} \tag{3-137}$$

电磁转矩为

$$\begin{aligned} t_e(t) &= \frac{1}{\Omega_r}(p_{eA} + p_{eB} + p_{eC}) \\ &= T_0 + T_6\cos6\omega_r t + T_{12}\cos12\omega_r t + T_{18}\cos18\omega_r t + T_{24}\cos24\omega_r t + \cdots \end{aligned} \tag{3-138}$$

式中

$$T_0 = \frac{3}{2\Omega_r}(E_{m1}I_{m1} + E_{m5}I_{m5} + E_{m7}I_{m7} + E_{m11}I_{m11} + \cdots)$$

$$T_6 = \frac{3}{2\Omega_r}[I_{m1}(E_{m7} - E_{m5}) + I_{m5}(E_{m11} - E_{m1}) + I_{m7}(E_{m1} + E_{m13}) + I_{m11}(E_{m5} + E_{m17}) + \cdots]$$

$$T_{12} = \frac{3}{2\Omega_r}[I_{m1}(E_{m13} - E_{m11}) + I_{m5}(E_{m17} - E_{m7}) + I_{m7}(E_{m19} - E_{m5}) + I_{m11}(E_{m23} - E_{m1}) + \cdots]$$

$$T_{18} = \frac{3}{2\Omega_r}[I_{m1}(E_{m19} - E_{m17}) + I_{m5}(E_{m23} - E_{m13}) + I_{m7}(E_{m25} - E_{m11}) + I_{m11}(E_{m29} - E_{m7}) + \cdots]$$

$$T_{24} = \frac{3}{2\Omega_r}[I_{m1}(E_{m25} - E_{m23}) + I_{m5}(E_{m29} - E_{m19}) + I_{m7}(E_{m31} - E_{m17}) + I_{m11}(E_{m35} - E_{m13}) + \cdots]$$

写成矩阵形式，有

$$\begin{pmatrix} T_0 \\ T_6 \\ T_{12} \\ T_{18} \end{pmatrix} = \frac{3}{2\Omega_r}\begin{pmatrix} E_{m1} & E_{m5} & E_{m7} & E_{m11} \\ E_{m7} - E_{m5} & E_{m11} - E_{m1} & E_{m13} + E_{m1} & E_{m17} + E_{m5} \\ E_{m13} - E_{m11} & E_{m17} - E_{m7} & E_{m19} - E_{m5} & E_{m23} - E_{m1} \\ E_{m19} - E_{m17} & E_{m23} - E_{m13} & E_{m25} - E_{m11} & E_{m29} - E_{m7} \end{pmatrix}\begin{pmatrix} I_{m1} \\ I_{m5} \\ I_{m7} \\ I_{m11} \end{pmatrix} \tag{3-139}$$

上述分析表明，次数相同的感应电动势和电流谐波作用后产生平均转矩，不同次数谐波电动势和电流作用将产生脉动频率为基波频率6倍次的谐波转矩，各谐波转矩的幅值与感应电动势和电流波形的畸变程度有关。

可以用转矩脉动系数 k_R 来定量描述转矩脉动程度，这里将其定义为

$$k_R = \frac{T_{max} - T_{min}}{T_{max} + T_{min}} \tag{3-140}$$

式中，T_{max}为转矩最大值；T_{min}为转矩最小值。

感应电动势中的谐波是由永磁励磁磁场在定子绕组中感生的，因此它与励磁磁场和定子绕组的空间分布有关。定子基波电流和各次谐波电流，除了产生基波磁动势外，还会产生谐波磁动势。下面从永磁励磁磁场与定子磁动势间相互作用的角度来分析谐波转矩，因为此类谐波转矩实质是由定、转子磁场相互作用生成的。

定子 k 次谐波电流产生的 γ 次谐波磁动势波为

$$f_{sk} = F_{sk}\sin(k\omega_r t \pm \gamma\theta_s) \tag{3-141}$$

式中，$k=1, 5, 7\cdots$；$\gamma=1, 5, 7\cdots$；θ_s 是沿定子内圆的空间坐标。

这些旋转磁动势波的速度和方向为

$$\omega_{rk} = \pm\frac{k}{\gamma}\omega_r \tag{3-142}$$

式中，“+”号表示与基波磁动势旋转方向相同，“-”号表示与基波磁动势旋转方向相反。

两个谐波次数不同的旋转磁场相互作用不会产生电磁转矩，只有次数相同的谐波磁场相互作用才会产生电磁转矩。如果这两个谐波磁场转速相同，便会产生平均转矩，否则只能产生脉动转矩，其平均值一定为零。

如果 ε 是转子永磁励磁磁场的谐波次数，$\varepsilon=1, 3, 5, \cdots$，那么只有在满足 $\gamma=\varepsilon$ 的条件下，才会产生转矩。当转子速度为 ω_r 时，这个转矩的脉动频率为

$$\omega_{\gamma\varepsilon} = \gamma\left[\omega_r - \left(\pm\frac{k}{\gamma}\omega_r\right)\right] = (\gamma \mp k)\omega_r \tag{3-143}$$

式中，“+”号与反向旋转磁动势波相对应，“-”号与正向旋转磁动势波相对应。

例如，当 $k=5$ 和 $\gamma=7$ 时，转矩脉动频率为 $12\omega_r$，因为5次谐波电流产生的空间磁动势中的7次谐波相对定子反向旋转，速度为（$-5/7$）ω_r，它相对转子的速度为（$12/7$）ω_r，若转子励磁磁场中存在7次谐波（$\varepsilon=\gamma=7$），则两者产生转矩的脉动频率为 $12\omega_r$。依此，可列表3-1，表中的数据为各脉动转矩频率（以 ω_r 的倍数给出）。

表3-1　脉动转矩频率

k	γ										
	1	5	7	11	13	17	19	23	25	29	…
1	0	6	6	12	12	18	18	24	24	30	
5	6	0	12	6	18	12	24	18	30	24	
7	6	12	0	18	6	24	12	30	18	36	
11	12	6	18	0	24	6	30	12	36	18	
13	12	18	6	24	0	30	6	36	12		
17	18	12	24	6	30	0	36	6	42		

（续）

k	γ										
	1	5	7	11	13	17	19	23	25	29	…
19	18	24	12	30	6	36	0	42	6		
23	24	18	30	12	36	6	42	0	48		
25	24	30	18	36	12	42	6	48	0		
29	30	24		18	42						
31					18						

表3-1中，列出的是定子k次谐波电流产生的γ次谐波磁场与转子ε次谐波励磁磁场生成的谐波转矩，条件是$\gamma=\varepsilon$。转矩谐波的次数为（$\gamma\mp k$），（$\gamma\mp k$）应为6的整数倍，并可由此来决定两者是应相加还是相减。于是，可将整个转矩表示为

$$T_{\mathrm{e}} = \sum_{\gamma=k} T_{\gamma k} \pm \sum_{\gamma\neq k} T_{\gamma k}\cos(\gamma \mp k)\omega_{\mathrm{r}} t \qquad k = 1,5,7,\cdots \quad \gamma = 1,5,7,\cdots \tag{3-144}$$

式中，$T_{\gamma k}$为谐波转矩的幅值。

式（3-144）中，当$\gamma=k$时，可以产生平均转矩；当（$\gamma-k$）为6的整数倍时，取正值；当（$\gamma+k$）为6的整数倍时，取负值。亦即，当$\gamma\neq k$时，会产生谐波转矩，谐波转矩的脉动频率等于馈电频率的$6n$倍，$n=1$，2，3，…。此式对于3种转子结构的PMSM都适用。

式（3-144）右端第一项中，$k=\gamma$意味着k次谐波电流产生了γ次定子谐波磁场。例如，当$k=5$时，$\gamma=5$，是指式（3-141）中5次谐波电流产生的5次谐波磁动势，由该磁动势产生了5次定子谐波磁场。若转子永磁体励磁磁场中也存在5次谐波磁场，则这两个定、转子谐波磁场相互作用会产生平均电磁转矩。因为5次谐波电流产生的基波磁动势相对定子的速度为$-5\omega_{\mathrm{r}}$，而5次谐波电流产生的5次谐波磁动势相对定子的速度为ω_{r}，它产生的定子5次谐波磁场与转子5次谐波磁场在空间相对静止，所以会产生平均转矩。其中，定子5次谐波磁场幅值决定于5次谐波电流幅值I_{m5}，而转子5次谐波磁场幅值决定了感应电动势中5次谐波分量的幅值，分析表明，此平均转矩为（$3/2\Omega_{\mathrm{r}}$）（$E_{\mathrm{m5}}I_{\mathrm{m5}}$）。这样的结果同样适用于$k=1$，7，11，…。

对于$k\neq\gamma$的情况，是指k次谐波电流产生的γ次定子谐波磁场（$k\neq\gamma$）与转子ε次谐波磁场（$\varepsilon=\gamma$）相互作用，因两者不再相对静止，产生了脉动转矩，可将其表示为（$3/2\Omega_{\mathrm{r}}$）（$E_{\mathrm{m}\varepsilon}I_{\mathrm{m}k}$）。

于是，可将式（3-144）表示为

$$T_{\mathrm{e}} = \frac{3}{2\Omega_{\mathrm{r}}}\left[\sum_{\varepsilon=k} E_{\mathrm{m}\varepsilon} I_{\mathrm{m}k} \pm \sum_{\varepsilon\neq k} E_{\mathrm{m}\varepsilon} I_{\mathrm{m}k}\cos(\varepsilon \mp k)\omega_{\mathrm{r}} t\right] \quad \varepsilon = 1,5,7,\cdots; \quad k = 1,5,7,\cdots \tag{3-145}$$

式中，当（$\varepsilon-k$）为6的整数倍时，取正值；当（$\varepsilon+k$）为6的整数倍时，取负值。

将式（3-145）展开，便得到式（3-139）的形式。

2. 转速波动

将式（3-145）表示为

$$T_{\mathrm{e}} = T_{\mathrm{ev}} \pm \sum T_{\mathrm{e}k} \tag{3-146}$$

式中，T_{ev}为平均转矩；$\sum T_{ek}$为脉动转矩。

即有

$$T_{ev} = \frac{3}{2\Omega_r}\sum_{\varepsilon = k} E_{m\varepsilon} I_{mk} \quad \varepsilon = 1,5,7,\cdots; \quad k = 1,5,7,\cdots \tag{3-147}$$

$$\sum T_{ek} = \pm \frac{3}{2\Omega_r}\sum_{\varepsilon \neq k} E_{m\varepsilon} I_{mk}\cos(\varepsilon \mp k)\omega_r t \quad \varepsilon = 1,5,7,\cdots; \quad k = 1,5,7,\cdots \tag{3-148}$$

电动机的机械方程为

$$T_e - T_L = R_\Omega \Omega_r + J\frac{d\Omega_r}{dt} \tag{3-149}$$

在谐波转矩作用下，转速会产生波动，可将实际转速 Ω_r 表示为

$$\Omega_r = \Omega_{rv} + \sum \Omega_{rk} \tag{3-150}$$

式中，Ω_{rv}为平均转速。

将式（3-146）和式（3-150）分别代入式（3-149）中，可得

$$T_{ev} + \sum T_{ek} - T_L = R_\Omega\left(\Omega_{rv} + \sum \Omega_{rk}\right) + J\frac{d}{dt}\left(\Omega_{rv} + \sum \Omega_{rk}\right) \tag{3-151}$$

于是，有

$$\sum T_{ek} = R_\Omega \sum \Omega_{rk} + J\frac{d}{dt}\left(\sum \Omega_{rk}\right) \tag{3-152}$$

若忽略 $R_\Omega \sum \Omega_{rk}$项，则有

$$\sum \Omega_{rk} = \frac{1}{J}\int \sum T_{ek} dt \tag{3-153}$$

将式（3-148）和式（3-150）代入式（3-153），可得

$$\Omega_r = \Omega_{rv} \pm \frac{1}{J}\int \frac{3}{2\Omega_r}\sum_{\varepsilon \neq k} E_{m\varepsilon} I_{mk}\cos(\varepsilon \mp k)\omega_r t dt \tag{3-154}$$

最后可得转速方程为

$$\Omega_r = \Omega_{rv} \pm \frac{3}{2}\frac{1}{Jp_0}\frac{1}{\Omega_r^2}\sum_{\varepsilon \neq k}\frac{1}{(\varepsilon \mp k)} E_{m\varepsilon} I_{mk}\sin(\varepsilon \mp k)\omega_r t \tag{3-155}$$

式（3-155）表明，在脉动转矩作用下，使电动机转速产生了一系列谐波分量，各次谐波分量的幅值与转速的二次方成反比，这会使电动机允许运行的最低转速受到限制，也会直接影响到低速时电动机的伺服性能。

系统的转动惯量 J 值对转速波动影响很大，增大转动惯量可以有效抑制转速波动，但过大的惯量会影响系统的动态响应能力。

在谐波转矩幅值相同的情况下，谐波次数（$\varepsilon \mp k$）越低，对转速波动影响越大，应尽量消除 6 次和 12 次等低次谐波转矩。

3.5.2 谐波转矩的削弱方法

1. 纹波转矩削弱方法

通常，将因感应电动势和电流波形畸变引起的谐波转矩称为纹波转矩。为减小纹波转矩，应使电流和感应电动势波形尽可能地接近理想正弦波。

如前所述，若由电流可控 PWM 逆变器供电，可采用各种调制技术，使定子电流快速跟

踪正弦参考电流，所以低次谐波含量不大，而会含有较丰富的高次谐波，但高次谐波的幅值较小，由此产生的高频转矩脉动，很容易被转子滤掉。现假定定子电流为正弦波，式(3-139)则变为

$$\begin{pmatrix} T_0 \\ T_6 \\ T_{12} \\ T_{18} \end{pmatrix} = \frac{3}{2}\frac{I_m}{\Omega_r}\begin{pmatrix} E_{m1} \\ E_{m7} - E_{m5} \\ E_{m13} - E_{m11} \\ E_{m19} - E_{m17} \end{pmatrix} \tag{3-156}$$

式（3-156）表明，此时谐波转矩是由感应电动势谐波引起的。为消除感应电动势中的谐波，首先应使永磁体产生的励磁磁场尽量按正弦分布，以降低磁场中各次谐波的幅值，这可以通过改变永磁体的形状和极弧宽度，或者采用其他有效措施来实现；其次在绕组设计上可以采用短距和分布绕组，尽量削弱或消除各低次谐波电动势。

除了在电动机设计方面努力外，还可从控制角度采取措施消除或减小转矩脉动。关于这方面取得的研究成果已有大量文献发表。下面，通过举例来说明这个问题。

现要基本消除 6 次和 12 次谐波转矩。由式（3-139）或式（3-145），已知 6 次和 12 次谐波转矩分别为

$$T_6 = \frac{3}{2\Omega_r}[I_{m1}(E_{m7} - E_{m5}) + I_{m5}(E_{m11} - E_{m1}) + I_{m7}(E_{m1} + E_{m13}) + I_{m11}(E_{m5} + E_{m17}) + \cdots] \tag{3-157}$$

$$T_{12} = \frac{3}{2\Omega_r}[I_{m1}(E_{m13} - E_{m11}) + I_{m5}(E_{m17} - E_{m7}) + I_{m7}(E_{m19} - E_{m5}) + I_{m11}(E_{m23} - E_{m1}) + \cdots] \tag{3-158}$$

在定子电流和转子永磁励磁磁场中，5 次和 7 次谐波是主要的，若忽略 11 次以上的谐波，根据式（3-157）和式（3-158），可得

$$I_{m1}(E_{m7} - E_{m5}) + (-E_{m1}I_{m5}) + I_{m7}E_{m1} = 0 \tag{3-159}$$

$$-I_{m5}E_{m7} + (-I_{m7}E_{m5}) = 0 \tag{3-160}$$

由式（3-159）和式（3-160），可解出

$$I_{m5} = \frac{E_{m5}(E_{m7} - E_{m5})}{E_{m1}(E_{m5} + E_{m7})}I_{m1} \tag{3-161}$$

$$I_{m7} = \frac{E_{m7}(E_{m5} - E_{m7})}{E_{m1}(E_{m5} + E_{m7})}I_{m1} \tag{3-162}$$

对于给定的电动机，通过磁场计算或实验可求出 E_{m1}、E_{m5} 和 E_{m7}。由转矩指令可得 I_{m1} 大小，根据式（3-161）和式（3-162），可解出 I_{m5} 和 I_{m7}。显然，如果向正弦参考电流注入这样的 5 次、7 次谐波电流，那么会有利消除 6 次和 12 次转矩谐波。

2. 齿槽转矩及其削弱方法

在高次谐波磁场中，有一种谐波的次数为

$$\gamma_z = \frac{Z}{p_0} \pm 1 \tag{3-163}$$

式中，Z 为定子齿数。

通常，将这类谐波称为齿谐波。

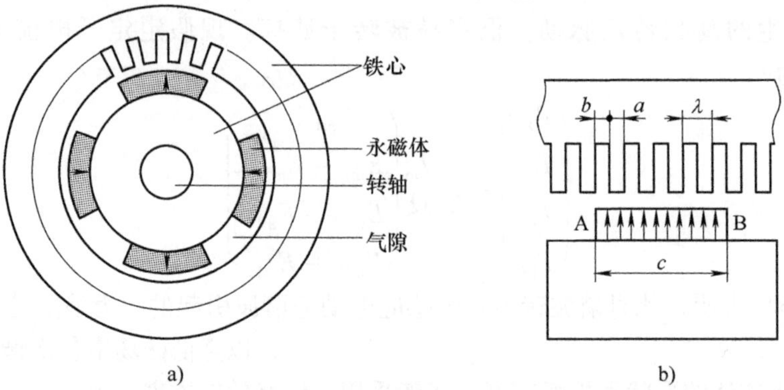

图 3-37　面装式 PMSM 一个极下的物理模型
a）截面图　b）定子齿槽与永磁体

常将因定子开槽引起的齿谐波磁场所产生的谐波转矩称为齿槽转矩。图 3-37 所示是面装式 PMSM 一个极下的物理模型。定子采用开口槽，槽宽为 b，齿宽为 a，齿距 $\lambda = a + b$，若忽略曲率半径影响，可认为槽和齿各自都是等宽的。

图 3-37b 中，当转子旋转时，处于永磁体中间部分的定子齿与永磁体间的磁导几乎不变，而与永磁体两侧面 A 和 B 对应的由一个或两个定子齿构成的一小段封闭区域内的磁导变化却很大，导致磁场储能改变，由此产生了齿槽转矩 t_{ez}，如图 3-38 所示。可以看出，这是一个周期函数，其基波分量波长与齿距一致，而且基波分量是齿槽转矩的主要部分。

齿槽转矩会降低电动机位置伺服的定位精度，特别在低速时更为严重。必须采取各种措施来削弱和消除齿槽转矩。

合理选择永磁体宽度 c，选择合适的齿槽宽度比 a/b，都可以减小气隙磁导的变化。定子斜槽或转子斜极是削弱或消除齿槽转矩的有效措施。定子斜槽，斜一个齿距，可基本消除齿槽转矩。也可以通过转子斜极达到斜槽同样的效果，但因永磁体难以加工，转子斜极比较困难，可以采用多块永磁体连续移位的措施，使其能达到与定子斜极同样的效果。

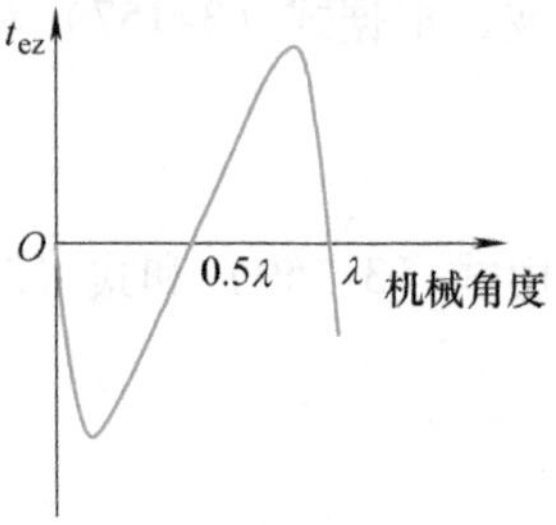

图 3-38　齿槽转矩

齿谐波的特点是绕组因数与基波绕组因数相同，因此不能采用短距和分布绕组来削弱。同电励磁同步电动机一样，可以采用分数槽绕组来削弱齿谐波，这种方法在低速永磁同步电动机中获得了广泛应用。

3.6　矢量控制系统仿真实例

在 Matlab6.5 的 Simulink 环境下，利用 Sim Power System Toolbox2.3 丰富的模块库，在分析永磁同步电动机数学模型的基础上，可建立永磁同步电动机的基于转子磁场定向的矢量控制系统的仿真模型，整体设计框图如图 3-39 所示。系统采用双闭环控制方案：转速环由 PI 调节器构成，电流环由 PWM 逆变器构成。根据模块化建模的思想，将控制系统分割为各个功能独立的子模块，其中主要包括：速度控制模块、2/3 变换模块和 PWM 逆变器模块等。

通过这些功能模块的有机整合，就可以在 Matlab/Simulink 中搭建出永磁同步电动机矢量控制系统的仿真模型。

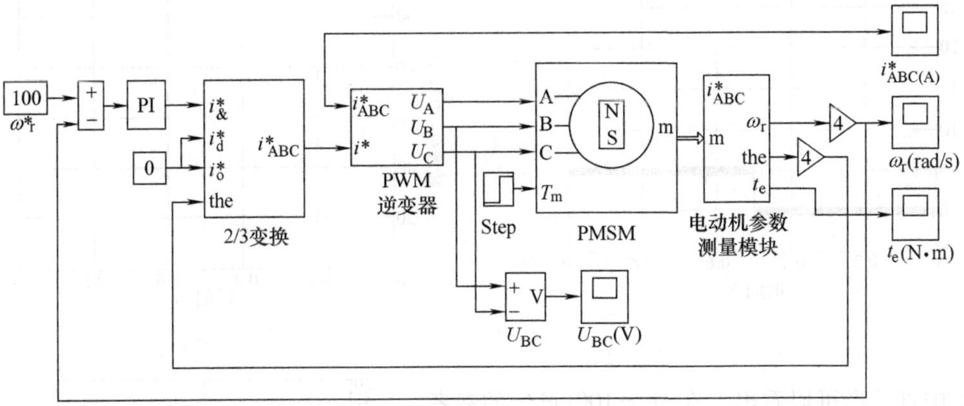

图 3-39　基于 Simulink 的永磁同步电动机矢量控制系统的仿真模型的整体设计框图

速度控制模块的结构框图较为简单，如图 3-40 所示，输入为参考转速和实际转速的差值；输出为电流参考值 i_q^*。其中 K_P 为 PI 控制中的比例参数，K_I 为积分参数，饱和（Saturation）限幅模块将输出参考电流的幅值限定在要求范围内。

2/3 变换模块实现的是参考相电流的 dq/ABC 的变换，即 dq 旋转轴系中两相参考相电流到静止 ABC 轴系中三相电流的变换。2/3 变换模块的结构框图如图 3-41 所示，模块输入为位置信号 the 和 dq 两相参考电流 i_d^* 和 i_q^*，模块输出为 ABC 三相参考电流 i_A^*、i_B^* 和 i_C^*。

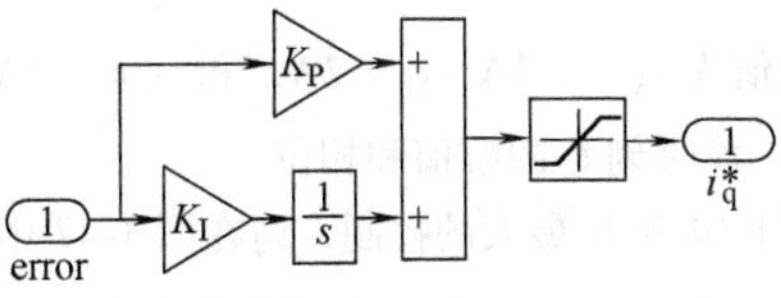

图 3-40　速度控制模块结构框图

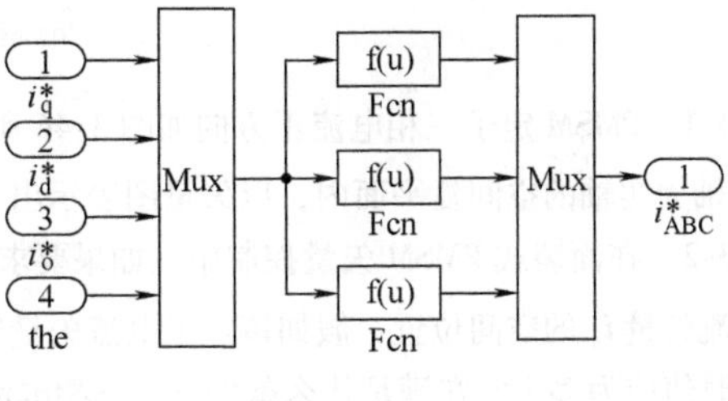

图 3-41　2/3 变换模块的结构框图

PWM 逆变器的结构框图如图 3-42 所示，输入为三相参考电流 i_A^*、i_B^*、i_C^* 和三相实际电流 i_A、i_B、i_C，输出为三相电压 U_A、U_B 和 U_C。

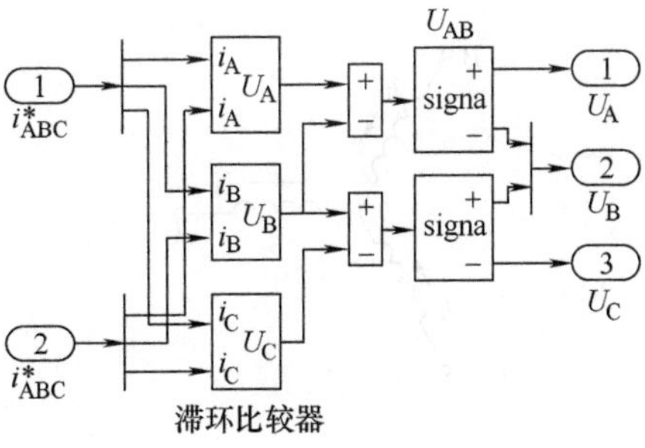

图 3-42　PWM 逆变器的结构框图

永磁同步电动机参数：额定转速 $\omega_r=100\text{rad/s}$，极对数 $p_0=4$，定子相绕组电阻 $R_s=2.875\Omega$，定子 dq 轴电感 $L_d=L_q=0.85\text{mH}$，永磁体磁链 $\psi_f=0.175\text{Wb}$，转动惯量 $J=0.0018\text{kg}\cdot\text{m}^2$，速度控制器参数为 $K_P=0.55$，$K_I=32$。电流滞环比较器带宽为 $h=20\text{kHz}$。

系统空载起动，待进入稳态后，在 $t=0.5\text{s}$ 时突加负载 $T_L=50\text{N}\cdot\text{m}$，可得到系统转矩

t_e、转速 ω_r 和三相定子电流 i_A、i_B、i_C 的仿真曲线，如图 3-43 ~ 图 3-45 所示。

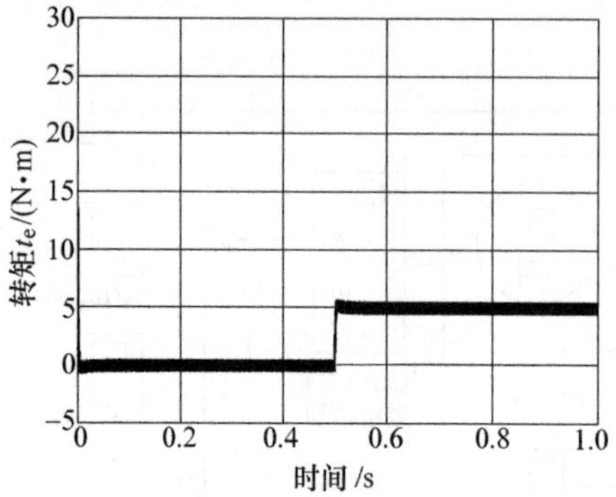

图 3-43　转矩响应曲线

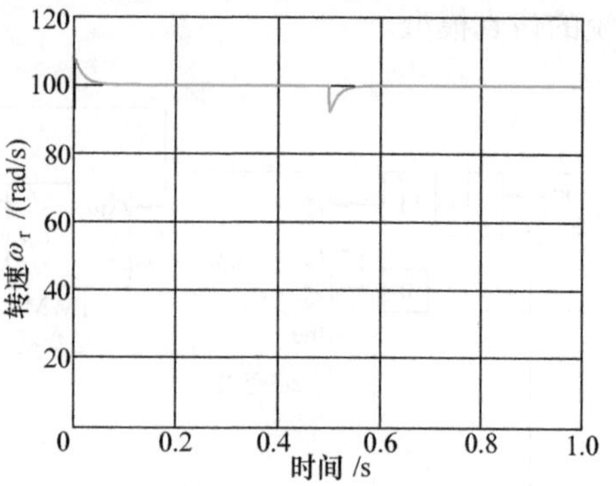

图 3-44　转速响应曲线

由仿真波形可以看出，在 $\omega_e = 100\text{rad/s}$ 的参考转速下，系统响应快速且平稳，相电流和反电动势波形较为理想；起动阶段系统保持转矩恒定，因而没有造成较大的转矩和相电流冲击，参考电流的限幅作用十分有效；空载稳速运行时，忽略系统的摩擦转矩及电动机损耗，因而此时的电磁转矩均值为零；在 $t = 0.5\text{s}$ 时突加负载，转速发生突降，但又能迅速恢复到平衡状态，稳态运行时无静差。

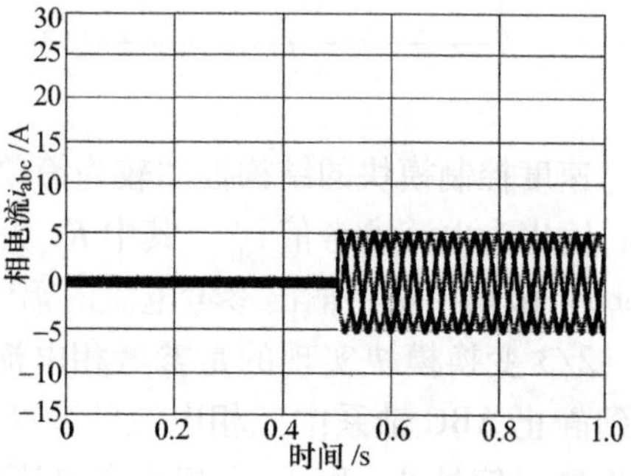

图 3-45　相电流曲线

思考题与习题

3-1　PMSM 定子三相电流正方向如图 3-46 所示，其瞬时值为 $i_A = -1\text{A}$，$i_B = 2\text{A}$，和 $i_C = -1\text{A}$。请在以 A 轴为实轴的空间复平面内，以矢量图表示出（或计算出）该时刻 $\boldsymbol{i}_s$ 的幅值和相位。

3-2　在面装式 PMSM 矢量控制中，如果要求能够实现转矩/电流比最大的控制，请在图 3-47 中标出定子电流矢量 $\boldsymbol{i}_s$ 的空间位置，假如该定子电流矢量的幅值为$\sqrt{6}$A，在 $\theta_r = 30°$时刻，定子三相电流 i_A、i_B 和 i_C 的瞬时值应为多少？在满足什么条件下，三相电流才为正弦电流？

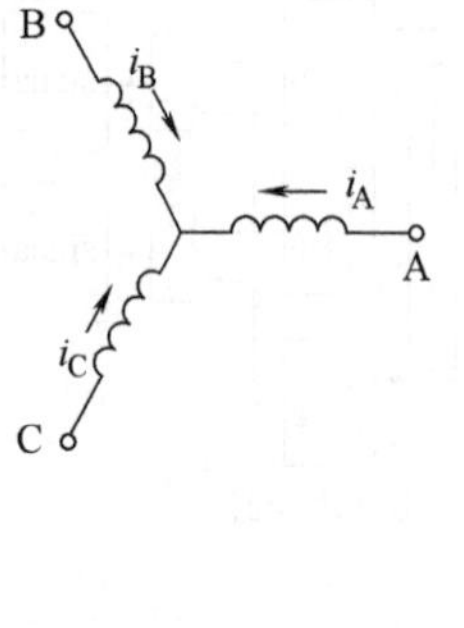

图 3-46　定子三相电流

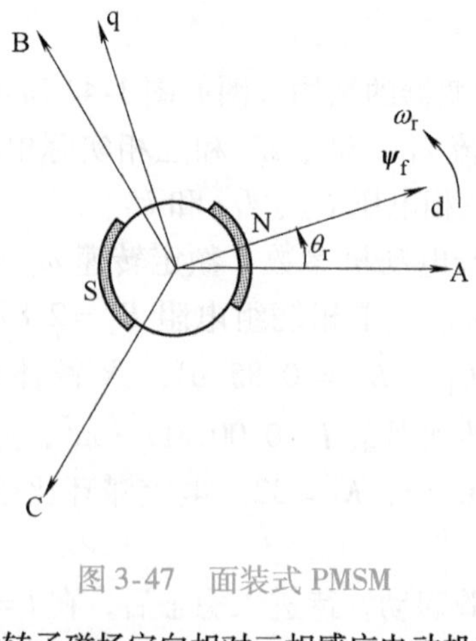

图 3-47　面装式 PMSM

3-3　PMSM 的磁场定向指的是什么？为什么 PMSM 的转子磁场定向相对三相感应电动机的转子磁场定

向要容易得多？

3-4　对于面装式 PMSM，是怎样将其变换为一台等效的直流电动机的？

3-5　PMSM 和三相感应电动机在以转子磁场定向的 dq 和 MT 轴系中，两者的定子电压矢量方程具有相同的形式，为什么？

3-6　试论述弱磁控制的基本原理和控制方式。

3-7　在面装式 PMSM 矢量控制中，若定子电流分量分别为 i_d 和 i_q，试写出定子三相电流的表达式，并解释为什么转矩控制和弱磁控制是解耦的？

3-8　为什么说 PMSM 矢量控制是一种自控式的控制方式？矢量控制会不会发生失步现象？为什么？

3-9　试将 PMSM 与三相感应电动机的转子磁场定向的矢量控制进行比较性分析。并指出两者存在差异的根本原因是什么？

3-10　PMSM 基于定子磁场定向的矢量控制与基于转子磁场定向的矢量控制有什么不同，两者各有什么优缺点？

3-11　试论述谐波转矩产生的原因，并分析其对低速性能的影响。

第4章　三相感应电动机的直接转矩控制

对电动机的控制归根结底是要实现对电磁转矩的有效控制。在感应电动机矢量控制中，基本的控制思想是将定子电流作为控制变量，通过控制定子电流励磁分量来控制转子磁场、气隙磁场或者定子磁场，在此基础上，通过控制定子电流转矩分量来控制电磁转矩。为此，先要进行磁场定向，然后通过矢量变换，将磁场定向MT轴系中的定子电流励磁分量和转矩分量变换为ABC轴系中的三相电流。总之，是通过控制定子电流来间接控制电磁转矩。在这一过程中，磁场定向、矢量变换和定子电流控制是必不可少的。

直接转矩控制与矢量控制不同，它是直接将定子磁链和转矩作为控制变量，无需进行磁场定向、矢量变换和电流控制，因此更为简捷和快速，进一步提高了系统的动态响应能力。

本章分析了直接转矩控制的基本原理，对直接转矩控制和矢量控制进行了比较性分析，对直接转矩控制尚存在的技术问题做了简要说明。

4.1　控制原理与控制方式

4.1.1　基本原理

由矢量控制方程式（1-164）已知，电磁转矩可表示为

$$t_e = p_0 \boldsymbol{\psi}_s \times \boldsymbol{i}_s \tag{4-1}$$

式中，$\boldsymbol{\psi}_s$是定子磁链矢量，$\boldsymbol{i}_s$是定子电流矢量，两者都是以定子三相轴系表示的空间矢量。

在定子三相轴系中，定子磁链和转子磁链矢量可表示为

$$\boldsymbol{\psi}_s = L_s \boldsymbol{i}_s + L_m \boldsymbol{i}_r \tag{4-2}$$

$$\boldsymbol{\psi}_r = L_m \boldsymbol{i}_s + L_r \boldsymbol{i}_r \tag{4-3}$$

由式（4-2）和式（4-3），可得

$$\boldsymbol{i}_s = \frac{\boldsymbol{\psi}_s}{L_s'} - \frac{L_m}{L_s' L_r}\boldsymbol{\psi}_r \tag{4-4}$$

式中，L_s'为定子瞬态电感，$L_s' = \sigma L_s = L_s - L_m^2/L_r$，$\sigma = 1 - L_m^2/L_s L_r$。

将式（4-4）代入式（4-1），即有

$$\begin{aligned} t_e &= p_0 \frac{L_m}{L_s' L_r}\boldsymbol{\psi}_r \times \boldsymbol{\psi}_s = p_0 \frac{L_m}{L_s' L_r}|\boldsymbol{\psi}_s||\boldsymbol{\psi}_r|\sin(\rho_s - \rho_r) \\ &= p_0 \frac{L_m}{L_s' L_r}|\boldsymbol{\psi}_s||\boldsymbol{\psi}_r|\sin\delta_{sr} \end{aligned} \tag{4-5}$$

式中，ρ_s和ρ_r分别是定子磁链和转子磁链矢量相对于A轴的空间电角度；δ_{sr}是两者间的空间相位差，$\delta_{sr} = \rho_s - \rho_r$，称为负载角。

式（4-5）表明，电磁转矩决定于$\boldsymbol{\psi}_s$和$\boldsymbol{\psi}_r$的矢量积，即决定于两者幅值和其间的空间电角度。若$|\boldsymbol{\psi}_s|$和$|\boldsymbol{\psi}_r|$保持不变，电磁转矩就仅与负载角有关。由式（4-5），可得

$$\frac{\mathrm{d}t_e}{\mathrm{d}\delta_{sr}} = p_0 \frac{L_m}{L_s' L_r} \mid \psi_s \mid \mid \psi_r \mid \cos\delta_{sr} \tag{4-6}$$

通常，δ_{sr}的值较小，可见δ_{sr}对电磁转矩的调节和控制作用是明显的。于是，通过调节负载角δ_{sr}可有效控制电磁转矩，这就是直接转矩控制的基本原理。

由式（4-4），可知

$$\boldsymbol{\psi}_s = L_s' \boldsymbol{i}_s + \frac{L_m}{L_r}\boldsymbol{\psi}_r \tag{4-7}$$

如图 4-1 所示，将转子磁链矢量（L_m/L_r）$\boldsymbol{\psi}_r$和磁链矢量$L_s'\boldsymbol{i}_s$合成便得到了定子磁链矢量$\boldsymbol{\psi}_s$。

在直接转矩控制中，并没有人为地去控制转子磁链矢量$\boldsymbol{\psi}_r$。上面提到的$|\boldsymbol{\psi}_r|$保持不变，是指当定子磁链矢量$\boldsymbol{\psi}_s$快速变化时，在很短暂的时间内，可以认为$|\boldsymbol{\psi}_r|$是相对不变的，这一点可做如下解释。

图 2-1 是以相量表示的三相感应电动机等效电路，若以矢量来表示，则可得到图 4-2，也就是 T-I 形稳态等效电路。在图 4-2 中，可将式（4-7）表示为

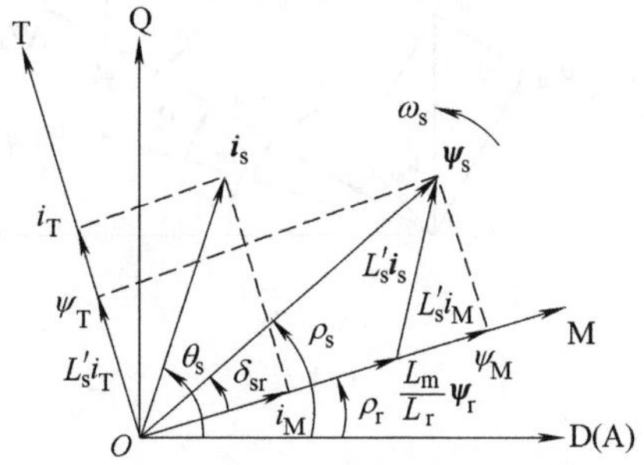

图 4-1　直接转矩控制的矢量表示

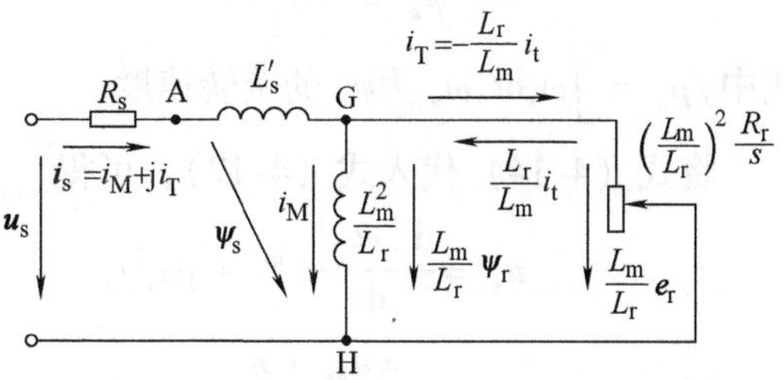

图 4-2　以矢量表示的 T-I 形稳态等效电路

$$\boldsymbol{\psi}_s = L_s' \boldsymbol{i}_s + \frac{L_m}{L_r}\boldsymbol{\psi}_r = L_s' \boldsymbol{i}_s + \frac{L_m^2}{L_r} \boldsymbol{i}_M \tag{4-8}$$

在直接转矩控制中，定子磁链矢量$\boldsymbol{\psi}_s$幅值或相位的变化，是依靠改变外加电压矢量$\boldsymbol{u}_s$来实现的。当外加电压矢量突然改变时，在这一瞬变过程的初始阶段，因为励磁支路 GH 的等效励磁电感L_m^2/L_r数值较大，可以认为$\boldsymbol{i}_M$是近乎不变的，即可认为$|\boldsymbol{\psi}_r|$是近乎不变的。

由式（4-2）和式（4-3），可得

$$\boldsymbol{i}_r = \frac{1}{\sigma L_r}\left(\boldsymbol{\psi}_r - \frac{L_m}{L_r}\boldsymbol{\psi}_s\right) \tag{4-9}$$

将式（4-9）代入转子电压矢量方程式（2-40），有

$$T_r \frac{\mathrm{d}\boldsymbol{\psi}_r}{\mathrm{d}t} + \left(\frac{1}{\sigma} - \mathrm{j}\omega_r T_r\right)\boldsymbol{\psi}_r = \frac{L_m}{L_s'}\boldsymbol{\psi}_s \tag{4-10}$$

式（4-10）表明，如果定子磁链矢量$\boldsymbol{\psi}_s$（幅值和相位）发生变化，转子磁链矢量$\boldsymbol{\psi}_r$的响应一定具有滞后特性，$\boldsymbol{\psi}_r$的变化总是滞后$\boldsymbol{\psi}_s$的变化。

在动态控制中，只要控制的响应时间比转子时间常数T_r快得多，在这短暂的过程中就可以认为$\boldsymbol{\psi}_r$近乎不变，可以实现快速地改变负载角δ_{sr}；进而若保持$\boldsymbol{\psi}_s$的幅值不变，就可以快速地改变和控制电磁转矩，但是电磁转矩t_e和负载角δ_{sr}间呈显了非线性关系。

4.1.2 定子电压矢量的作用与定子磁链轨迹变化

在定子三相轴系中，定子电压矢量方程为

$$\boldsymbol{u}_s = R_s \boldsymbol{i}_s + \frac{d\boldsymbol{\psi}_s}{dt} \tag{4-11}$$

若忽略定子电阻的影响，则有

$$\boldsymbol{u}_s = \frac{d\boldsymbol{\psi}_s}{dt} \tag{4-12}$$

可近似地表示为

$$\Delta\boldsymbol{\psi}_s = \boldsymbol{u}_s \Delta t \tag{4-13}$$

由以上分析可知，定子磁链矢量$\boldsymbol{\psi}_s$和定子电压矢量$\boldsymbol{u}_s$间具有积分和微分关系。在$\boldsymbol{u}_s$作用的很短时间内，矢量$\boldsymbol{\psi}_s$的增量$\Delta\boldsymbol{\psi}_s$等于$\boldsymbol{u}_s$和$\Delta t$的乘积，$\Delta\boldsymbol{\psi}_s$的方向与外加电压矢量$\boldsymbol{u}_s$的方向相同，即如图4-3所示，$\boldsymbol{\psi}_s$轨迹变化的方向与$\boldsymbol{u}_s$同向，轨迹的变化速率等于$|\boldsymbol{u}_s|$。

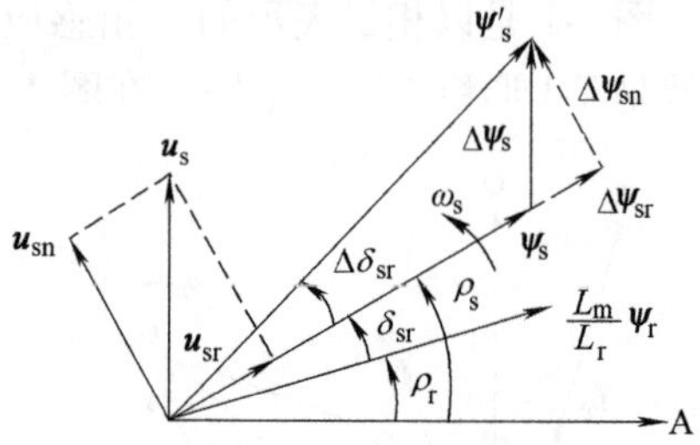

图4-3 定子电压矢量作用与定子磁链矢量轨迹变化

图4-3中，定子磁链矢量$\boldsymbol{\psi}_s$可表示为

$$\boldsymbol{\psi}_s = |\boldsymbol{\psi}_s| e^{j\rho_s} \tag{4-14}$$

式中，$\rho_s = \int \omega_s dt$，$\omega_s$为$\boldsymbol{\psi}_s$的旋转速度。

将式（4-14）代入式（4-12），可得

$$\boldsymbol{u}_s = \frac{d|\boldsymbol{\psi}_s|}{dt} e^{j\rho_s} + j\omega_s \boldsymbol{\psi}_s = \boldsymbol{u}_{sr} + \boldsymbol{u}_{sn} \tag{4-15}$$

式（4-15）右端第一项对应的是这样一种电动势，它是保持$\boldsymbol{\psi}_s$相位不变，而仅改变其幅值产生的；第二项对应的是另外一种电动势，是保持$\boldsymbol{\psi}_s$幅值不变，而使其旋转产生的。两种电动势分别与$\boldsymbol{u}_{sr}$和$\boldsymbol{u}_{sn}$相平衡。$\boldsymbol{u}_{sr}$作用方向与$\boldsymbol{\psi}_s$一致或相反，称为径向分量；$\boldsymbol{u}_{sn}$与$\boldsymbol{\psi}_s$正交，称为切向分量。即有

$$u_{sr} = \frac{d|\boldsymbol{\psi}_s|}{dt} \tag{4-16}$$

$$u_{sn} = \omega_s |\boldsymbol{\psi}_s| \tag{4-17}$$

通过控制u_{sr}可以控制$\boldsymbol{\psi}_s$的幅值（增加或减小），通过控制u_{sn}可以控制$\boldsymbol{\psi}_s$的旋转速度（方向和大小）。若使$\boldsymbol{\psi}_s$的旋转速度ω_s大于$\boldsymbol{\psi}_r$的旋转速度ω_r，则会增大负载角δ_{sr}，否则会使其减小。于是，通过控制u_{sr}和u_{sn}就可以控制$|\boldsymbol{\psi}_s|$和δ_{sr}，也就控制了电磁转矩。

由式（4-17），可得

$$\frac{du_{sn}}{dt} = \frac{d\omega_s}{dt} |\boldsymbol{\psi}_s| \tag{4-18}$$

式（4-18）表明，通过控制切向电压u_{sn}的作用速率，可以改变ω_s的变化速率。如果$\Delta u_{sn}/\Delta t$较大，可以加快δ_{sr}的变化，就会使电磁转矩快速变化。这也是直接转矩控制可使系统具有快速性的重要原因之一。

当三相感应电动机由如图2-27c所示的电压源逆变器馈电时，逆变器仅能提供6个非零

开关电压矢量 $\boldsymbol{u}_{s1}$，$\boldsymbol{u}_{s2}$，…，$\boldsymbol{u}_{s6}$，以及两个零开关电压矢量 $\boldsymbol{u}_{s7}$ 和 $\boldsymbol{u}_{s8}$，如图 4-4 所示。

在图 4-4 中，对于 ψ_s 所处的位置，6 个非零开关电压矢量中的每一个对 ψ_s 幅值和转速的作用均不相同，这主要取决于它相对 ψ_s 的位置。每一开关电压矢量相对 ψ_s 都可分解出径向分量 $\boldsymbol{u}_{sr}$ 和切向分量 $\boldsymbol{u}_{sn}$，其中 $\boldsymbol{u}_{sr}$ 会改变 ψ_s 的幅值，$\boldsymbol{u}_{sn}$ 会改变 ψ_s 的旋转方向和速度大小，而且随着 ψ_s 相位 ρ_s 的改变，$\boldsymbol{u}_{sr}$ 和 $\boldsymbol{u}_{sn}$ 作用的强度和性质也会发生改变。但是，无论 ψ_s 处于何处，总可以从 6 个非零开关电压矢量中选出更适合的一个来同时改变 ψ_s 的幅值和速度。或者说，可以运用开关电压矢量来合理地控制 ψ_s。

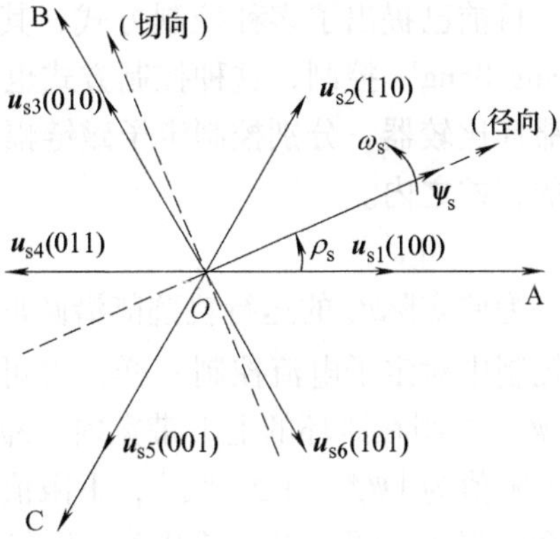

图 4-4　定子磁链矢量与开关电压矢量

对 ψ_s 运行轨迹的控制，通常有两种选择，一种是正六边形轨迹控制，另一种是圆形轨迹控制。

6 个非零开关电压矢量作用下的一种定子磁链轨迹如图 4-5 所示，它是一种六边形轨迹的控制。图中，当 $t=0$ 时，设定 ψ_s 的轨迹位于 M 点，若此时施加开关电压矢量 $\boldsymbol{u}_{s1}$，则 ψ_s 会沿 MN 方向向右移动，当运动到 N 点时，再施加 $\boldsymbol{u}_{s2}$，ψ_s 便会沿 NP 方向移动。于是，在 6 个开关电压矢量的依次作用下，ψ_s 的变化轨迹便为一正六边形。由图 4-5 可以看出，ψ_s 的幅值不是恒定的，在正六边形的拐点处达到最大值，当运动到与正六边形某一条边垂直的位置时幅值最小。ψ_s 的速度也是变化的，在拐点处的速度最小，在垂直处的速度最大。由矢量 ψ_s 在三相绕组 ABC 轴线上的投影可得到每相绕组的磁链值。显然，每相绕组的磁链值不是时间的正弦函数。由于 ψ_s 的幅值和速度不断变化，不仅使产生的转矩是脉动的，还会增大电动机的损耗，即使在稳态运行时也这样。尽管如此，这种控制模式因具有简单快速和逆变频率低的特点，在某些大功率领域还是获得了实际应用。

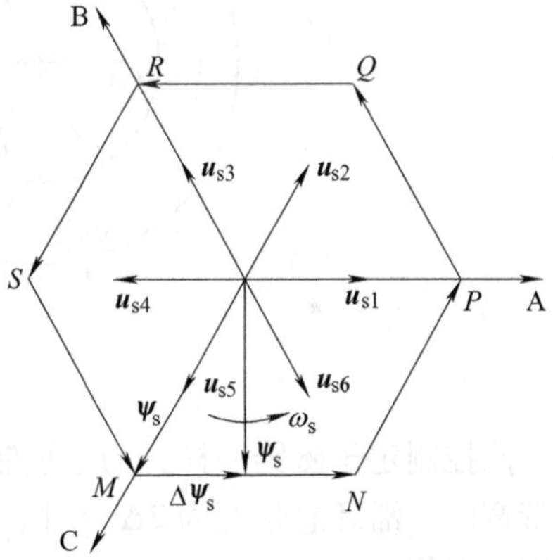

图 4-5　6 个非零开关电压矢量作用下的定子磁链轨迹

对于伺服驱动而言，为严格精确地控制电磁转矩，如式（4-5）所示，要求控制 ψ_s 幅值保持不变，为此应设定参考矢量 ψ_s^* 的运行轨迹为一圆形。这种控制模式也可保证电动机磁路饱和程度处于所设计的额定状态。

4.2 控制系统

4.2.1 滞环比较控制

由式（4-5）可知，为控制电磁转矩，必须同时控制定子磁链矢量幅值 $|\psi_s|$ 和负载角 δ_{sr}。若依赖于同一电压矢量来完成，如图 4-3 所示，两项控制之间必然存在耦合。而且电磁转矩与负载角 δ_{sr} 具有非线性关系，因此确定直接转矩控制的控制规律是件困难的事。

目前已提出了多种控制方式，其中最基本的控制方式采用的是滞环比较控制，又称为"Bang-Bang"控制，这种控制方式也常被用于具有耦合的非线性控制系统。滞环控制利用两个滞环比较器，分别控制定子磁链幅值和电磁转矩，但只能将磁链幅值和转矩偏差限制在一定的容差之内。

1. 滞环比较器

为使实际ψ_s的运行轨迹能沿圆形轨迹变化，应设定指令ψ_s^*的幅值$|\psi_s^*|$为常值。与矢量控制中对定子电流控制一样，也可采用滞环比较控制方式，始终将ψ_s与ψ_s^*的幅值偏差$\Delta|\psi_s|$控制在滞环的上下带宽内。滞环比较控制如图 4-6 所示，滞环的总带宽为$2\Delta|\psi_s|$，其上限值为$|\psi_s^*|+\Delta|\psi_s|$，下限值为$|\psi_s^*|-\Delta|\psi_s|$。将空间复平面分成 6 个扇形区间，每个区间的范围是以定子开关电压矢量为中线，各向前、后扩展 30°电角度，扇区的跨度是 60°电角度，扇区的序号k = ①，②，…，⑥，与开关电压矢量的序号相同，例如扇区①就是$\boldsymbol{u}_{s1}$所在的区间。之所以将 ABC 平面分成 6 个区间，是因为这样能便于对开关电压矢量的合理选择。

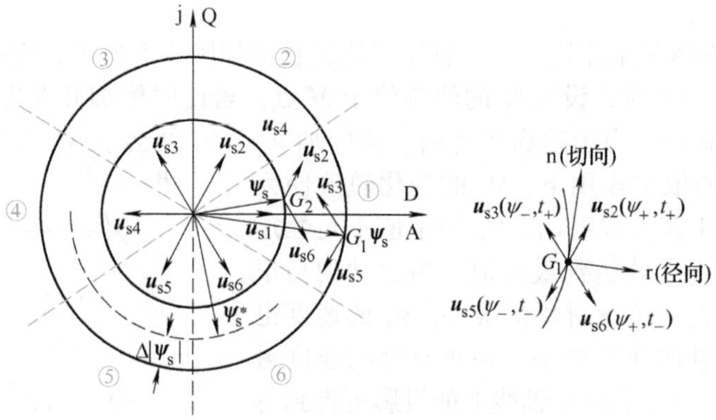

图 4-6　滞环比较控制

同控制定子磁链一样，为了控制电磁转矩，也是通过滞环比较方式将其偏差控制在一定的带宽内。滞环总带宽为$2\Delta|t_e|$，其上限值为$t_e^*+\Delta|t_e|$，下限值为$t_e^*-\Delta|t_e|$，t_e^*为转矩参考值。

能否将$|\psi_s|$和t_e各自的偏差控制在滞环带宽内，关键是如何运用离散的 8 个开关电压矢量来有效地控制$|\psi_s|$和t_e的轨迹变化，这也关系到直接转矩控制的结果和质量。对此，可采取多种控制方式。下面介绍的仅是其中的一种控制方式。

图 4-6 给出了定子磁链矢量ψ_s在扇区①的情形。在此区间内选择$\boldsymbol{u}_{s1}$和$\boldsymbol{u}_{s4}$是不合适的，因为会使ψ_s幅值急剧变化，而难以将其控制在滞环带宽内，另外对ψ_s转速的作用又十分有限。余下可供选择的电压矢量有$\boldsymbol{u}_{s2}$、$\boldsymbol{u}_{s3}$、$\boldsymbol{u}_{s5}$、$\boldsymbol{u}_{s6}$以及$\boldsymbol{u}_{s7}$、$\boldsymbol{u}_{s8}$。由前 4 个开关电压矢量在ψ_s运动轨迹径向和切向方向的投影，可以判断出各矢量对磁链和转矩所起的作用。例如，在G_1点，它们的作用可分别用ψ_+、ψ_-和t_+、t_-来表示，下标"+"号表示增加，"−"号表示减小。于是可根据磁链和转矩滞环比较器的输出信号来合理选择其中的开关电压矢量。因为此时ψ_s的幅值已达到滞环比较的上限值（$|\psi_s^*|+\Delta|\psi_s|$），应使磁链幅值减小，故可选择$\boldsymbol{u}_{s3}$或者$\boldsymbol{u}_{s5}$；选择$\boldsymbol{u}_{s3}$可使$\psi_s$快速离开$\psi_r$，拉大了$\delta_{sr}$，使电磁转矩增大，选择$\boldsymbol{u}_{s5}$则会取得相反效果，究竟选择$\boldsymbol{u}_{s3}$还是$\boldsymbol{u}_{s5}$，将取决于转矩滞环比较器的输出；当要求增大转

矩时，应选择 $\boldsymbol{u}_{s3}$，否则应选择 $\boldsymbol{u}_{s5}$。这种选择开关电压矢量的顺序和准则对其他扇区同样适用。表 4-1 给出了 6 个扇区开关电压矢量选择表，表中用①，②，…，⑥来表示扇区。

表 4-1　开关电压矢量选择表

$\Delta\psi$	Δt	①	②	③	④	⑤	⑥
1	1	$\boldsymbol{u}_{s2}$	$\boldsymbol{u}_{s3}$	$\boldsymbol{u}_{s4}$	$\boldsymbol{u}_{s5}$	$\boldsymbol{u}_{s6}$	$\boldsymbol{u}_{s1}$
	0	$\boldsymbol{u}_{s7}$	$\boldsymbol{u}_{s8}$	$\boldsymbol{u}_{s7}$	$\boldsymbol{u}_{s8}$	$\boldsymbol{u}_{s7}$	$\boldsymbol{u}_{s8}$
	-1	$\boldsymbol{u}_{s6}$	$\boldsymbol{u}_{s1}$	$\boldsymbol{u}_{s2}$	$\boldsymbol{u}_{s3}$	$\boldsymbol{u}_{s4}$	$\boldsymbol{u}_{s5}$
-1	1	$\boldsymbol{u}_{s3}$	$\boldsymbol{u}_{s4}$	$\boldsymbol{u}_{s5}$	$\boldsymbol{u}_{s6}$	$\boldsymbol{u}_{s1}$	$\boldsymbol{u}_{s2}$
	0	$\boldsymbol{u}_{s8}$	$\boldsymbol{u}_{s7}$	$\boldsymbol{u}_{s8}$	$\boldsymbol{u}_{s7}$	$\boldsymbol{u}_{s8}$	$\boldsymbol{u}_{s7}$
	-1	$\boldsymbol{u}_{s5}$	$\boldsymbol{u}_{s6}$	$\boldsymbol{u}_{s1}$	$\boldsymbol{u}_{s2}$	$\boldsymbol{u}_{s3}$	$\boldsymbol{u}_{s4}$

表 4-1 中，$\Delta\psi$的取值是由滞环比较器的输出信号来确定，即有

$|\psi_s| \leqslant |\psi_s^*| - \Delta|\psi_s|$，$\Delta\psi = 1$；

$|\psi_s| \geqslant |\psi_s^*| + \Delta|\psi_s|$，$\Delta\psi = -1$。

Δt 的取值由转矩滞环比较器的 3 个输出信号来确定，即有

$t_e \leqslant t_e^* - \Delta|t_e|$，$\Delta t = 1$；

$t_e \geqslant t_e^*$，$\Delta t = 0$。

$t_e \geqslant t_e^* + \Delta|t_e|$，$\Delta t = -1$；

$t_e \leqslant t_e^*$，$\Delta t = 0$。

同定子磁链矢量控制不同的是，电磁转矩控制中采用了零电压矢量 $\boldsymbol{u}_{s7}$或者 $\boldsymbol{u}_{s8}$，主要是为了减小转矩脉动。采用零电压矢量如图 4-7 所示。当电磁转矩实际值达到滞环比较器下限值时，$t_e = t_e^* - \Delta|t_e|$，此刻选择合理的开关电压矢量使电磁转矩增大，当转矩 t_e 由 A 点升高到 $t_e = t_e^*$ 时，开始采用零电压矢量，当 $t_e > t_e^*$ 时，零电压矢量仍要起作用，在它的作用下，可使转矩的变化放缓。反之，当电磁转矩达到上限值时，$t_e = t_e^* + |\Delta t_e|$，选择合理的开关电压矢量迫使转矩下降，同时采用了零电压矢量。可以看出，零电压矢量能够“缓和”电磁转矩的剧烈变化，以此来减小转矩脉动。

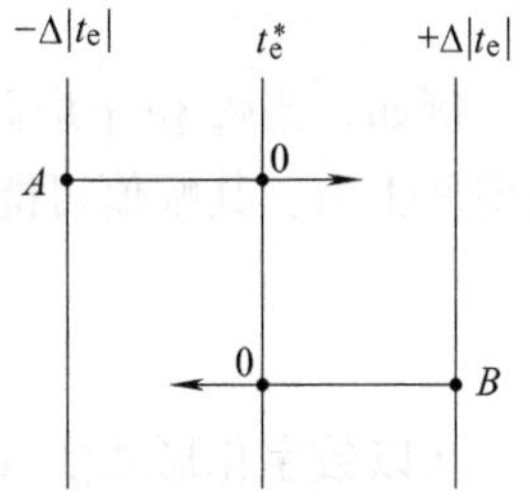

图 4-7　采用零电压矢量

表 4-1 中，在扇区①，当由 $\boldsymbol{u}_{s2}$ 改用零电压矢量时，可选用 $\boldsymbol{u}_{s7}$也可选用 $\boldsymbol{u}_{s8}$，但由于 $\boldsymbol{u}_{s2}$ 的开关状态是（110），所以选择 $\boldsymbol{u}_{s7}$（111）是合理的，因为此时仅需要一对逆变器开关进行转换。

2. 控制系统构成

图 4-8 是直接转矩控制系统原理框图。图中，电压源逆变器能提供 8 个开关电压矢量。将定子磁链实际值与给定值比较后的差值输入磁链滞环比较器，同时将转矩实际值与给定值比较后的差值输入转矩滞环比较器，根据两个滞环比较器的输出，通过查询表 4-1，可以选择到合适的开关电压矢量。但是在查询前，需要提供定子磁链矢量的位置信息，图中的 S_ψ 表示的是扇区顺序号。

根据定子三相电压和电流的检测值可估计出定子磁链矢量的幅值和相位，同时给出转矩值。

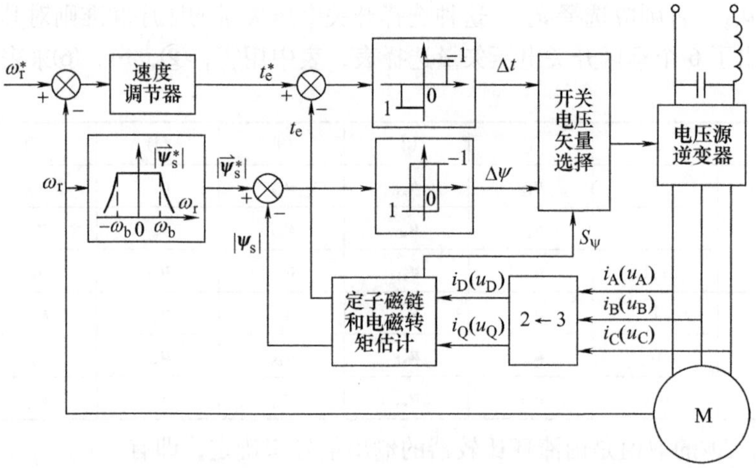

图 4-8 直接转矩控制系统原理框图

图 4-8 中，仅给出了速度控制环节，也可在此基础上构成位置控制系统。作为速度控制系统，还可以进行弱磁控制。

滞环控制属于 Bang-Bang 控制，滞环控制器相当于两点式调节器，也可看成是具有高增益的 P 调节器，虽然能使磁链和转矩快速调节，但是磁链和转矩不可避免地会产生脉动。若使脉动减小，可以减小滞环比较器带宽，但会增大逆变器的开关频率和开关损耗，降低了运行效率，也提高了对电子开关的技术要求。

3. 磁链偏差

在图 4-6 中，定子磁链矢量的变化可表示为

$$\Delta\boldsymbol{\psi}_s = \boldsymbol{u}_{sk}\Delta t \quad k = 1, 2, \cdots, 6 \tag{4-19}$$

例如，当$\boldsymbol{\psi}_s$ 位于扇区①时，可选择 $\boldsymbol{u}_{s2}$、$\boldsymbol{u}_{s6}$、$\boldsymbol{u}_{s3}$ 和 $\boldsymbol{u}_{s5}$ 中的一个来改变$\boldsymbol{\psi}_s$ 的幅值。$\boldsymbol{\psi}_s$ 在扇区①内，其幅值可能的变化范围为

$$|\Delta\boldsymbol{\psi}_s|_k = \pm\sqrt{\frac{2}{3}}V_c\cos\frac{\pi}{6}\Delta t = \pm\frac{V_c}{\sqrt{2}}\Delta t \tag{4-20}$$

在以数字化形式实现的直接转矩控制中，逆变器的开关频率通常是固定的，若逆变器开关导通时间为 Δt_s，则$\boldsymbol{\psi}_s$ 幅值变化的最大幅度为

$$|\Delta\boldsymbol{\psi}_s|_s = \frac{V_c}{\sqrt{2}}\Delta t_s \tag{4-21}$$

如果滞环比较器带宽小于这个值，滞环控制就不能很好地限制磁链幅值的脉动。

此外，由于采样时间的延迟，磁链幅值的变化范围也可能会超出滞环带宽，即有

$$|\Delta\boldsymbol{\psi}_s|_{sa} = 2\Delta|\psi_s| + \frac{V_c}{\sqrt{2}}\Delta t_{sa} \tag{4-22}$$

式中，Δt_{sa} 为延迟时间，$2|\Delta\boldsymbol{\psi}_s|$ 为滞环比较器总带宽。

这种延迟是由控制系统引起的，例如模拟/数字转换或传感器的延迟响应以及程序计算的占用时间等。

由上分析可知，即使选择小值的滞环带宽，也不一定能将磁链偏差严格地限制在这个带宽内，还会增大逆变器开关频率。为达到既要减小开关频率又限制磁链脉动的目的，要合理

选择滞环比较器的带宽值。

4. 转矩偏差

由式（4-7），可得

$$\boldsymbol{i}_{\mathrm{s}} = \frac{1}{L_{\mathrm{s}}'}\left(\boldsymbol{\psi}_{\mathrm{s}} - \frac{L_{\mathrm{m}}}{L_{\mathrm{r}}}\boldsymbol{\psi}_{\mathrm{r}}\right) \tag{4-23}$$

则有

$$\frac{\mathrm{d}\boldsymbol{i}_{\mathrm{s}}}{\mathrm{d}t} = \frac{1}{L_{\mathrm{s}}'}\left(\frac{\mathrm{d}\boldsymbol{\psi}_{\mathrm{s}}}{\mathrm{d}t} - \frac{L_{\mathrm{m}}}{L_{\mathrm{r}}}\frac{\mathrm{d}\boldsymbol{\psi}_{\mathrm{r}}}{\mathrm{d}t}\right) \tag{4-24}$$

由式（4-11），若忽略定子电阻影响，则有

$$\frac{\mathrm{d}\boldsymbol{\psi}_{\mathrm{s}}}{\mathrm{d}t} = \boldsymbol{v} = \boldsymbol{u}_{\mathrm{s}} \tag{4-25}$$

式中，$\boldsymbol{v}$ 是因定子磁链矢量变化产生的，定义为感应电压矢量$\boldsymbol{v}$，当不计定子电阻影响时，与外加电压矢量 $\boldsymbol{u}_{\mathrm{s}}$ 相平衡。

同理，有

$$\frac{L_{\mathrm{m}}}{L_{\mathrm{r}}}\frac{\mathrm{d}\boldsymbol{\psi}_{\mathrm{r}}}{\mathrm{d}t} = \boldsymbol{e} \tag{4-26}$$

$\frac{L_{\mathrm{m}}}{L_{\mathrm{r}}}\frac{\mathrm{d}\boldsymbol{\psi}_{\mathrm{r}}}{\mathrm{d}t}$是因转子磁链矢量变化产生的，定义为感应电压矢量 $\boldsymbol{e}$。

于是，可将式（4-24）近似为

$$\Delta\boldsymbol{i}_{\mathrm{s}} = \frac{1}{L_{\mathrm{s}}'}(\boldsymbol{v} - \boldsymbol{e})\Delta t \tag{4-27}$$

根据式（4-1），可将电磁转矩在 Δt 时间内的增量表示为

$$\Delta t_{\mathrm{e}} = p_0(\Delta\boldsymbol{\psi}_{\mathrm{s}} \times \boldsymbol{i}_{\mathrm{s}} + \boldsymbol{\psi}_{\mathrm{s}} \times \Delta\boldsymbol{i}_{\mathrm{s}}) \tag{4-28}$$

若忽略 Δt 时间内$\boldsymbol{\psi}_{\mathrm{s}}$ 变化的影响，转矩增量仅因 $\Delta\boldsymbol{i}_{\mathrm{s}}$引起，则可将式（4-28）近似为

$$\Delta t_{\mathrm{e}} \approx p_0\boldsymbol{\psi}_{\mathrm{s}} \times \Delta\boldsymbol{i}_{\mathrm{s}} = p_0\boldsymbol{\psi}_{\mathrm{s}} \times \frac{1}{L_{\mathrm{s}}'}(\boldsymbol{v} - \boldsymbol{e})\Delta t \tag{4-29}$$

当滞环控制采用数字化方式实现时，若逆变器开关导通时间为 Δt_{s}，则转矩变化量为

$$\Delta t_{\mathrm{e}}\big|_{\mathrm{s}} = p_0\boldsymbol{\psi}_{\mathrm{s}} \times \frac{1}{L_{\mathrm{s}}'}(\boldsymbol{v} - \boldsymbol{e})\Delta t_{\mathrm{s}} \tag{4-30}$$

如果滞环比较器的带宽小于这个值，滞环控制就不能像所期望的那样将转矩脉动幅值限制在带宽内。同理，因采样时间延迟，也会使转矩幅值的变化范围超过带宽，即有

$$\Delta t_{\mathrm{e}}\big|_{\mathrm{sa}} = 2\Delta t_{\mathrm{e}} + p_0\boldsymbol{\psi}_{\mathrm{s}} \times \frac{1}{L_{\mathrm{s}}'}(\boldsymbol{v} - \boldsymbol{e})\Delta t_{\mathrm{sa}} \tag{4-31}$$

因此，同样要合理选择开关频率和滞环带宽。

5. 电动机转速的影响

假设在 Δt 时间内，$\boldsymbol{\psi}_{\mathrm{r}}$ 的幅值保持不变，且因转差频率很小，$\boldsymbol{\psi}_{\mathrm{r}}$ 的旋转速度接近于转子电角速度，若将$\boldsymbol{\psi}_{\mathrm{r}}$ 的旋转速度作为转子实际旋转速度，则可将式（4-26）表示为

$$\boldsymbol{e} = \mathrm{j}\omega_{\mathrm{r}}\frac{L_{\mathrm{m}}}{L_{\mathrm{r}}}\boldsymbol{\psi}_{\mathrm{r}} \tag{4-32}$$

将式（4-32）代入式（4-29），可得

$$\Delta t_e \approx p_0 \psi_s \times \Delta \boldsymbol{i}_s = p_0 \psi_s \times \frac{1}{L_s'}\left(v - j\omega_r \frac{L_m}{L_r}\psi_r\right)\Delta t \tag{4-33}$$

式（4-33）表明，电磁转矩的变化会受电动机转速的影响。

可以用图4-9来表示式（4-33）中 Δt_e 与转速 ω_r 的矢量关系。图中，以转子磁链矢量 ψ_r 为参考坐标，$j\omega_r \frac{L_m}{L_r}\psi_r$ 超前 ψ_r 90°电角度，以矢量 OM 表示。PQ 是通过 M 点与定子磁链矢量 ψ_s 平行的斜线。当感应电压矢量 v 落在斜线 PQ 上时，$\psi_s \times \left(v - j\omega_r \frac{L_m}{L_r}\psi_r\right) = 0$，电磁转矩增量应为零；当 v 处于 PQ 斜线上方时，$\Delta t_e > 0$；当 v 处于 PQ 下方时，$\Delta t_e < 0$。电动机转速 ω_r 不同，斜线 PQ 会上下浮动，对于同一感应电压矢量 v，将会产生不同的转矩增量 Δt_e。图4-9中，随着 ω_r 变小，Δt_e 将逐渐增大。这说明，在低速区，外加电压矢量的控制作用明显，转矩增幅加大。在高速区，随着 ω_r 增大，外加电压矢量的控制作用逐渐减弱，当 $j\omega_r \frac{L_m}{L_r}\psi_r$ 达到 M 点时，外加电压矢量对转矩的控制作用就消失了。

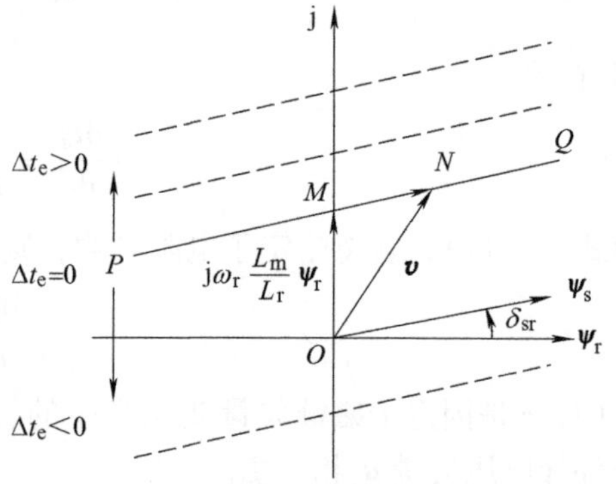

图4-9　Δt_e 与转速 ω_r 的矢量关系

事实上，由式（4-17）已知

$$u_{sn} = \omega_s |\psi_s|$$

当电动机低速运行时，定子频率 ω_s 也应是低值，所需的切向电压也较小。在滞环比较控制中，如果在控制周期 Δt 内选择的开关电压矢量其切向分量过大，由式（4-18）可知，负载角 δ_{sr} 会快速增大，结果使转矩急剧增加，引起转矩脉动，同时还会产生大的冲击电流。当电动机高速运行时，定子频率 ω_s 也为高值，所需切向电压也较大，如果所选择的开关电压矢量其切向分量冗余度过小，则对转矩增加的作用是不明显的，若所需的切向电压 u_{sn} 已达到逆变器所能提供切向电压值的极限，外加电压矢量对转矩的控制能力也就消失了。

4.2.2　定子磁链和转矩估计

1. 定子磁链估计

通常根据定子电压、电流和转速的检测值来估计定子磁链矢量的幅值和相位。

（1）电压-电流模型

由定子电压矢量方程，可得

$$\psi_s = \int (\boldsymbol{u}_s - R_s \boldsymbol{i}_s)\,dt \tag{4-34}$$

可通过矢量 ψ_s 在DQ轴系中的两个分量 ψ_D 和 ψ_Q 来估计其幅值 $|\psi_s|$ 和相位 ρ_s。

由式（4-34），可得

$$\psi_D = \int (u_D - R_s i_D)\,dt \tag{4-35}$$

$$\psi_Q = \int (u_Q - R_s i_Q)\,dt \tag{4-36}$$

式中，u_D、u_Q 和 i_D、i_Q 由 ABC 轴系到 DQ 轴系的坐标变换而得。

由图 4-6 可知，定子磁链矢量ψ_s 在 DQ 轴系内可表示为

$$\psi_s = |\psi_s| e^{j\rho_s} = \psi_D + j\psi_Q \tag{4-37}$$

于是

$$|\psi_s| = \sqrt{\psi_D^2 + \psi_Q^2} \tag{4-38}$$

$$\rho_s = \arctan \frac{\psi_Q}{\psi_D} \tag{4-39}$$

或者

$$\rho_s = \arccos \frac{\psi_D}{|\psi_s|}$$

$$\rho_s = \arcsin \frac{\psi_Q}{|\psi_s|}$$

在低频情况下，因式（4-35）和式（4-36）中的定子电压很小，定子电阻是否准确就变得十分重要，定子电阻参数变化对积分结果影响会很大，随着温度的变化应对电阻值进行修正，必要时需要在线辨识定子电阻 R_s。此外，积分器还存在误差积累以及数字化过程中产生量化误差等问题，还要受逆变器压降和开关死区的影响。

为了弥补式（4-34）低频积分的不足，通常采用大时间常数的低通滤波器来代替纯积分器，即将式（4-34）处理为

$$\psi_s = \frac{1}{Ts + 1}(\boldsymbol{u}_s - R_s \boldsymbol{i}_s) \tag{4-40}$$

式中，T 为低通滤波器的时间常数。

对式（4-35）和式（4-36）中的 u_D 和 u_Q 也可不用实际检测，而直接由逆变器开关状态和直流电压 V_c 来确定，即有

$$u_D = \mathrm{Re}\left[\sqrt{\frac{2}{3}} V_c e^{j(k-1)\frac{\pi}{3}}\right] \tag{4-41}$$

$$u_Q = \mathrm{Im}\left[\sqrt{\frac{2}{3}} V_c e^{j(k-1)\frac{\pi}{3}}\right] \tag{4-42}$$

式中，k 值由所选择的开关电压矢量来确定。

（2）电流-速度模型

由式（4-7）和式（4-10），已知

$$\psi_s = \sigma L_s \boldsymbol{i}_s + \frac{L_m}{L_r}\psi_r \tag{4-43}$$

$$\frac{d\psi_r}{dt} = \frac{L_m}{\sigma L_s}\frac{1}{T_r}\left(\psi_s - \frac{L_s}{L_m}\psi_r\right) + j\omega_r\psi_r \tag{4-44}$$

若由式（4-43）和式（4-44）估计定子磁链矢量ψ_s，可以看出，除了定子电流外，还需要转子速度信息。

将式（4-43）和式（4-44）以定子 DQ 坐标表示，则有

$$\psi_D = \sigma L_s i_D + \frac{L_m}{L_r}\psi_d \tag{4-45}$$

$$\psi_Q = \sigma L_s i_Q + \frac{L_m}{L_r}\psi_q \tag{4-46}$$

$$\frac{d\psi_d}{dt} = \frac{L_m}{\sigma L_s}\frac{1}{T_r}\left(\psi_D - \frac{L_s}{L_m}\psi_d\right) - \omega_r\psi_q \tag{4-47}$$

$$\frac{d\psi_q}{dt} = \frac{L_m}{\sigma L_s}\frac{1}{T_r}\left(\psi_Q - \frac{L_s}{L_m}\psi_q\right) + \omega_r\psi_d \tag{4-48}$$

根据式（4-45）～式（4-48）可得到如图4-10所示电流－速度模型法的框图。

与电压－电流模型相比，电流－速度模型中没有出现定子电阻，因此不受定子电阻变化的影响。电流－速度模型要利用转子时间常数及定、转子电感值，还有转子电角速度，这些参数的准确性以及速度的测量精度对估计结果都有较大的影响，其中转子电阻和定、转子电感会随温度和磁路饱和程度的变化而变化。

一般来说，在高速段可采用电压－电流模型，因为电压－电流模型简单，且只受定子电阻影响，而在低速段采用电流－速度模型，因为此时电压－电流模型可能已不能正常工作。但是，要实现两个模型间快速平滑的切换也存在困难。为解决这一问题，可将两种模型综合在一起，构成新的电压－速度模型。

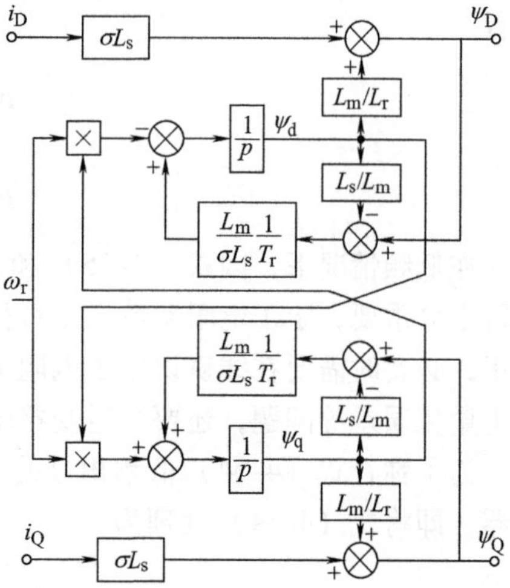

图4-10　电流－速度模型法框图

2. 电磁转矩估计

利用式（4-1）可以得到电磁转矩的估计值，即有

$$t_e = p_0\boldsymbol{\psi}_s \times \boldsymbol{i}_s = p_0(\psi_D i_Q - \psi_Q i_D) \tag{4-49}$$

式中，ψ_D 和 ψ_Q 为估计值；i_D 和 i_Q 为实测值。

4.3　空间矢量调制

在直接转矩控制中，是否能选择到合理而又合适的开关电压矢量非常重要，也十分关键。按本章4.1节所述的控制方式，每一周期内只能选择一个开关电压矢量来同时控制 $\boldsymbol{\psi}_s$ 的幅值和旋转速度，但其径向分量 $\boldsymbol{u}_{sr}$ 和切向分量 $\boldsymbol{u}_{sn}$ 不一定是所预期的电压矢量，导致磁链和转矩控制产生了较大偏差。再有，滞环比较器对磁链和转矩偏差只能做出非0即1的判断，无法区别偏差的大小，也无法考虑转速变化的影响。空间矢量脉宽调制技术（Space Vector Pulse Width Modulation，SVPWM）为解决这一问题提供了有效途径和控制方法。

4.3.1　多位滞环比较控制

1. 空间电压矢量调制

常规直接转矩控制在一个采样周期内只能选择一个开关电压矢量，但若将一个采样周期分为几个时间段，尽管每时间段仍只能选择一个开关电压矢量，却可以在一个周期内组合成多个不同的电压矢量，这就扩大了对电压矢量的选择范围，使之能够选择到更合适的电压矢量。将一个采样周期分成的时间段越多，可以组合出的电压矢量数目就越多，但控制会越加复杂。现在，将一个采样周期分成3段，介绍空间矢量调制的方式。

常规控制下的电压矢量选择如图4-11所示。定子磁链矢量位于①区间，按表4-1给出的控制规则，可供选择的仅有4个非零电压开关矢量 $\boldsymbol{u}_{s2}$、$\boldsymbol{u}_{s3}$、$\boldsymbol{u}_{s5}$、$\boldsymbol{u}_{s6}$ 和两个零电压矢量。

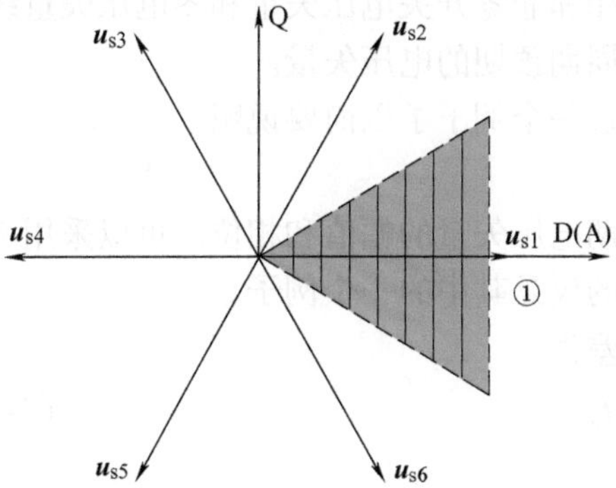

图4-11　常规控制下的电压矢量选择

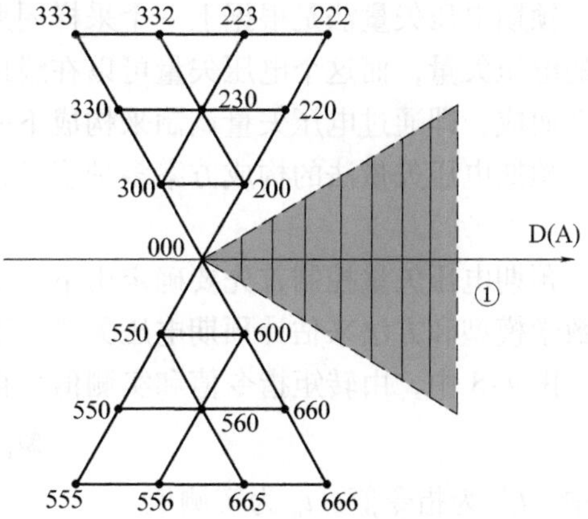

图4-12　空间电压矢量调制后的电压矢量选择

同样对于①区间，通过空间矢量调制，可得到19个电压矢量，如图4-12所示。图中，每个节点表示一个电压矢量的顶点。例如，"332"表示是由开关电压矢量 $\boldsymbol{u}_{s3}$ 和 $\boldsymbol{u}_{s2}$ 组合而成的，"600"表示是由 $\boldsymbol{u}_{s6}$ 和两个零电压矢量组合而成的。

对比图4-11和图4-12，可以看出，对于上半部的9个电压矢量，其中有4个仍与 $\boldsymbol{u}_{s2}$ 或 $\boldsymbol{u}_{s3}$ 方向相同，但是幅值已缩短为原来的2/3或1/3。另有3个电压矢量"230"、"223"和"332"，与 $\boldsymbol{u}_{s2}$ 和 $\boldsymbol{u}_{s3}$ 相比，不仅幅值不同，方向也不相同，例如电压矢量"230"，其方向是由节点000→230，另两个的方向应是000→223和000→332，这样不仅改变了 $\boldsymbol{u}_{s2}$ 和 $\boldsymbol{u}_{s3}$ 的输出强度，也改变了其作用方向，相当于又构成了3个新的开关电压矢量。

在常规的滞环比较控制中，无法考虑电动机转速的影响。采用空间电压矢量调制的滞环比较控制，可以计及转速的影响，它是将转矩偏差、磁链偏差和转速3个信息量作为选择电压矢量的依据，可将转速分为3个区域，即高速区、中速区和低速区，再对这3个不同速度区域分别拟定电压矢量选择规则。

由于可供选择的电压矢量数目增多，而且电压矢量的作用强度差异较大，可以按转矩偏差的大小来选择不同的电压矢量，可以考虑控制稳态转矩变化和瞬态转矩时对电压矢量的不同要求。

2. 五位滞环比较器

在常规的转矩滞环控制中，采用的是如表4-1所示的三位滞环比较器，输出信息是1、0和−1。现采用如图4-13所示的五位滞环比较器，输出信息是+2、+1、0、−1、−2，其中+1、0、−1对应转矩的稳态变化，+2和−2对应转矩的瞬态变化。对磁链只考虑稳态变化，仍采用二位滞环比较器，输出二位信息1或−1，1表示应增加，−1表示应减少。

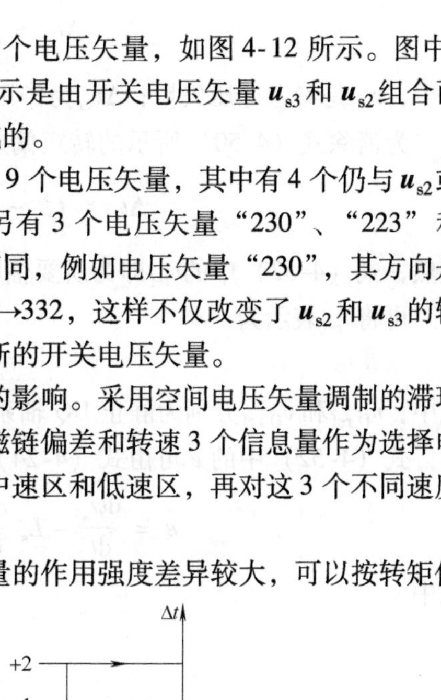

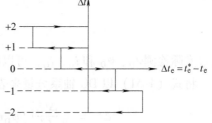

图4-13　五位滞环比较器

4.3.2 预期电压控制

上述空间矢量调制构建出的电压矢量仍是数量有限和在空间离散分布的，还不能很好满足每一控制周期内对控制电压提出的要求。

预期电压矢量法是根据上一个采样周期内磁链和转矩的偏差来确定下一个采样周期所期望的电压矢量，而这个电压矢量可以在线地由两个相邻非零开关电压矢量和零电压矢量线性组合而成，即通过电压矢量调制来构成下一个采样周期预期的电压矢量。

预期电压矢量法的构成方案多种多样，下面通过一个例子予以简要说明。

1. 预期电压矢量估计

预期电压矢量控制首先要确定出下一个周期预期电压矢量的幅值和相位。可以采用不同的数学模型和方法来估计预期电压矢量，下面介绍的仅是其中的一个例子。

图 4-8 中，由转矩指令值和实测值可得转矩偏差为

$$\Delta t_e = t_e^* - t_e \tag{4-50}$$

式中，t_e^* 为指令值；t_e 为实测值。

由式（4-29）可得以下形式

$$\Delta t_e = p_0 \psi_s \times \frac{1}{L_s'}(v_{ref} - \boldsymbol{e})\Delta t_{sa} \tag{4-51}$$

式中，v_{ref}是参考电压矢量；Δt_{sa}为作用时间。

为消除式（4-50）所示的转矩偏差，应使

$$\Delta t_e = t_e^* - t_e = p_0 \psi_s \times \frac{1}{L_s'}(v_{ref} - \boldsymbol{e})\Delta t_{sa} \tag{4-52}$$

显然，式（4-52）中的v_{ref}即为所要估计的预期电压矢量。

可将v_{ref}表示为

$$v_{ref} = v_{D\,ref} + jv_{Q\,ref} \tag{4-53}$$

式中，$v_{D\,ref}$和 $v_{Q\,ref}$分别为静止 DQ 轴系中的分量值。

式（4-52）中的 $\boldsymbol{e}$ 可由式（4-24）和式（4-26）求出，即有

$$\boldsymbol{e} = \frac{d\boldsymbol{\psi}_s}{dt} - L_s'\frac{d\boldsymbol{i}_s}{dt} \approx \frac{\Delta\boldsymbol{\psi}_s}{\Delta t_{sa}} - L_s'\frac{\Delta\boldsymbol{i}_s}{\Delta t_{sa}} = e_D + je_Q \tag{4-54}$$

式中

$$\boldsymbol{\psi}_s = \psi_D + j\psi_Q$$

$$\boldsymbol{i}_s = i_D + ji_Q$$

通过实际检测ψ_D、ψ_Q 和 i_D、i_Q，可以得到 e_D 和 e_Q。

将式（4-51）以 DQ 轴系分量来表示，则有

$$\Delta t_e = p_0\frac{\Delta t_{sa}}{L_s'}[(\psi_D v_{Q\,ref} - \psi_Q v_{D\,ref}) + (\psi_Q e_D - \psi_D e_Q)] \tag{4-55}$$

由式（4-55）可求得预期电压矢量的交轴分量 $v_{Q\,ref}$，即有

$$v_{Q\,ref} = \frac{\psi_Q v_{D\,ref} + G}{\psi_D} \tag{4-56}$$

式中

$$G = \frac{\Delta t_e L_s'}{p_0 \Delta t_{sa}} + (\psi_D e_Q - \psi_Q e_D)$$

在忽略定子电阻情况下，已知

$$v_{ref} = \boldsymbol{u}_{s\,ref} = \frac{d\boldsymbol{\psi}_s}{dt} \tag{4-57}$$

在足够小的时间 Δt_{sa} 内，可有

$$\Delta\boldsymbol{\psi}_s = v_{ref}\Delta t_{sa} \tag{4-58}$$

对磁链矢量控制，就是通过控制 $\Delta\boldsymbol{\psi}_s$，使实际磁链矢量 $\boldsymbol{\psi}_s$ 能够跟踪其指令 $\boldsymbol{\psi}_{s\,ref}$，即

$$\boldsymbol{\psi}_s + \Delta\boldsymbol{\psi}_s = \boldsymbol{\psi}_{s\,ref} \tag{4-59}$$

将式（4-58）代入式（4-59），可得

$$\boldsymbol{\psi}_{s\,ref} = \boldsymbol{\psi}_s + v_{ref}\Delta t_{sa} \tag{4-60}$$

由式（4-60），可得

$$|\psi_{s\,ref}|^2 = (\psi_D + v_{D\,ref}\Delta t_{sa})^2 + (\psi_Q + v_{Q\,ref}\Delta t_{sa})^2 \tag{4-61}$$

将式（4-56）代入式（4-61），则有

$$a v_{D\,ref}^2 + 2b v_{D\,ref} + c = 0 \tag{4-62}$$

式中

$$a = \Delta t_{sa}^2 + \left(\frac{\psi_Q \Delta t_{sa}}{\psi_D}\right)^2$$

$$b = G\psi_Q\left(\frac{\Delta t_{sa}}{\psi_D}\right)^2 + \Delta t_{sa}\psi_D + \frac{\psi_Q^2 \Delta t_{sa}}{\psi_D}$$

$$c = 2G\Delta t_{sa}\frac{\psi_Q}{\psi_D} + \left(\frac{G\Delta t_{sa}}{\psi_D}\right)^2 + \psi_D^2 + \psi_Q^2 - \psi_{s\,ref}^2$$

由式（4-62）可以解出 $v_{D\,ref}$，但此二次方程有两个解，一般应取其中绝对值较小的一个，因为若 $v_{D\,ref}$ 的绝对值超过逆变器直流电压 V_c 的 $\sqrt{2}/\sqrt{3}$ 倍是不合理的。将该解 $v_{D\,ref}$ 代入式(4-56)，可以得到另一分量值 $v_{Q\,ref}$，于是可求出预期电压矢量 $v_{s\,ref}$。

当电动机在低频下运行时，定子电阻 R_s 的影响是明显的。若计及定子电阻影响，则有

$$\boldsymbol{u}_{s\,ref} = R_s\boldsymbol{i}_s + \boldsymbol{v}_{ref} = u_{D\,ref} + ju_{Q\,ref} \tag{4-63}$$

至此，已经求出预期电压矢量 $\boldsymbol{u}_{s\,ref}$。

2. 电压空间矢量调制（SVPWM）

实际上，逆变器仅有 8 种开关状态，任何一种开关状态提供的开关电压矢量都难以满足式（4-63）提出的要求。但是可以采用空间矢量脉宽调制方法，来优化组合逆变器的开关状态，使逆变器实际提供的电压矢量尽量逼近预期电压矢量。

一种方式是选择与 $\boldsymbol{u}_{s\,ref}$ 相邻的两个开关电压矢量，再加上一个零电压矢量，由这 3 个开关电压矢量的线性组合来构成 $\boldsymbol{u}_{s\,ref}$，每个开关电压矢量的作用时间由下式确定，即

$$\boldsymbol{u}_{s\,ref}\Delta t_{sa} = \boldsymbol{u}_{sk}\Delta t_a + \boldsymbol{u}_{s(k+1)}\Delta t_b + \boldsymbol{u}_0\Delta t_0 \tag{4-64}$$

式中

$$\Delta t_{sa} = \Delta t_a + \Delta t_b + \Delta t_0$$

由式（4-63）可知$\boldsymbol{u}_{s\,ref}$在DQ轴系中的空间相位，由此可选择相邻的开关电压矢量$\boldsymbol{u}_{sk}$和$\boldsymbol{u}_{s(k+1)}$，例如图4-14中，$\boldsymbol{u}_{sk}=\boldsymbol{u}_{s1}$，$\boldsymbol{u}_{s(k+1)}=\boldsymbol{u}_{s2}$。

将$\boldsymbol{u}_{s1}$和$\boldsymbol{u}_{s2}$写成如下形式，即

$$\boldsymbol{u}_{sk} = \sqrt{\frac{2}{3}}V_c e^{j(k-1)\frac{\pi}{3}} \quad (k=1,2) \tag{4-65}$$

将式（4-63）和式（4-65）分别代入式（4-64），再将式（4-64）两边分成实部和虚部，可得

$$\Delta t_a = \sqrt{\frac{3}{2}}\frac{1}{V_c}\left(u_{D\,ref} - \frac{1}{\sqrt{3}}u_{Q\,ref}\right)\Delta t_{sa} \tag{4-66}$$

$$\Delta t_b = \frac{\sqrt{2}}{V_c}u_{Q\,ref}\Delta t_{sa} \tag{4-67}$$

$$\Delta t_0 = \Delta t_{sa} - \Delta t_a - \Delta t_b \tag{4-68}$$

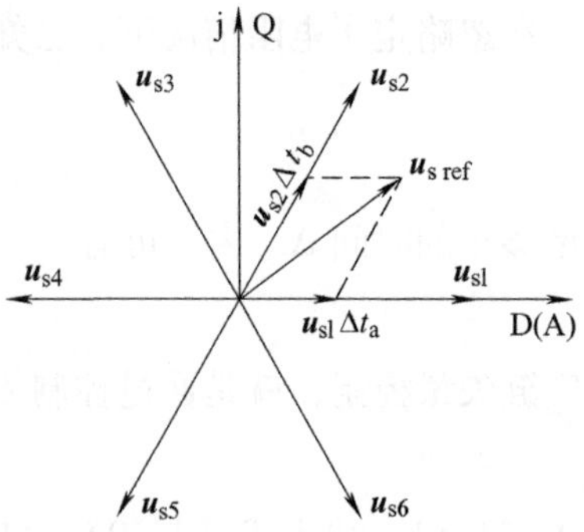

图4-14　空间电压矢量脉宽调制

4.4　直接转矩控制与矢量控制的联系和比较

4.4.1　直接转矩控制与转子磁场矢量控制

由图4-1，可将式（4-5）改写为

$$t_e = p_0\frac{L_m}{L_s'L_r}|\psi_r||\psi_s|\sin\delta_{sr} = p_0\frac{L_m}{L_s'L_r}\psi_r\psi_T \tag{4-69}$$

式中，ψ_T是定子磁链矢量ψ_s的T轴分量，也是相对ψ_r的正交分量。

式（4-69）表明，若转子磁链矢量ψ_r的幅值保持不变，电磁转矩就决定于ψ_T，这意味着在直接转矩控制中，控制$|\psi_s|$和δ_{sr}，其实质是在控制ψ_T。

在以转子磁场定向的矢量控制中，是以定子电流作为控制变量。如图4-1所示，$\boldsymbol{i}_s$在沿转子磁场定向MT轴系中的转矩分量为i_T，电磁转矩为

$$t_e = p_0\frac{L_m}{L_r}\psi_r i_T \tag{4-70}$$

由图4-1可知，T轴的定、转子磁链方程为

$$\psi_T = L_s i_T + L_m i_t \tag{4-71}$$

$$\psi_t = L_r i_t + L_m i_T \tag{4-72}$$

MT轴系沿转子磁场定向后，$\psi_t=0$，由式（4-71）和式（4-72），可得

$$\psi_T = \left(L_s - \frac{L_m^2}{L_r}\right)i_T = L_s' i_T \tag{4-73}$$

或者

$$i_T = \frac{\psi_T}{L_s'} \tag{4-74}$$

事实上，由图4-1也可直接得式（4-73）和式（4-74），因为由$L_s'\boldsymbol{i}_s$和ψ_s在T轴方向上的投影关系，即可得到$\psi_T = L_s' i_T$。通过式（4-73）和式（4-74），可将式（4-69）转换为式

(4-70)，或者反之。可见，在转矩控制上，直接转矩控制与转子磁场矢量控制的结果是一致的，只是控制方式不同而已。矢量控制选择的是以转矩电流 i_T 为控制变量，而直接转矩控制选择的是以 $|\psi_s|$ 和 δ_{sr} 为控制变量。两者之间的联系是：控制 i_T 即相当于调节 $L_s' i_T$，也等同于控制 $|\psi_s|$ 和 δ_{sr}；反之亦然。

在基于转子磁场定向的矢量控制中，在稳态下一定满足 $\omega_f = \frac{1}{T_r}\frac{i_T}{i_M}$ 的关系，表明若保持 i_M（ψ_r）不变，控制 i_T 就等同于控制转差频率 ω_f，以此可以控制电磁转矩，这也完全符合感应电动机运行的基本原理，对此在 2.2 节中已做了详细分析。在直接转矩控制中，如图 4-1所示，如果转子磁链矢量幅值 $|\psi_r|$ 保持不变，则控制 $|\psi_s|$ 和 δ_{sr} 也相当于控制转矩电流 i_T，实则也是在控制转差频率 ω_f。两种控制方式本质上是一致的，最终都是通过控制转差频率来控制电磁转矩。

然而，基于转子磁场定向的转矩控制，可以通过控制励磁电流 i_M 来控制转子磁链，通过控制转矩电流 i_T 来控制电磁转矩，且两者间可以实现解耦控制；若控制转子磁链恒定，电磁转矩与转矩电流 i_T 便具有线性关系。就转矩控制而言，已相当于将三相感应电动机变换成为一台等效的直流电动机，这种控制方式有效解决了三相感应电动机转矩生成和控制中存在的强耦合和非线性问题，使转矩控制水平可与真实他励直流电动机相媲美。但是，这种转矩控制只有在沿转子磁场定向的 MT 轴系中才能实现，为此必须先要进行磁场定向，尔后还必须进行矢量变换，将励磁电流和转矩电流变换为三相电流，还必须设置电流控制环节。

直接转矩控制直接选择定子磁链矢量 ψ_s 为控制变量，如图 4-1 所示，这等同于在转子磁场定向 MT 轴系中控制其幅值 $|\psi_s|$ 和相位 δ_{sr}，控制的结果相当于在此 MT 轴系中控制转矩电流 i_T，这与基于转子磁场的转矩控制是一致的。但是，直接转矩控制对 ψ_s 的控制，实际是在 ABC 轴系内进行的，因此无需进行磁场定向和矢量变换。而且，若不计定子电阻影响，可直接利用 $\boldsymbol{u}_s$ 与 ψ_s 间的积分关系，利用外加电压矢量来直接控制 $|\psi_s|$ 和 δ_{sr}，亦即可以直接控制定子磁链幅值和电磁转矩。显然，与基于转子磁场矢量控制相比，直接转矩控制更为直接和简捷，加之可利用切向电压分量 u_{sn} 直接改变 δ_{sr} 的变化速率，能够快速控制转矩，所有这些都可提高控制系统的快速性。然而，正是因为直接转矩控制是在 ABC 轴系内进行的一种直接控制方式，目前尚不能实现像基于转子磁场定向那样的线性和解耦控制。

4.4.2 直接转矩控制与定子磁场矢量控制

1. 直接转矩控制与定子磁场矢量控制的内在联系

在 ABC 轴系中，已知定子电压矢量方程为

$$\boldsymbol{u}_s = R_s \boldsymbol{i}_s + \frac{d\boldsymbol{\psi}_s}{dt} \tag{4-75}$$

在图 4-1 中，如果将 MT 轴系沿定子磁场方向定向，此 MT 轴系与基于定子磁场定向的矢量控制所采用的 MT 轴系便是同一轴系，如图 4-15 所示。

现将定子电压矢量方程式（4-75）变换到以定子磁场定向的 MT 轴系，可得

$$\boldsymbol{u}_s^M = R_s \boldsymbol{i}_s^M + \frac{d\boldsymbol{\psi}_s^M}{dt} + j\omega_s \boldsymbol{\psi}_s^M \tag{4-76}$$

式中，ω_s 为矢量 ψ_s 的旋转速度。

由方程式（4-76），可得以坐标分量表示的电压分量方程，即有

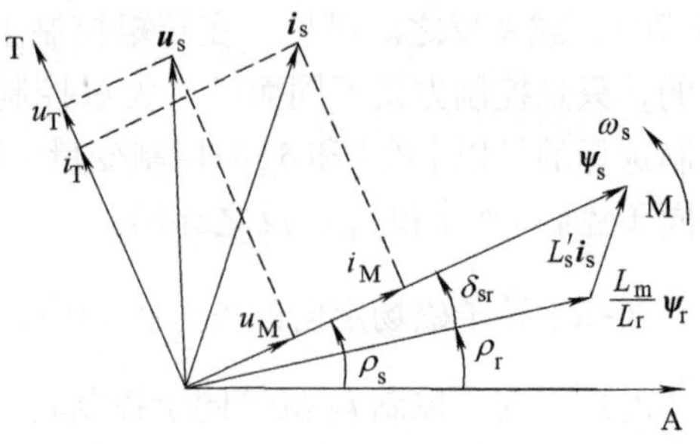

图 4-15　定子磁场定向的 MT 轴系

$$u_M = R_s i_M + \frac{d\psi_M}{dt} \tag{4-77}$$

$$u_T = R_s i_T + \omega_s \psi_M \tag{4-78}$$

式中，$\psi_M = \psi_s$。

可将式（4-77）和式（4-78）表示为

$$u_M = R_s i_M + \frac{d\psi_s}{dt} \tag{4-79}$$

$$u_T = R_s i_T + \omega_s \psi_s \tag{4-80}$$

式（4-79）和式（4-80）与式（2-269）和式（2-270）相比较，实为同一组方程，即为基于定子磁场矢量控制的电压控制方程。

如果忽略定子电阻 R_s 影响，则式（4-79）和式（4-80）变为

$$u_M = \frac{d\psi_s}{dt} \tag{4-81}$$

$$u_T = \omega_s \psi_s \tag{4-82}$$

式（4-81）和式（4-82）与式（4-16）和式（4-17）比较，可以看出，u_M 即为 u_{sr}，u_T 即为 u_{sn}。这说明直接转矩控制在本质上是沿定子磁场定向的转矩控制。对比图 4-15 和图 4-3 也可看出，u_M 和 u_{sr} 对 ψ_s 的作用都是改变其幅值，而 u_T 和 u_{sn} 对 ψ_s 的作用都是改变其旋转速度。

在基于定子磁场定向的矢量控制中，电磁转矩方程为

$$t_e = p_0 \boldsymbol{\psi}_s \times \boldsymbol{i}_s = p_0 \psi_s i_T \tag{4-83}$$

式中，i_T 为定子电流矢量 $\boldsymbol{i}_s$ 的转矩分量，称为转矩电流。

在直接转矩控制中，电磁转矩方程为

$$t_e = p_0 \frac{L_m}{L_s' L_r} |\psi_s| |\psi_r| \sin\delta_{sr} \tag{4-84}$$

由图 4-15 可得

$$\frac{L_m}{L_r} |\psi_r| \sin\delta_{sr} = L_s' i_T \tag{4-85}$$

将式（4-85）代入式（4-84）便可得到式（4-83），或者将式（4-85）代入式（4-83）就可得到式（4-84）。这说明，两种控制最终控制的都是定子电流转矩分量 i_T。由图 4-15 也可以看出，只有 i_T 改变时，负载角 δ_{sr} 才会改变；反之，δ_{sr} 改变一定会伴生 i_T 的改变。定子磁场矢量控制是通过控制转矩电流 i_T 来控制转矩，而直接转矩控制通过改变负载角 δ_{sr} 来控制转矩。虽然两者都利用了定子电压方程式（4-80），但矢量控制利用 u_T 来直接控制电流 i_T，而直接转矩控制利用电压 u_T 来控制 ω_s，实质是控制 δ_{sr}。两者选择的控制变量是不同的。

2. 直接转矩控制中的磁链和转矩控制

由图 4-15，可得

$$\psi_s = L_s' i_M + \frac{L_m}{L_r} \psi_r \cos\delta_{sr} \tag{4-86}$$

由式（4-79）和式（4-86）以及式（4-80）和式（4-85），可得

$$\frac{\mathrm{d}\psi_s}{\mathrm{d}t} + \frac{1}{T_s'}\psi_s - \frac{1}{T_s'}\frac{L_m}{L_r}\psi_r\cos\delta_{sr} = u_M \tag{4-87}$$

$$\omega_s\psi_s + \frac{1}{T_s'}\frac{L_m}{L_r}\psi_r\sin\delta_{sr} = u_T \tag{4-88}$$

式（4-87）和式（4-88）为定子磁场定向 MT 轴系内的电压控制方程，也可看成是直接转矩控制方程。通过控制电压分量 u_M 和 u_T 可以控制ψ_s 和 δ_{sr}，但两方程间存在耦合关系，并存在由ψ_r 和 δ_{sr}构成的非线性耦合项。在 u_M 作用下，ψ_s 的响应具有滞后特性，其变化过程比较复杂。通过控制切向电压分量 u_T 可以控制定子磁链矢量ψ_s 的旋转速度 ω_s，与磁链变化相比，ω_s 的响应相对要快些。

将式（4-88）代入式（4-5），即有

$$t_e = p_0\frac{1}{R_s}(-\omega_s\psi_s^2 + \psi_s u_T) \tag{4-89}$$

可以看出，u_T 和 t_e 间具有复杂的非线性关系，且定子磁链控制和转矩控制间存在耦合。若突加过大 u_T 会引起转矩急剧变化，特别在低速时，转矩变化会更为剧烈；由式（4-78）可知，同时还会产生冲击电流，因为此时$\psi_T=0$，i_T 变化不会受任何阻尼作用。

由式（4-87）~式（4-89）可构成直接转矩控制系统，这是一组非线性方程。控制电压 u_M 和 u_T 与被控量ψ_s 和 t_e 间具有非线性关系。显然直接采用线性控制理论并不可行。通常可采用非线性调节器来对ψ_s 和 t_e 进行闭环控制，或者先利用前馈控制实现对方程中非线性项的解耦，然后再进行线性控制。

3. 定子磁场矢量控制中的磁链和转矩控制

矢量控制与直接转矩控制的差异主要体现在控制方式上，矢量控制选择的控制变量是励磁电流 i_M 和转矩电流 i_T，而直接转矩控制直接选择定子磁链和转矩为控制对象。

对电磁转矩控制的实质是对电动机内磁场的控制。直接转矩控制直接以定子磁场为控制变量，对转矩控制而言，这不是更直接吗？其实不然。因为磁场是由电流建立的（$\psi=Li$），控制磁场的实质是控制建立磁场的电流，从这一角度看，直接转矩控制并不能直接控制转矩，而矢量控制对转矩的控制才更为直接，只要能准确地控制电流，就相当于准确地控制转矩。

定子磁场定向矢量控制虽然和直接转矩控制一样，也利用了定子电压分量方程式（4-79）和式（4-80），但却是利用电压分量 u_M 和 u_T 来控制 i_M 和 i_T。

由式（4-79）、式（4-85）和式（4-86），可得

$$L_s'\frac{\mathrm{d}i_M}{\mathrm{d}t} + R_s i_M + \frac{L_m}{L_r}\frac{\mathrm{d}\psi_r}{\mathrm{d}t}\cos\delta_{sr} - \omega_{sr}L_s' i_T = u_M \tag{4-90}$$

式中，ω_{sr}为ψ_s 相对ψ_r 的旋转速度，$\omega_{sr}=\mathrm{d}\delta_{sr}/\mathrm{d}t$。

由式（4-80）和式（4-86），可得

$$R_s i_T + \omega_s L_s' i_M + \omega_s\frac{L_m}{L_r}\psi_r\cos\delta_{sr} = u_T \tag{4-91}$$

式（4-90）和式（4-91）也是一组非线性方程，两方程间也存在非线性耦合，通过 u_M 和 u_T 来控制 i_M 和 i_T 同样是复杂的。

在 2.7.2 节中，没有采用 u_M 和 u_T 来直接控制 i_M 和 i_T，而是利用电流可控 PWM 逆变器，通过快速电流控制环来控制 i_M 和 i_T。定子电流控制方程为

$$i_{\mathrm{M}} = \frac{\frac{L_{\mathrm{m}}}{L_{\mathrm{s}}}(1 + T_{\mathrm{r}}p)i_{\mathrm{ms}} + \sigma T_{\mathrm{r}}\omega_{\mathrm{f}}i_{\mathrm{T}}}{1 + \sigma T_{\mathrm{r}}p} \tag{4-92}$$

$$i_{\mathrm{T}} = \frac{\frac{1}{L_{\mathrm{s}}}(L_{\mathrm{m}}i_{\mathrm{ms}} - \sigma L_{\mathrm{s}}i_{\mathrm{M}})T_{\mathrm{r}}\omega_{\mathrm{f}}}{1 + \sigma T_{\mathrm{r}}p} \tag{4-93}$$

式中，i_{ms}为等效励磁电流，$L_{\mathrm{m}}i_{\mathrm{ms}} = \psi_{\mathrm{s}}$。

式（4-92）和式（4-93）中虽然消除了由ψ_{r}和δ_{sr}引起的非线性耦合项，但是两方程间仍存在耦合关系，必须进行解耦处理。

在沿定子磁场定向的MT轴系内，无论采用直接转矩控制还是矢量控制，都不能改变电动机转矩控制的非线性特性。由2.6节和2.7节分析已知，由于基于气隙磁场和定子磁场定向的转矩控制，无法消除转子漏磁场的影响，因此不可能改变磁链和转矩控制的非线性和耦合特性。

但是，Bang-Bang控制是一种有效的非线性控制方式，用两个滞环比较器去直接控制磁链和转矩，可将这种复杂的非线性控制“由繁化简”，充分体现了滞环控制的特点。Bang-Bang控制器相当于高增益的P调节器，使得转矩控制响应加快，提高了控制系统的快速响应能力；这种滞环控制自身不依赖于电动机数学模型，不受电动机参数变化的影响，可以提高控制系统的鲁棒性；加之不需要进行矢量变换和精确估计定子磁链矢量相位，使控制更加简捷和容易实现，也提高控制系统的快速性。然而这种以滞环控制实现的直接转矩控制，还是改变不了基于定子磁场转矩控制的非线性和控制耦合的本性。由于只采用了P调节器，带来的问题便是无法消除输入误差，还会产生转矩脉动，特别在低速时更为明显。这些都使直接转矩控制目前还难以达到基于转子磁场转矩控制的水平。

4.5 直接转矩控制仿真举例

基于三相感应电动机直接转矩控制系统的原理，在Matlab6.5环境下，利用Simulink仿真工具，搭建三相感应电动机直接转矩控制系统的仿真模型，整体设计框图如图4-16所示。根据模块化建模思想，系统主要包括的功能子模块有：电动机模块、逆变器模块、电压测量模块、坐标变换模块、磁链模型模块、磁链计算模块、磁链调节模块、转矩模型模块、转矩调节模块、扇区判断模块、速度调节模块和电压空间矢量表模块等，其中电压空间矢量表模块采用Matlab的S函数编写。

定子磁链的估计采用电压－电流模型，通过检测出定子电压和电流计算定子磁链，磁链模型模块的结构框图如图4-17所示。同时，根据定子电流和定子磁链，可以估计出电磁转矩，转矩模型模块的结构框图如图4-18所示。

磁链调节模块的结构框图如图4-19所示，它的作用是控制定子磁链的幅值，以使电动机容量得以充分利用。磁链调节模块采用两点式调节，输入量为磁链给定值$|\psi_{\mathrm{s}}^{*}|$及磁链幅值的观测值$|\psi_{\mathrm{s}}|$，输出量为磁链开关量$\Delta\psi$，其值为0或者1。转矩调节模块的结构框图如图4-20所示，它的任务是实现对转矩的直接控制，转矩调节模块采用3点式调节，输入量为转矩给定值t_{e}^{*}及转矩估计值t_{f}，输出量为转矩开关量ΔT，其值为0、1或－1。

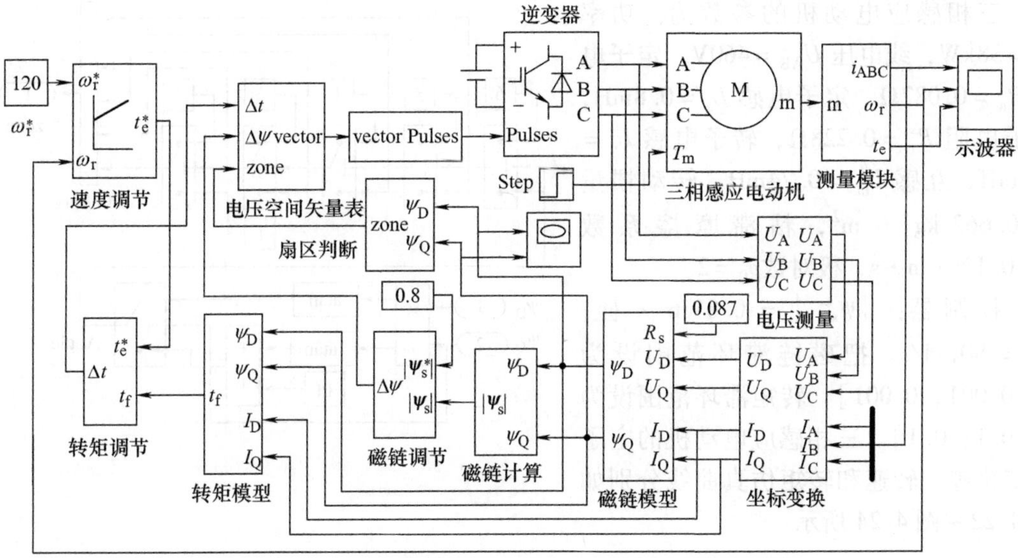

图 4-16　基于 Simulink 的三相感应电动机直接转矩控制系统的仿真模型的整体设计框图

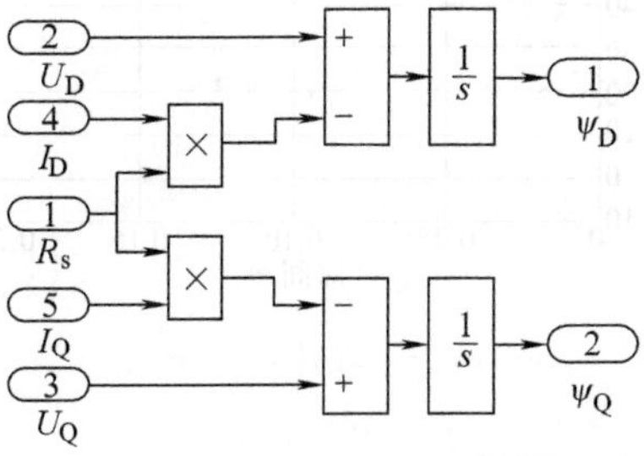

图 4-17　磁链模型模块的结构框图

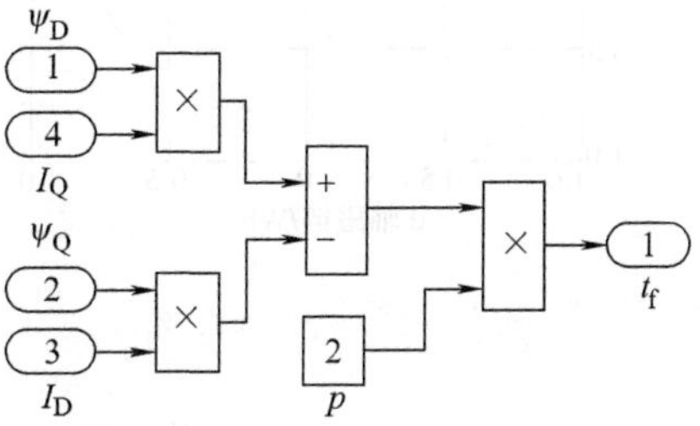

图 4-18　转矩模型模块的结构框图

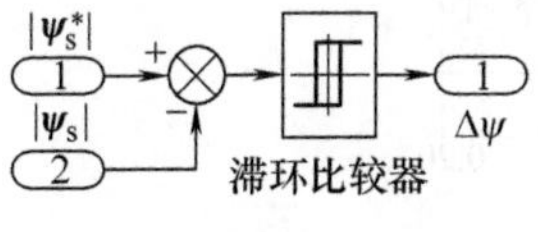

图 4-19　磁链调节模块的结构框图

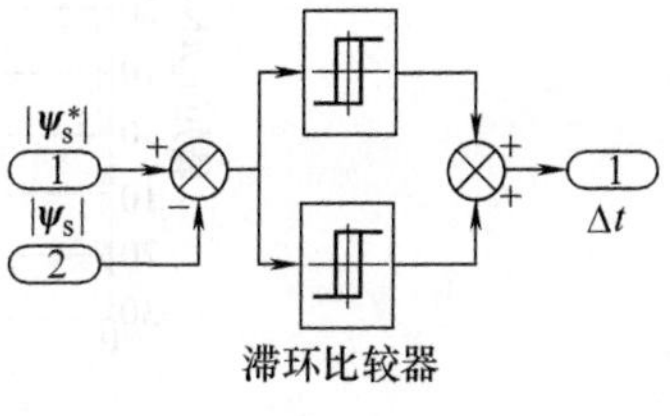

图 4-20　转矩调节模块的结构框图

定子磁链的扇区判断模块是根据定子磁链的 DQ 轴分量的正负和磁链的空间角度来判断磁链的空间位置的，结构框图如图 4-21 所示。

电压空间矢量的选取是通过电压空间矢量表（见表 4-1）来完成的，电压空间矢量表是根据磁链调节信号、转矩调节信号以及扇区号给出合适的电压矢量 $\boldsymbol{u}_{sk}$，以保证定子磁链空间矢量ψ_s 的顶点沿着近似于圆形的轨迹运行。电压空间矢量表模块（table）采用 S 函数编程来实现。

三相感应电动机的参数为：功率 $P_e=38\text{kW}$，线电压 $U_{AB}=460\text{V}$，定子电阻 $R_s=0.087\Omega$，定子电感 $L_s=0.8\text{mH}$，转子电阻 $R_r=0.228\Omega$，转子电感 $L_r=0.8\text{mH}$，互感 $L_m=0.74\text{mH}$，转动惯量 $J=0.662\ \text{kg}\cdot\text{m}^2$，粘滞摩擦系数 $B=0.1\text{N}\cdot\text{m}\cdot\text{s}$，极对数 $p_0=2$。

控制器：$|\psi_s^*|=0.8\text{Wb}\cdot$匝，$\omega_r^*=80\text{rad/s}$。把磁链滞环范围设为 $[-0.001, 0.001]$，转矩滞环范围设为 $[-0.1, 0.1]$。三相感应电动机的定子磁链轨迹、转速和转矩仿真曲线分别如图 4-22～图 4-24 所示。

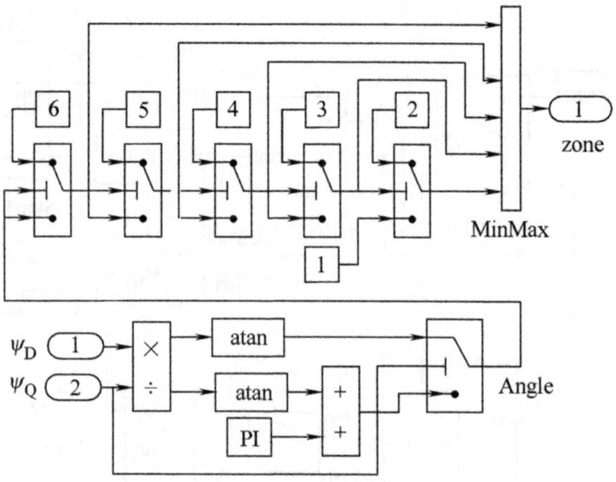

图 4-21 定子磁链扇区判断模块的结构框图

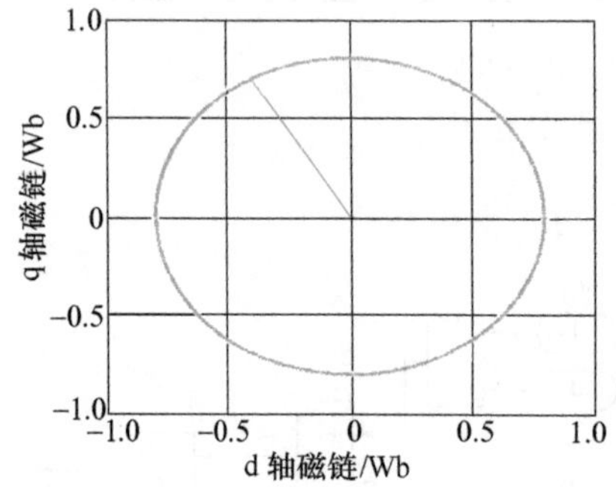

图 4-22 定子磁链轨迹曲线

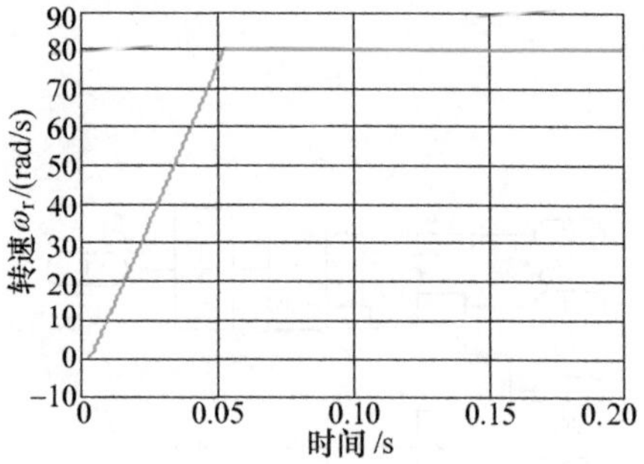

图 4-23 转速响应曲线

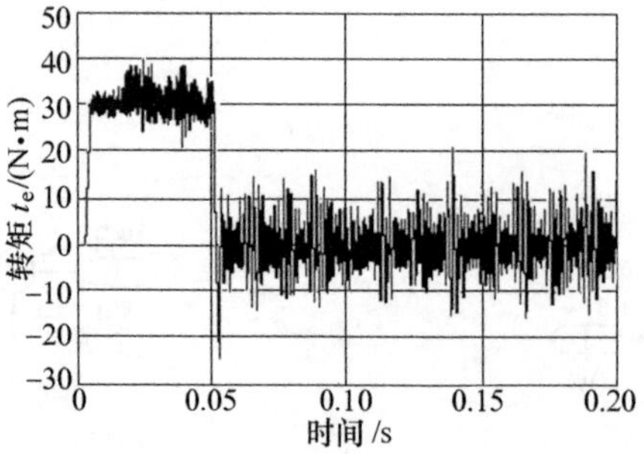

图 4-24 转矩响应曲线

从仿真曲线可见，磁链轨迹比较接近圆形，磁链的幅值也很稳定，转矩脉动较大，转速响应速度较快。

思考题与习题

4-1 试论述直接转矩控制的基本原理。

4-2 在滞环比较控制中，为什么可由定子开关电压矢量直接控制定子磁链矢量的幅值和速度？如何使电磁转矩快速变化？

4-3　除了定子磁链和转矩估计外，滞环比较控制是否还利用了电动机数学模型，这有什么好处？

4-4　电动机转速大小对直接转矩控制有什么影响？为什么？

4-5　试对直接转矩控制和基于定子磁场定向的矢量控制进行比较性分析，且请回答：

（1）为什么说直接转矩控制是基于定子磁场定向的转矩控制？

（2）两者选择的控制变量有什么不同，它们之间又有什么内在联系？

（3）为什么两者的定子磁链控制和转矩控制间都存在耦合？

（4）为什么前者不需要进行矢量变换，而后者必须进行矢量变换？

4-6　为什么直接转矩控制是一种非线性控制？为什么通常选择滞环比较控制方式？这种控制方式有什么优点和不足？

4-7　试推导出正弦稳态下电磁转矩最大值的表达式

$$T_{\mathrm{e\,max}} = \frac{p_0}{2}\frac{1}{\sigma L_{\mathrm{r}}}\left(\frac{L_{\mathrm{m}}}{L_{\mathrm{s}}}\right)^2\psi_{\mathrm{s}}^2$$

此式与基于定子磁场定向的矢量控制中的表达式（2-302）相同，为什么？

4-8　直接转矩控制能否改变三相感应电动机固有的非线性机械特性？为什么？

4-9　试对直接转矩控制和基于转子磁场定向的矢量控制进行比较性分析。请回答：

（1）两者选择的控制变量有什么不同，它们之间又有什么内在联系？

（2）两者在转矩控制方式上的根本差别是什么？

（3）为什么基于转子磁场定向的矢量控制可以获得线性的机械特性？

4-10　试分析滞环比较控制中转矩脉动的原因，您能提出哪些有效的解决方法？

第5章　三相永磁同步电动机的直接转矩控制

5.1　控制原理与控制方式

5.1.1　转矩的生成与控制

1. 面装式 PMSM

面装式 PMSM 中的定子电流和磁链矢量如图5-1所示，在面装式 PMSM 中，存在着如下 3 个磁场：一个是永磁体产生的励磁磁场ψ_f，称为转子磁场；一个是定子电流矢量 $\boldsymbol{i}_s$ 产生的电枢磁场 $L_s\boldsymbol{i}_s$；另一个是由两者合成而得的定子磁场ψ_s。即有

$$\psi_s = L_s\boldsymbol{i}_s + \psi_f \tag{5-1}$$

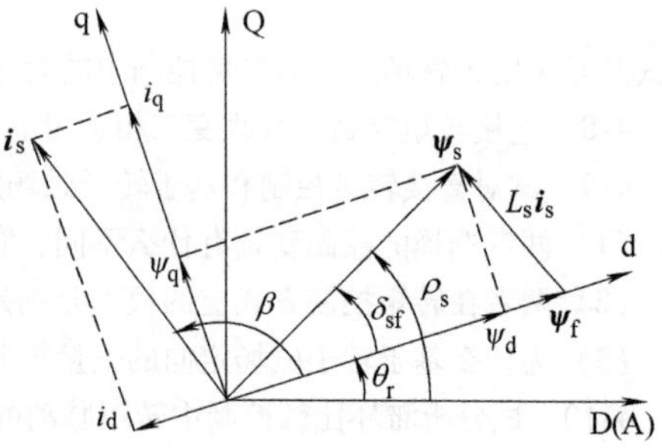

图 5-1　面装式 PMSM 中的定子电流和磁链矢量

电磁转矩的生成可看成是其中两个磁场相互作用的结果，可认为是由转子磁场与电枢磁场相互作用生成的。由式（3-19），可得

$$t_e = p_0\,\psi_f \times \boldsymbol{i}_s = p_0\,\frac{1}{L_s}\,\psi_f \times (L_s\boldsymbol{i}_s) \tag{5-2}$$

因为电枢磁场和转子磁场分别是定、转子独立励磁磁场，所以可将式（5-2）理解为是电磁转矩基本方程。

电磁转矩也可看成是定子磁场ψ_s 与电枢磁场 $L_s\boldsymbol{i}_s$ 相互作用生成的，即有

$$\begin{aligned} t_e &= p_0\,\frac{1}{L_s}(\psi_f + L_s\boldsymbol{i}_s) \times L_s\boldsymbol{i}_s \\ &= p_0\,\frac{1}{L_s}\psi_s \times (L_s\boldsymbol{i}_s) = p_0\,\psi_s \times \boldsymbol{i}_s \end{aligned} \tag{5-3}$$

利用式（5-3），可进行以定子磁场定向的矢量控制。

电磁转矩还可看成是转子磁场ψ_f 与定子磁场相互作用的结果，即有

$$\begin{aligned} t_e &= p_0\,\frac{1}{L_s}\psi_f \times (L_s\boldsymbol{i}_s + \psi_f) \\ &= p_0\,\frac{1}{L_s}\psi_f \times \psi_s \end{aligned} \tag{5-4}$$

根据式（5-4），可进行直接转矩控制。

将式（5-4）表示为

$$t_e = p_0\,\frac{1}{L_s}\psi_f\,\psi_s\sin\delta_{sf} \tag{5-5}$$

在式（5-5）中，转子磁链矢量ψ_f 的幅值不变，若能控制定子磁链矢量ψ_s 的幅值为常值，电磁转矩就仅与 δ_{sf}有关，δ_{sf}称负载角，通过控制 δ_{sf}可以控制电磁转矩，这就是 PMSM

直接转矩控制基本原理。

在 ABC 轴系中，定子电压矢量方程为

$$\boldsymbol{u}_s = R_s \boldsymbol{i}_s + \frac{d\boldsymbol{\psi}_s}{dt} \tag{5-6}$$

若忽略定子电阻 R_s 的影响，则有

$$\boldsymbol{u}_s = \frac{d\boldsymbol{\psi}_s}{dt} \tag{5-7}$$

式（5-7）可近似表示为

$$\Delta \boldsymbol{\psi}_s = \boldsymbol{u}_s \Delta t \tag{5-8}$$

式（5-8）表明，在很短时间 Δt 内，矢量$\boldsymbol{\psi}_s$ 的增量 $\Delta \boldsymbol{\psi}_s$ 等于 $\boldsymbol{u}_s$ 与 Δt 的乘积，$\Delta \boldsymbol{\psi}_s$ 的方向与外加电压 $\boldsymbol{u}_s$ 的方向相同。定子电压矢量作用与定子磁链矢量轨迹变化如图 5-2 所示。

图 5-2 中，定子磁链矢量$\boldsymbol{\psi}_s$ 为

$$\boldsymbol{\psi}_s = |\boldsymbol{\psi}_s| e^{j\rho_s} \tag{5-9}$$

式中，$\rho_s = \int \omega_s dt$，$\omega_s$ 为$\boldsymbol{\psi}_s$ 的旋转速度。

将式（5-9）代入式（5-7），可得

$$\boldsymbol{u}_s = \frac{d|\boldsymbol{\psi}_s|}{dt} e^{j\rho_s} + j\omega_s \boldsymbol{\psi}_s = \boldsymbol{u}_{sr} + \boldsymbol{u}_{sn} \tag{5-10}$$

由式（5-10），可有

$$u_{sr} = \frac{d|\boldsymbol{\psi}_s|}{dt} \tag{5-11}$$

$$u_{sn} = \omega_s |\boldsymbol{\psi}_s| \tag{5-12}$$

可用外加电压 $\boldsymbol{u}_s$ 来直接控制$\boldsymbol{\psi}_s$，利用其径向分量 $\boldsymbol{u}_{sr}$控制幅值 $|\boldsymbol{\psi}_s|$ 的变化，而利用其切向分量 $\boldsymbol{u}_{sn}$ 控制$\boldsymbol{\psi}_s$ 的转速 ω_s，如图 5-2 所示。

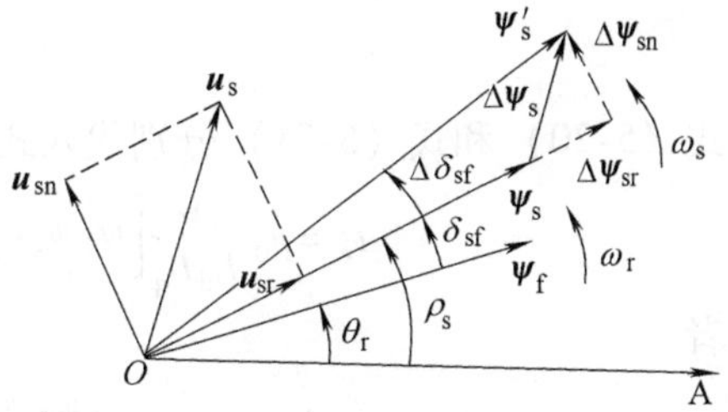

图 5-2　定子电压矢量作用与定子磁链矢量轨迹变化

图 5-2 中，负载角 δ_{sf}增量 $\Delta\delta_{sf}$可表示为

$$\Delta\delta_{sf} = \int (\omega_s - \omega_r) dt \tag{5-13}$$

式（5-13）表明，若控制 $\omega_s > \omega_r$，可使 δ_{sf}增大，否则会使 δ_{sf}减小。

在很短时间内，依靠 $\boldsymbol{u}_{sn}$的作用可使$\boldsymbol{\psi}_s$ 加速旋转（因为电气时间常数较小，所以这是可以实现的），而这期间转子速度尚来不及变化（因为机械时间常数要比电气时间常数大得多），由此可拉大负载角 δ_{sf}，若能同时保持 $|\boldsymbol{\psi}_s|$ 不变，就可使电磁转矩增大；反之，若在这短时间内使$\boldsymbol{\psi}_s$ 反方向旋转，可使 δ_{sf}变小，电磁转矩便随之减小。

由式（5-12），可得

$$\frac{du_{sn}}{dt} = \frac{d\omega_s}{dt} |\boldsymbol{\psi}_s| \tag{5-14}$$

式（5-14）表明，控制切向电压 u_{sn}的作用速率，可以快速改变$\boldsymbol{\psi}_s$ 旋转速度，也就可以快速改变电磁转矩。

在直接转矩控制中，可以在很短的时间内突加足够大的切向电压，因此能够快速改变电磁转矩，提高了控制系统的动态响应能力。

由上述分析可以看出，就直接转矩控制的原理和方式而言，PMSM 与三相感应电动机并没有什么不同。两者都是通过控制定子磁链矢量幅值和负载角来控制电磁转矩，只是 PMSM 的负载角 δ_{sf}为定子磁链矢量$\boldsymbol{\psi}_s$ 与转子永磁励磁磁链矢量$\boldsymbol{\psi}_f$ 间的相位差，而三相感应电动机的负载角 δ_{sr}为定子磁链矢量$\boldsymbol{\psi}_s$ 与转子磁链矢量$\boldsymbol{\psi}_r$ 间的相位差。

2. 插入式和内装式 PMSM

对于插入式和内装式 PMSM，由式（3-57）已知，电磁转矩方程为

$$t_e = p_0[\psi_f i_q + (L_d - L_q) i_d i_q] \tag{5-15}$$

图 5-3 所示为插入式和内装式 PMSM 的矢量图。图中，定子磁链矢量$\boldsymbol{\psi}_s$ 在 dq 轴系中的两个分量ψ_d 和ψ_q 可表示为

$$\psi_d = \psi_f + L_d i_d \tag{5-16}$$

$$\psi_q = L_q i_q \tag{5-17}$$

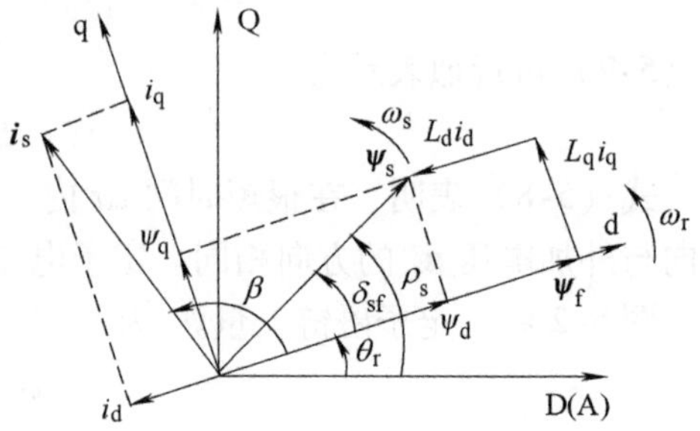

图 5-3　插入式和内装式 PMSM 的矢量图

还可以将ψ_d 和ψ_q 表示为

$$\psi_d = \psi_s \cos\delta_{sf} \tag{5-18}$$

$$\psi_q = \psi_s \sin\delta_{sf} \tag{5-19}$$

将式（5-18）和式（5-19）代入式（5-16）和式（5-17），可得

$$i_d = \frac{\psi_s \cos\delta_{sf} - \psi_f}{L_d} \tag{5-20}$$

$$i_q = \frac{\psi_s \sin\delta_{sf}}{L_q} \tag{5-21}$$

将式（5-20）和式（5-21）分别代入式（5-15），可得

$$t_e = p_0 \frac{1}{L_d L_q}\left[\psi_f \psi_s L_q \sin\delta_{sf} + \frac{1}{2}(L_d - L_q)\psi_s^2 \sin 2\delta_{sf}\right] \tag{5-22a}$$

或者

$$t_e = p_0\left[\frac{\psi_f \psi_s}{L_d}\sin\delta_{sf} + \frac{L_d - L_q}{2L_d L_q}\psi_s^2 \sin 2\delta_{sf}\right] \tag{5-22b}$$

式（5-22a）和式（5-22b）表明，若控制ψ_s 为常值，转矩就仅与负载角 δ_{sf}有关，通过控制 δ_{sf}即可控制转矩。对于面装式 PMSM，因有 $L_d = L_q = L_s$，式（5-22a）和式（5-22b）便成为式（5-5）的形式。同面装式 PMSM 相比，虽然插入式和内装式 PMSM 产生了磁阻转矩，但是两者直接转矩控制原理相同。

稳态运行时，电动机电磁功率可表示为

$$p_e = t_e \Omega_s \tag{5-23}$$

式中，Ω_s 为转子机械角速度，$\Omega_s = \omega_s / p_0$。

在正弦稳态下则有：$\omega_r = \omega_s$，$e_0 = \omega_s \psi_f$；在忽略定子电阻 R_s 情况下，$u_s = \omega_s \psi_s$；且有 $X_d = \omega_s L_d$，$X_q = \omega_s L_q$，X_d 和 X_q 分别为直轴同步电抗和交轴同步电抗；$e_0 = \sqrt{3}E_0$，$u_s = \sqrt{3}U_s$，E_0 和 U_s 分别为每相绕组感应电动势和外加电压有效值。于是，可将式（5-22a）或

式（5-22b）表示为

$$T_{\mathrm{e}}=\frac{mp_0}{\omega_{\mathrm{s}}}\frac{E_0U_{\mathrm{s}}}{X_{\mathrm{d}}}\sin\delta_{\mathrm{sf}}+\frac{mp_0}{\omega_{\mathrm{s}}}\frac{U_{\mathrm{s}}^2}{2}\left(\frac{1}{X_{\mathrm{q}}}-\frac{1}{X_{\mathrm{d}}}\right)\sin2\delta_{\mathrm{sf}} \tag{5-24}$$

式中，m 为相数，$m=3$。

式（5-24）与电机学中电励磁三相凸极同步电动机的电磁转矩表达式相同，只是对于 PMSM 而言，$X_{\mathrm{d}}<X_{\mathrm{q}}$，与电励磁同步电动机相反。式中的 δ_{sf} 原本是定子磁链矢量 ψ_{s}（定子磁场）与永磁励磁磁链矢量 ψ_{f}（转子磁场）间的空间相位角，如图 3-14 所示。在图 3-14 中，感应电动势矢量 $\boldsymbol{e}_0$ 超前 ψ_{f} 90°空间电角度，若忽略定子电阻压降矢量 $R_{\mathrm{s}}\boldsymbol{i}_{\mathrm{s}}$，则定子电压矢量 $\boldsymbol{u}_{\mathrm{s}}$ 超前 ψ_{s} 90°空间电角度，于是负载角 δ_{sf} 也是 $\boldsymbol{u}_{\mathrm{s}}$ 和 $\boldsymbol{e}_0$ 间的空间相位角。将图 3-14 转换为相量图 3-15a 后，δ_{sf} 就成为时域内相量 $\dot{U}_{\mathrm{s}}$ 和 $\dot{E}_0$ 间的时间相位角（忽略定子电阻压降 $R_{\mathrm{s}}\dot{I}_{\mathrm{s}}$）。亦即，在直接转矩控制中，控制 ψ_{s} 与 ψ_{f} 间的空间相位角，即相当于控制 $\dot{U}_{\mathrm{s}}$ 和 $\dot{E}_0$ 间的时间相位角。

由式（5-23）和式（5-24），可得

$$P_{\mathrm{e}}=m\frac{E_0U_{\mathrm{s}}}{X_{\mathrm{d}}}\sin\delta_{\mathrm{sf}}+m\frac{U_{\mathrm{s}}^2}{2}\left(\frac{1}{X_{\mathrm{q}}}-\frac{1}{X_{\mathrm{d}}}\right)\sin2\delta_{\mathrm{sf}} \tag{5-25}$$

式（5-25）与电机学中电励磁三相凸极同步电动机的电磁功率表达式相同，只是对于 PMSM 而言，$X_{\mathrm{d}}<X_{\mathrm{q}}$，与电励磁同步电动机相反。此时，式中的 δ_{sf} 称为功率角。

5.1.2 滞环比较控制与控制系统

PMSM 的滞环比较控制，同三相感应电动机一样，也是利用两个滞环比较器分别控制定子磁链和转矩偏差。

如果想保持 $|\psi_{\mathrm{s}}|$ 恒定，如图 5-4 所示，应使 ψ_{s} 的运行轨迹为圆形。

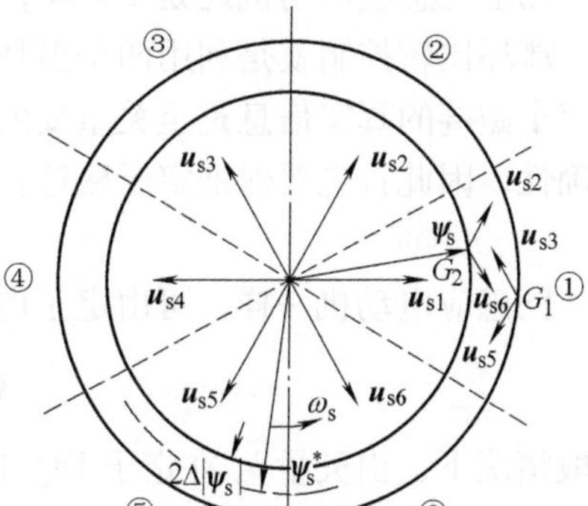

图 5-4　定子磁链矢量运行轨迹的控制

可以选择合适的开关电压矢量来同时控制 ψ_{s} 幅值和旋转速度。开关电压矢量的选择原则与三相感应电动机滞环控制时所确定的原则完全相同。例如，当 ψ_{s} 处于区间①时，在 G_2 点 $|\psi_{\mathrm{s}}|$ 已达到磁链滞环比较器下限值，应选择 $\boldsymbol{u}_{\mathrm{s2}}$ 或 $\boldsymbol{u}_{\mathrm{s6}}$；而对于 G_1 点，$|\psi_{\mathrm{s}}|$ 已达到比较器上限值，应选择 $\boldsymbol{u}_{\mathrm{s3}}$ 或 $\boldsymbol{u}_{\mathrm{s5}}$。与此同时，在 G_2 或 G_1 点，可选择 $\boldsymbol{u}_{\mathrm{s2}}$ 或 $\boldsymbol{u}_{\mathrm{s3}}$ 使 ψ_{s} 向前旋转，或者选择 $\boldsymbol{u}_{\mathrm{s5}}$ 或 $\boldsymbol{u}_{\mathrm{s6}}$ 使 ψ_{s} 向后旋转，以此来改变负载角 δ_{sf}，使转矩增大或减小。当 ψ_{s} 在其他区间时也按此原则选择开关电压矢量，由此可确定开关电压矢量选择规则，如表 5-1 所示。

表 5-1 中，$\Delta\psi$ 和 Δt 值分别由磁链和转矩滞环比较器给出，$\Delta\psi=1$ 和 $\Delta t=1$ 表示应使 ψ_{s} 和 t_{e} 增加，$\Delta\psi=-1$ 和 $\Delta t=-1$ 表示应使 ψ_{s} 和 t_{e} 减小，这种滞环比较控制方式与三相感应电动机直接转矩控制中采用的基本相同，只是这里没有采用零开关电压矢量 $\boldsymbol{u}_{\mathrm{s7}}$ 和 $\boldsymbol{u}_{\mathrm{s8}}$。

图 5-5 所示是直接转矩控制系统原理框图。对比图 5-5 和图 4-8 可以看出，两者构成基本相同。

表 5-1　开关电压矢量选择表

$\Delta\psi$	Δt	①	②	③	④	⑤	⑥
1	1	$\boldsymbol{u}_{s2}$	$\boldsymbol{u}_{s3}$	$\boldsymbol{u}_{s4}$	$\boldsymbol{u}_{s5}$	$\boldsymbol{u}_{s6}$	$\boldsymbol{u}_{s1}$
	-1	$\boldsymbol{u}_{s6}$	$\boldsymbol{u}_{s1}$	$\boldsymbol{u}_{s2}$	$\boldsymbol{u}_{s3}$	$\boldsymbol{u}_{s4}$	$\boldsymbol{u}_{s5}$
-1	1	$\boldsymbol{u}_{s3}$	$\boldsymbol{u}_{s4}$	$\boldsymbol{u}_{s5}$	$\boldsymbol{u}_{s6}$	$\boldsymbol{u}_{s1}$	$\boldsymbol{u}_{s2}$
	-1	$\boldsymbol{u}_{s5}$	$\boldsymbol{u}_{s6}$	$\boldsymbol{u}_{s1}$	$\boldsymbol{u}_{s2}$	$\boldsymbol{u}_{s3}$	$\boldsymbol{u}_{s4}$

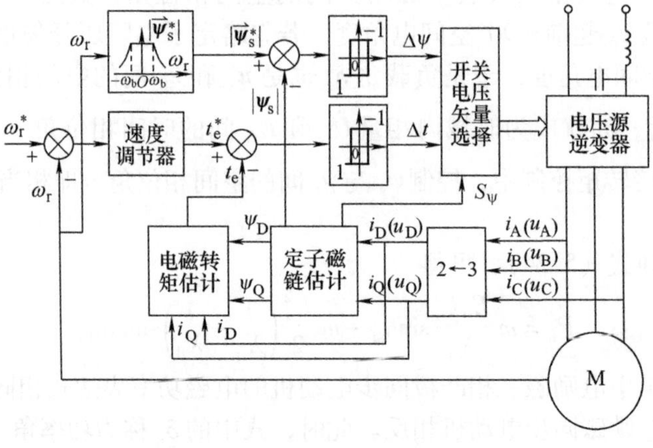

图 5-5　直接转矩控制系统原理框图

5.1.3　磁链和转矩估计

无论是感应电动机还是 PMSM，直接转矩控制都是直接将转矩和定子磁链作为控制变量，滞环比较控制就是利用两个滞环比较器直接控制转矩和磁链的偏差，显然能否获得转矩和定子磁链的真实信息是至关重要的。电磁转矩的估计在很大程度上取决于定子磁链估计的准确性，因此首先要保证定子磁链估计的准确性。

1. 电压模型

同感应电动机一样，可由定子电压矢量方程估计定子磁链矢量，即有

$$\boldsymbol{\psi}_s = \int(\boldsymbol{u}_s - R_s\boldsymbol{i}_s)\mathrm{d}t \tag{5-26}$$

一般情况下，由矢量ψ_s在定子 DQ 坐标中的两个分量ψ_D和ψ_Q来估计它的幅值和空间相位角ρ_s，即

$$\psi_D = \int(u_D - R_s i_D)\mathrm{d}t \tag{5-27}$$

$$\psi_Q = \int(u_Q - R_s i_Q)\mathrm{d}t \tag{5-28}$$

$$|\boldsymbol{\psi}_s| = \sqrt{\psi_D^2 + \psi_Q^2} \tag{5-29}$$

$$\rho_s = \arcsin\frac{\psi_Q}{|\boldsymbol{\psi}_s|} \tag{5-30}$$

式中，i_D 和 i_Q 由定子三相电流 i_A、i_B 和 i_C 的检测值经坐标变换后求得，u_D 和 u_Q 可以是检测值，也可直接由逆变器开关状态，利用式（4-41）和式（4-42）求得。

在三相感应电动机直接转矩控制中已分析了这种积分方式存在的技术问题，这里不再赘述。

2. 电流模型

电流模型是利用式（5-16）和式（5-17）来获取ψ_d和ψ_q。但这两个方程是以转子dq轴系表示的，必须进行坐标变换，才能由i_D和i_Q求得i_d和i_q，这需要实际检测转子位置。此外，估计是否准确，还取决于电动机参数L_d、L_q和ψ_f是否与实际值相一致，必要时需要对相关参数进行在线测量或辨识。但与电压模型相比，电流模型中消除了定子电阻变化的影响，不存在低频积分困难的问题。

图5-6所示是由电流模型估计定子磁链的系统框图。图中表明，也可以用电流模型来修正电压模型低速时的估计结果。

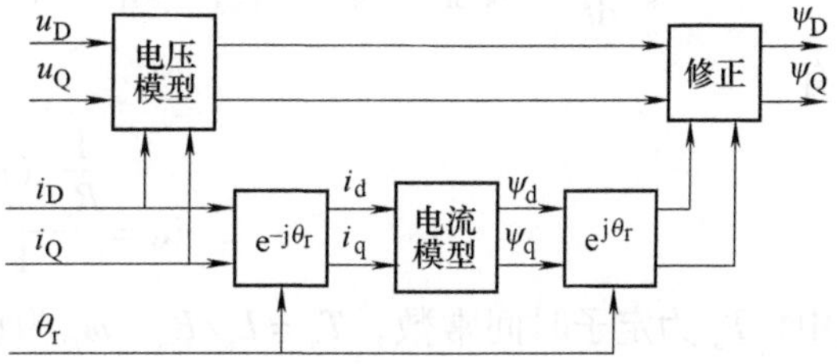

图5-6　由电流模型估计定子磁链的系统框图

实际上，在转矩和定子磁链的滞环比较控制中，控制周期很短，这要求定子磁链的估计至少要在与之相同的时间量级内完成。对于电压模型来说这点可以做到，而采用电流模型能做到这点就比较困难。因为后者需要测量转子位置，并要进行转子位置传感器（例如光电编码器）和电动机控制模块间的通信，加之电压模型中的电压积分本身就具有滤波性质，而电流模型中的电流包含了所有谐波，还需增加滤波环节，由于这些原因使得这两个模型不大可能在相同的时间量级内完成定子磁链估计。例如，采用电压模型可能每25μs完成一次磁链估计，而电流模型大约需要1ms，这样就不能在每一控制周期内都能对电压模型的估计结果进行修正，但可以间断性地予以修正。

3. 电磁转矩估计

可利用式（4-49）估计转矩，即有

$$t_e = p_0(\psi_D i_Q - \psi_Q i_D) \tag{5-31}$$

式中，ψ_D和ψ_Q为估计值；i_D和i_Q为实测值。

5.1.4　电动机参数和转速的影响

1. 电动机参数的影响

在图5-1和图5-3中，若将MT轴系沿定子磁场方向定向，再将定子电压矢量方程式(5-6)变换到此MT轴系，则可得

$$\boldsymbol{u}_s^M = R_s \boldsymbol{i}_s^M + \frac{d\,\boldsymbol{\psi}_s^M}{dt} + j\omega_s \boldsymbol{\psi}_s^M \tag{5-32}$$

电压分量方程为

$$u_M = R_s i_M + \frac{d\,\psi_M}{dt} \tag{5-33}$$

$$u_T = R_s i_T + \omega_s \psi_M \tag{5-34}$$

式中，$\psi_M = \psi_s$。

对于面装式PMSM，由图5-7，可得

$$\psi_M = L_s i_M + \psi_f \cos\delta_{sf} \tag{5-35}$$

在此MT轴系中，u_M即为图5-2中的u_{sr}，u_T即为图5-2中的u_{sn}，因此直接转矩控制是在

以定子磁场定向的 MT 轴系内实现的，最终还是通过控制励磁电流 i_M 和转矩电流 i_T 来控制定子磁链和转矩，这与定子磁场定向矢量控制在本质上是一样的。

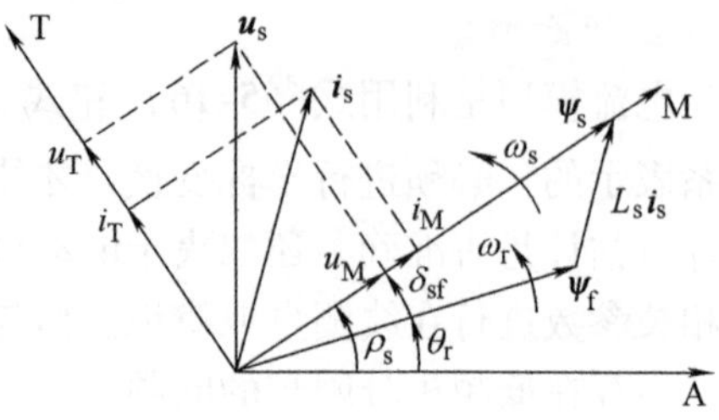

图 5-7　定子磁场定向 MT 轴系

将式（5-35）代入式（5-33），可得

$$L_s \frac{di_M}{dt} + R_s i_M = u_M + \omega_{sf}\psi_f \sin\delta_{sr} \quad (5\text{-}36)$$

即有

$$i_M = \frac{\frac{1}{R_s}(u_M + e_{Mf})}{1 + T_s p} \quad (5\text{-}37)$$

式中，T_s 为定子时间常数，$T_s = L_s/R_s$；ω_{sf}为ψ_s 相对ψ_f 的旋转速度；e_{Mf}与ψ_f 在 M 轴绕组中产生的运动电动势相对应，$e_{Mf} = \omega_{sf}\psi_f \sin\delta_{sf}$。

式（5-37）表明，在 u_M 作用下，由于定子同步电感的存在，i_M 的变化会滞后于 u_M。当采用数字化控制时，i_M 在一个周期 T 内的变化规律，可由式（5-38）来描述，即

$$i_M(T_{n+1}) - i_M(T_n)e^{-TR_s/L_s} = \frac{1}{R_s}[u_M(T_n) + e_{Mf}(T_n)](1 - e^{-TR_s/L_s}) \quad (5\text{-}38)$$

式中，$i_M(T_n)$ 是周期 T_n结束时的电流，其在 T_{n+1}周期内将按与时间常数 T_s 相关的指数规律衰减；$i_M(T_{n+1})$ 是周期 T_{n+1}结束时的电流值；等式左端为 i_M 在 T_{n+1}周期内的增量。

如图 5-7 和式（5-35）所示，定子磁场幅值的控制是通过控制电枢磁场 M 轴分量 $L_s i_M$ 来实现的。由于同步电感 L_s 的影响，励磁电流 i_M 无论是增加还是减小都不会即刻跟踪外加电压 u_M 的变化，这会影响磁链控制的快速性。显然，对于插入式和内装式 PMSM 而言，同样会受到 L_d 和 L_q 的影响。

另一方面，如果 u_M 过大，或者作用周期过长，将会产生较大的磁链偏差 $\Delta\psi_s$，使其超过滞环带宽 $2|\Delta\psi_s|$。

2. 电动机转速的影响

可将式（5-34）表示为图 5-8 所示的 T 轴电压方程等效电路。图中 $\omega_s\psi_M$ 为 M 轴磁链ψ_M（ψ_s）在 T 轴产生的运动电动势。当控制$|\psi_s|$恒定时，外加电压 u_T 将主要决定于定子磁链矢量ψ_s 的旋转速度 ω_s，也就直接与电动机转速有关。

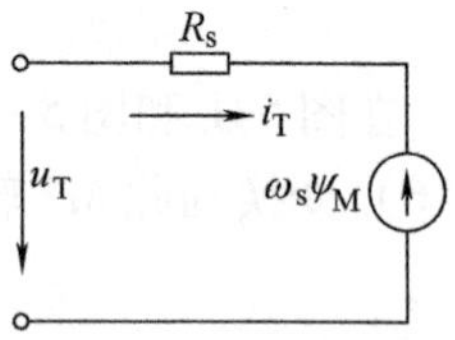

图 5-8　T 轴电压方程等效电路

在滞环比较控制中，电动机低速运行时，若在 Δt 时间内，作用的 u_T（u_{sn}）过大，如图 5-8 和式（5-34）所示，会产生较大的电流 i_T。由于在沿定子磁场定向的 MT 轴系中，$\psi_T = 0$，T 轴方向上不存在磁场，i_T 变化不受任何阻尼作用，因此形成了冲击电流，与此同时将会引起转矩脉动。

5.1.5　预期电压直接转矩控制

为了使外加的定子电压矢量能更好地满足对磁链和转矩的控制要求，同三相感应电动机一样，可以采用空间矢量调制技术，进行预期电压直接转矩控制。预期电压矢量的确定也有

多种方案可供选择，下面介绍的仅是其中的一例。

由转矩方程式（5-22b），可得

$$\Delta t_{e}=p_{0}\left(\frac{\psi_{f}\psi_{s}}{L_{d}}\cos\delta_{sf}+\frac{L_{d}-L_{q}}{L_{d}L_{q}}\psi_{s}^{2}\cos2\delta_{sf}\right)\Delta\delta_{sf} \tag{5-39}$$

式（5-39）表明，若ψ_s 已被控制为恒值，或忽略ψ_s 变化对转矩的影响，转矩的增量 Δt_e 就决定于负载角的增量 $\Delta\delta_{sf}$。在定子 DQ 坐标中，负载角的增量 $\Delta\delta_{sf}$ 如图 5-9 所示。

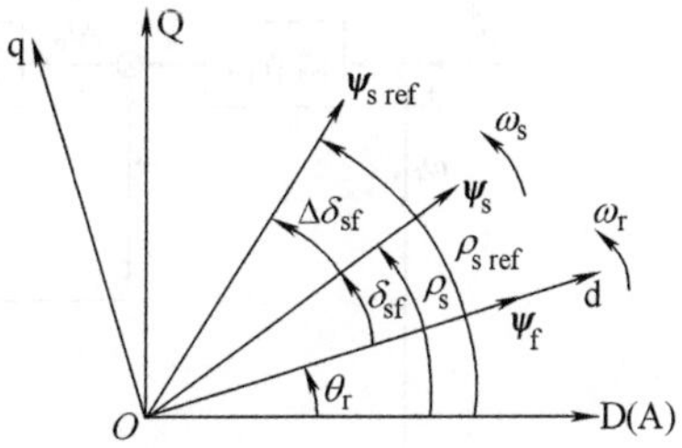

图 5-9　负载角的增量 $\Delta\delta_{sf}$

在图 5-9 中，定子磁链矢量ψ_s 在静止 ABC（DQ）轴系中的空间相位角为 ρ_s。为产生转矩增量 Δt_e，ψ_s 的旋转速度应大于ψ_f，使得能够产生负载角增量 $\Delta\delta_{sf}$，为此定子磁链矢量ψ_s 应运动到新的位置，成为$\psi_{s\,ref}$，其相位角为 $\rho_{s\,ref}=\rho_s+\Delta\delta_{sf}$。其幅值 $|\psi_{s\,ref}|=|\psi_s^*|$，$|\psi_s^*|$ 为指令值。

ψ_s 的变化应满足定子电压方程，即有

$$\boldsymbol{u}_s=R_s\boldsymbol{i}_s+\frac{d\boldsymbol{\psi}_s}{dt} \tag{5-40}$$

在 DQ 轴系内，式（5-40）则为

$$u_D=R_si_D+\frac{d\psi_D}{dt} \tag{5-41}$$

$$u_Q=R_si_Q+\frac{d\psi_Q}{dt} \tag{5-42}$$

由图 5-9 可将电压方程式（5-41）和式（5-42）近似表示为

$$u_{D\,ref}=R_si_D+\frac{|\psi_{s\,ref}|\cos(\rho_s+\Delta\delta_{sf})-|\psi_s|\cos\rho_s}{\Delta T} \tag{5-43}$$

$$u_{Q\,ref}=R_si_Q+\frac{|\psi_{s\,ref}|\sin(\rho_s+\Delta\delta_{sf})-|\psi_s|\sin\rho_s}{\Delta T} \tag{5-44}$$

式中，ΔT 为控制周期；$u_{D\,ref}$和 $u_{Q\,ref}$为期望电压矢量 $\boldsymbol{u}_{s\,ref}$的电压分量值。

期望电压矢量 $\boldsymbol{u}_{s\,ref}$的幅值和相位角分别为

$$|\boldsymbol{u}_{s\,ref}|=\sqrt{u_{D\,ref}^2+u_{Q\,ref}^2} \tag{5-45}$$

$$\theta_{u\,ref}=\arcsin\frac{u_{Q\,ref}}{|\boldsymbol{u}_{s\,ref}|} \tag{5-46}$$

由 $\theta_{u\,ref}$可确定与 $\boldsymbol{u}_{s\,ref}$相邻的两个非零开关电压矢量 $\boldsymbol{u}_{sk}$和 $\boldsymbol{u}_{s(k+1)}$，可以通过对 $\boldsymbol{u}_{sk}$和 $\boldsymbol{u}_{s(k+1)}$的调制来获取 $\boldsymbol{u}_{s\,ref}$，即有

$$\boldsymbol{u}_{s\,ref}\Delta T=\boldsymbol{u}_{sk}\Delta t_a+\boldsymbol{u}_{s(k+1)}\Delta t_b+\boldsymbol{u}_0\Delta t_0 \tag{5-47}$$

式中，Δt_a 和 Δt_b 分别是 $\boldsymbol{u}_{sk}$和 $\boldsymbol{u}_{s(k+1)}$的作用时间，Δt_0 是零电压矢量 $\boldsymbol{u}_0$ 的作用时间。

参照式（4-66）～式（4-68），可得

$$\Delta t_a=\sqrt{\frac{3}{2}}\frac{\Delta T}{V_c}\left(u_{D\,ref}-\frac{1}{\sqrt{3}}u_{Q\,ref}\right) \tag{5-48}$$

$$\Delta t_b=\sqrt{2}\frac{\Delta T}{V_c}u_{Q\,ref} \tag{5-49}$$

$$\Delta t_0 = \Delta T - \Delta t_a - \Delta t_b \tag{5-50}$$

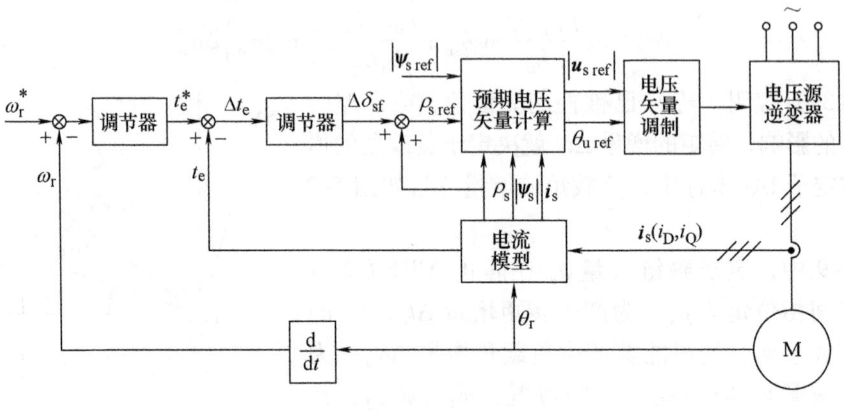

图 5-10　利用预期电压矢量和空间矢量调制技术构成的直接转矩控制系统

图 5-10 所示是利用预期电压矢量和空间矢量调制技术构成的直接转矩控制系统。图中，用“电流模型”来估计定子磁链矢量 ψ_s 的幅值 $|\psi_s|$ 和相位角 ρ_s，如图 5-11 所示。模型中的 θ_r 为实际检测值，i_D 和 i_Q 是经坐标变换后得到的实际值。将 $|\psi_s|$ 和 ρ_s 以及 i_D 和 i_Q 分别代入式（5-43）和式（5-44）便可获取 $u_{D\,ref}$ 和 $u_{Q\,ref}$。也可以采用电压模型来估计 $|\psi_s|$ 和 ρ_s。

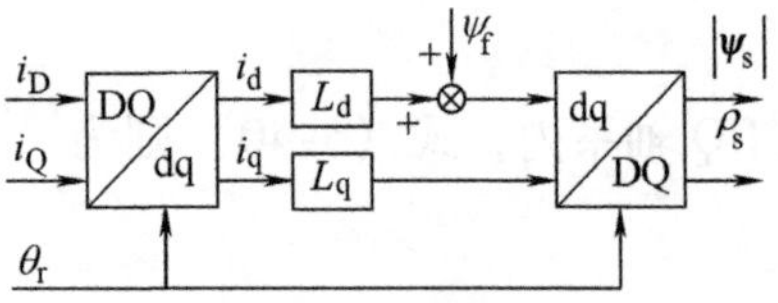

图 5-11　估计定子磁链的电流模型

图 5-10 中，电磁转矩控制采用的不是滞环比较器而是转矩调节器，其输出是负载角 δ_{sf} 的增量 $\Delta\delta_{sf}$，显然这是个非线性调节器。

5.2　最优控制与弱磁控制

5.2.1　最大转矩/电流比控制

在转子磁场定向矢量控制中，将定子电流 $\boldsymbol{i}_s$ 的分量 i_d 和 i_q 作为控制变量，电动机运行中的各种最优控制是通过控制 i_d 和 i_q 而实现的。在这一过程中，定子磁链只是对 i_d 和 i_q 的控制结果，如图 5-3 所示，定子磁链为

$$\psi_s = \psi_f + L_d i_d + jL_q i_q \tag{5-51}$$

$$|\psi_s| = \sqrt{(\psi_f + L_d i_d)^2 + (L_q i_q)^2} \tag{5-52}$$

直接转矩控制直接控制的是定子磁链，因而不能直接控制 i_d 和 i_q。但是，在实际控制中，很多情况下要求能够实现某些最优控制，例如在恒转矩运行时进行的最大转矩/电流比控制。此时再采用定子磁链幅值恒定的控制准则已无法满足这种最优控制要求，因为定子磁链幅值的大小应由满足这种控制要求的定子电流 i_d 和 i_q 来确定，即由式（5-52）来决定定子磁链的参考值 $|\psi_s^*|$。

对于面装式 PMSM，转矩方程为

$$t_e = p_0 \psi_f i_q \tag{5-53}$$

若使单位定子电流产生的转矩最大，应控制 $i_d=0$，此时 $|\psi_s^*|$ 应为

$$|\psi_s^*| = \sqrt{\psi_f^2 + (L_s i_q)^2} \tag{5-54}$$

考虑到式（5-53），可有

$$|\psi_s^*| = \sqrt{\psi_f^2 + L_s^2\left(\frac{t_e^*}{p_0 \psi_f}\right)^2} \tag{5-55}$$

根据式（5-55），可由转矩参考值 t_e^* 确定定子磁链参考值 $|\psi_s^*|$。

对于插入式和内装式 PMSM，因为存在凸极效应，应根据转矩方程式（3-57）来确定满足定子电流最小控制时的 i_d 和 i_q。由式（3-78）和式（3-79）求出标幺值 i_{dn} 和 i_{qn}，再将其还原为实际值，由式（5-52）计算出定子磁链的参考值 $|\psi_s^*|$。在此情况下，按照参考值 t_e^* 和 $|\psi_s^*|$ 进行的直接转矩控制即可满足最大转矩/电流比的控制要求。

除了最大转矩/电流比的最优控制外，还可以进行最小损耗等最优控制，同样可以通过对定子磁链矢量幅值的控制来实现。

5.2.2 弱磁控制

在基于转子磁场定向的矢量控制中，可通过控制直轴电流 i_d 来进行弱磁，而在直接转矩控制中，必须通过控制定子磁链来实现弱磁。

当电动机稳定运行时，在恒转矩运行区，在忽略定子电阻的情况下，由定子电压方程式（5-12），可得

$$\omega_r = \frac{|\boldsymbol{u}_s|}{|\boldsymbol{\psi}_s|} \tag{5-56}$$

如果电动机在运行中 $|\psi_s^*|$ 保持不变，显然在电压极限 $|\boldsymbol{u}_s|_{max}$ 约束下，转速 ω_r 就会受到限制，可达到的最大速度为 ω_{rt}，将其称为转折速度。此刻，若想扩展速度范围，能令 $\omega_r > \omega_{rt}$，就要减小定子磁链 $|\psi_s|$，也就需要进行弱磁控制。

弱磁控制时，可令指令值 $|\psi_s^*|$ 与转速反比例地减小，即有

$$|\psi_s^*| = k_f \frac{|\boldsymbol{u}_s|_{max}}{\omega_r} \tag{5-57}$$

式中，系数 $k_f \leqslant 1$。$k_f=1$，说明弱磁正好是从转速达到转折速度 ω_{rt} 时开始的；$k_f<1$，说明实际弱磁点是提前开始的。一般情况下，应取 $k_f<1$，其原因如下所述。

在电压方程式（5-33）和式（5-34）中，u_M 用于控制 ψ_s 的幅值，u_T 用于控制 ψ_s 的旋转速度，外加电压 $\boldsymbol{u}_s = u_M + \mathrm{j}u_T$。若 $|\psi_s|$ 为恒值，u_M 近乎为零，外加电压 $|\boldsymbol{u}_s| \approx u_T$。此时

$$u_T = R_s i_T + \omega_s \psi_s \tag{5-58}$$

随着转速的增加，u_T 随之增大，且逐步接近饱和值 $u_T|_{max}$。$u_T|_{max}$ 近乎为逆变器所能提供的极限电压 $|\boldsymbol{u}_s|_{max}$。由式（5-58）可以看出，随着转子速度增大，电压冗余越来越小，逆变器对电流 i_T 的调控能力逐步减弱，当 u_T 等于 $u_T|_{max}$ 时，逆变器就完全丧失了调控能力。为使系统保持较高的动态响应能力，必须保留较大的电压冗余，令系数 $k_f<1$ 就可以达到这个目的。进而还可使这个电压冗余是动态变化的，即根据转矩指令来修正系数 k_f，例如转矩

需要阶跃变化时，系数 k_f 应降得更低。

令系数 $k_f<1$ 的另一个原因是考虑到定子磁链估计的不准确性。通常，定子磁链中占主导的是永磁励磁磁链 ψ_f。采用电流模型法估计 $|\psi_s|$，由于 ψ_f 会随温度变化而变化，将使估计结果发生偏差。如果采用电压模型法估计 $|\psi_s|$，由于各种原因也会使估计结果产生偏差。如果估计值偏高，则会提前开始弱磁；反之，如果估计值偏低，可能逆变器已经饱和了，而弱磁控制还没有开始，适当选择较小的 k_f，也可以避免这种情况的发生。

5.3 直接转矩控制与矢量控制的联系与比较

5.3.1 直接转矩控制与定子磁场矢量控制

图 5-12 所示是面装式 PMSM 以定子磁场定向的矢量图。此图与 PMSM 定子磁场定向的矢量图 3-33 相对应。

对于面装式 PMSM，采用直接转矩控制时，转矩方程为

$$t_e=p_0\frac{1}{L_s}\psi_f\psi_s\sin\delta_{sf} \tag{5-59}$$

图 5-12 中，因为 MT 轴系沿定子磁场定向，满足 $\psi_T=0$ 的约束，所以有

$$L_s i_T=\psi_f\sin\delta_{sf} \tag{5-60}$$

将式（5-60）代入式（5-59），可得

$$t_e=p_0\frac{1}{L_s}\psi_f\psi_s\sin\delta_{sf}=p_0\psi_s i_T \tag{5-61}$$

式（5-61）即为面装式 PMSM 基于定子磁场定向的转矩控制方程。由此可见，这两种控制方式具有内在联系，其控制结果是一样的。

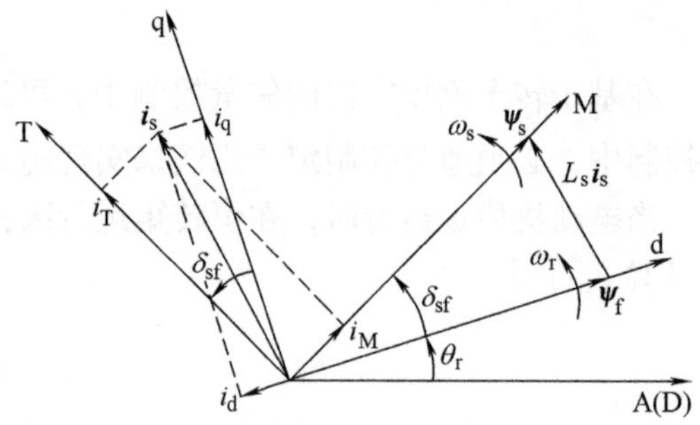

图 5-12 面装式 PMSM 以定子磁场定向的矢量图

由式（3-131）和式（3-132），已知沿定子磁场定向 MT 轴系的定子电压分量方程为

$$u_M=R_s i_M+\frac{d\psi_s}{dt} \tag{5-62}$$

$$u_T=R_s i_T+\omega_s\psi_s \tag{5-63}$$

式中，$\psi_s=\psi_M$。

若忽略定子电阻 R_s 的影响，式（5-62）和式（5-63）便与式（5-11）和式（5-12）具有相同的形式。对比之下，u_M 等同于径向电压 u_{sr}，u_T 等同于切向电压 u_{sn}。亦即，无论定子磁场矢量控制，还是直接转矩控制，对电磁转矩的控制都是在沿定向磁场定向 MT 轴系内完成的，依据的是同一组电压分量方程，从这一角度说，直接转矩控制与基于定子磁场定向的转矩控制没有实质的差别，或者说直接转矩控制其实质是基于定子磁场定向的转矩控制。

但是，两者在控制方式上还是存在很大差异。如式（5-59）所示，直接转矩控制选择定子磁链 ψ_s 和负载角 δ_{sf} 为控制变量。

由图 5-12，可得

$$\psi_s = L_s i_M + \psi_f \cos\delta_{sf} \tag{5-64}$$

由式（5-64）和式（5-62），可得

$$\frac{d\psi_s}{dt} + \frac{1}{T_s}\psi_s - \frac{1}{T_s}\psi_f \cos\delta_{sf} = u_M \tag{5-65}$$

由式（5-60）和式（5-63），可得

$$\omega_s \psi_s + \frac{1}{T_s}\psi_f \sin\delta_{sf} = u_T \tag{5-66}$$

由式（5-66）和式（5-59），可得

$$t_e = p_0 \frac{1}{R_s}(-\omega_s \psi_s^2 + \psi_s u_T) \tag{5-67}$$

如式（5-65）~式（5-67）所示，也可看成是在定子磁场定向 MT 轴系中来构成直接转矩控制系统。式（5-65）~式（5-67）与式（4-87）~式（4-89）具有相同的形式，这说明在直接转矩控制中，PMSM 同三相感应电动机一样，也选择定子磁链ψ_s和负载角δ_{sf}为控制变量，依然将u_M和u_T作为控制电压，控制方程同样是一组非线性方程。式（5-65）和式（5-66）间存在耦合，这意味着并不能由u_M和u_T各自独立地控制ψ_s和δ_{sf}。式(5-65)表明，在u_M作用下，ψ_s的响应是个一阶惯性环节，ψ_s的滞后决定于定子时间常数。式(5-67)表明，转矩控制是非线性的，且磁链控制和转矩控制间存在耦合；在转子速度很低时，如果控制电压过大，会使转矩急剧变化，将会引起转矩脉动。

在 PMSM 直接转矩控制中，同三相感应电动机一样，在多数情况下，采用了滞环比较控制方式。在4.4.2 节中有关这方面的分析，同样适用于 PMSM，这里不再赘述。

将式（5-64）分别代入式（5-62）和式（5-63），可得

$$R_s i_M + L_s \frac{di_M}{dt} - \omega_{sf}\psi_f \sin\delta_{sf} = u_M \tag{5-68}$$

$$R_s i_T + \omega_s L_s i_M + \omega_s \psi_f \cos\delta_{sf} = u_T \tag{5-69}$$

由式（5-68）和式（5-69）可以看出，在定子磁场定向 MT 轴系中构成的矢量控制中，控制的是i_M和i_T。对比直接转矩控制，可以看出，矢量控制虽然利用的是同一组定子电压方程式（5-62）和式（5-63），但与直接转矩控制不同的是，选择的控制变量已为定子电流分量i_M和i_T。通过控制i_M来控制ψ_s，通过控制i_T来控制转矩t_e。直接转矩控制与定子磁场矢量控制的比较，可参见4.4.2 节中对感应电动机的这两种控制方式的对比分析，这里不再赘述。

5.3.2 直接转矩控制与转子磁场矢量控制

对于面装式 PMSM，根据图 5-1，可将直接转矩控制方程式（5-5）表示为

$$t_e = p_0 \frac{1}{L_s}\psi_f \psi_s \sin\delta_{sf} = p_0 \frac{1}{L_s}\psi_f \psi_q \tag{5-70}$$

式中，ψ_q是ψ_s的 q 轴分量。

在 dq 轴系中，$\psi_q = L_s i_q$，于是可将式（5-70）表示为

$$t_e = p_0 \psi_f i_q \tag{5-71}$$

式（5-71）是基于转子磁场定向的转矩表达式。这说明，直接转矩控制与转子磁场矢量控制具有内在联系。由图 5-1 可以看出，在直接转矩控制中，控制定子磁链ψ_s和负载角δ_{sf}，

实际是在改变ψ_q，也就是在改变转矩电流 i_q；反之，在转子磁场矢量控制中，控制 i_q 也就相当于改变定子磁链ψ_s 和负载角 δ_{sf}。

事实上，对于面装式 PMSM 而言，电磁转矩可看成是电枢磁场 $L_s\boldsymbol{i}_s$ 与转子磁场ψ_f 相互作用的结果。从机电能量转换角度看，就转矩生成而言，其实质就是由 ji_q（$\boldsymbol{f}_q$）引起的交轴电枢反应使气隙磁场（若忽略定子漏磁场，ψ_s 就是气隙磁场）发生了“畸变”，这种畸变就表现在气隙磁场轴线发生偏移，即负载角 δ_{sf}发生了变化。因为电磁转矩是由于交轴电枢反应而生成的，所以无论是基于转子磁场定向的矢量控制还是直接转矩控制，对电磁转矩控制的实质皆是对交轴电枢反应的控制，只是控制的方式和选择的控制变量不同而已。

直接转矩控制选择了ψ_s 和 δ_{sf}为控制变量，可以直接由 $\boldsymbol{u}_s$ 来控制ψ_s 的幅值和速度 ω_s（实际在控制 δ_{sf}），进而可以直接控制转矩，所以这种控制方式称为直接转矩控制。其特点和优势是控制可在 ABC 轴系内进行，不需要进行矢量变换（坐标变量），使控制系统得以简化，通过外加电压矢量又可使转矩快速变化，因此提高了系统的快速响应能力。但是，PMSM 自身是一个高阶、多变量、强耦合的非线性系统，直接转矩控制由于采用了直接控制 PMSM 的方式，因此不能改变这种非线性特征，转矩控制仍是一种非线性控制，且转矩控制与定子磁链控制间存在耦合。若想获得高品质的控制性能，控制系统的设计仍是复杂而又困难的。尽管可以采用滞环比较控制，利用滞环控制的特点，充分体现了直接转矩控制的优势，但毕竟改变不了控制对象的非线性属性。

基于转子磁场定向的矢量控制则不然，其选择了 i_d 和 i_q 作为控制变量。对转矩控制而言，它不是直接去控制 PMSM 自身，而是在沿转子磁场定向的 dq 轴系内，先将 PMSM 变换为一台等效直流电动机，这样就将对 PMSM 的转矩控制转换和等同于对一台等效直流电动机的控制，有效解决了转矩控制中的非线性和耦合问题。与直接转矩控制相比，这是两者本质上的差别。正因如此，才使得由 PMSM 构成的交流伺服系统可以获得与直流伺服系统相媲美的控制品质。但是，这种转矩控制是在 dq 轴系内完成的，控制变量为 dq 轴系电流 i_d 和 i_q，尚需通过矢量变换（坐标变换）将 dq 轴系控制变量变换为实际电动机 ABC 轴系的控制变量，将等效的他励直流电动机还原为实际的 PMSM。由于必须进行矢量变换（坐标变换）和需要时刻检测转子主磁极位置，增加了控制系统的复杂性，也影响了伺服控制的快速性。

5.4 直接转矩控制仿真举例

基于永磁同步电动机直接转矩控制系统的原理，在 Matlab6.5 环境下，利用 Simulink 仿真工具，搭建基于永磁同步电动机直接转矩控制系统的仿真模型，整体设计框图如图 5-13 所示。该仿真模型主要分为电动机模块和控制系统两大部分。根据模块化建模思想，控制系统被分割为各个功能独立的子模块，其中主要包括：逆变器模块、坐标变换模块（电压、电流 3/2 转换）、磁链估算模块、转矩估算模块、滞环比较模块、位置估算模块和区间判断模块等。

利用 Simulink 的查表模块实现查表功能，实现开关电压矢量 $\boldsymbol{u}_{sk}$ 由基本电压矢量 U_A、U_B、U_C 通过三相桥式逆变器的 S_a、S_b、S_c 这 3 个开关的状态而定，其仿真模块的结构框图如图 5-14 所示。

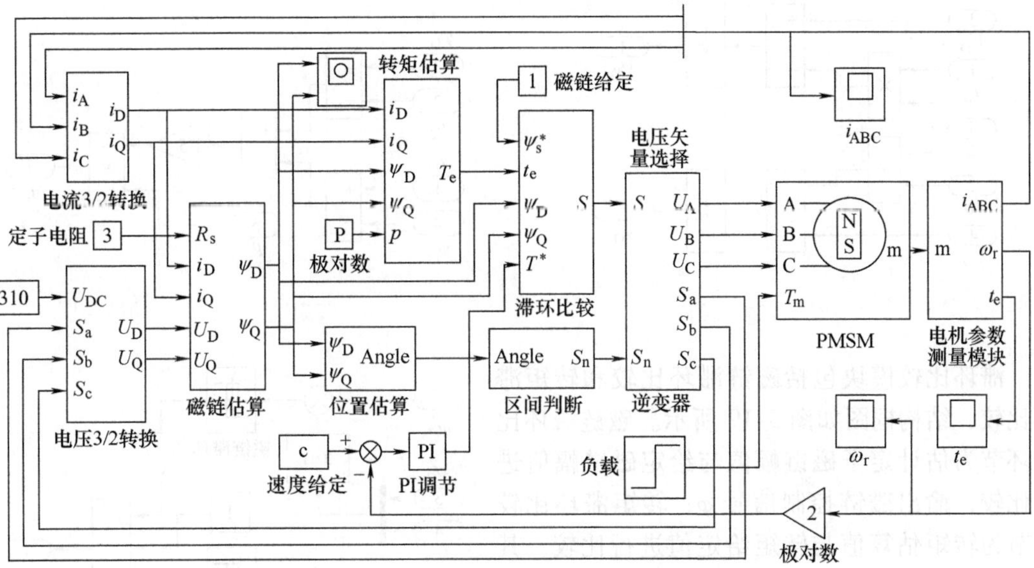

图 5-13　基于 Simulink 的永磁同步电动机直接转矩控制系统的仿真模型的整体设计框图

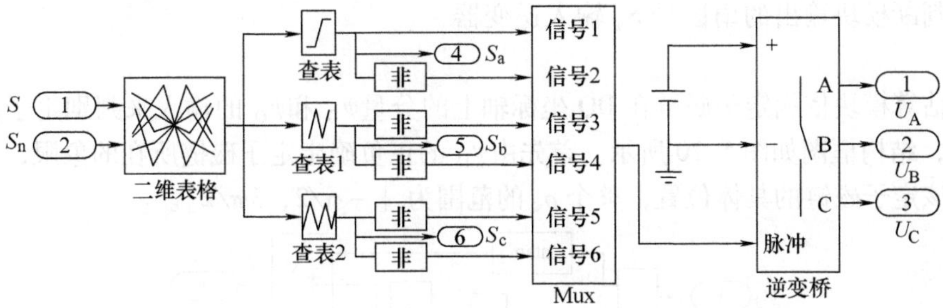

图 5-14　逆变器模块的结构框图

磁链和转矩的估计是在两相静止轴系 DQ 轴系内进行的，为此需要进行坐标变换把三相电压和电流变换到 DQ 轴上，具体仿真模块的结构框图如图 5-15～图 5-18 所示。

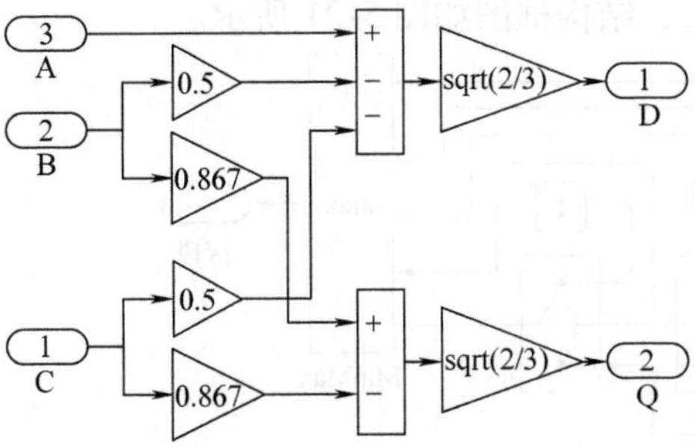

图 5-15　3/2 坐标变换模块的结构框图

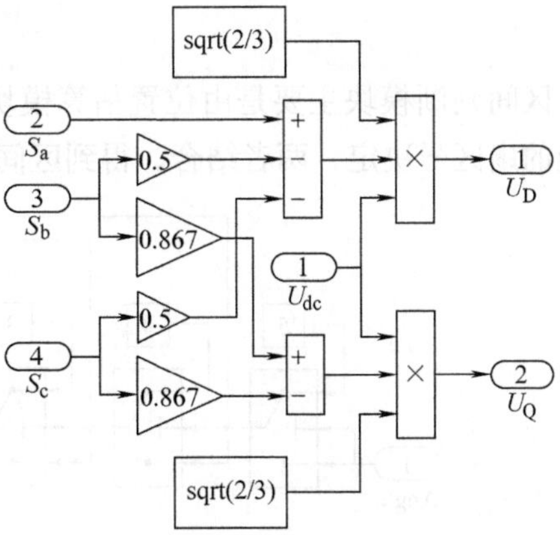

图 5-16　定子两相电压模块的结构框图

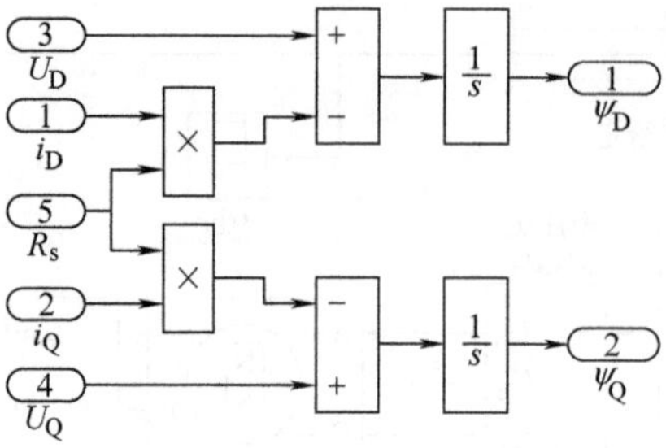

图 5-17　定子磁链估算模块的结构框图

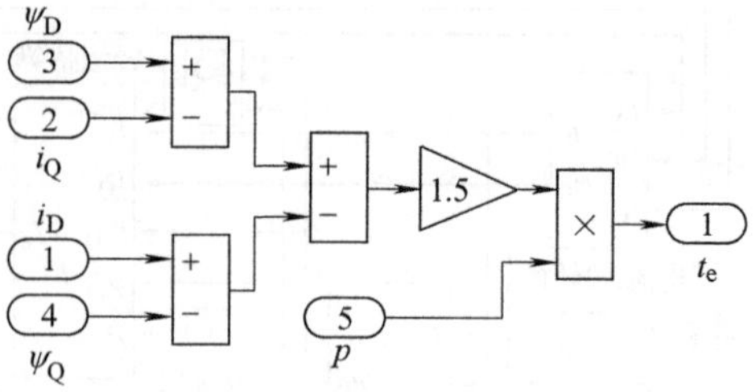

图 5-18　转矩估算计算模块的结构框图

滞环比较模块包括磁链滞环比较和转矩滞环比较，结构框图如图 5-19 所示。磁链滞环比较环节为估计定子磁链幅值与给定磁链幅值进行比较，输出磁链控制信号 φ；转矩滞环比较环节为转矩估算值与转矩给定值进行比较，其中转矩给定值为速度 PI 调节器输出，比较器输出比较值 τ，当给定值比实际值大时状态为 1，否则状态为 0，通过引入变量 $\lambda=2\varphi+\tau+1$，并结合区间判断模块输出的扇区号 S_n 输入逆变器模块。

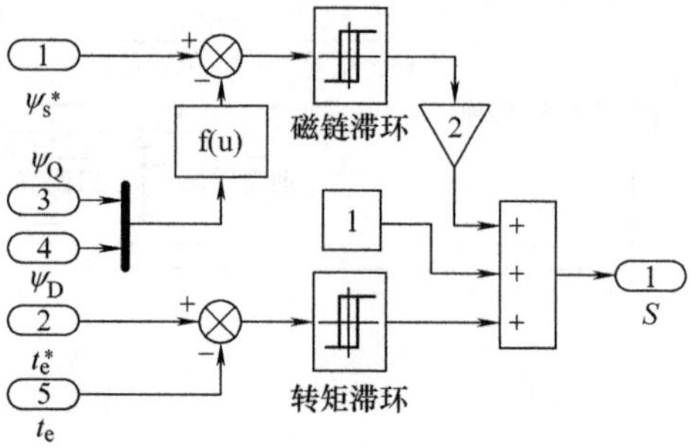

图 5-19　滞环比较模块的结构框图

位置估算模块依据定子磁链在 DQ 坐标轴上的分量 ψ_D 和 ψ_Q 的输入来判别定子磁链所在的位置 ρ_s，结构框图如图 5-20 所示。首先由 ψ_D 的正负确定定子磁链所在的象限，再由计算公式确定该定子磁链的具体位置，整个 ρ_s 的范围为 $[-\pi/2, 3\pi/2]$。

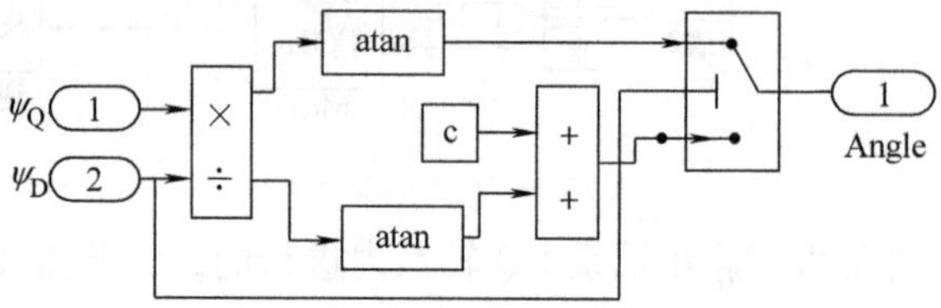

图 5-20　位置估算模块的结构框图

区间判断模块主要是由位置估算模块判别的定子磁链所在位置 ρ_s 及空间电压矢量关系确定的扇区号决定，两者结合，得到区间判断号 S_n，结构框图如图 5-21 所示。

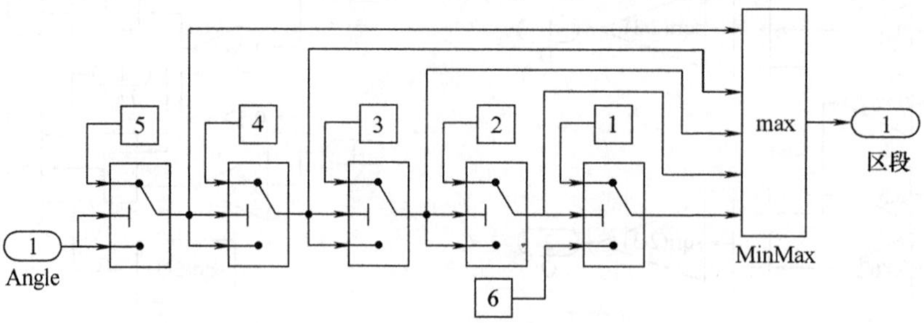

图 5-21　区间判断模块的结构框图

PMSM 参数设定：定子电阻 $R_s=4.2\Omega$，直、交轴等效电感 $L_d=L_q=0.026H$，转子磁链 $\psi_f=0.175Wb$，转动惯量 $J=0.0008kg\cdot m^2$，粘滞系数 $B=0$，极对数 $p_0=2$，控制器：$|\psi_s|=1Wb\cdot匝$，$\omega_r^*=80rad/s$。将磁链滞环范围设为［-0.005，0.005］，转矩滞环范围设为［-0.05，0.05］。系统的定子磁链圆形轨迹、转速和转矩仿真曲线如图 5-22 ~ 图 5-24 所示。

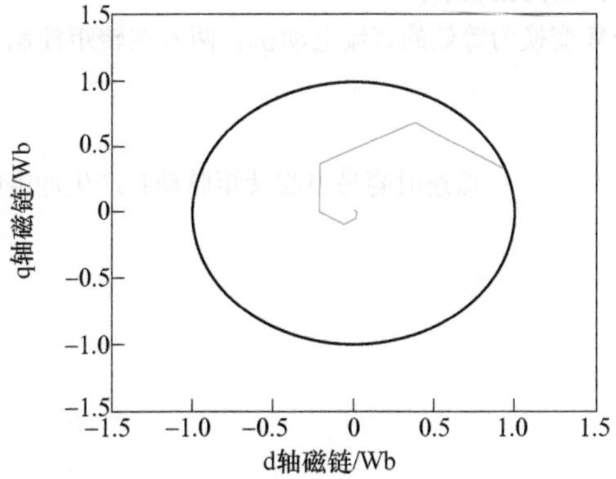

图 5-22　定子磁链轨迹曲线

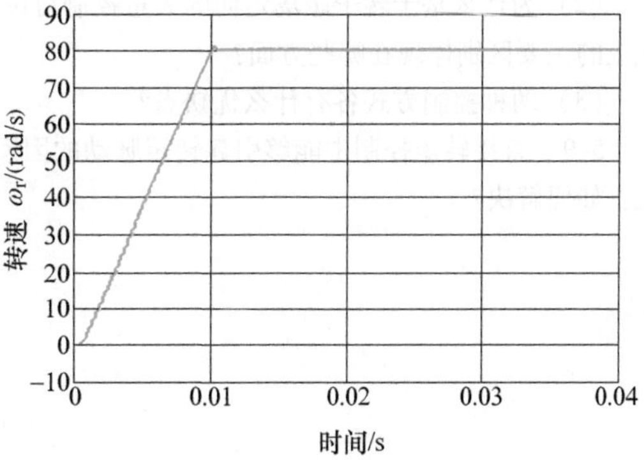

图 5-23　转速响应曲线

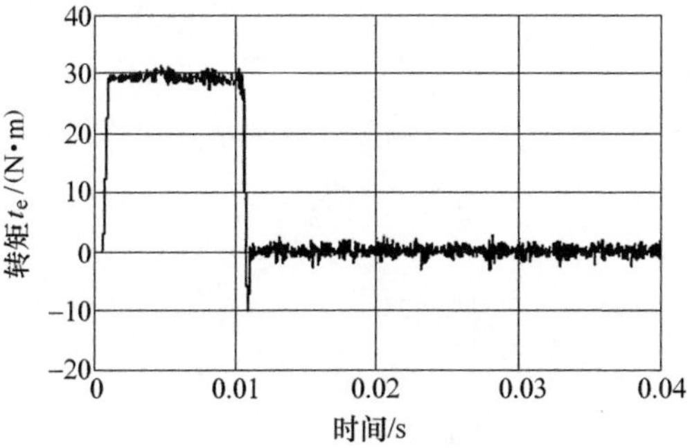

图 5-24　转矩响应曲线

由仿真曲线可以看出，在 $\omega_r^*=80rad/s$ 的参考转速下，系统响应快速且平稳，起动阶段系统保持转矩恒定，磁链滞环控制可以使磁链轨迹近似为圆形，达到了控制磁链幅值不变的要求。

思考题与习题

5-1　在直接转矩控制原理上，PMSM 与三相感应电动机有什么共同之处？又有什么差别？

5-2　试对 PMSM 和三相感应电动机在直接转矩控制上的滞环比较控制进行比较性分析。

5-3　面装式、插入式和内装式 PMSM 的滞环比较控制是否有区别，为什么？这种控制方式是否利用和依赖于电动机数学模型（定子磁链和转矩估计除外）？

5-4　电动机转速变化对直接转矩控制有什么影响？

5-5　在直接转矩控制中，PMSM 是如何进行弱磁控制的？这与转子磁场矢量控制中的弱磁控制有什么不同？

5-6　试对面装式 PMSM 直接转矩控制和定子磁场定向矢量控制进行比较性分析。且请回答：

（1）为什么说直接转矩控制实质是基于定子磁场定向的矢量控制？

（2）两者选择的控制变量有什么不同，它们之间又有什么联系？

（3）为什么前者不需要进行矢量变换，而后者必须进行矢量变换？

5-7　直接转矩控制是非线性的，根本原因是什么？

5-8　试对面装式 PMSM 直接转矩控制和转子磁场定向矢量控制进行比较性分析。且请回答：

（1）两者选择的控制变量有什么不同，它们之间又有什么内在联系？

（2）为什么基于转子磁场定向的矢量控制可以将 PMSM 变换为等效的直流电动机？两者在转矩控制方式上的主要区别体现在哪些方面？

（3）两种控制方式各有什么优缺点？

5-9　直接转矩控制中能够引起转矩脉动的因素有哪些？为什么低速时容易引起转矩脉动和产生冲击电流？如何解决？

第6章 无速度传感器控制与智能控制

高精度、高分辨率的速度和（或）位置传感器（例如光电编码器等），价格昂贵，不仅提高了伺服系统的成本，还限制了伺服驱动装置在恶劣环境下的应用。运用无速度传感器控制技术，可以在线估计电动机的速度和位置，从而省去了传感器。运用本章提到的估计方法，还可在线观测磁链等物理量和辨识电阻、电感等参数，由前分析可知，这也是矢量控制和直接转矩控制不可或缺的。现代电机控制技术一个重要内容是智能控制，本章最后对此做了简要介绍。应该指出，无速度传感器控制和智能控制正处于发展和完善阶段，本章所述内容仅反映了部分研究成果及尚待解决的技术问题。

6.1 基于数学模型的开环估计

6.1.1 三相感应电动机转速估计

1. 利用 ABC 轴系定、转子电压矢量方程估计转速

已知在静止 ABC 轴系中，定、转子磁链和电压矢量方程为

$$\boldsymbol{\psi}_s = L_s\boldsymbol{i}_s + L_m\boldsymbol{i}_r \tag{6-1}$$

$$\boldsymbol{\psi}_r = L_m\boldsymbol{i}_s + L_r\boldsymbol{i}_r \tag{6-2}$$

$$\boldsymbol{u}_s = R_s\boldsymbol{i}_s + \frac{d\boldsymbol{\psi}_s}{dt} \tag{6-3}$$

$$0 = R_r\boldsymbol{i}_r + \frac{d\boldsymbol{\psi}_r}{dt} - j\omega_r\boldsymbol{\psi}_r \tag{6-4}$$

转子电压矢量方程中含有转子速度 ω_r，因此可用来获取转子速度信息，但是方程中有转子电流矢量 $\boldsymbol{i}_r$，它是不可测量的，为此要将 $\boldsymbol{i}_r$ 从方程中消去。

由式（6-2），可得

$$\boldsymbol{i}_r = \frac{1}{L_r}(\boldsymbol{\psi}_r - L_m\boldsymbol{i}_s) \tag{6-5}$$

将式（6-5）代入式（6-4），则有

$$\omega_r = \frac{\dfrac{d\boldsymbol{\psi}_r}{dt} + \dfrac{1}{T_r}\boldsymbol{\psi}_r - \dfrac{L_m}{T_r}\boldsymbol{i}_s}{j\boldsymbol{\psi}_r} \tag{6-6}$$

式中，定子电流 $\boldsymbol{i}_s$ 可取实测值，除此之外，还需要知道转子磁链矢量 $\boldsymbol{\psi}_r$ 及其微分 $d\boldsymbol{\psi}_r/dt$。

由式（6-1）和式（6-2），可求得

$$\boldsymbol{\psi}_r = \frac{L_r}{L_m}(\boldsymbol{\psi}_s - L_s'\boldsymbol{i}_s) \tag{6-7}$$

由式（6-3），可得

$$\psi_s = \int(\boldsymbol{u}_s - R_s\boldsymbol{i}_s)\mathrm{d}t \tag{6-8}$$

由式（6-7）和式（6-8），可得

$$\frac{\mathrm{d}\psi_r}{\mathrm{d}t} = \frac{L_r}{L_m}\left(\frac{\mathrm{d}\psi_s}{\mathrm{d}t} - L_s'\frac{\mathrm{d}\boldsymbol{i}_s}{\mathrm{d}t}\right) = \frac{L_r}{L_m}\left(\boldsymbol{u}_s - R_s\boldsymbol{i}_s - L_s'\frac{\mathrm{d}\boldsymbol{i}_s}{\mathrm{d}t}\right) \tag{6-9}$$

根据 $\boldsymbol{u}_s$ 和 $\boldsymbol{i}_s$ 的测量值，由式（6-7）~式（6-9）可计算出ψ_r 和 $\mathrm{d}\psi_r/\mathrm{d}t$。

在实际估计中，常用式（6-6）在静止 DQ 轴系中的分量形式，即

$$\omega_r = \frac{-\frac{\mathrm{d}\psi_d}{\mathrm{d}t} - \frac{\psi_d}{T_r} + \frac{L_m}{T_r}i_D}{\psi_q} \tag{6-10}$$

式中

$$\psi_d = \frac{L_r}{L_m}(\psi_D - L_s'i_D) \tag{6-11}$$

$$\psi_D = \int(u_D - R_s i_D)\mathrm{d}t \tag{6-12}$$

$$\frac{\mathrm{d}\psi_d}{\mathrm{d}t} = \frac{L_r}{L_m}\left(u_D - R_s i_D - L_s'\frac{\mathrm{d}i_D}{\mathrm{d}t}\right) \tag{6-13}$$

$$\psi_q = \frac{L_r}{L_m}\int\left(u_Q - R_s i_Q - L_s'\frac{\mathrm{d}i_Q}{\mathrm{d}t}\right)\mathrm{d}t \tag{6-14}$$

此方法很适合基于转子磁场定向的矢量控制，因为若采用直接磁场定向的控制方式，必须先要估计转子磁链矢量ψ_r。实际上，由式（2-146）和式（2-147）可得到式（6-13）和式（6-14），因此在采用电压-电流模型估计ψ_r 时，可直接利用其运算结果ψ_d 和ψ_q 来同时求取 ω_r。

2. 利用定子磁场定向轴系估计转速

将转子电压矢量方程式（6-6）改写成

$$\frac{\mathrm{d}\psi_r}{\mathrm{d}t} - \frac{L_m}{T_r}\boldsymbol{i}_s = -\frac{\psi_r}{T_r} + \mathrm{j}\omega_r\psi_r \tag{6-15}$$

将式（6-7）和式（6-9）代入式（6-15），可得

$$\boldsymbol{u}_s - \left(R_s + \frac{L_s}{T_r}\right)\boldsymbol{i}_s - L_s'\frac{\mathrm{d}\boldsymbol{i}_s}{\mathrm{d}t} = -\frac{\psi_s}{T_r} + \mathrm{j}\omega_r(\psi_s - L_s'\boldsymbol{i}_s) \tag{6-16}$$

方程式（6-16）是以静止 DQ 轴系表示的，现将其变换到以定子磁场定向的 MT 轴系中，则有

$$\left[\boldsymbol{u}_s - \left(R_s + \frac{L_s}{T_r}\right)\boldsymbol{i}_s - L_s'\frac{\mathrm{d}\boldsymbol{i}_s}{\mathrm{d}t}\right]\mathrm{e}^{-\mathrm{j}\rho_s} = -\frac{1}{T_r}\psi_s\mathrm{e}^{-\mathrm{j}\rho_s} + \mathrm{j}\omega_r(\psi_s\mathrm{e}^{-\mathrm{j}\rho_s} - L_s'\boldsymbol{i}_s\mathrm{e}^{-\mathrm{j}\rho_s}) \tag{6-17}$$

式中，ρ_s 是ψ_s 在静止 DQ 轴系中的空间相位。

由于 MT 轴系沿定子磁场定向，ψ_s 在 T 轴方向上的分量$\psi_T=0$，则有

$$\psi_s\mathrm{e}^{-\mathrm{j}\rho_s} = \psi_M + \mathrm{j}\psi_T = |\psi_s| \tag{6-18}$$

于是，式（6-17）可变为

$$\left[\boldsymbol{u}_s - \left(R_s + \frac{L_s}{T_r}\right)\boldsymbol{i}_s - L_s'\frac{\mathrm{d}\boldsymbol{i}_s}{\mathrm{d}t}\right]\mathrm{e}^{-\mathrm{j}\rho_s} = -\frac{|\psi_s|}{T_r} + \mathrm{j}\omega_r(|\psi_s| - L_s'\boldsymbol{i}_s^{\mathrm{M}}) \tag{6-19}$$

式中，$\boldsymbol{i}_{\mathrm{s}}^{\mathrm{M}}$ 是以定子磁场定向 MT 轴系表示的定子电流矢量。

将式（6-19）左端表示为

$$u_{\mathrm{M}}+\mathrm{j}u_{\mathrm{T}}=\left[\boldsymbol{u}_{\mathrm{s}}-\left(R_{\mathrm{s}}+\frac{L_{\mathrm{s}}}{T_{\mathrm{r}}}\right)\boldsymbol{i}_{\mathrm{s}}-L_{\mathrm{s}}'\frac{\mathrm{d}\boldsymbol{i}_{\mathrm{s}}}{\mathrm{d}t}\right]\mathrm{e}^{-\mathrm{j}\rho_{\mathrm{s}}} \tag{6-20}$$

在已知定子电压和电流以及相位 ρ_{s} 后，由式（6-19）可求取 u_{M} 和 u_{T}

$$u_{\mathrm{M}}=-\frac{|\psi_{\mathrm{s}}|}{T_{\mathrm{r}}}+\omega_{\mathrm{r}}L_{\mathrm{s}}'i_{\mathrm{T}} \tag{6-21}$$

$$u_{\mathrm{T}}=\omega_{\mathrm{r}}(|\psi_{\mathrm{s}}|-L_{\mathrm{s}}'i_{\mathrm{M}}) \tag{6-22}$$

可由式（6-21）或式（6-22）求得转子速度 ω_{r}。现用式（6-22）来估计 ω_{r}，即

$$\hat{\omega}_{\mathrm{r}}=\frac{u_{\mathrm{T}}}{|\psi_{\mathrm{s}}|-L_{\mathrm{s}}'i_{\mathrm{M}}} \tag{6-23}$$

图 6-1 所示为由定子磁场定向轴系估计 ω_{r} 的框图。

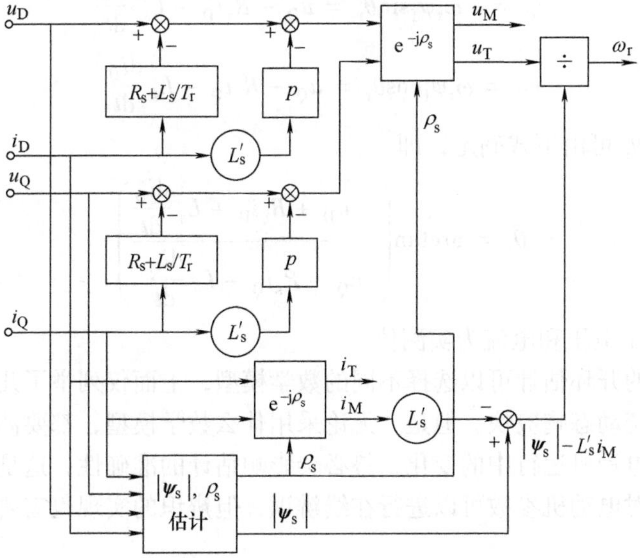

图 6-1　由定子磁场定向轴系估计 ω_{r} 的框图

此方法很适合基于定子磁场定向的矢量控制。定子磁场矢量控制本身就需要利用“定子磁链模型”来估计定子磁链矢量的幅值 $|\psi_{\mathrm{s}}|$ 和空间相位 ρ_{s}，为估计 $|\psi_{\mathrm{s}}|$ 和 ρ_{s}，同时要检测定子电压和电流。这样，在估计定子磁链矢量 $\boldsymbol{\psi}_{\mathrm{s}}$ 的同时，可以方便地由式（6-20）和式（6-22）或者式（6-20）和式（6-21）求得 ω_{r}。

此方法也适合于直接转矩控制，因为在直接转矩控制中，原本就需要估计 $|\psi_{\mathrm{s}}|$ 和 ρ_{s}。

6.1.2　三相永磁同步电动机转子位置估计

PMSM 在旋转过程中，永磁励磁磁场 $\boldsymbol{\psi}_{\mathrm{f}}$ 一定要在定子绕组中感生电动势（反电动势），于是可借助感应电动势来估计 $\boldsymbol{\psi}_{\mathrm{f}}$ 的空间位置。

对于面装式 PMSM，在静止 ABC 轴系中，由式（3-16），已知

$$\boldsymbol{u}_{\mathrm{s}}=R_{\mathrm{s}}\boldsymbol{i}_{\mathrm{s}}+L_{\mathrm{s}}\frac{\mathrm{d}\boldsymbol{i}_{\mathrm{s}}}{\mathrm{d}t}+\mathrm{j}\omega_{\mathrm{r}}\boldsymbol{\psi}_{\mathrm{f}} \tag{6-24}$$

式中，$j\omega_r\psi_f$ 为感应电动势 $\boldsymbol{e}_0$，可表示为

$$\begin{aligned}\boldsymbol{e}_0 &= j\omega_r\psi_f = j\omega_r\psi_f(\cos\theta_r + j\sin\theta_r) \\ &= -\omega_r\psi_f\sin\theta_r + j\omega_r\psi_f\cos\theta_r \\ &= e_D + je_Q\end{aligned} \tag{6-25}$$

式中，θ_r 为转子磁链矢量ψ_f 与定子 A 轴间的电角度，即为转子在 ABC 轴系中的位置。

式（6-25）表明，$\boldsymbol{e}_0$ 中含有转子位置信息，如果能够获得 e_D 和 e_Q，就可以估计出转子位置 θ_r。

将式（6-24）表示为

$$\begin{pmatrix} u_D \\ u_Q \end{pmatrix} = R_s\begin{pmatrix} i_D \\ i_Q \end{pmatrix} + p\begin{pmatrix} L_s & 0 \\ 0 & L_s \end{pmatrix}\begin{pmatrix} i_D \\ i_Q \end{pmatrix} + \begin{pmatrix} e_D \\ e_Q \end{pmatrix} \tag{6-26}$$

由式（6-26），可得

$$e_D = -\omega_r\psi_f\sin\theta_r = u_D - R_s i_D - L_s\frac{di_D}{dt} \tag{6-27}$$

$$e_Q = \omega_r\psi_f\cos\theta_r = u_Q - R_s i_Q - L_s\frac{di_Q}{dt} \tag{6-28}$$

于是，转子位置角 θ_r 可由下式确定，即

$$\hat{\theta}_r = \arctan\left(\frac{-u_D + R_s i_D + L_s\dfrac{di_D}{dt}}{u_Q - R_s i_Q - L_s\dfrac{di_Q}{dt}}\right) \tag{6-29}$$

式（6-29）中的定子电压和电流为实测值。

基于数学模型的开环估计可以选择不同的数学模型，上面仅列举了几个例子。开环估计简单直接，因此系统动态响应快。但是，无论采用什么数学模型，都要涉及电动机参数，参数的准确性以及在电动机运行中的变化，势必会影响估计的准确性，这是开环估计存在的主要技术问题。虽然对电动机参数可以进行在线辨识，但辨识的实现也需要复杂的技术，同样是比较困难的。

6.2 模型参考自适应系统

模型参考自适应系统（Model Reference Adaptive System，MRAS）的主要特点是采用参考模型，由其规定了系统所要求的性能。可以利用 MRAS 来估计磁链和转速，其基本结构如图 6-2 所示。

图 6-2 中，参考模型和可调模型（自适应模型）被相同的外部输入所激励，$\boldsymbol{x}$ 和 $\hat{\boldsymbol{x}}$ 分别是参考模型和可调模型的状态矢量。参考模型用其状态 $\boldsymbol{x}$（或输出）规定了一个给定的性能指标，这个性能指标与测得的可调系统的性能 $\hat{\boldsymbol{x}}$ 比较后，将其差值矢量 $\boldsymbol{v}$ 输入自适应机构，由自适应机构来修改可调模型的参数，使得可调模型的状态 $\hat{\boldsymbol{x}}$ 能够快速而稳定地逼近 $\boldsymbol{x}$，也就是使差值 $\boldsymbol{v}$ 趋近于零。

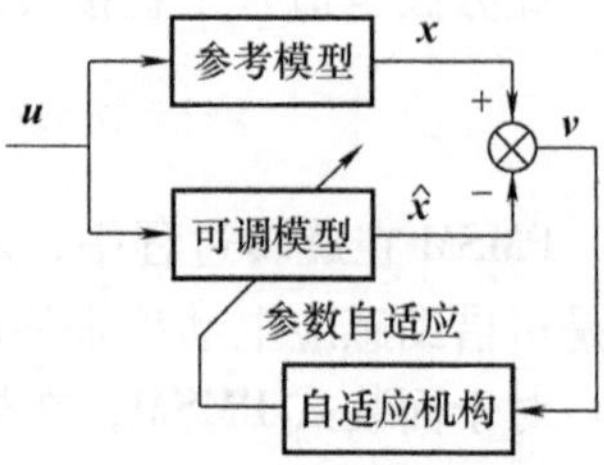

图 6-2　MRAS 基本结构

能否构成品质优良的自适应控制系统，关键问题之一是图 6-2 中的自适应机构所执行的自适应律的确定。通常，可采用 3 种方法设计自适应律：以局部参数最优化理论为基础的设计方法，以李雅普诺夫稳定性理论为基础的设计方法，以波波夫稳定性理论为基础的设计方法。

第一种设计方法有梯度法、最速下降法和共轭梯度法等，可使可调系统快速理想地逼近参考模型，但这种方法不能保证自适应系统的稳定性。第二种和第三种设计方法能够成功地用来设计稳定的 MRAS，因为 MRAS 自身就是一个时变的非线性系统，其稳定性是首要解决的问题，所以通常采用后两种方法。

6.2.1 参考模型和可调模型

下面以三相感应电动机为例，讨论转子磁链和转速的估计问题。

通常由定子 ABC 轴系内的定、转子电压矢量方程来构成 MRAS，即有

$$\boldsymbol{u}_{\mathrm{s}} = R_{\mathrm{s}}\boldsymbol{i}_{\mathrm{s}} + \frac{\mathrm{d}\boldsymbol{\psi}_{\mathrm{s}}}{\mathrm{d}t} \tag{6-30}$$

$$0 = R_{\mathrm{r}}\boldsymbol{i}_{\mathrm{r}} + \frac{\mathrm{d}\boldsymbol{\psi}_{\mathrm{r}}}{\mathrm{d}t} - \mathrm{j}\omega_{\mathrm{r}}\boldsymbol{\psi}_{\mathrm{r}} \tag{6-31}$$

定子电压矢量方程中没有电动机转速变量，而转子电压矢量方程中包含有转子速度信息，所以将方程式（6-30）作为参考模型，而将方程式（6-31）作为可调模型。

方程式（6-31）含有的转子电流矢量 $\boldsymbol{i}_{\mathrm{r}}$ 是不可测量的，应设法将其消去，需要将式（6-31）转换为式（6-6）的形式，即

$$T_{\mathrm{r}}\frac{\mathrm{d}\boldsymbol{\psi}_{\mathrm{r}}}{\mathrm{d}t} + \boldsymbol{\psi}_{\mathrm{r}} = L_{\mathrm{m}}\boldsymbol{i}_{\mathrm{s}} + \mathrm{j}\omega_{\mathrm{r}}T_{\mathrm{r}}\boldsymbol{\psi}_{\mathrm{r}} \tag{6-32}$$

可由式（6-32）构成可调模型。

在 MRAS 中，参考模型和可调模型进行比较的应是同一状态矢量，在式（6-30）和式（6-32）中，前者的状态变量为$\boldsymbol{\psi}_{\mathrm{s}}$，而后者的状态变量为$\boldsymbol{\psi}_{\mathrm{r}}$，应将两者的状态变量统一起来。这里，将$\boldsymbol{\psi}_{\mathrm{r}}$ 作为可比较的同一状态矢量。

在第 6.1 节中，已将式（6-30）转换为式（6-9）的形式，即

$$\frac{\mathrm{d}\boldsymbol{\psi}_{\mathrm{r}}}{\mathrm{d}t} = \frac{L_{\mathrm{r}}}{L_{\mathrm{m}}}\left(\boldsymbol{u}_{\mathrm{s}} - R_{\mathrm{s}}\boldsymbol{i}_{\mathrm{s}} - L'_{\mathrm{s}}\frac{\mathrm{d}\boldsymbol{i}_{\mathrm{s}}}{\mathrm{d}t}\right) \tag{6-33}$$

可由式（6-33）构成参考模型。

将式（6-33）和式（6-32）分别写成坐标分量的形式，若以静止 DQ 坐标表示，则有

$$\begin{pmatrix} \dfrac{\mathrm{d}\psi_{\mathrm{d}}}{\mathrm{d}t} \\ \dfrac{\mathrm{d}\psi_{\mathrm{q}}}{\mathrm{d}t} \end{pmatrix} = -\frac{L_{\mathrm{r}}}{L_{\mathrm{m}}}\begin{pmatrix} R_{\mathrm{s}} + L'_{\mathrm{s}}p & 0 \\ 0 & R_{\mathrm{s}} + L'_{\mathrm{s}}p \end{pmatrix}\begin{pmatrix} i_{\mathrm{D}} \\ i_{\mathrm{Q}} \end{pmatrix} + \frac{L_{\mathrm{r}}}{L_{\mathrm{m}}}\begin{pmatrix} u_{\mathrm{D}} \\ u_{\mathrm{Q}} \end{pmatrix} \tag{6-34}$$

$$\begin{pmatrix} \dfrac{\mathrm{d}\psi_{\mathrm{d}}}{\mathrm{d}t} \\ \dfrac{\mathrm{d}\psi_{\mathrm{q}}}{\mathrm{d}t} \end{pmatrix} = \begin{pmatrix} -1/T_{\mathrm{r}} & -\omega_{\mathrm{r}} \\ \omega_{\mathrm{r}} & -1/T_{\mathrm{r}} \end{pmatrix}\begin{pmatrix} \psi_{\mathrm{d}} \\ \psi_{\mathrm{q}} \end{pmatrix} + \frac{L_{\mathrm{m}}}{T_{\mathrm{r}}}\begin{pmatrix} i_{\mathrm{D}} \\ i_{\mathrm{Q}} \end{pmatrix} \tag{6-35}$$

这里，认为参考模型是理想的模型，由它表示的电动机状态与实际相符，即转子磁链矢量$\boldsymbol{\psi}_r$是真实且准确的。在可调模型中，假定参数L_m和T_r是准确的时不变参数，而只有转速ω_r是时变参数。因为ω_r与转子磁链和定子电流间具有函数关系，所以方程式（6-35）是一组非线性方程。

现将ω_r作为可调参数，也就是需要辨识的参数，记为$\hat{\omega}_r$。如果由可调模型估计的转子磁链矢量$\hat{\boldsymbol{\psi}}_r$与参考模型确定的$\boldsymbol{\psi}_r$相同，那么转速估计值$\hat{\omega}_r$一定与实际值$\omega_r$一致；如果两者存在偏差，说明估计值$\hat{\omega}_r$与实际值$\omega_r$不符。显然，转速估计偏差与两个模型估计的转子磁链矢量误差间一定有必然的联系，图6-2中的自适应机构，就是利用这个转子磁链矢量误差构建一个合适的自适应律，使得可调模型的$\hat{\omega}_r$能逼近真实的ω_r。

6.2.2 自适应律

将式（6-35）以估计值的形式表示，即

$$\begin{pmatrix}\dfrac{d\hat{\psi}_d}{dt}\\ \dfrac{d\hat{\psi}_q}{dt}\end{pmatrix}=\begin{pmatrix}-1/T_r & -\hat{\omega}_r\\ \hat{\omega}_r & -1/T_r\end{pmatrix}\begin{pmatrix}\hat{\psi}_d\\ \hat{\psi}_q\end{pmatrix}+\frac{L_m}{T_r}\begin{pmatrix}i_D\\ i_Q\end{pmatrix}\tag{6-36}$$

假定式（6-35）中的状态矢量$\boldsymbol{\psi}_r$与式（6-34）中的状态矢量相一致，亦即就状态描述而言，两者是等效的，此时式（6-35）中的ω_r为真实值。

定义状态广义误差$\boldsymbol{e}=\boldsymbol{\psi}_r-\hat{\boldsymbol{\psi}}_r$，式（6-35）减去式（6-36），可得

$$\begin{pmatrix}\dfrac{de_d}{dt}\\ \dfrac{de_q}{dt}\end{pmatrix}=\begin{pmatrix}-1/T_r & -\omega_r\\ \omega_r & -1/T_r\end{pmatrix}\begin{pmatrix}e_d\\ e_q\end{pmatrix}-(\hat{\omega}_r-\omega_r)\boldsymbol{J}\begin{pmatrix}\hat{\psi}_d\\ \hat{\psi}_q\end{pmatrix}\tag{6-37}$$

式中

$$\boldsymbol{J}=\begin{pmatrix}0 & -1\\ 1 & 0\end{pmatrix}$$

将式（6-37）写成以下形式：

$$\frac{d\boldsymbol{e}}{dt}=\boldsymbol{A}_e\boldsymbol{e}+\boldsymbol{W}_1=\boldsymbol{A}_e\boldsymbol{e}-\boldsymbol{W}\tag{6-38}$$

式中

$$\boldsymbol{A}_e=\begin{pmatrix}-1/T_r & -\omega_r\\ \omega_r & -1/T_r\end{pmatrix}\qquad \boldsymbol{W}_1=-(\hat{\omega}_r-\omega_r)\boldsymbol{J}\hat{\boldsymbol{\psi}}_r$$

$$\boldsymbol{W}=-\boldsymbol{W}_1=(\hat{\omega}_r-\omega_r)\boldsymbol{J}\hat{\boldsymbol{\psi}}_r\tag{6-39}$$

根据式（6-38），可得一个标准反馈系统，如图6-3所示。图中，$\boldsymbol{D}$是增益矩阵，由其将$\boldsymbol{e}$处理为用于自适应控制的另一矢量$\boldsymbol{V}$，为简化计算可取$\boldsymbol{D}=\boldsymbol{I}$（单位矢量）。

在式（6-35）中，已将转速ω_r处理为一个时变参数，但因机械时间常数远大于电气时间常数，对于数字化控制系统，可以认为在每一采样周期内，ω_r是不变的。于是，图6-3上半部点画线框内就为一线性时不变前馈系统。在寻求自适应矢量$\boldsymbol{V}$与反馈矢量$\boldsymbol{W}$的关系

前，先用一个非线性时变反馈环节来表示它们之间的联系。这样，就得到如图 6-3 所示的等效非线性反馈系统。

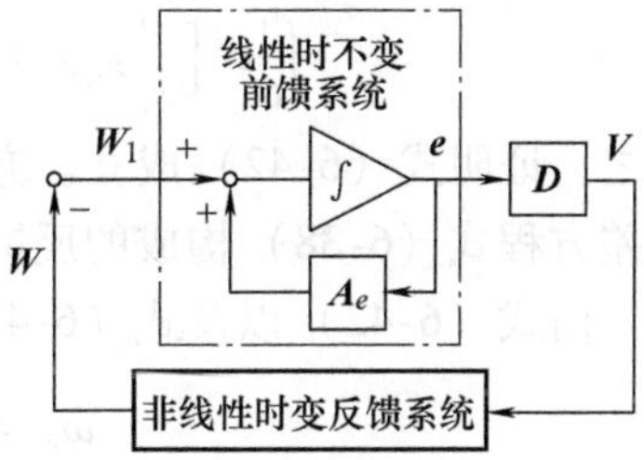

图 6-3 等效非线性反馈系统

根据 Popov 超稳定理论，若使这个系统渐近稳定，其中的非线性时变反馈环节必须满足下述积分不等式，即

$$\eta(0,t_1)=\int_0^{t_1}\boldsymbol{V}^{\mathrm{T}}\boldsymbol{W}\mathrm{d}t \geqslant -r_0^2 \qquad (\forall t_1>0) \tag{6-40}$$

式中，r_0^2 为一个有限正数。

对 Popov 积分不等式进行逆向求解便可以得到自适应律。

将 $\boldsymbol{e}$ 和 $\boldsymbol{W}$ 分别代入式（6-40），可得

$$\eta(0,t_1)=\int_0^{t_1}\boldsymbol{e}^{\mathrm{T}}(\hat{\omega}_{\mathrm{r}}-\omega_{\mathrm{r}})\boldsymbol{J}\hat{\boldsymbol{\psi}}_{\mathrm{r}}\mathrm{d}t \tag{6-41}$$

按模型参考自适应参数的普遍结构，将 $\hat{\omega}_{\mathrm{r}}$ 取为下式的比例积分形式，即有

$$\hat{\omega}_{\mathrm{r}}=\int_0^{t}F_1(v,t,\tau)\mathrm{d}\tau+F_2(v,t)+\hat{\omega}_{\mathrm{r}}(0) \tag{6-42}$$

式中，$\hat{\omega}_{\mathrm{r}}(0)$ 为初始值。

将式（6-42）代入式（6-41），则有

$$\begin{aligned}\eta(0,t_1)&=\int_0^{t_1}\boldsymbol{e}^{\mathrm{T}}\left[\int_0^{t}F_1(v,t,\tau)\mathrm{d}\tau+\hat{\omega}_{\mathrm{r}}(0)-\omega_{\mathrm{r}}\right]\boldsymbol{J}\hat{\boldsymbol{\psi}}_{\mathrm{r}}\mathrm{d}t+\int_0^{t_1}\boldsymbol{e}^{\mathrm{T}}F_2(v,t)\boldsymbol{J}\hat{\boldsymbol{\psi}}_{\mathrm{r}}\mathrm{d}t\\&=\eta_1(0,t_1)+\eta_2(0,t_1)\end{aligned} \tag{6-43}$$

要使 $\eta(0,\ t_1)\geqslant -r_0^2$，可分别使

$$\eta_1(0,t_1)=\int_0^{t_1}\boldsymbol{e}^{\mathrm{T}}\left[\int_0^{t}F_1(v,t,\tau)\mathrm{d}\tau+\hat{\omega}_{\mathrm{r}}(0)-\omega_{\mathrm{r}}\right]\boldsymbol{J}\hat{\boldsymbol{\psi}}_{\mathrm{r}}\mathrm{d}t\geqslant -r_1^2 \tag{6-44}$$

$$\eta_2(0,t_1)=\int_0^{t_1}\boldsymbol{e}^{\mathrm{T}}F_2(v,t)\boldsymbol{J}\hat{\boldsymbol{\psi}}_{\mathrm{r}}\mathrm{d}t\geqslant -r_2^2 \tag{6-45}$$

式中，r_1^2 和 r_2^2 分别是有限的正数。

对于式（6-44），可利用下面的不等式，即

$$\int_0^{t_1}\frac{\mathrm{d}f(t)}{\mathrm{d}t}kf(t)\mathrm{d}t=\frac{k}{2}[f^2(t_1)-f^2(0)]\geqslant \frac{1}{2}kf^2(0) \qquad (k>0) \tag{6-46}$$

这里，取

$$\frac{\mathrm{d}f(t)}{\mathrm{d}t}=\boldsymbol{e}^{\mathrm{T}}\boldsymbol{J}\hat{\boldsymbol{\psi}}_{\mathrm{r}} \tag{6-47}$$

$$kf(t)=\int_0^{t}F_1(v,t,\tau)\mathrm{d}\tau+\hat{\omega}_{\mathrm{r}}(0)-\omega_{\mathrm{r}} \tag{6-48}$$

对式（6-48）两边求导，可得

$$F_1(v,t,\tau)=K_{\mathrm{i}}\boldsymbol{e}^{\mathrm{T}}\boldsymbol{J}\hat{\boldsymbol{\psi}}_{\mathrm{r}} \qquad (K_{\mathrm{i}}>0) \tag{6-49}$$

可以证明，将式（6-49）代入式（6-44），可以保证 $\eta_1(0,t_1)\geqslant -r_1^2$。

对于式（6-45），如果不等式左边的被积函数为正，则不等式定会得到满足，因此可取

$$F_2(v,t)=K_{\mathrm{p}}\boldsymbol{e}^{\mathrm{T}}\boldsymbol{J}\hat{\boldsymbol{\psi}}_{\mathrm{r}} \qquad (K_{\mathrm{p}}>0) \tag{6-50}$$

显然，将式（6-49）和式（6-50）代入式（6-43）一定会满足 Popov 积分不等式，即

$$\int_0^{t_1} \boldsymbol{e}^{\mathrm{T}}\left[\int_0^t K_{\mathrm{i}}\boldsymbol{e}^{\mathrm{T}}\boldsymbol{J}\hat{\boldsymbol{\psi}}_{\mathrm{r}}\mathrm{d}\tau + K_{\mathrm{p}}\boldsymbol{e}^{\mathrm{T}}\boldsymbol{J}\hat{\boldsymbol{\psi}}_{\mathrm{r}} + \hat{\omega}_{\mathrm{r}}(0) - \omega_{\mathrm{r}}\right]\boldsymbol{J}\hat{\boldsymbol{\psi}}_{\mathrm{r}}\mathrm{d}t \geqslant -r_0^2 \tag{6-51}$$

反之，证明式（6-42）成立。亦即，如果 $\hat{\omega}_{\mathrm{r}}$ 取为式（6-42）的形式，那么由转子磁链矢量误差方程式（6-38）构成的反馈系统一定是渐近稳定的。

由式（6-42）以及式（6-49）和式（6-50）可以得到转子速度的估计式，即有

$$\hat{\omega}_{\mathrm{r}} = \int_0^t K_{\mathrm{i}}\boldsymbol{e}^{\mathrm{T}}\boldsymbol{J}\hat{\boldsymbol{\psi}}_{\mathrm{r}}\mathrm{d}t + K_{\mathrm{p}}\boldsymbol{e}^{\mathrm{T}}\boldsymbol{J}\hat{\boldsymbol{\psi}}_{\mathrm{r}} + \hat{\omega}_{\mathrm{r}}(0) \tag{6-52}$$

将式（6-52）代入式（6-39），便可将图 6-3 完整地表示为如图 6-4 所示的由转子磁链误差方程构成的反馈系统。

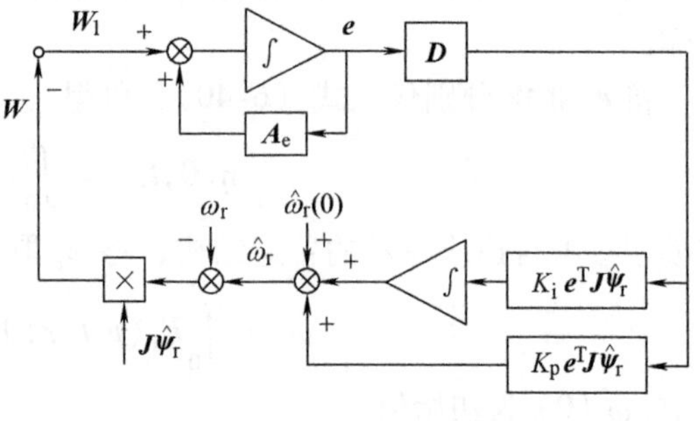

图 6-4　由转子磁链误差方程构成的反馈系统

将 $\boldsymbol{e}^{\mathrm{T}} = (\psi_{\mathrm{d}} - \hat{\psi}_{\mathrm{d}} \quad \psi_{\mathrm{q}} - \hat{\psi}_{\mathrm{q}})^{\mathrm{T}}$ 和 $\hat{\boldsymbol{\psi}}_{\mathrm{r}} = (\hat{\psi}_{\mathrm{d}} \quad \hat{\psi}_{\mathrm{q}})^{\mathrm{T}}$ 分别代入式（6-52），并假设 $\hat{\omega}_{\mathrm{r}}(0)$ 为零，可得

$$\hat{\omega}_{\mathrm{r}} = \int_0^t K_{\mathrm{i}}(\hat{\psi}_{\mathrm{d}}\psi_{\mathrm{q}} - \psi_{\mathrm{d}}\hat{\psi}_{\mathrm{q}})\mathrm{d}t + K_{\mathrm{p}}(\hat{\psi}_{\mathrm{d}}\psi_{\mathrm{q}} - \psi_{\mathrm{d}}\hat{\psi}_{\mathrm{q}}) \tag{6-53}$$

将式（6-53）写成

$$\hat{\omega}_{\mathrm{r}} = \left(\frac{K_{\mathrm{i}}}{p} + K_{\mathrm{p}}\right)\varepsilon_{\omega} \tag{6-54}$$

式中

$$\varepsilon_{\omega} = (\hat{\psi}_{\mathrm{d}}\psi_{\mathrm{q}} - \psi_{\mathrm{d}}\hat{\psi}_{\mathrm{q}}) = \hat{\boldsymbol{\psi}}_{\mathrm{r}} \times \boldsymbol{\psi}_{\mathrm{r}} = |\hat{\boldsymbol{\psi}}_{\mathrm{r}}||\boldsymbol{\psi}_{\mathrm{r}}|\sin\alpha_{\mathrm{r}} \tag{6-55}$$

于是，可将图 6-2 具体化为图 6-5 所示的形式。可见，转速误差信息 ε_{ω} 是取之于 $\hat{\boldsymbol{\psi}}_{\mathrm{r}} \times \boldsymbol{\psi}_{\mathrm{r}}$，$\varepsilon_{\omega}$ 经 PI 调节器作用后，便获得转速估计值 $\hat{\omega}_{\mathrm{r}}$。

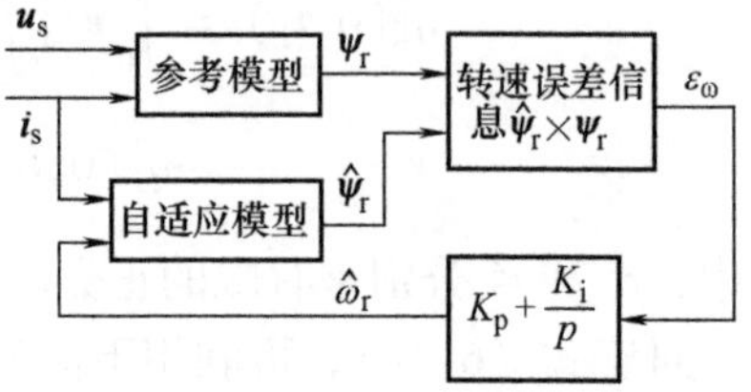

图 6-5　自适应律

由图 6-5 可以看出，利用 MRAS 估计转速的基本原理为：参考模型的状态矢量 $\boldsymbol{\psi}_{\mathrm{r}}$ 反映了电动机的真实状态，而由可调模型估计出的状态矢量 $\hat{\boldsymbol{\psi}}_{\mathrm{r}}$ 与 $\boldsymbol{\psi}_{\mathrm{r}}$ 的偏差将取决于 $\hat{\omega}_{\mathrm{r}}$ 是否与 ω_{r} 一致。实际上，在三相感应电动机运行原理上，在定子电压和电流矢量确定后，如转子电压矢量方程式（6-31）所示，转子磁链矢量仅取决于转速，$\hat{\omega}_{\mathrm{r}}$ 与 ω_{r} 间的偏差就决定了 $\hat{\boldsymbol{\psi}}_{\mathrm{r}}$ 和 $\boldsymbol{\psi}_{\mathrm{r}}$ 间的偏差。在自适应律作用下，可使可调模型（自适应模型）估计的 $\hat{\boldsymbol{\psi}}_{\mathrm{r}}$ 与参考模型的 $\boldsymbol{\psi}_{\mathrm{r}}$ 趋向一致，令转子磁链误差 ε_{ω} 收敛于零，转速估计值 $\hat{\omega}_{\mathrm{r}}$ 逼近于真实值 ω_{r}。

6.2.3　转子磁链和转速估计系统

将图 6-5 所示的原理图具体化，便得到基于 MRAS 的转子磁链和转速估计的系统框图，如图 6-6 所示。图中，参考模型采用了式（6-34），可调模型采用了式（6-35），由这两个模型得到状态误差信息 $\varepsilon_{\omega} = \hat{\psi}_{\mathrm{d}}\psi_{\mathrm{q}} - \psi_{\mathrm{d}}\hat{\psi}_{\mathrm{q}}$，将其作为速度调整信号输入 PI 调节器，其输出便是转速估计值 $\hat{\omega}_{\mathrm{r}}$。

事实上，在转子磁场定向矢量控制中，为实现磁场定向，先要估计转子磁链矢量 $\boldsymbol{\psi}_{\mathrm{r}}$，式（6-33）所示的参考模型即为所采用的电压模型，式（6-32）所示的可调模型即为所采用的

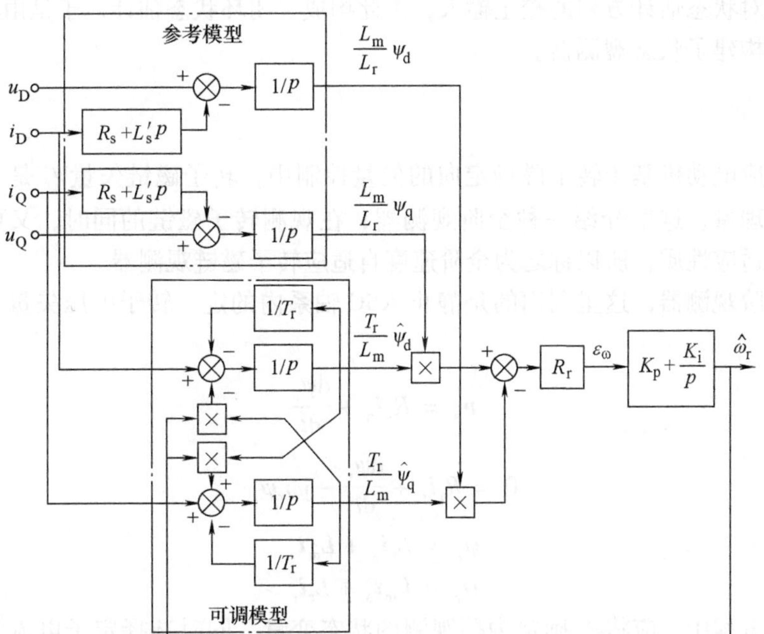

图 6-6　基于 MRAS 的转子磁链和转速估计的系统框图

电流模型，只是在作为电流模型时，其中的 ω_r 是已知的测量值。

在 MRAS 中，将电压模型作为参考模型，将电流模型作为可调模型，其中的 ω_r 也变为了可调和待估计的参数。这样不仅可以估计出ψ_r，同时还可以估计出转速 ω_r。

按同样方法，利用 MRAS 也可辨识（估计）转子时间常数 T_r，此时应将式（6-35）中的 T_r 作为可调参数。

由前分析可知，为准确地估计出ψ_r 和 ω_r，参考模型应能始终映射出电动机的真实状态。但是，式（6-34）作为参考模型时，存在定子电阻 R_s 不准确和变化对低频积分结果影响的问题，以及纯积分器引起的误差积累或直流温漂等问题。除定子电阻 R_s 外，转子电阻 R_r 以及电感 L_m 和 L_r 同样存在不准确性，在运行中也会发生变化。这些都会影响 MRAS 在低速时的应用和估计结果的准确性。

6.3　自适应观测器

在基于电动机数学模型的开环估计中，估计结果的正确性要受参数变化的影响，在某些情况下，转速越低影响越严重，使伺服系统的稳态和动态性能都变坏。为解决这一问题，可采用闭环估计来提高估计的准确性。

闭环和开环估计的差别在于是否采用了可以调节估计器响应的校正环节。闭环估计器又称状态观测器。可用状态观测器来实时观测非线性动态系统的状态和（或）参数，观测的方式是用电动机的数学模型来预测（估计）电动机状态（记为 $\hat{\boldsymbol{x}}$），而这个估计状态要被连续地以反馈校正方式进行校正。具体方法是在状态估计方程中增加一个校正项，校正项中包含有状态估计误差（状态估计值与测量值间的偏差），这个校正项就相当于一个误差补偿器，由它产生对状态估计方程的校正输入，由此构成了闭环状态估计，于是由状态估计方程和校正环节就构建了状态观测器。

6.3.1 状态估计方程

在三相感应电动机基于转子磁场定向的矢量控制中，转子磁链矢量$\boldsymbol{\psi}_r$是非常重要也是十分关键的物理量，这里介绍一种全阶观测器，在观测转子磁链的同时，又可估计转子速度，且具有自适应性质，所以称之为全阶速度自适应转子磁链观测器。

为构建全阶观测器，这里利用的是静止 ABC 轴系内的定、转子电压矢量和磁链矢量方程，即有

$$\boldsymbol{u}_s = R_s\boldsymbol{i}_s + \frac{d\boldsymbol{\psi}_s}{dt} \tag{6-56}$$

$$0 = R_r\boldsymbol{i}_r + \frac{d\boldsymbol{\psi}_r}{dt} - j\omega_r\boldsymbol{\psi}_r \tag{6-57}$$

$$\boldsymbol{\psi}_s = L_s\boldsymbol{i}_s + L_m\boldsymbol{i}_r \tag{6-58}$$

$$\boldsymbol{\psi}_r = L_m\boldsymbol{i}_s + L_r\boldsymbol{i}_r \tag{6-59}$$

状态估计方程中，应将$\boldsymbol{\psi}_r$确定为待观测的状态变量，同时选择定子电流矢量也作为状态变量，因为定子电流矢量$\boldsymbol{i}_s$是可测量的，可由$\boldsymbol{i}_s$的测量值和估计值构成误差补偿器。为此，应将式（6-56）和式（6-57）改造为仅以$\boldsymbol{\psi}_r$和$\boldsymbol{i}_s$为状态变量的状态方程。

根据式（6-32），可直接将转子电压矢量方程式（6-57）改写为

$$\frac{d\boldsymbol{\psi}_r}{dt} = \left(-\frac{1}{T_r} + j\omega_r\right)\boldsymbol{\psi}_r + \frac{L_m}{T_r}\boldsymbol{i}_s \tag{6-60}$$

由式（6-58）和式（6-59），可得

$$\frac{d\boldsymbol{\psi}_s}{dt} = L_s\frac{d\boldsymbol{i}_s}{dt} + L_m\frac{d\boldsymbol{i}_r}{dt} \tag{6-61}$$

$$\frac{d\boldsymbol{i}_r}{dt} = \frac{1}{L_r}\left(\frac{d\boldsymbol{\psi}_r}{dt} - L_m\frac{d\boldsymbol{i}_s}{dt}\right) \tag{6-62}$$

将式（6-62）代入式（6-61），得

$$\frac{d\boldsymbol{\psi}_s}{dt} = L_s\frac{d\boldsymbol{i}_s}{dt} + \frac{L_m}{L_r}\left(\frac{d\boldsymbol{\psi}_r}{dt} - L_m\frac{d\boldsymbol{i}_s}{dt}\right) \tag{6-63}$$

将式（6-60）代入式（6-63），再将式（6-63）代入式（6-56），即有

$$\frac{d\boldsymbol{i}_s}{dt} = -\frac{1}{T'_{sr}}\boldsymbol{i}_s - \frac{L_m}{L'_sL_r}\left(-\frac{1}{T_r} + j\omega_r\right)\boldsymbol{\psi}_r + \frac{\boldsymbol{u}_s}{L'_s} \tag{6-64}$$

式中，$T'_{sr} = L'_s/R_{sr}, R_{sr} = R_s + (L_m/L_r)^2R_r$。

可将式（6-64）和式（6-60）作为状态观测器的电动机模型，将其写成矩阵形式，即有

$$\begin{pmatrix} \dfrac{d\boldsymbol{i}_s}{dt} \\ \dfrac{d\boldsymbol{\psi}_r}{dt} \end{pmatrix} = \begin{pmatrix} -\dfrac{1}{T'_{sr}} & -\dfrac{L_m}{L'_sL_r}\left(-\dfrac{1}{T_r} + j\omega_r\right) \\ \dfrac{L_m}{T_r} & -\dfrac{1}{T_r} + j\omega_r \end{pmatrix}\begin{pmatrix} \boldsymbol{i}_s \\ \boldsymbol{\psi}_r \end{pmatrix} + \begin{pmatrix} \dfrac{\boldsymbol{u}_s}{L'_s} \\ 0 \end{pmatrix} \tag{6-65}$$

将式（6-65）表示为

$$\dot{\boldsymbol{x}} = \boldsymbol{A}\boldsymbol{x} + \boldsymbol{B}\boldsymbol{u} \tag{6-66}$$

式中

$$\boldsymbol{x} = (i_\mathrm{D} \quad i_\mathrm{Q} \quad \psi_\mathrm{d} \quad \psi_\mathrm{q})^\mathrm{T} \quad \boldsymbol{u} = (u_\mathrm{D} \quad u_\mathrm{Q})^\mathrm{T} \quad B = \begin{pmatrix} \frac{1}{L'_\mathrm{s}}\boldsymbol{I} & \boldsymbol{0} \end{pmatrix}^\mathrm{T} \quad \boldsymbol{J} = \begin{pmatrix} 0 & -1 \\ 1 & 0 \end{pmatrix}$$

$$\boldsymbol{A} = \begin{pmatrix} -\frac{1}{T'_\mathrm{sr}}\boldsymbol{I} & \frac{L_\mathrm{m}}{L'_\mathrm{s}L_\mathrm{r}}\left(\frac{1}{T_\mathrm{r}}\boldsymbol{I} - \omega_\mathrm{r}\boldsymbol{J}\right) \\ \frac{L_\mathrm{m}}{T_\mathrm{r}}\boldsymbol{I} & -\frac{1}{T_\mathrm{r}}\boldsymbol{I} + \omega_\mathrm{r}\boldsymbol{J} \end{pmatrix}$$

可以看出，当由矢量方程式（6-65）改写为状态方程式（6-66）时，相应地将 j 改写为矩阵 $\boldsymbol{J}$，而将 1 改写为单位矩阵 $\boldsymbol{I}$。其中，$\boldsymbol{A}$ 是状态矩阵，与转子速度 ω_r 有关，$\boldsymbol{B}$ 是输入矩阵，$\boldsymbol{I}$ 是 2×2 阶单位矩阵，$\boldsymbol{0}$ 是 2×2 阶零矩阵。

将输出方程定义为

$$\boldsymbol{I}_\mathrm{s} = \boldsymbol{C}\boldsymbol{x} \tag{6-67}$$

式中

$$\boldsymbol{C} = \begin{pmatrix} \boldsymbol{I} & \boldsymbol{0} \\ \boldsymbol{0} & \boldsymbol{0} \end{pmatrix}$$

可由式（6-66）和式（6-67）来构建全阶状态观测器。

6.3.2 状态观测器

前面已指出，由定子电流观测误差来构成校正项（误差补偿器），于是状态观测器可确定为

$$\frac{\mathrm{d}\hat{\boldsymbol{x}}}{\mathrm{d}t} = \hat{\boldsymbol{A}}\hat{\boldsymbol{x}} + \boldsymbol{B}\boldsymbol{u} + \boldsymbol{K}(\boldsymbol{I}_\mathrm{s} - \hat{\boldsymbol{I}}_\mathrm{s}) \tag{6-68}$$

$$\hat{\boldsymbol{I}}_\mathrm{s} = \boldsymbol{C}\hat{\boldsymbol{x}} \tag{6-69}$$

式中，$\boldsymbol{I}_\mathrm{s}$ 是实际值，$\boldsymbol{I}_\mathrm{s} = [i_\mathrm{D} \quad i_\mathrm{Q} \quad 0 \quad 0]^\mathrm{T}$；$\hat{\boldsymbol{I}}_\mathrm{s}$ 是估计值，$\hat{\boldsymbol{I}}_\mathrm{s} = [\hat{i}_\mathrm{D} \quad \hat{i}_\mathrm{Q} \quad 0 \quad 0]^\mathrm{T}$；$\boldsymbol{K}$ 是观测器增益矩阵，$\boldsymbol{K}$ 的选择应满足系统稳定性要求。

式中

$$\hat{\boldsymbol{A}} = \begin{pmatrix} -\frac{1}{T'_\mathrm{sr}}\boldsymbol{I} & \frac{L_\mathrm{m}}{L'_\mathrm{s}L_\mathrm{r}}\left(\frac{1}{T_\mathrm{r}}\boldsymbol{I} - \hat{\omega}_\mathrm{r}\boldsymbol{J}\right) \\ \frac{L_\mathrm{m}}{T_\mathrm{r}}\boldsymbol{I} & -\frac{1}{T_\mathrm{r}}\boldsymbol{I} + \hat{\omega}_\mathrm{r}\boldsymbol{J} \end{pmatrix}$$

应该指出，观测器状态矩阵 $\boldsymbol{A}$ 是转速 ω_r 的函数，状态方程式（6-66）实际为时变非线性方程。但因电动机的机械时间常数远大于电气时间常数，相对电气变化而言，可认为 ω_r 是缓慢变化的，这种假设在电动机实际运行中是基本可以满足的，于是可以认为式（6-66）和式（6-67）描述的是一个四阶线性缓变系统。在数字化控制中，在每一采样周期内，认

为矩阵 $\boldsymbol{A}$ 的参数是恒定的。

在无速度传感器伺服系统中，转速是必须估计的物理量，矩阵 $\hat{\boldsymbol{A}}$ 中转速便为一个待估计的参数 $\hat{\omega}_r$。在观测转子磁链ψ_r 的同时，还可以辨识作为电动机参数的 ω_r。

6.3.3 转速自适应律

1. 转速估计

同模型参考自适应系统一样，状态观测器的稳定也是指状态误差的动态特性是渐近稳定的，误差能够以足够的速度收敛于零。为获得误差动态方程，将式（6-66）减去式(6-68)，可得

$$\begin{aligned}\frac{\mathrm{d}\boldsymbol{e}}{\mathrm{d}t} &= \frac{\mathrm{d}}{\mathrm{d}t}(\boldsymbol{x}-\hat{\boldsymbol{x}}) = (\boldsymbol{A}-\boldsymbol{KC})(\boldsymbol{x}-\hat{\boldsymbol{x}}) - (\hat{\boldsymbol{A}}-\boldsymbol{A})\hat{\boldsymbol{x}} \\ &= (\boldsymbol{A}-\boldsymbol{KC})\boldsymbol{e} - \Delta\boldsymbol{A}\hat{\boldsymbol{x}}\end{aligned} \tag{6-70}$$

式中，$\boldsymbol{e}$ 为估计误差列向量。即有

$$\boldsymbol{e} = \boldsymbol{x} - \hat{\boldsymbol{x}} \tag{6-71}$$

$\Delta\boldsymbol{A}$ 为误差状态矩阵，有

$$\Delta\boldsymbol{A} = \hat{\boldsymbol{A}} - \boldsymbol{A} = \begin{pmatrix}\boldsymbol{0} & -(\hat{\omega}_\mathrm{r}-\omega_\mathrm{r})\boldsymbol{J}\dfrac{L_\mathrm{m}}{L'_\mathrm{s}L_\mathrm{r}} \\ \boldsymbol{0} & (\hat{\omega}_\mathrm{r}-\omega_\mathrm{r})\boldsymbol{J}\end{pmatrix} \tag{6-72}$$

可以依据 Popov 超稳定理论，也可利用李雅普诺夫稳定性理论来分析观测器误差的动态稳定性。这里采用的是后者，由李雅普诺夫函数 $\boldsymbol{V}$ 可以确定非线性系统渐近稳定的充分条件，而这个函数必须满足连续、可微、正定等要求，现将这个函数定义如下

$$\boldsymbol{V} = \boldsymbol{e}^\mathrm{T}\boldsymbol{e} + (\hat{\omega}_\mathrm{r}-\omega_\mathrm{r})^2/\lambda \tag{6-73}$$

式中，λ 是正的常数。当误差 $\boldsymbol{e}$ 为零和转速估计 $\hat{\omega}_\mathrm{r}$ 等于实际速度 ω_r 时，函数 $\boldsymbol{V}$ 为零。

非线性系统渐近稳定的充分条件是李雅普诺夫函数 $\boldsymbol{V}$ 的导数 $\mathrm{d}\boldsymbol{V}/\mathrm{d}t$ 负定，即误差应呈衰减趋势，估计值 $\hat{\omega}_\mathrm{r}$ 应逐步逼近真实值 ω_r，亦即 $\boldsymbol{V}$ 必须是个下降的函数。由式（6-73）可得

$$\frac{\mathrm{d}\boldsymbol{V}}{\mathrm{d}t} = \boldsymbol{e}^\mathrm{T}\frac{\mathrm{d}\boldsymbol{e}}{\mathrm{d}t} + \boldsymbol{e}\frac{\mathrm{d}\boldsymbol{e}^\mathrm{T}}{\mathrm{d}t} + \frac{\mathrm{d}}{\mathrm{d}t}\frac{(\hat{\omega}_\mathrm{r}-\omega_\mathrm{r})^2}{\lambda} \tag{6-74}$$

式中，认为 ω_r 变化缓慢，近似为常数。

将式（6-70）代入式（6-74），则有

$$\frac{\mathrm{d}\boldsymbol{V}}{\mathrm{d}t} = \boldsymbol{e}^\mathrm{T}[(\boldsymbol{A}-\boldsymbol{KC})^\mathrm{T} + (\boldsymbol{A}-\boldsymbol{KC})]\boldsymbol{e} + (\hat{\boldsymbol{x}}\Delta\boldsymbol{A}^\mathrm{T}\boldsymbol{e} + \boldsymbol{e}\Delta\boldsymbol{A}\hat{\boldsymbol{x}}) + \frac{2}{\lambda}(\hat{\omega}_\mathrm{r}-\omega_\mathrm{r})\frac{\mathrm{d}\hat{\omega}_\mathrm{r}}{\mathrm{d}t} \tag{6-75}$$

可以证明，式（6-75）中右端第一项总是负的，只要第二项和第三项之和为零，就可保证 $\mathrm{d}\boldsymbol{V}/\mathrm{d}t$ 为负定的，即有

$$\hat{\boldsymbol{x}}\Delta\boldsymbol{A}^\mathrm{T}\boldsymbol{e} + \boldsymbol{e}\Delta\boldsymbol{A}\hat{\boldsymbol{x}} + \frac{2}{\lambda}(\hat{\omega}_\mathrm{r}-\omega_\mathrm{r})\frac{\mathrm{d}\hat{\omega}_\mathrm{r}}{\mathrm{d}t} = 0 \tag{6-76}$$

将式（6-71）和式（6-72）及 $\hat{\boldsymbol{x}} = [\hat{\boldsymbol{i}}_\mathrm{s} \quad \hat{\boldsymbol{\psi}}_\mathrm{r}]^\mathrm{T}$ 代入式（6-76），可得

$$-2\frac{L_m}{L_s' L_r}(\hat{\omega}_r-\omega_r)\hat{\psi}_r^T\boldsymbol{J}(\boldsymbol{i}_s-\hat{\boldsymbol{i}}_s)+\frac{2}{\lambda}(\hat{\omega}_r-\omega_r)\frac{d\hat{\omega}_r}{dt}=0$$

于是，有

$$\frac{d\hat{\omega}_r}{dt}=K_i\hat{\psi}_r^T\boldsymbol{J}(\boldsymbol{i}_s-\hat{\boldsymbol{i}}_s) \tag{6-77}$$

式中，$K_i=\lambda L_m/L_s' L_r$。

最后可得

$$\hat{\omega}_r=K_i\int\hat{\psi}_r^T\boldsymbol{J}(\boldsymbol{i}_s-\hat{\boldsymbol{i}}_s)dt \tag{6-78}$$

为改进观测器的响应，可将式（6-78）修正为

$$\begin{aligned}\hat{\omega}_r&=K_p\hat{\psi}_r^T\boldsymbol{J}(\boldsymbol{i}_s-\hat{\boldsymbol{i}}_s)+K_i\int\hat{\psi}_r^T\boldsymbol{J}(\boldsymbol{i}_s-\hat{\boldsymbol{i}}_s)dt\\&=\left(K_p+\frac{K_i}{p}\right)\hat{\psi}_r^T\boldsymbol{J}(\boldsymbol{i}_s-\hat{\boldsymbol{i}}_s)\end{aligned} \tag{6-79}$$

式中，$\hat{\boldsymbol{i}}_s$ 和 $\hat{\psi}_r$ 是由观测器得到的状态估计值，$(\boldsymbol{i}_s-\hat{\boldsymbol{i}}_s)$ 是定子电流观测误差。

通过式（6-79）可调节 $\hat{\omega}_r$ 趋向真实值 ω_r，与此同时使 $\hat{\boldsymbol{x}}=(\hat{\boldsymbol{i}}_s \quad \hat{\psi}_r)^T$ 接近实际状态 $\boldsymbol{x}=(\boldsymbol{i}_s \quad \psi_r)^T$，正因如此，这种速度观测器才准确地称之为速度自适应转子磁链观测器。将式（6-79）确定为估计转速的自适应律。

可将式（6-79）表示为

$$\begin{aligned}\hat{\omega}_r&=-\left(K_p+\frac{K_i}{p}\right)\hat{\psi}_r\times(\boldsymbol{i}_s-\hat{\boldsymbol{i}}_s)\\&=-\left(K_p+\frac{K_i}{p}\right)(\hat{\psi}_r\times\boldsymbol{i}_s-\hat{\psi}_r\times\hat{\boldsymbol{i}}_s)\end{aligned} \tag{6-80}$$

若以坐标分量表示，则有

$$\hat{\omega}_r=\left(K_p+\frac{K_i}{p}\right)[(i_D-\hat{i}_D)\hat{\psi}_q-(i_Q-\hat{i}_Q)\hat{\psi}_d] \tag{6-81}$$

由式（1-165）已知，电磁转矩可表示为

$$t_e=p_0\frac{L_m}{L_r}\psi_r\times\boldsymbol{i}_s \tag{6-82}$$

若 $\hat{\psi}_r$ 与实际值 ψ_r 相等，则可将式（6-80）改写为

$$\hat{\omega}_r=\frac{L_r}{p_0L_m}\left(K_p+\frac{K_i}{p}\right)(\hat{t}_e-t_e) \tag{6-83}$$

式中，t_e 为转矩实际值；$\hat{t}_e$ 为其估计值。

式（6-83）反映了转速自适应律的物理意义。速度调整信号实际取自于转矩偏差信息，当转矩存在偏差时，通过式（6-81）（PI 调节器）调节 $\hat{\omega}_r$。$\hat{\omega}_r$ 作为可调参数输入状态观测器后，使 $\hat{\boldsymbol{i}}_s$ 逼近于 $\boldsymbol{i}_s$，令转矩偏差减小，在这一过程中估计值 $\hat{\omega}_r$ 逐步趋向实际值 ω_r。图 6-7 所示是基于 MRAS 速度自适应转子磁链观测器的原理框图。对比图 6-7 和图 6-2 可以看出，$\boldsymbol{i}_s$ 可看成是由参考模型式（6-65）给出的，但此时定子电流矢量 $\boldsymbol{i}_s$ 为实测值，事实上已将电动机自身作为参考模型。由式（6-68）给出的全阶状态观测器相当于图 6-2 中的可调模型，并将 $\hat{\omega}_r$ 作为可调参数，也选择了 PI 调节器作为自适应机构，可见速度自适应转子

磁链观测器也是一种基于 MRAS 的自适应系统。

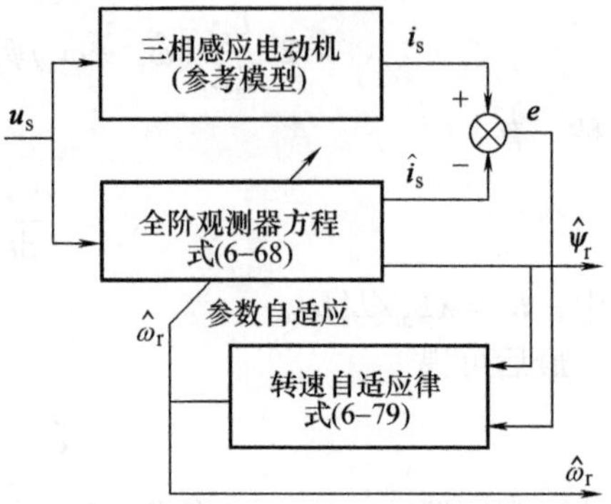

图 6-7　基于 MRAS 速度自适应转子磁链观测器的原理框图

2. 增益矩阵 K

在式（6-68）中，增益矩阵 $\boldsymbol{K}$ 起到加权的作用。当观测器模型中的矩阵 $\hat{\boldsymbol{A}}$ 与参考模型的矩阵 $\boldsymbol{A}$ 之间存在差异时，将会导致观测器输出 $\hat{\boldsymbol{i}}_s$ 与实际输出 $\boldsymbol{i}_s$ 间产生偏差，由观测误差构成校正环节，通过 $\boldsymbol{K}$ 对校正项的加权作用，便可以调节观测器的动态响应。

但是，为了保证观测器在所有速度下的稳定性，通常采用极点配置的方式来确定矩阵 $\boldsymbol{K}$。由系统的动态误差方程式（6-70）可知，误差矢量 $\boldsymbol{e}$ 的收敛速度取决于矩阵（$\boldsymbol{A}-\boldsymbol{KC}$）的极点位置，即误差响应的动态特性是由矩阵（$\boldsymbol{A}-\boldsymbol{KC}$）的特征值决定的，通过合理地设计 $\boldsymbol{K}$ 可使矩阵（$\boldsymbol{A}-\boldsymbol{KC}$）的极点位置满足系统的动态要求，使误差矢量渐近稳定且以足够快的速度收敛。

3. 定子电阻辨识

可以用全阶观测器来在线辨识定子电阻 R_s。同转速估计一样，仍然采用式（6-68）来构建全阶观测器，但要将状态矩阵 $\hat{\boldsymbol{A}}$ 中的定子电阻作为可调参数 $\hat{R}_s$，即有

$$\frac{1}{\hat{T}'_{sr}}=\frac{\hat{R}_s}{L'_s}+\frac{1}{L'_s}\left(\frac{L_m}{L_r}\right)^2 R_r \tag{6-84}$$

由式（6-84），可得误差状态矩阵

$$\Delta\boldsymbol{A}'=\begin{pmatrix}-\dfrac{1}{L'_s}(\hat{R}_s-R_s)\boldsymbol{I} & \boldsymbol{0}\\ \boldsymbol{0} & \boldsymbol{0}\end{pmatrix} \tag{6-85}$$

采用与转速估计同样的方法，可得

$$\hat{R}_s=-\left(K_p+\frac{K_i}{p}\right)\left[(i_D-\hat{i}_D)\hat{i}_D+(i_Q-\hat{i}_Q)\hat{i}_Q\right] \tag{6-86}$$

4. 转子磁链矢量估计

由全阶自适应观测器得到的转子磁链估计值 $\hat{\psi}_d$ 和 $\hat{\psi}_q$，可以获得转子磁链矢量的幅值和相位的估计值，即

$$|\hat{\psi}_r|=\sqrt{\hat{\psi}_d^2+\hat{\psi}_q^2} \tag{6-87}$$

$$\hat{\theta}_M=\arcsin\frac{\hat{\psi}_q}{|\hat{\psi}_r|} \tag{6-88}$$

式中，$\hat{\theta}_M$ 是 $\hat{\psi}_r$ 在静止 DQ 轴系中的空间位置。

由于可以估计到转子磁链矢量 ψ_r，因此转子磁链观测器比较适合于基于转子磁场定向的矢量控制。

5. 转子磁链矢量速度估计

转子磁链矢量的旋转速度 $\hat{\omega}'_s$ 可由式（6-88）得到，即有

$$\hat{\omega}'_s=\frac{d\hat{\theta}_M}{dt}=\frac{\hat{\psi}_d\dfrac{d\hat{\psi}_q}{dt}-\hat{\psi}_q\dfrac{d\hat{\psi}_d}{dt}}{\hat{\psi}_d^2+\hat{\psi}_q^2} \tag{6-89}$$

由估计值 $\hat{\omega}'_s$ 和 $\hat{\omega}_r$ 可获得转差频率的估计值

$$\hat{\omega}'_f = \hat{\omega}'_s - \hat{\omega}_r \tag{6-90}$$

这里，$\hat{\omega}'_f$ 是指转子磁链矢量 ψ_r 相对转子的旋转速度。

6.4 扩展卡尔曼滤波

观测器基本上分为确定型和随机型两大类，卡尔曼滤波属于后者。卡尔曼滤波是在线性最小方差估计基础上发展起来的一种递推计算方法，这种算法可边采集数据边计算，且计算可由 DSP 在线完成，因此可对系统状态进行在线估计。扩展的卡尔曼滤波（Extended Kalman Filters，EKF）是线性系统状态估计的卡尔曼滤波算法在非线性系统的扩展应用。因为滤波器增益能够适应环境而自动调节，所以 EKF 本身就是一个自适应系统。

EKF 是一种对非线性系统的随机观测器，其优点之一是当系统产生噪声时，仍能对系统状态进行准确估计。这些噪声具有随机性，根据噪声来源可分为系统噪声和测量噪声。系统噪声来源于数学模型中参数的不准确性或运行中参数的变化以及系统扰动，还有定子电压测量引起的噪声，例如传感器噪声和 A/D 转换噪声等，用系统噪声矢量 $\boldsymbol{V}$ 来表示；测量噪声来源于对定子电流的测量，也是由于传感器和 A/D 转换引起的，用测量噪声矢量 $\boldsymbol{W}$ 来表示。

6.4.1 结构与原理

EKF 的一般形式可表示为

$$\frac{\mathrm{d}\hat{\boldsymbol{x}}}{\mathrm{d}t} = \boldsymbol{A}(\hat{\boldsymbol{x}})\hat{\boldsymbol{x}} + \boldsymbol{B}\boldsymbol{u} + \boldsymbol{K}(\boldsymbol{y} - \hat{\boldsymbol{y}}) \tag{6-91}$$

$$\hat{\boldsymbol{y}} = \boldsymbol{C}\hat{\boldsymbol{x}} \tag{6-92}$$

EKF 的结构框图如图 6-8 所示。

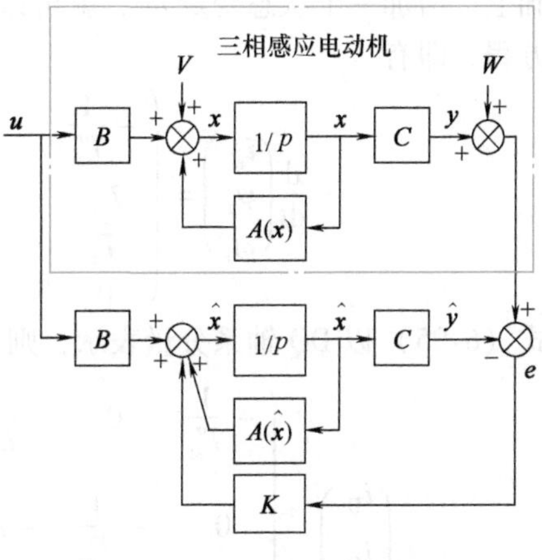

图 6-8 EKF 的结构框图

卡尔曼滤波的目的是利用电动机的测量状态来获取非测量状态。图 6-8 上半部点画线框内表示的是电动机实际状态，通常将定子电压和电流矢量作为测量矢量，即 $\boldsymbol{u} = \boldsymbol{u}_s$，$\boldsymbol{y} = \boldsymbol{i}_s$，另外的测量状态就是噪声统计，即系统噪声矢量 $\boldsymbol{V}$ 和测量噪声矢量 $\boldsymbol{W}$。图 6-8 下半部是 EKF 状态估计框图，符号“^”表示状态矢量估计，$\boldsymbol{K}$ 称为 EKF 增益矩阵。

对比式（6-91）和式（6-68）可以看出，两者具有相同的形式，都是设有反馈校正环节的闭环估计，反馈校正都是依据实测状态和估计状态的偏差 $\boldsymbol{e} = \boldsymbol{y} - \hat{\boldsymbol{y}}$，再通过增益矩阵的加权作用使估计状态能够逼近实际状态。尽管两者形式上相似，但实质上却有很大区别。在状态观测器中是速度自适应律在起实质作用，使估计值 $\hat{\omega}_r$ 趋近于实际值 ω_r，自适应律确定的依据是系统稳定性理论，增益矩阵 $\boldsymbol{K}$ 的加权作用只是体现在调节误差的动态响应上，进行合理的极点配置可使系统快速稳定地收敛。而 EKF 的

增益矩阵 $\boldsymbol{K}$ 在状态估计中却是起到实质性作用，通过选择合理的增益矩阵 $\boldsymbol{K}$ 可使状态的估计误差趋于最小，因为 $\boldsymbol{K}$ 是基于均方误差最小原理而确定的，所以在矩阵 $\boldsymbol{K}$ 的加权作用下，在递推计算中的每一步都可为下一次提供最有可能的状态估计或者说是最优的输出。“最优”的含义是指能使状态变量的均方估计误差同时为最小，因此又称 EKF 为递推优化随机状态估计器。

6.4.2 数学模型

EKF 仍然是依据电动机模型的一种状态观测器，因此数学模型的选择很重要。例如，对于三相感应电动机，可以选择由转子磁场定向旋转轴系，或者由定子静止轴系表示的电动机数学模型。若选择前者，当将定子电压和电流的测量值变换到磁场定向旋转轴系时，变换矩阵中含有转子磁链矢量空间相角的正余弦函数，无疑会额外加重数学模型的非线性，也会增加递推计算时间；若选择后者，就不会引起这一问题，可以节省计算时间，进而可以缩短采样周期，有利于实时估计和提高 EKF 的稳定性。

三相感应电动机以定子 ABC 轴系表示的定、转子电压矢量方程为

$$\boldsymbol{u}_{\mathrm{s}} = R\boldsymbol{i}_{\mathrm{s}} + \frac{\mathrm{d}\boldsymbol{\psi}_{\mathrm{s}}}{\mathrm{d}t} \tag{6-93}$$

$$0 = R_{\mathrm{r}}\boldsymbol{i}_{\mathrm{r}} + \frac{\mathrm{d}\boldsymbol{\psi}_{\mathrm{r}}}{\mathrm{d}t} - \mathrm{j}\omega_{\mathrm{r}}\boldsymbol{\psi}_{\mathrm{r}} \tag{6-94}$$

因为定子电流矢量 $\boldsymbol{i}_{\mathrm{s}}$ 在滤波估计中是必须测量的，也是校正环节中的反馈量，所以应将 $\boldsymbol{i}_{\mathrm{s}}$ 作为状态变量。另外，在以转子磁场定向的矢量控制中，转子磁链矢量 $\boldsymbol{\psi}_{\mathrm{r}}$ 是需要实时估计的空间矢量，因此也将 $\boldsymbol{\psi}_{\mathrm{r}}$ 作为状态变量。再有就是将转子速度 ω_{r} 也作为状态变量，这也体现了 EKF 与状态观测器的不同，在状态观测器中 ω_{r} 只是作为状态矩阵 $\hat{\boldsymbol{A}}$ 中的可调参数。

前面已将式（6-93）和式（6-94）改造为式（6-65）的形式，于是，在式（6-65）的基础上，增加一个状态变量 ω_{r}，就可以构成用于 EKF 观测转子磁链矢量 $\boldsymbol{\psi}_{\mathrm{r}}$ 和转速 ω_{r} 的状态方程，即有

$$\frac{\mathrm{d}}{\mathrm{d}t}\begin{pmatrix}\boldsymbol{i}_{\mathrm{s}}\\ \boldsymbol{\psi}_{\mathrm{r}}\\ \omega_{\mathrm{r}}\end{pmatrix} = \begin{pmatrix}-\dfrac{1}{T'_{\mathrm{sr}}} & -\dfrac{L_{\mathrm{m}}}{L'_{\mathrm{s}}L_{\mathrm{r}}}\left(-\dfrac{1}{T_{\mathrm{r}}}+\mathrm{j}\omega_{\mathrm{r}}\right) & 0\\ \dfrac{L_{\mathrm{m}}}{T_{\mathrm{r}}} & -\dfrac{1}{T_{\mathrm{r}}}+\mathrm{j}\omega_{\mathrm{r}} & 0\\ 0 & 0 & 0\end{pmatrix}\begin{pmatrix}\boldsymbol{i}_{\mathrm{s}}\\ \boldsymbol{\psi}_{\mathrm{r}}\\ \omega_{\mathrm{r}}\end{pmatrix} + \begin{pmatrix}\dfrac{\boldsymbol{u}_{\mathrm{s}}}{L'_{\mathrm{s}}}\\ 0\\ 0\end{pmatrix} \tag{6-95}$$

将式（6-95）以 DQ 轴系分量表示，则有

$$\frac{\mathrm{d}}{\mathrm{d}t}\begin{pmatrix}i_{\mathrm{D}}\\ i_{\mathrm{Q}}\\ \psi_{\mathrm{d}}\\ \psi_{\mathrm{q}}\\ \omega_{\mathrm{r}}\end{pmatrix} = \begin{pmatrix}-\dfrac{1}{T'_{\mathrm{sr}}} & 0 & \dfrac{L_{\mathrm{m}}}{L'_{\mathrm{s}}L_{\mathrm{r}}T_{\mathrm{r}}} & \omega_{\mathrm{r}}\dfrac{L_{\mathrm{m}}}{L'_{\mathrm{s}}L_{\mathrm{r}}} & 0\\ 0 & -\dfrac{1}{T'_{\mathrm{sr}}} & -\omega_{\mathrm{r}}\dfrac{L_{\mathrm{m}}}{L'_{\mathrm{s}}L_{\mathrm{r}}} & \dfrac{L_{\mathrm{m}}}{L'_{\mathrm{s}}L_{\mathrm{r}}T_{\mathrm{r}}} & 0\\ \dfrac{L_{\mathrm{m}}}{T_{\mathrm{r}}} & 0 & -\dfrac{1}{T_{\mathrm{r}}} & -\omega_{\mathrm{r}} & 0\\ 0 & \dfrac{L_{\mathrm{m}}}{T_{\mathrm{r}}} & \omega_{\mathrm{r}} & -\dfrac{1}{T_{\mathrm{r}}} & 0\\ 0 & 0 & 0 & 0 & 0\end{pmatrix}\begin{pmatrix}i_{\mathrm{D}}\\ i_{\mathrm{Q}}\\ \psi_{\mathrm{d}}\\ \psi_{\mathrm{q}}\\ \omega_{\mathrm{r}}\end{pmatrix} + \begin{pmatrix}\dfrac{1}{L'_{\mathrm{s}}} & 0\\ 0 & \dfrac{1}{L'_{\mathrm{s}}}\\ 0 & 0\\ 0 & 0\\ 0 & 0\end{pmatrix}\begin{pmatrix}u_{\mathrm{D}}\\ u_{\mathrm{Q}}\end{pmatrix} \tag{6-96}$$

应该指出，在式（6-95）和式（6-96）中，已假定

$$\frac{d\omega_r}{dt} = 0 \tag{6-97}$$

这相当于假定包括转子在内的机械传动系统的转动惯量 J 为无限大。系统的机械运动方程为

$$t_e = J\frac{d\Omega_r}{dt} + R_\Omega \Omega_r + t_L$$

式中，Ω_r 为机械角速度，$\Omega_r = \omega_r / p_0$；$R_\Omega$ 为阻尼系数；t_L 为负载转矩；t_e 为电磁转矩。

显然，假定 J 为无限大是不符合实际的。但在 EKF 状态观测中，可将这种不准确性作为系统的状态噪声来处理，在递推计算中由 EKF 予以必要的校正。或者，在数字化系统中，由于采样周期很短，在每个采样周期内，都可以认为 ω_r 是恒定的。

还应强调，式（6-96）是非线性的，因为在系统矩阵 $\boldsymbol{A}$ 中含有转速 ω_r。为简化计，将式（6-96）表示为

$$\frac{d\boldsymbol{x}}{dt} = \boldsymbol{Ax} + \boldsymbol{Bu} \tag{6-98}$$

$$\boldsymbol{y} = \boldsymbol{Cx} \tag{6-99}$$

式中

$$\boldsymbol{A} = \begin{pmatrix} -\frac{1}{T'_{sr}} & 0 & \frac{L_m}{L'_s L_r T_r} & \omega_r \frac{L_m}{L'_s L_r} & 0 \\ 0 & -\frac{1}{T'_{sr}} & -\omega_r \frac{L_m}{L'_s L_r} & \frac{L_m}{L'_s L_r T_r} & 0 \\ \frac{L_m}{T_r} & 0 & -\frac{1}{T_r} & -\omega_r & 0 \\ 0 & \frac{L_m}{T_r} & \omega_r & -\frac{1}{T_r} & 0 \\ 0 & 0 & 0 & 0 & 0 \end{pmatrix} \tag{6-100}$$

$$\boldsymbol{B} = \begin{pmatrix} \frac{1}{L'_s} & 0 \\ 0 & \frac{1}{L'_s} \\ 0 & 0 \\ 0 & 0 \\ 0 & 0 \end{pmatrix} \tag{6-101}$$

$$\boldsymbol{C} = \begin{pmatrix} 1 & 0 & 0 & 0 & 0 \\ 0 & 1 & 0 & 0 & 0 \end{pmatrix} \tag{6-102}$$

$$x = [i_D \quad i_Q \quad \psi_d \quad \psi_q \quad \omega_r]^T \tag{6-103}$$

$$u = [u_D \quad u_Q]^T \tag{6-104}$$

为了构建 EKF 数字化系统，需要对电动机方程式（6-98）和式（6-99）进行离散化处理，由式（6-98）和式（6-99），可得

$$x(k+1) = A'x(k) + B'u(k) \tag{6-105}$$

$$y(k) = C'x(k) \tag{6-106}$$

式中，A'和B'是离散化的系统矩阵和输入矩阵，可近似地表示为

$$A' = e^{AT} \approx 1 + AT + \left(\frac{AT}{2}\right)^2 \tag{6-107}$$

$$B' \approx BT + \frac{ABT^2}{2} \tag{6-108}$$

式（6-107）和式（6-108）中，T是采样时间，$T = t_{k+1} - t_k$。

通常情况下，采样时间很短，A'和B'中的二次项可以忽略。为了获得满意的精度，采样时间应比电动机电气时间常数小，但采样时间的最后确定还要看 EKF 程序执行的时间及系统的稳定性。式（6-106）中，离散化的输出矩阵 $C' = C$，$x(k)$ 表示 x 在 t_k 时刻的采样值。

若忽略A'和B'中的二次项，则由式（6-100）～式（6-102），可得A'、B'和C'的离散化表达式，即为

$$A' = \begin{pmatrix} 1 - \dfrac{T}{T'_{sr}} & 0 & \dfrac{TL_m}{L'_s L_r T_r} & \omega_r \dfrac{TL_m}{L'_s L_r} & 0 \\ 0 & 1 - \dfrac{T}{T'_{sr}} & -\omega_r \dfrac{TL_m}{L'_s L_r} & \dfrac{TL_m}{L'_s L_r T_r} & 0 \\ \dfrac{TL_m}{T_r} & 0 & 1 - \dfrac{T}{T_r} & -T\omega_r & 0 \\ 0 & \dfrac{TL_m}{T_r} & T\omega_r & 1 - \dfrac{T}{T_r} & 0 \\ 0 & 0 & 0 & 0 & 1 \end{pmatrix} \tag{6-109}$$

$$B' = \begin{pmatrix} \dfrac{T}{L'_s} & 0 \\ 0 & \dfrac{T}{L'_s} \\ 0 & 0 \\ 0 & 0 \\ 0 & 0 \end{pmatrix} \tag{6-110}$$

$$C' = \begin{pmatrix} 1 & 0 & 0 & 0 & 0 \\ 0 & 1 & 0 & 0 & 0 \end{pmatrix} \tag{6-111}$$

且有

$$\boldsymbol{x}(k) = [i_{\mathrm{D}}(k) \quad i_{\mathrm{Q}}(k) \quad \psi_{\mathrm{d}}(k) \quad \psi_{\mathrm{q}}(k) \quad \omega_{\mathrm{r}}(k)]^{\mathrm{T}}$$

$$\boldsymbol{u}(k) = [u_{\mathrm{D}}(k) \quad u_{\mathrm{Q}}(k)]^{\mathrm{T}}$$

离散化状态方程式（6-105）和式（6-106）是确定性的方程，但是在实际系统中，如前所述，模型参数存在不确定性和可变性，定子电压和电流中不可避免地会存在测量噪声，对连续方程的离散化也会产生固有的量化误差，可将这些不确定因素纳入到系统噪声矢量 $\boldsymbol{V}$ 和测量噪声矢量 $\boldsymbol{W}$ 中。于是，由图 6-8 可将式（6-105）和式（6-106）改写为

$$\boldsymbol{x}(k+1) = \boldsymbol{A}'\boldsymbol{x}(k) + \boldsymbol{B}'\boldsymbol{u}(k) + \boldsymbol{V}(k) \tag{6-112}$$

$$\boldsymbol{y}(k) = \boldsymbol{C}'\boldsymbol{x}(k) + \boldsymbol{W}(k) \tag{6-113}$$

式中，$\boldsymbol{V}(k)$ 是系统噪声；$\boldsymbol{W}(k)$ 是测量噪声。

假设 $\boldsymbol{V}(k)$ 和 $\boldsymbol{W}(k)$ 都是零均值白噪声，即有

$$E\{\boldsymbol{V}(k)\} = 0$$

$$E\{\boldsymbol{W}(k)\} = 0$$

式中，$E\{\}$ 表示数字期望值。

在 EKF 的递推计算中，并不直接利用噪声矢量 $\boldsymbol{V}$ 和 $\boldsymbol{W}$，而需要利用 $\boldsymbol{V}$ 的协方差（Covariance）矩阵 $\boldsymbol{Q}$ 以及 $\boldsymbol{W}$ 的协方差矩阵 $\boldsymbol{R}$，协方差矩阵 $\boldsymbol{Q}$ 和 $\boldsymbol{R}$ 被定义为

$$\mathrm{cov}(\boldsymbol{V}) = E\{\boldsymbol{V}\boldsymbol{V}^{\mathrm{T}}\} = \boldsymbol{Q} \tag{6-114}$$

$$\mathrm{cov}(\boldsymbol{W}) = E\{\boldsymbol{W}\boldsymbol{W}^{\mathrm{T}}\} = \boldsymbol{R} \tag{6-115}$$

此外，假定 $\boldsymbol{V}(k)$ 和 $\boldsymbol{W}(k)$ 是不相关的，初始状态 $\boldsymbol{x}(0)$ 是随机矢量，也与 $\boldsymbol{V}(k)$ 和 $\boldsymbol{W}(k)$ 不相关。

6.4.3 状态估计

EKF 状态估计的一般形式为

$$\frac{\mathrm{d}\hat{\boldsymbol{x}}}{\mathrm{d}t} = \boldsymbol{A}(\hat{\boldsymbol{x}})\hat{\boldsymbol{x}} + \boldsymbol{B}\boldsymbol{u} + \boldsymbol{K}(\boldsymbol{y} - \hat{\boldsymbol{y}}) \tag{6-116}$$

同样，应将方程式（6-116）进行离散化，若暂且不考虑校正项 $\boldsymbol{K}(\boldsymbol{y} - \hat{\boldsymbol{y}})$，则由式（6-112）可得

$$\hat{\boldsymbol{x}}(k+1) = \boldsymbol{A}'\hat{\boldsymbol{x}}(k) + \boldsymbol{B}'\boldsymbol{u}(k) + \boldsymbol{V}(k) \tag{6-117}$$

式中，符号“^”表示状态估计。

EKF 状态估计的程序是由 k 次的状态估计 $\hat{\boldsymbol{x}}(k)$ 来获取（$k+1$）次的状态估计 $\hat{\boldsymbol{x}}(k+1)$，即由目前的状态来确定系统下一步可能出现的状态。它采用的是递推估计（计算）方法，即 $\hat{\boldsymbol{x}}(k)$ 是已经过 1，2，…，k 次估计而在第 k 次取得的结果，但每次估计都不是重头计算，而是利用上一次估计（信息）来推算下一次的估计结果，这是一种递推估计（计算）过程，式（6-117）是由电动机模型推导出的递推关系式。由于系统噪声 $\boldsymbol{V}(k)$ 是零均值的，因此可将式（6-117）简化为

$$\hat{\boldsymbol{x}}(k+1) = \boldsymbol{A}'\hat{\boldsymbol{x}}(k) + \boldsymbol{B}'\boldsymbol{u}(k) \tag{6-118}$$

由式（6-116）可知，如果这种递推估计的每一步都是准确无误的，偏差 $\boldsymbol{e} = (\boldsymbol{y} - \hat{\boldsymbol{y}})$ 总是为零，那么由式（6-118）就可以得到满意的结果，但这是不可能的，也是不符合实际的。

卡尔曼滤波不是简单的递推计算，在每一次估计中都要利用偏差 $\boldsymbol{e}$ 来进行反馈校正，使得估计能够沿着期望的趋势进行下去，最后能够获得满意的结果。

EKF 状态估计大致分为两个阶段，第一个阶段是预测阶段，第二个阶段是校正阶段。

在第一阶段，首先由第 k 次的估计结果 $\hat{\boldsymbol{x}}(k)$ 来推算下一次估计的预测值 $\tilde{\boldsymbol{x}}(k+1)$，符号“~”表示预测值，“预测”的含义是由式（6-118）确定的还没有被校正环节校正的预测量，即有

$$\tilde{\boldsymbol{x}}(k+1) = \boldsymbol{A}'\hat{\boldsymbol{x}}(k) + \boldsymbol{B}'\boldsymbol{u}(k) \tag{6-119}$$

此预测量 $\tilde{\boldsymbol{x}}(k+1)$ 对应的输出 $\tilde{\boldsymbol{y}}(k+1)$ 为

$$\tilde{\boldsymbol{y}}(k+1) = \boldsymbol{C}'\tilde{\boldsymbol{x}}(k+1) \tag{6-120}$$

同样，因 $\boldsymbol{W}(k)$ 是零均值噪声，所以没有出现在式（6-120）中。

考虑到 EKF 的反馈校正环节，可将式（6-116）最后离散化为

$$\hat{\boldsymbol{x}}(k+1) = \boldsymbol{A}'\hat{\boldsymbol{x}}(k) + \boldsymbol{B}'\boldsymbol{u}(k) + \boldsymbol{K}(k+1)[\boldsymbol{y}(k+1) - \tilde{\boldsymbol{y}}(k+1)] \tag{6-121}$$

将式（6-119）和式（6-120）代入式（6-121），可得

$$\hat{\boldsymbol{x}}(k+1) = \tilde{\boldsymbol{x}}(k+1) + \boldsymbol{K}(k+1)[\boldsymbol{y}(k+1) - \boldsymbol{C}'\tilde{\boldsymbol{x}}(k+1)] \tag{6-122}$$

式中，$\boldsymbol{y}(k+1)$ 是实测值，这里代表了定子电流在 $(k+1)T$ 时刻的测量值。

EKF 状态估计的第二个阶段体现在式（6-122）上，利用实测输出和预测输出的偏差对预测状态 $\tilde{\boldsymbol{x}}(k+1)$ 进行反馈校正，以此来获得满意的状态估计 $\hat{\boldsymbol{x}}(k+1)$。

式（6-122）反映了卡尔曼滤波的实质。但是，能否取得满意的结果，关键是在对增益矩阵 $\boldsymbol{K}(k+1)$ 的选择上，因为反馈校正的结果取决于加权矩阵 $\boldsymbol{K}(k+1)$ 的作用，直接关系到状态估计的准确性。

EKF 对 $\boldsymbol{K}(k+1)$ 的选择原则，是使 $[\boldsymbol{x}(k+1) - \hat{\boldsymbol{x}}(k+1)]$ 均方差矩阵取得极小，若令

$$J = E\{[\boldsymbol{x}(k+1) - \hat{\boldsymbol{x}}(k+1)]^{\mathrm{T}}[\boldsymbol{x}(k+1) - \hat{\boldsymbol{x}}(k+1)]\} \tag{6-123}$$

则应使 J 取得极小，式中的 $\boldsymbol{x}(k+1)$ 为准确值，$\boldsymbol{x}(k+1) - \hat{\boldsymbol{x}}(k+1)$ 为估计误差。

显然，J 取得极小才最有可能使式（6-122）中的 $\hat{\boldsymbol{x}}(k+1)$ 获得准确结果，而增益矩阵 $\boldsymbol{K}(k+1)$ 的选择原则就是使 J 能取得极小。通常，利用协方差矩阵 $\boldsymbol{P}(k+1)$ 来推导 $\boldsymbol{K}(k+1)$，因为 J 取得极小可等同于 $\boldsymbol{P}(k+1)$ 取得极小，$\boldsymbol{P}(k+1)$ 为

$$\boldsymbol{P}(k+1) = [\boldsymbol{x}(k+1) - \hat{\boldsymbol{x}}(k+1)][\boldsymbol{x}(k+1) - \hat{\boldsymbol{x}}(k+1)]^{\mathrm{T}} \tag{6-124}$$

将式（6-122）代入式（6-124）可得出协方差矩阵 $\boldsymbol{P}(k+1)$，再令 $\boldsymbol{P}(k+1)$ 对 $\boldsymbol{K}(k+1)$ 的导数为零，可推导出 $\boldsymbol{K}(k+1)$。显然，此时的 $\boldsymbol{K}(k+1)$ 可使 $\boldsymbol{P}(k+1)$ 取得极小。最终可得到如下的 EKF 递推公式

$$\tilde{\boldsymbol{x}}(k+1) = \boldsymbol{A}'\hat{\boldsymbol{x}}(k) + \boldsymbol{B}'\boldsymbol{u}(k) \tag{6-125}$$

$$\tilde{\boldsymbol{P}}(k+1) = \boldsymbol{G}(k+1)\hat{\boldsymbol{P}}(k)\boldsymbol{G}^{\mathrm{T}}(k+1) + \boldsymbol{Q} \tag{6-126}$$

$$\boldsymbol{K}(k+1) = \tilde{\boldsymbol{P}}(k+1)\boldsymbol{H}^{\mathrm{T}}(k+1)[\boldsymbol{H}(k+1)\tilde{\boldsymbol{P}}(k+1)\boldsymbol{H}^{\mathrm{T}}(k+1) + \boldsymbol{R}]^{-1} \tag{6-127}$$

$$\hat{\boldsymbol{x}}(k+1) = \tilde{\boldsymbol{x}}(k+1) + \boldsymbol{K}(k+1)[\boldsymbol{y}(k+1) - \tilde{\boldsymbol{y}}(k+1)] \tag{6-128}$$

$$\hat{\boldsymbol{P}}(k+1) = \tilde{\boldsymbol{P}}(k+1) - \boldsymbol{K}(k+1)\boldsymbol{H}(k+1)\tilde{\boldsymbol{P}}(k+1) \tag{6-129}$$

下面对 EKF 状态估计的过程再予以分步介绍和分析。

（1）状态预测

上面已指出，EKF 状态估计大致分为两个阶段，即预测阶段和校正阶段。状态预测要利用式（6-125），即

$$\tilde{\boldsymbol{x}}(k+1) = \boldsymbol{A}'\hat{\boldsymbol{x}}(k) + \boldsymbol{B}'\boldsymbol{u}(k) \tag{6-130}$$

将式（6-109）和式（6-110）代入式（6-130），可得

$$\tilde{\boldsymbol{x}}(k+1) = \boldsymbol{\Phi}[\hat{\boldsymbol{x}}(k),\boldsymbol{u}(k)] =$$

$$\begin{pmatrix} \left(1-\dfrac{T}{T'_{\mathrm{sr}}}\right)\hat{i}_{\mathrm{D}}(k) + \dfrac{TL_{\mathrm{m}}}{L'_{\mathrm{s}}L_{\mathrm{r}}T_{\mathrm{r}}}\hat{\psi}_{\mathrm{d}}(k) + \hat{\omega}_{\mathrm{r}}(k)\dfrac{TL_{\mathrm{m}}}{L'_{\mathrm{s}}L_{\mathrm{r}}}\hat{\psi}_{\mathrm{q}}(k) + \dfrac{T}{L'_{\mathrm{s}}}u_{\mathrm{D}}(k) \\ \left(1-\dfrac{T}{T'_{\mathrm{sr}}}\right)\hat{i}_{\mathrm{Q}}(k) - \hat{\omega}_{\mathrm{r}}(k)\dfrac{TL_{\mathrm{m}}}{L'_{\mathrm{s}}L_{\mathrm{r}}}\hat{\psi}_{\mathrm{d}}(k) + \dfrac{TL_{\mathrm{m}}}{L'_{\mathrm{s}}L_{\mathrm{r}}T_{\mathrm{r}}}\hat{\psi}_{\mathrm{q}}(k) + \dfrac{T}{L'_{\mathrm{s}}}u_{\mathrm{Q}}(k) \\ \dfrac{TL_{\mathrm{m}}}{T_{\mathrm{r}}}\hat{i}_{\mathrm{D}}(k) + \left(1-\dfrac{T}{T_{\mathrm{r}}}\right)\hat{\psi}_{\mathrm{d}}(k) - T\hat{\omega}_{\mathrm{r}}(k)\hat{\psi}_{\mathrm{q}}(k) \\ \dfrac{TL_{\mathrm{m}}}{T_{\mathrm{r}}}\hat{i}_{\mathrm{Q}}(k) + \left(1-\dfrac{T}{T_{\mathrm{r}}}\right)\hat{\psi}_{\mathrm{q}}(k) + T\hat{\omega}_{\mathrm{r}}(k)\hat{\psi}_{\mathrm{d}}(k) \\ \hat{\omega}_{\mathrm{r}}(k) \end{pmatrix} \tag{6-131}$$

式中，$\hat{i}_{\mathrm{D}}(k)$、$\hat{i}_{\mathrm{Q}}(k)$、$\hat{\psi}_{\mathrm{d}}(k)$、$\hat{\psi}_{\mathrm{q}}(k)$ 和 $\hat{\omega}_{\mathrm{r}}(k)$ 分别是第 k 次的估计值；$u_{\mathrm{D}}(k)$ 和 $u_{\mathrm{Q}}(k)$ 是第 k 次的测量值。

（2）计算协方差矩阵 $\tilde{\boldsymbol{P}}(k+1)$

在求取增益矩阵 $\boldsymbol{K}(k+1)$ 时要用到协方差矩阵 $\tilde{\boldsymbol{P}}(k+1)$，所以在进入校正阶段前先要计算出 $\tilde{\boldsymbol{P}}(k+1)$。$\tilde{\boldsymbol{P}}(k+1)$ 由式（6-126）可得，即

$$\tilde{\boldsymbol{P}}(k+1) = \boldsymbol{G}(k+1)\hat{\boldsymbol{P}}(k)\boldsymbol{G}^{\mathrm{T}}(k+1) + \boldsymbol{Q} \tag{6-132}$$

式中，$\boldsymbol{G}(k+1)$ 是梯度矩阵，可由下式求出，即

$$\begin{aligned} \boldsymbol{G}(k+1) &= \frac{\partial}{\partial \boldsymbol{x}}(\boldsymbol{A}'\boldsymbol{x} + \boldsymbol{B}'\boldsymbol{u})\Big|_{\boldsymbol{x}=\tilde{\boldsymbol{x}}(k+1)} \\ &= \frac{\partial}{\partial \boldsymbol{x}}\boldsymbol{\Phi}(\tilde{\boldsymbol{x}}(k+1),\boldsymbol{u}(k+1))\Big|_{\boldsymbol{x}=\tilde{\boldsymbol{x}}(k+1)} \end{aligned} \tag{6-133}$$

将式（6-131）中矩阵 $\boldsymbol{\Phi}(\hat{\boldsymbol{x}}(k),\boldsymbol{u}(k))$ 的状态变量 $\hat{\boldsymbol{x}}(k)$ 代换为 $\tilde{\boldsymbol{x}}(k+1)$，将输入电压矢量 $\boldsymbol{u}(k)$ 代换为 $\boldsymbol{u}(k+1)$，然后对 $\tilde{\boldsymbol{x}}(k+1)$ 求偏导数，可得到梯度矩阵 $\boldsymbol{G}(k+1)$，即有

$$\boldsymbol{G}(k+1)=\begin{pmatrix} 1-\dfrac{T}{T'_{\mathrm{sr}}} & 0 & \dfrac{TL_{\mathrm{m}}}{L'_{\mathrm{s}}L_{\mathrm{r}}T_{\mathrm{r}}} & \tilde{\omega}_{\mathrm{r}}(k+1)\dfrac{TL_{\mathrm{m}}}{L'_{\mathrm{s}}L_{\mathrm{r}}} & \dfrac{TL_{\mathrm{m}}}{L'_{\mathrm{s}}L_{\mathrm{r}}}\tilde{\psi}_{\mathrm{q}}(k+1) \\ 0 & 1-\dfrac{T}{T'_{\mathrm{sr}}} & -\tilde{\omega}_{\mathrm{r}}(k+1)\dfrac{TL_{\mathrm{m}}}{L'_{\mathrm{s}}L_{\mathrm{r}}} & \dfrac{TL_{\mathrm{m}}}{L'_{\mathrm{s}}L_{\mathrm{r}}T_{\mathrm{r}}} & -\dfrac{TL_{\mathrm{m}}}{L'_{\mathrm{s}}L_{\mathrm{r}}}\tilde{\psi}_{\mathrm{d}}(k+1) \\ \dfrac{TL_{\mathrm{m}}}{T_{\mathrm{r}}} & 0 & 1-\dfrac{T}{T_{\mathrm{r}}} & -T\tilde{\omega}_{\mathrm{r}}(k+1) & T\tilde{\psi}_{\mathrm{q}}(k+1) \\ 0 & \dfrac{TL_{\mathrm{m}}}{T_{\mathrm{r}}} & T\tilde{\omega}_{\mathrm{r}}(k+1) & 1-\dfrac{T}{T_{\mathrm{r}}} & T\tilde{\psi}_{\mathrm{d}}(k+1) \\ 0 & 0 & 0 & 0 & 1 \end{pmatrix} \tag{6-134}$$

在计算中用到式（6-64）表示的电压矢量方程，即

$$\boldsymbol{u}_{\mathrm{s}}=\frac{L'_{\mathrm{s}}}{T'_{\mathrm{sr}}}\boldsymbol{i}_{\mathrm{s}}+L'_{\mathrm{s}}\frac{\mathrm{d}\boldsymbol{i}_{\mathrm{s}}}{\mathrm{d}t}-\frac{L_{\mathrm{m}}}{T_{\mathrm{r}}L_{\mathrm{r}}}\boldsymbol{\psi}_{\mathrm{r}}+\mathrm{j}\omega_{\mathrm{r}}\frac{L_{\mathrm{m}}}{L_{\mathrm{r}}}\boldsymbol{\psi}_{\mathrm{r}} \tag{6-135}$$

将式（6-135）再以坐标分量表示，可得到 u_{D} 和 u_{Q} 的表达式。在对 $\boldsymbol{\Phi}[\tilde{\boldsymbol{x}}(k+1),\boldsymbol{u}(k+1)]$ 第一列和第二列求偏导数，涉及 $\partial u_{\mathrm{D}}(k+1)/\partial\tilde{\omega}_{\mathrm{r}}(k+1)$ 和 $\partial u_{\mathrm{Q}}(k+1)/\partial\tilde{\omega}_{\mathrm{r}}(k+1)$ 计算时，可以利用式(6-135)的坐标分量表达式。

（3）计算增益矩阵 $\boldsymbol{K}(k+1)$

由式(6-127)可计算出增益矩阵 $\boldsymbol{K}(k+1)$，即

$$\boldsymbol{K}(k+1)=\tilde{\boldsymbol{P}}(k+1)\boldsymbol{H}^{\mathrm{T}}(k+1)[\boldsymbol{H}(k+1)\tilde{\boldsymbol{P}}(k+1)\boldsymbol{H}^{\mathrm{T}}(k+1)+\boldsymbol{R}]^{-1} \tag{6-136}$$

式中，$\boldsymbol{H}(k+1)$ 为梯度矩阵，$\boldsymbol{H}(k+1)$ 定义为

$$\boldsymbol{H}(k+1)=\frac{\partial}{\partial\boldsymbol{x}}(\boldsymbol{C}'\boldsymbol{x})\Big|_{\boldsymbol{x}=\tilde{\boldsymbol{x}}(k+1)} \tag{6-137}$$

将式（6-111）代入式（6-137），可得

$$\boldsymbol{H}(k+1)=\begin{pmatrix}1&0&0&0&0\\0&1&0&0&0\end{pmatrix} \tag{6-138}$$

应该指出，增益矩阵 $\boldsymbol{K}(k+1)$ 是个校正矩阵，EKF 状态估计的本质也就反映在这个校正矩阵的作用上。

（4）状态矢量估计

由式（6-128）可完成对状态矢量的估计，即

$$\hat{\boldsymbol{x}}(k+1)=\tilde{\boldsymbol{x}}(k+1)+\boldsymbol{K}(k+1)[\boldsymbol{y}(k+1)-\tilde{\boldsymbol{y}}(k+1)] \tag{6-139}$$

式中，$\boldsymbol{y}(k+1)$ 是测量状态矢量，这里

$$\boldsymbol{y}(k+1)=[i_{\mathrm{D}}(k+1)\quad i_{\mathrm{Q}}(k+1)]^{\mathrm{T}}$$

式中，$i_{\mathrm{D}}(k+1)$ 和 $i_{\mathrm{Q}}(k+1)$ 是定子实测电流。

$\tilde{\boldsymbol{y}}(k+1)$ 是预测的输出矢量，应为

$$\tilde{\boldsymbol{y}}(k+1)=\boldsymbol{C}'\tilde{\boldsymbol{x}}(k+1)$$

显然，有

$$\tilde{\boldsymbol{y}}(k+1)=[\tilde{i}_{\mathrm{D}}(k+1)\quad \tilde{i}_{\mathrm{Q}}(k+1)]^{\mathrm{T}}$$

至此，业已完成了由 $\hat{\boldsymbol{x}}(k)$ 到 $\hat{\boldsymbol{x}}(k+1)$ 的状态估计。

(5) 计算估计误差协方差矩阵 $\hat{\boldsymbol{P}}(k+1)$

由式（6-129），可知

$$\hat{\boldsymbol{P}}(k+1)=\tilde{\boldsymbol{P}}(k+1)-\boldsymbol{K}(k+1)\boldsymbol{H}(k+1)\tilde{\boldsymbol{P}}(k+1) \tag{6-140}$$

$\hat{\boldsymbol{P}}(k+1)$ 是误差协方差矩阵，反映了本次状态估计的误差大小。另外，由式（6-126）可知，在对 $\hat{\boldsymbol{x}}(k+1)$ 的状态估计中用到了协方差矩阵 $\hat{\boldsymbol{P}}(k)$，因此在本次估计中也应事先计算出 $\hat{\boldsymbol{P}}(k+1)$，以供下一次状态估计时调用。

在确定 $\hat{\boldsymbol{x}}(k+1)$ 和 $\hat{\boldsymbol{P}}(k+1)$ 后，可重复上述过程进行新一轮的状态估计。

(6) 确定协方差矩阵 $\boldsymbol{Q}$、$\boldsymbol{R}$ 和 $\boldsymbol{P}$

EKF 状态估计的关键是确定增益矩阵 $\boldsymbol{K}(k+1)$，由式（6-126）和式（6-127）可知，$\boldsymbol{K}(k+1)$ 决定于协方差矩阵 $\boldsymbol{R}$ 和 $\tilde{\boldsymbol{P}}(k+1)$。$\tilde{\boldsymbol{P}}(k+1)$ 是预测阶段就需要计算出的预测协方差矩阵，式（6-126）表明，在递推计算中，它与系统噪声矩阵 $\boldsymbol{Q}$ 有关。设计 $\boldsymbol{K}(k+1)$ 的关键是如何确定 $\boldsymbol{Q}$、$\boldsymbol{R}$ 和 $\boldsymbol{P}$ 的初始值，而通常情况下 $\boldsymbol{Q}$ 和 $\boldsymbol{R}$ 是未知的，只能根据噪声的随机特性定性地考虑它们的确定原则。

系统噪声矩阵 $\boldsymbol{Q}$ 是 5×5 矩阵，测量噪声矩阵 $\boldsymbol{R}$ 是 2×2 矩阵，所以需要确定 29 个元素。但是，已假定噪声矢量 $\boldsymbol{V}$ 和 $\boldsymbol{W}$ 是不相关的，因此可以确定 $\boldsymbol{Q}$ 和 $\boldsymbol{R}$ 都是对角阵，即只需要确定 7 个元素。预测协方差矩阵 $\boldsymbol{P}$ 是 5×5 矩阵，是状态矢量的协方差矩阵，可以认为它的初始状态矩阵是对角阵，而且所有的元素都相等。

为了获得满意的估计结果，可以在滤波过程中对协方差矩阵进行迭代修正。改变 $\boldsymbol{Q}$ 和 $\boldsymbol{R}$都会影响到滤波的动态和稳态运行。增加 $\boldsymbol{Q}$ 相应地就是加强了系统噪声，或者加大了数学模型的不确定性，与此同时滤波增益矩阵的元素也会增大，这意味着加大了测量反馈的加权作用，使滤波器瞬态特性变快。如果协方差矩阵 $\boldsymbol{R}$ 增大，那说明电流测量产生了强噪声，应该减弱滤波的权重，因此滤波增益矩阵元素减小，这将导致瞬态特性变慢。

最后应指出，EKF 程序计算量大，比状态观测器更费时，这会影响到它的在线应用。为此可以考虑利用降阶的数学模型。

事实上，除了上面介绍的方法外，目前还有多种方法可以估计转速和辨识电动机参数。例如，基于转子槽谐波的三相感应电动机转速估计方法，由于它不是利用电动机的数学模型，而是从转子槽谐波的物理信号中直接提取转速信息，因此这种方法的特点是完全不受电动机参数的影响。然而，是否在很宽的速度范围内都能快速而准确地提取出转速信息，将决定该方法的实用化程度。此外，还有一种高频信号注入法，其基本原理是：向电动机定子中注入高频电压信号，使其产生幅值恒定的旋转磁场，或者产生沿某一轴线脉动的交变磁场，如果转子具有凸极性，这些磁场定会受到转子的调制作用，结果在定子电流中将会呈现与转子位置或（和）速度相关联的高频载波信号，从这些载波信号中可进一步提取出转子位置或（和）速度信息。这种方法的特点是，可以实现低速甚至零速时的位置或（和）速度估计。然而，这种方法在软硬件配置和信号处理上都提出了较高的要求，目前尚有许多技术问题需要解决。有关这些方法的研究成果和技术发展，已有大量文献报道。

6.5 智能控制应用举例

无论是由三相感应电动机还是由三相永磁同步电动机构成的伺服系统，都是非线性的时变系统。

尽管采用了矢量控制，仍然不能从根本上改变系统的非线性特性，而直接转矩控制自身就是一种非线性控制方式。

矢量控制严重依赖于电动机的数学模型，其参数在电动机运行中会发生较大变化。直接转矩控制若采取滞环控制方式，虽然不再依赖电动机数学模型，但在对定子磁链和转矩进行估计时，仍然需要准确的电动机参数。

空间矢量理论的基础是电动机内磁动势和磁场在空间必须是按正弦分布的，同时还以多项假设作为前提。事实上，这些与实际电动机是不完全相符的。其结果之一是在电磁转矩中一定还包含有谐波转矩，这些谐波转矩是未知的，在实际控制系统中，通常将其作为一种扰动来处理。此外，还会有多种原因增加系统的非线性和不确定因素。

在不同条件下，这些都会成为提高伺服系统控制品质的障碍。因此，必须有效解决高性能伺服系统中的非线性、参数变化、扰动和噪声等控制问题，才能进一步提高系统的控制性能。

智能控制是自动控制领域内的一门新兴学科，模糊控制与神经网络是其中的两项关键技术，可以用来解决一些传统控制方法难以解决的问题。首先，智能控制不依赖于控制对象的数学模型，只按实际效果进行控制，在控制中有能力并可以充分考虑系统的不精确性和不确定性。其次，智能控制具有明显的非线性特征。就模糊控制而言，无论是模糊化、规则推理，还是反模糊化，从本质上来说都是一种映射，这种映射反映了系统的非线性，而这种非线性很难用数学来表达。神经网络在理论上就具有任意逼近非线性有理函数的能力，还能比其他逼近方法得到更加易得的模型。

近些年来，已提出了各种基于智能控制的控制策略和控制方法，已逐步形成了一种新的控制技术。应指出的是，虽然将智能控制用于伺服驱动的研究已取得了不少成果，但是还有许多理论和技术问题尚待解决。由于智能控制涉及面广，不可能具体介绍很多内容，好在这方面已有很多文献可供参考，这里希望通过举例来介绍它们的控制思想和控制方式。

6.5.1 基于神经网络的模型参考自适应系统

目前，在无传感器控制技术中，MRAS 越来越受到人们的重视，因为它比较简单，稳定性好，所以已被用于产品开发之中。但是，MRAS 仍存在在低速区速度估计准确度下降和对电动机参数变化非常敏感的问题。

对于三相感应电动机，式（6-34）和式（6-35）分别为参考模型和可调模型，即参考模型方程为

$$\begin{pmatrix}\dfrac{\mathrm{d}\psi_{\mathrm{d}}}{\mathrm{d}t}\\[2ex]\dfrac{\mathrm{d}\psi_{\mathrm{q}}}{\mathrm{d}t}\end{pmatrix}=-\frac{L_{\mathrm{r}}}{L_{\mathrm{m}}}\begin{pmatrix}R_{\mathrm{s}}+L'_{\mathrm{s}}p & 0\\ 0 & R_{\mathrm{s}}+L'_{\mathrm{s}}p\end{pmatrix}\begin{pmatrix}i_{\mathrm{D}}\\ i_{\mathrm{Q}}\end{pmatrix}+\frac{L_{\mathrm{r}}}{L_{\mathrm{m}}}\begin{pmatrix}u_{\mathrm{D}}\\ u_{\mathrm{Q}}\end{pmatrix} \tag{6-141}$$

可调模型方程为

$$\begin{pmatrix} \dfrac{d\psi_d}{dt} \\ \dfrac{d\psi_q}{dt} \end{pmatrix} = \begin{pmatrix} -1/T_r & -\omega_r \\ \omega_r & -1/T_r \end{pmatrix}\begin{pmatrix} \psi_d \\ \psi_q \end{pmatrix} + \frac{L_m}{T_r}\begin{pmatrix} i_D \\ i_Q \end{pmatrix} \tag{6-142}$$

1. 双层神经网络

式（6-142）中含有待估计的转子速度，可用一个双层人工神经网络（Artificial Neural Network，ANN）来构成这个方程，其权值是可变的，而这个可变的权值就正比于转子的速度。图6-9所示是运用 ANN 的 MRAS 的框图。

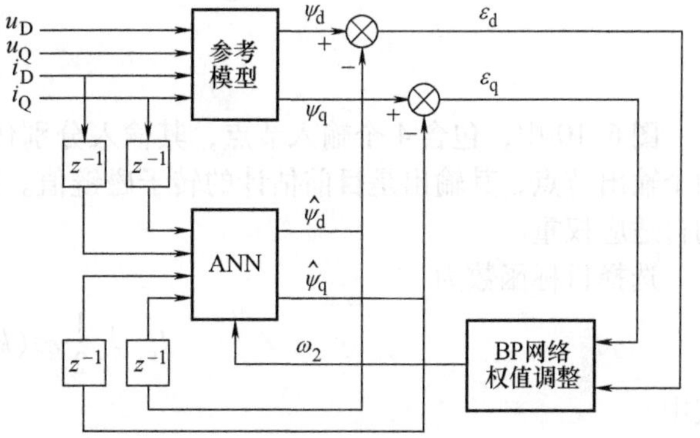

图6-9 运用 ANN 的 MRAS 的框图

对于给定的定子电压 u_D、u_Q 和电流 i_D、i_Q，如果 ANN 估计的转子速度 $\hat{\omega}_r$ 与实际转子速度 ω_r 相同，则转子磁链误差 $\varepsilon_d=\psi_d-\hat{\psi}_d$ 和 $\varepsilon_q=\psi_q-\hat{\psi}_q$ 应为零。当估计的转子速度 $\hat{\omega}_r$ 与实际值不等时，这个误差不为零，于是利用它们来修正 ANN 的权值，而这个权值与转子速度是对应的，权值调整可很快完成，因为误差应该是快速收敛的。估计的转子磁链变化率可表示为

$$\frac{d\hat{\psi}_d}{dt} = \frac{\hat{\psi}_d(k)-\hat{\psi}_d(k-1)}{T} \tag{6-143}$$

$$\frac{d\hat{\psi}_q}{dt} = \frac{\hat{\psi}_q(k)-\hat{\psi}_q(k-1)}{T} \tag{6-144}$$

式中，T 为采样时间。

这样，式（6-142）可写为

$$\frac{\hat{\psi}_d(k)-\hat{\psi}_d(k-1)}{T} = -\frac{1}{T_r}\hat{\psi}_d(k-1)-\omega_r\hat{\psi}_q(k-1)+\frac{L_m}{T_r}i_D(k-1) \tag{6-145}$$

$$\frac{\hat{\psi}_q(k)-\hat{\psi}_q(k-1)}{T} = -\frac{1}{T_r}\hat{\psi}_q(k-1)+\omega_r\hat{\psi}_d(k-1)+\frac{L_m}{T_r}i_Q(k-1) \tag{6-146}$$

于是，由第（$k-1$）次采样数据，可得

$$\hat{\psi}_d(k) = \hat{\psi}_d(k-1)\left(1-\frac{T}{T_r}\right)-\omega_rT\hat{\psi}_q(k-1)+\frac{L_mT}{T_r}i_D(k-1) \tag{6-147}$$

$$\hat{\psi}_q(k) = \hat{\psi}_q(k-1)\left(1-\frac{T}{T_r}\right)+\omega_rT\hat{\psi}_d(k-1)+\frac{L_mT}{T_r}i_Q(k-1) \tag{6-148}$$

这里，引入系数 $c=T/T_r$，并假定转子时间常数是不变的，可将式（6-147）和式（6-148）改写为

$$\hat{\psi}_d(k) = \omega_1\hat{\psi}_d(k-1)-\omega_2\hat{\psi}_q(k-1)+\omega_3i_D(k-1) \tag{6-149}$$

$$\hat{\psi}_q(k) = \omega_1\hat{\psi}_q(k-1)+\omega_2\hat{\psi}_d(k-1)+\omega_3i_Q(k-1) \tag{6-150}$$

式中

$$\omega_1 = 1-c \tag{6-151}$$

$$\omega_2 = \omega_rcT_r = \omega_rT \tag{6-152}$$

$$\omega_3 = cL_m \tag{6-153}$$

可用一个简单的双层 ANN 来构造式（6-149）和式（6-150），如图 6-10 所示。

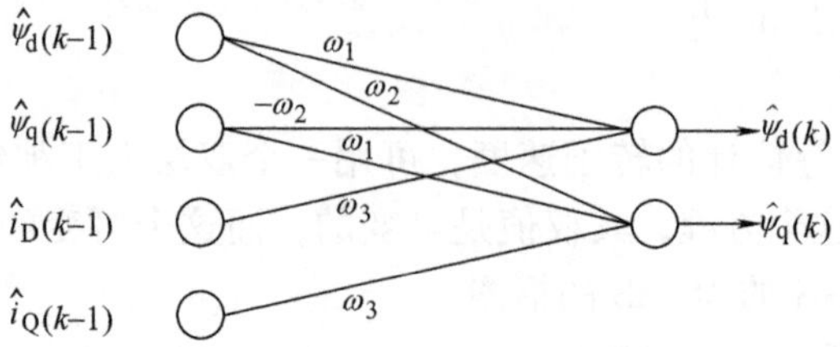

图 6-10　用 ANN 估计转子磁链

图 6-10 中，包含 4 个输入节点，其输入分别代表转子磁链和定子电流的过去值，还有两个输出节点，其输出是目前估计的转子磁链值。权值 ω_2 正比于转子速度，是一个可调整的自适应权重。

选择目标函数为

$$J_c = \frac{1}{2}\varepsilon^2(k) \tag{6-154}$$

式中

$$\begin{aligned} \varepsilon(k) &= \psi_r(k) - \hat{\psi}_r(k) \\ \psi_r(k) &= [\psi_d(k) \quad \psi_q(k)]^T \\ \hat{\psi}_r(k) &= [\hat{\psi}_d(k) \quad \hat{\psi}_q(k)]^T \end{aligned}$$

权值 ω_2 的变化量可表示为

$$\Delta\omega_2(k) = -\eta\frac{\partial J_c}{\partial\omega_2} = -\eta\frac{\partial J_c}{\partial\hat{\psi}_r(k)}\frac{\partial\hat{\psi}_r(k)}{\partial\omega_2} \tag{6-155}$$

式中，η 为学习速率。

由式（6-154），可得

$$\frac{\partial J_c}{\partial\hat{\psi}_r(k)} = \frac{1}{2}\frac{\partial[\varepsilon^2(k)]}{\partial\hat{\psi}_r(k)} = \frac{1}{2}\frac{\partial}{\partial\hat{\psi}_r(k)}[\psi_r(k) - \hat{\psi}_r(k)]^2 = -\varepsilon(k) \tag{6-156}$$

由式（6-149）和式（6-150），可得

$$\frac{\partial\hat{\psi}_r(k)}{\partial\omega_2} = [-\hat{\psi}_q(k-1) \quad \hat{\psi}_d(k-1)]^T \tag{6-157}$$

于是，有

$$\begin{aligned} \Delta\omega_2(k) &= -\eta\frac{\partial J_c}{\partial\omega_2} = \eta\varepsilon(k)[-\hat{\psi}_q(k-1) \quad \hat{\psi}_d(k-1)]^T \\ &= \eta[-\varepsilon_d(k)\hat{\psi}_q(k-1) + \varepsilon_q(k)\hat{\psi}_d(k-1)] \\ &= \eta\{-[\psi_d(k) - \hat{\psi}_d(k)]\hat{\psi}_q(k-1) + [\psi_q(k) - \hat{\psi}_q(k)]\hat{\psi}_d(k-1)\} \end{aligned} \tag{6-158}$$

由式（6-158）可得权值的调整表达式为

$$\begin{aligned} \omega_2(k) &= \omega_2(k-1) + \Delta\omega_2(k) \\ &= \omega_2(k-1) + \\ &\quad \eta\{-[\psi_d(k) - \hat{\psi}_d(k)]\hat{\psi}_q(k-1) + [\psi_q(k) - \hat{\psi}_q(k)]\hat{\psi}_d(k-1)\} \end{aligned} \tag{6-159}$$

为了能快速学习，应选择较大的学习速率，但这可能会导致 ANN 输出的振荡，为了避免出现这样的情况，可在式（6-159）中引入一个动量项，由它来调节第（$k-1$）次权值变化量对目前 k 次权值计算的影响程度，这就能保证迭代计算的加速收敛。即有

$$\omega_2(k) = \omega_2(k-1) + \Delta\omega_2(k) + \alpha\Delta\omega_2(k-1) \tag{6-160}$$

式中，α 称为动量常数，为正常数，$\alpha\Delta\omega_2$（$k-1$）为动量项，通常在 0.1 ~ 0.8 范围内选择 α 值。

由于收敛速度加快，提高了 MRAS 估计转速的实时性。这点很重要，因为权值 ω_2 恰好正比于转子速度 ω_r。由式（6-152），可得

$$\begin{aligned}\hat{\omega}_r(k) &= \hat{\omega}_r(k-1) + \frac{1}{T}[\Delta\omega_2(k) + \alpha\Delta\omega_2(k-1)] \\ &= \hat{\omega}_r(k-1) + \frac{\eta}{T}\{-[\psi_d(k) - \hat{\psi}_d(k)]\hat{\psi}_q(k-1) \\ &\quad + [\psi_q(k) - \hat{\psi}_q(k)]\hat{\psi}_d(k-1)\} + \frac{\alpha}{T}\Delta\omega_2(k-1)\end{aligned} \tag{6-161}$$

对比图 6-9 和图 6-5 可以看出，这里是用双层结构的 ANN 取代了可调（自适应）模型（式（6-142）），用权值调整取代了自适应机构，即用误差反传算法替代了比例积分（PI）自适应律，使估计更为简单、快速，在一定程度上扩展了转速估计范围。与多层神经网络相比，它的优点是不用事先离线训练，因为在线估计过程就是学习过程，但是它的估计准确度不如具有隐含层的神经网络。另外，在估计中，已假定 T_r = 常数，显然这不符合实际，也就不能消除参数变化的影响。

2. 具有一个隐含层的神经网络

由于 ψ_d 和 ψ_q 是矢量 $\boldsymbol{\psi}_r$ 的直、交轴分量，因此可以选择 $\boldsymbol{\psi}_r$ 而不是选择 ψ_d 和 ψ_q 作为输入变量，这样可以减少节点数量。因为速度估计必须限定在电流控制周期内完成，通常为 100 ~ 500μs，输入节点数减少，可大大减少计算量，事实上，矢量 $\boldsymbol{\psi}_r$ 中已包含了 ψ_d 和 ψ_q 的信息。

隐含层采用的是 S 型函数，输出层采用的是线性函数，可以利用常规的反向传播方式来训练这个网络。

定义的能量函数为

$$\boldsymbol{e} = (e_1 \quad e_2)^T = [(\psi_d - \hat{\psi}_d)(\psi_q - \hat{\psi}_q)]^T \tag{6-162}$$

$$E = \frac{1}{2}\boldsymbol{e}^T\boldsymbol{e} \tag{6-163}$$

连接神经元 j 和 i 的权值 ω_{ji} 可按下式计算，即

$$\Delta\omega_{ji}(k) = \eta\delta_j H_i + \alpha\omega_{ji}(k-1) \tag{6-164}$$

式中，η 是学习速率；δ_j 是神经元 i 的变化梯度；α 是动量常数。

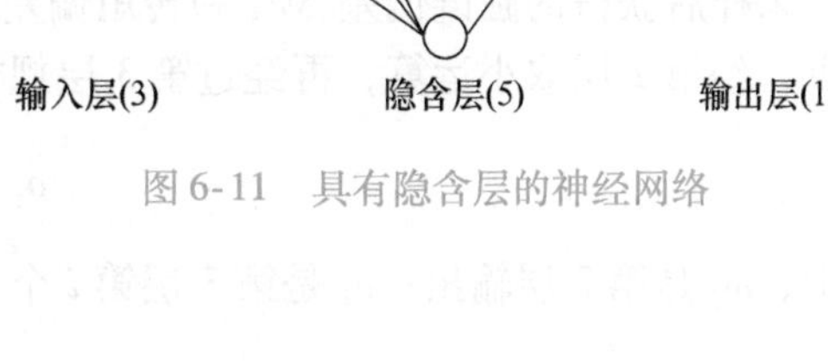

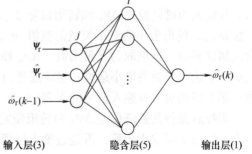

图 6-11　具有隐含层的神经网络

与双层神经网络相比，图 6-11 所示的神经网络增加了一个隐含层，虽然增加了计算量，但它可直接输出转速信息，也提高了估计准确度。

6.5.2 模糊神经网络直接转矩控制

在直接转矩控制中，控制变量是定子磁场，即控制定子磁链矢量ψ_s的幅值和其相对转子磁链矢量ψ_r的相位，而这种控制是依赖定子电压矢量来完成的。为此，首先要根据对ψ_s的控制要求，确定所期望的定子电压矢量 $\boldsymbol{u}_s$，其次是如何利用逆变器 8 个开关电压矢量，通过空间矢量调制来生成这个定子电压矢量。

1. 模糊神经网络控制器

两种直接转矩控制方式如图 6-12 所示。图 6-12a 所示是传统的以两个滞环比较器和开关电压矢量选择表构成的直接转矩控制系统，在这个系统中，磁链和转矩滞环比较器分别给出控制信号 $\Delta\psi$和 Δt，然后由 $\Delta\psi$和 Δt 通过查表选择出合理的开关电压矢量。这种控制方式的优点是简单而快速，但最大的不足是只能选择相对合理的开关电压矢量，因此会引起较大的转矩脉动。为解决这一问题，提出了预期电压矢量控制，就是根据上一个采样周期磁链和转矩偏差来确定下一个采样周期内所期望的电压矢量，这个预期电压矢量可由两个相邻非零开关电压矢量和零开关电压矢量调制而成。但是，预期电压矢量是依据电动机数学模型通过计算确定的，不仅计算量大，影响实时控制效果，而且对电动机参数依赖性强。现在，可以采用模糊神经网络来生成这个预期电压矢量，由此构成的直接转矩控制系统如图 6-12b 所示。

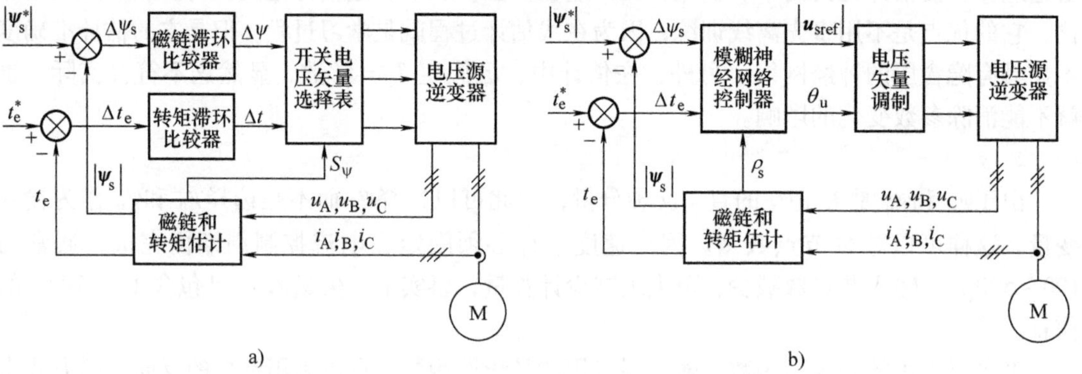

图 6-12 两种直接转矩控制方式

a）传统直接转矩控制 b）模糊神经网络直接转矩控制

图 6-12b 中的模糊神经网络控制器是个自适应 FNN 参考系统（AFNIS），如图 6-13 所示。其输入为磁链偏差 $\Delta\psi_s$ 和转矩偏差 Δt_e，还有定子磁链矢量ψ_s 在定子 DQ 轴系中的空间相位角 ρ_s，输出为预期电压矢量的幅值$|\boldsymbol{u}_{s\,ref}|$和其在 DQ 轴系中的相位角 θ_u。第 1 层节点包含隶属度函数，这里取为三角函数，$\Delta\psi_s$ 和 Δt_e 隶属度函数分布图如图 6-14 所示。第 2 层完成两个输入权值的取小运算；第 3 层进行权值的规格化处理；第 4 层为输入信号的线性函数；第 5 层是对所有输入信号的求和。

采样后获得的磁链偏差 $\Delta\psi_s$ 和转矩偏差 Δt_e 分别与权值 ω_ψ和 ω_t 相乘后被送入到第 1 层节点，经第 2 层取小运算，再经过第 3 层规格化后，其输出为

$$o_i = \frac{\omega_i}{\sum \omega_i} \tag{6-165}$$

式中，ω_i 是第 2 层输出；o_i 是第 3 层第 i 个节点的输出，是预期电压矢量幅值$|\boldsymbol{u}_{s\,ref}|$第 i 个

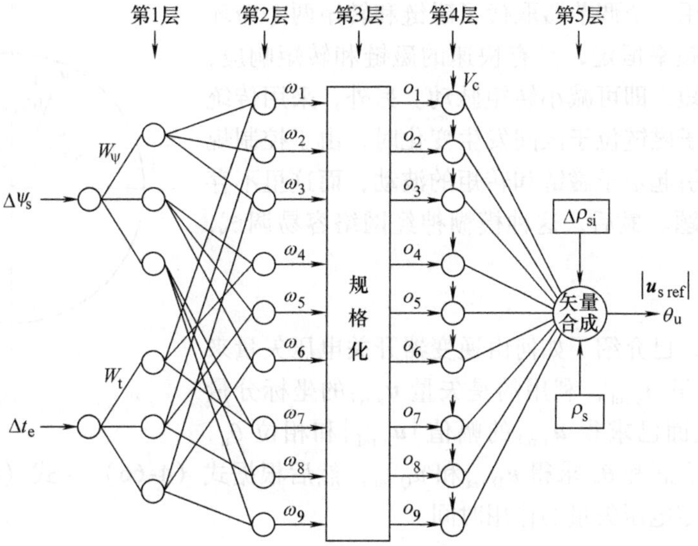

图 6-13 模糊神经网络控制器

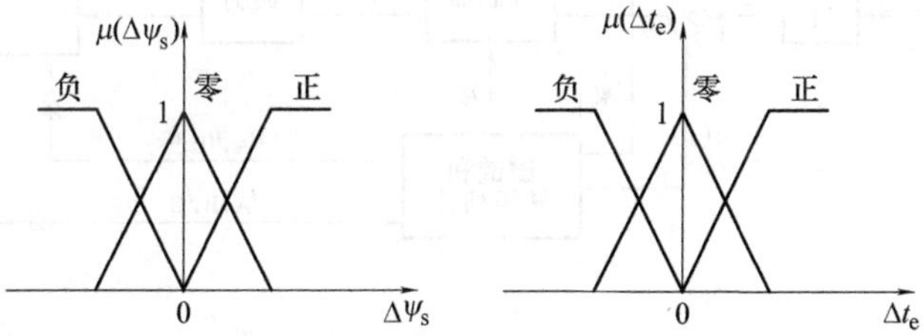

图 6-14 $\Delta\psi_s$ 和 Δt_e 隶属度函数分布图

分量的权值，即有

$$|\boldsymbol{u}_{s\,ref}|_i = o_i V_c \tag{6-166}$$

式中，V_c 是供给逆变器的直流电压值。预期电压矢量增量角选择如表 6-1 所示。当 o_i 为正（$o_i>0$）时，由表 6-1 选定相对 $\boldsymbol{\rho}_s$ 的增量角 $\Delta\boldsymbol{\rho}_{si}$，当 o_i 为零（$o_i=0$）时，因式（6-166）结果为零，就不需要 $\Delta\boldsymbol{\rho}_{si}$。

表 6-1 预期电压矢量增量角选择

$\Delta\psi_s$	正			零		负		
Δt_e	正	零	负	正	负	正	零	负
$\Delta\rho_{si}$	$+\frac{\pi}{4}$	0	$-\frac{\pi}{4}$	$+\frac{\pi}{2}$	$-\frac{\pi}{2}$	$+\frac{3\pi}{4}$	$+\pi$	$-\frac{3\pi}{4}$

预期电压矢量分量（$\boldsymbol{u}_{s\,ref}$）$_i$ 在定子 DQ 轴系中的相位角 θ_{ui} 可由下式求得，即

$$\theta_{ui} = \rho_s + \Delta\rho_{si} \tag{6-167}$$

在稳态运行时，由第 1 层可得到 4 个输出信号，于是在每个采样时间内，可以生成 4 个电压矢量分量（$\boldsymbol{u}_{s\,ref}$）$_i$，如图6-15所示，通过矢量合成就可以得到预期电压矢量 $\boldsymbol{u}_{s\,ref}$ 的幅值 $|\boldsymbol{u}_{s\,ref}|$ 和相位 θ_u。图 6-15 中，为简化计，只画出 3 个电压矢量分量。

图 6-16 所示是由 AFNIS 构成的直接转矩控制系统。与传统的控制方式相比，模糊神经

网络控制相当于用一个调节器取代了磁链和转矩两个滞环比较器，且开关频率恒定，具有快速的磁链和转矩响应，若采样时间足够短，即可减小转矩脉动。另外，采用传统的查表法，当定子磁链位于区间发生变化时，由于控制规则的变化，容易引起定子磁链和转矩的波动，而这里不存在区间转换的问题。最后，这种模糊神经网络容易调试，也可以在线学习。

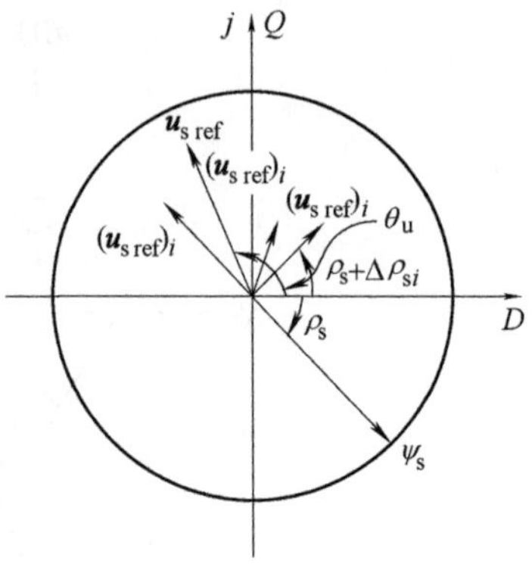

图 6-15　预期电压矢量合成

2. 预期电压矢量调制

在第 4 章中，已介绍了如何由逆变器开关电压矢量来调制预期电压矢量 $\boldsymbol{u}_{s\,ref}$，利用的是矢量 $\boldsymbol{u}_{s\,ref}$ 的坐标分量 $u_{D\,ref}$ 和 $u_{Q\,ref}$。上面已求得 $\boldsymbol{u}_{s\,ref}$ 的幅值 $|\boldsymbol{u}_{s\,ref}|$ 和相位 θ_u，可以直接根据 $|\boldsymbol{u}_{s\,ref}|$ 和 θ_u 求得 $u_{D\,ref}$ 和 $u_{Q\,ref}$，然后根据式（4-66）~式（4-68）求得相邻开关电压矢量和零电压矢量的作用时间。

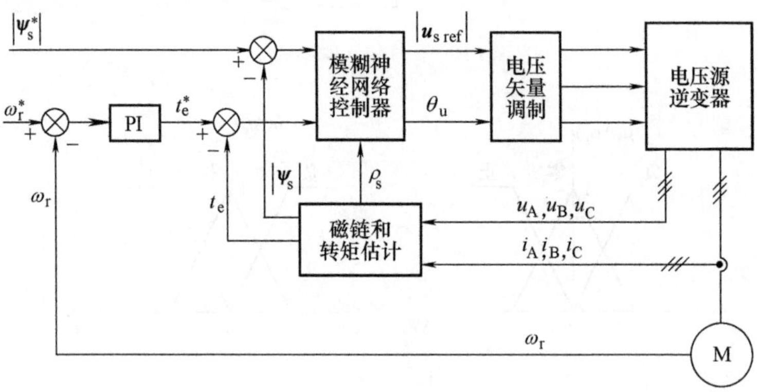

图 6-16　由 AFNIS 构成的直接转矩控制系统

思考题与习题

6-1　在模型参考自适应系统中，转速 ω_r 为一个参数，且认为在每一采样周期内 ω_r 是不变的，为什么要这样处理？这样处理是否合理？

6-2　在模型参考自适应系统中，自适应律起什么作用？它的物理含义是什么？

6-3　试论述由模型参考自适应系统估计转子磁链和转速的优点和不足？

6-4　自适应观测器与模型参考自适应系统有什么相同之处，又有什么区别？自适应观测器中增益矩阵起什么作用？

6-5　在扩展的卡尔曼滤波中，为什么将转速作为状态变量？为什么可以设定系统的转动惯量为无限大？

6-6　扩展的卡尔曼滤波与自适应观测器有什么相同之处，又有什么不同？扩展的卡尔曼滤波中增益矩阵起什么作用？

6-7　试对模型参考自适应系统、自适应观测器和扩展的卡尔曼滤波 3 种方法进行比较性分析。

附　　录

附录 A　从电磁场角度分析空间矢量及转矩生成

在矢量控制分析中，通常假设电机为“理想电机”。“理想电机”的基本假设如下：

1）铁心的磁导率 $\mu_{Fe}=\infty$，即忽略了铁心的磁阻，不计铁心损耗。

2）定、转子表面设为光滑，不计齿槽影响。

3）气隙中径向磁场在空间为正弦分布，磁场的高次谐波忽略不计。

A.1　磁动势矢量与电流矢量

1. 磁动势矢量

图 A-1a 中，A 相绕组匝数为 N_s，通入电流 $i_A(t)$，$i_A(t)$ 由首端 A 流入（$i_A>0$），$i_A(t)$ 可为任意波形和任意瞬时值。此时，线圈边 A 和 X 各自在电机磁路内产生了径向磁场，由两线圈边产生的径向磁场构成了绕组 A－X 产生的径向磁场。

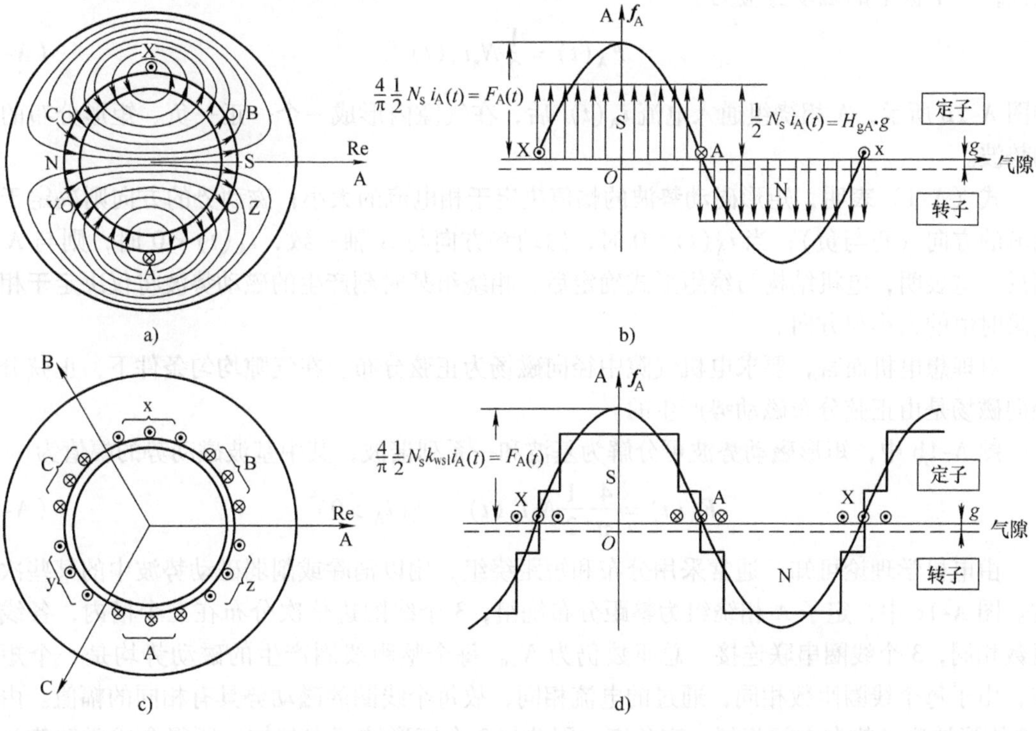

图 A-1　A 相整距集中绕组、整距分布绕组与正弦分布绕组产生的正弦波磁动势

a）A 相整距集中绕组产生的径向分布磁场　b）矩形波磁动势及基波分量

c）A 相整距分布绕组　d）梯形波磁动势及基波分量

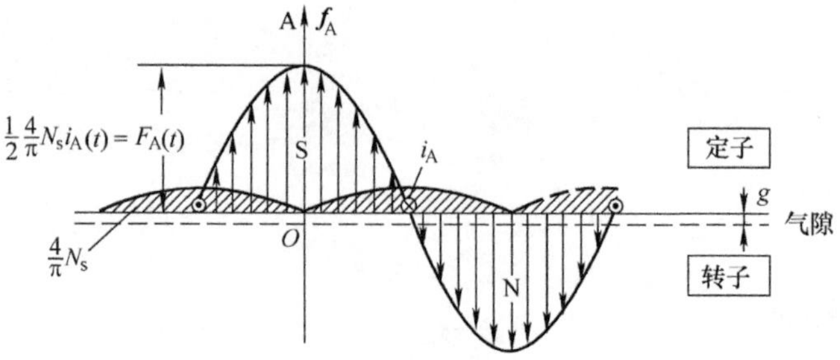

e)

图 A-1　A 相整距集中绕组、整距分布绕组与正弦分布绕组产生的正弦波磁动势（续）
e）正弦分布绕组产生的正弦波磁动势

图 A-1a 中，围绕线圈边 X 取不同的闭合回线，环行方向为反时针方向，每闭合线均两次径向穿过气隙。因电机为“理想电机”，铁心磁位降可忽略不计，由安培环路定律可知，磁动势 $N_s i_A$ 全部消耗在两个气隙中。由于气隙为均匀，故每个气隙的磁位降为 $N_s i_A/2$，且气隙中各处的磁位降相等，均为 $N_s i_A/2$。

由于线圈 A－X 为整距，载流导体 A 和 X 在定子内表面为对称分布，因此线圈 A－X 所产生的径向磁场也对称分布。在线圈 A－X 构成平面的左侧，磁场由定子内缘指向气隙，故定子为 N 极；在该平面的右侧，磁场由气隙指向定子内缘，故定子为 S 极。考虑到磁场的极性，一个极下的磁动势应为

$$F_A(t)=\frac{1}{2}N_s i_A(t) \tag{A-1}$$

如图 A-1b 所示，A 相绕组通入电流 $i_A(t)$ 后，在气隙内形成一个一正一负、矩形分布的磁动势波。

式（A-1）表明，矩形磁动势波的幅值决定于相电流的大小；磁动势的方向则决定于相电流的方向（正与负），当 $i_A(t)>0$ 时，磁动势方向与 A 轴一致，$i_A(t)<0$ 时，则与 A 轴相反。这表明，电机结构与绕组形式确定后，相绕组某时刻产生的磁动势波将仅决定于相电流瞬时值的大小与方向。

对理想电机而言，要求电机气隙中径向磁场为正弦分布。在气隙均匀条件下，正弦分布径向磁场是由正弦分布磁动势产生的。

图 A-1b 中，矩形磁动势波可分解为基波和一系列谐波，其中基波磁动势的幅值为

$$F_A(t)=\frac{4}{\pi}\frac{1}{2}N_s i_A(t)\qquad (i_A>0) \tag{A-2}$$

由电机学理论可知，通常采用分布和短距绕组，用以消除或削弱磁动势波中的某些次谐波。图 A-1c 中，定子 A 相绕组为整距分布绕组，3 个线圈边依次分布在三个槽内，各线圈匝数相同，3 个线圈串联连接，总匝数仍为 N_s。每个整距线圈产生的磁动势均是一个矩形波，由于每个线圈匝数相同，通过的电流相同，故每个线圈的磁动势具有相同的幅值。由于 3 个矩形波磁动势在空间相隔一定角度，因此将 3 个矩形波逐点相加，所得合成磁动势是一个梯形波，如图 A-1d 所示，磁动势波形更接近于正弦波。此时，相绕组的基波绕组因数为 k_{ws1}，有效匝数为 $k_{ws1}N_s$。式（A-2）则为

$$F_A(t)=\frac{4}{\pi}\frac{1}{2}N_s k_{ws1} i_A(t) \tag{A-3}$$

式中，$k_{ws1}<1$，表明在总匝数 N_s 相同的条件下，与整距集中绕组相比，分布绕组产生的基波磁动势有所减小。

在以下的分析中，为简化起见，假设实际相绕组为整距集中绕组。

既然通过绕组的分布形式可以改善磁动势的波形，那么满足什么条件，可由相绕组直接产生完全正弦分布的磁动势呢？

图 A-1e 中，假设相绕组匝数连续且按正弦规律分布，即相绕组的绕组密度按正弦规律分布，如图 A-2 所示，总匝数为$\frac{4}{\pi}N_s$，通入电流仍为 $i_A(t)$（$i_A>0$）。

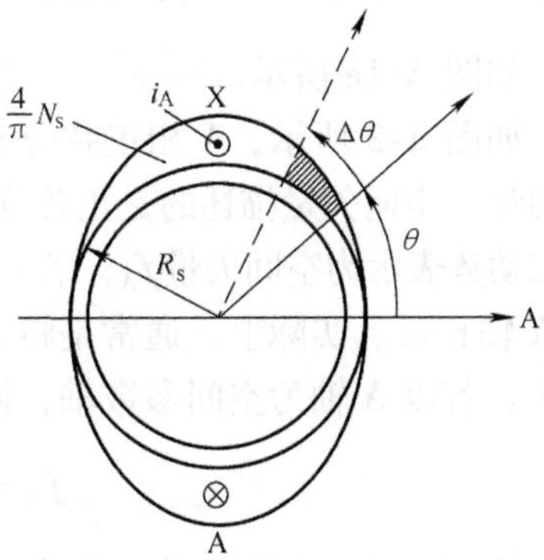

图 A-2　正弦分布相绕组

设绕组密度幅值为 η_{max}，则有

$$\int_0^{\pi}\eta_{max}\sin\theta d\theta=\frac{4}{\pi}N_s \tag{A-4}$$

可得

$$\eta_{max}=\frac{2}{\pi}N_s \tag{A-5}$$

图 A-3 中，相绕组 A－X 为正弦分布绕组。现于 $\theta=0°$处，即在绕组密度幅值处，取一窄小的闭合回路 L，环形方向为逆时针方向，在气隙中的方向与相应的径向磁场强度 $\boldsymbol{H}_{gA}$ 方向一致。

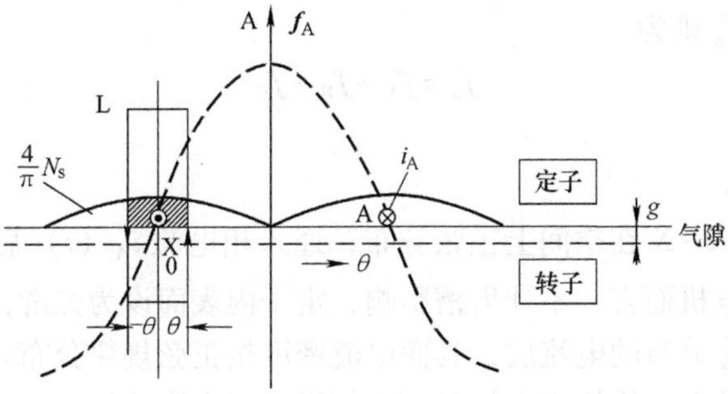

图 A-3　正弦分布绕组产生的磁动势

由安培环路定律，可得

$$2H_{gA}\cdot g=\int_{-\theta}^{\theta}\frac{2}{\pi}N_s i_A(t)\cos\theta d\theta$$

$$H_{gA}\cdot g=\frac{1}{2}\frac{4}{\pi}N_s i_A(t)\sin\theta$$

$$f_A(\theta)=H_{gA}\cdot g=\frac{1}{2}\frac{4}{\pi}N_s i_A(t)\sin\theta \tag{A-6}$$

如式（A-6）所示，在 $\theta=0°$处，磁动势 $f_A=0$；随着闭合回路的左右扩展，闭合回路包围的安匝数随之增大，磁动势则按正弦规律变化；若闭合回路包围了绕组 X 下的所有安匝，即

在 A 相绕组轴线处，f_A 达最大值，则有

$$F_A(t)=\frac{1}{2}\frac{4}{\pi}N_s i_A(t) \qquad (i_A>0) \tag{A-7}$$

式（A-7）与式（A-2）一致，说明两者产生了同一正弦分布磁动势。亦即，对于整距集中绕组，就产生基波磁动势而言，相当于将其展开为正弦分布绕组，但匝数增大为原来的$\frac{4}{\pi}$倍，如图 A-1e 所示。

如图 A-3 所示，A 相正弦分布绕组产生的不仅仅是某一点的磁动势，而是整个正弦波磁动势。空间矢量描述的是正弦分布物理量的整体，而不是某一点的值。因此，可将这个正弦波磁动势表示为空间矢量$\boldsymbol{f}_A$。若$i_A(t)>0$，则$\boldsymbol{f}_A$ 的轴线与 A 相绕组轴线一致；若$i_A(t)<0$，则与 A 轴相反。实际上，通常是将 A 相绕组通入正向电流产生的基波磁动势轴线定义为绕组轴线。若以 A 轴为空间参数轴，同时取 A 轴为空间复平面实轴，则可将$\boldsymbol{f}_A$ 表示为

$$\boldsymbol{f}_A=F_A(t)e^{j0^\circ}=\frac{1}{2}\frac{4}{\pi}N_s i_A(t)e^{j0^\circ} \tag{A-8}$$

式（A-6）表明，磁动势波上的每一点磁动势均在气隙中产生了相应的磁场强度$\boldsymbol{H}_{gA}$；宏观上，则由$\boldsymbol{f}_A$ 在气隙中建立了整个正弦分布的磁场强度（$\boldsymbol{H}_{gA}$）波，进而产生了整个正弦分布的磁感应强度（$\boldsymbol{B}_{gA}$）波。

对三相对称绕组而言，B 相和 C 相绕组产生的磁动势矢量$\boldsymbol{f}_B$ 和$\boldsymbol{f}_C$ 可表示为

$$\boldsymbol{f}_B=F_B(t)e^{j120^\circ}=\frac{1}{2}\frac{4}{\pi}N_s i_B(t)e^{j120^\circ}$$

$$\boldsymbol{f}_C=F_C(t)e^{j240^\circ}=\frac{1}{2}\frac{4}{\pi}N_s i_C(t)e^{j240^\circ}$$

定子磁动势矢量$\boldsymbol{f}_s$ 则为

$$\boldsymbol{f}_s=\boldsymbol{f}_A+\boldsymbol{f}_B+\boldsymbol{f}_C \tag{A-9}$$

2. 电流矢量

（1）相电流空间分布

图 A-2 中，绕组 A－X 在空间上正弦分布，通入相电流 i_A（t）后，便以安匝形态在空间正弦分布。对理想电机而言，不计齿槽影响，定子内表面设为光滑，于是可将相绕组安匝效应等效为沿定子内缘分布的电流层，其面电流密度按正弦规律分布。等效的原则是电流层产生的磁动势与正弦分布相绕组产生的磁动势相同，不会影响机电能量转换和转矩生成。

设面电流密度的幅值为$\hat{J}_A$，则有

$$\int_0^{\pi}\hat{J}_A\sin\theta R_s d\theta=\frac{4}{\pi}N_s i_A(t)$$

可得

$$\hat{J}_A=\frac{4}{\pi}\frac{N_s i_A(t)}{2R_s} \tag{A-10}$$

式中，R_s 为定子内圆半径。

式（A-10）表明，电机定子内圆半径确定后，面电流密度幅值将决定于相绕组匝数 N_s 和电流 i_A（t）。可以这样理解，若图 A-1b 中的绕组为单匝结构，将其展开为正弦分布绕组，实则是将相电流展开为了正弦分布形态；或者，设想相绕组原本为正弦分布绕组，多匝

的作用仅相当于将正弦面电流密度的幅值扩大了$\frac{4}{\pi}N_s$倍，如式（A-10）所示。这意味着，匝数仅起倍比作用，而不会改变相电流正弦分布的实质。从这一角度，可将相电流表示为空间矢量$\boldsymbol{i}_A$。

由图 A-3 可以看出，正弦分布电流（安匝）产生了正弦分布磁动势，再由正弦波磁动势产生了 A 轴正弦分布径向磁场，但归根结底，磁场是由正弦分布电流产生的，因此从产生磁场角度，$\boldsymbol{i}_A$ 轴线应与$\boldsymbol{f}_A$ 轴线一致。若取 A 轴为实轴，则$\boldsymbol{i}_A$ 可表示为

$$\boldsymbol{i}_A = i_A(t)\mathrm{e}^{\mathrm{j}0^\circ} \tag{A-11}$$

当$i_A(t)>0$时，$\boldsymbol{i}_A$ 与 A 轴方向一致，否则相反。

如式（A-8）所示，$\boldsymbol{i}_A$ 与$\boldsymbol{f}_A$ 仅存在倍比关系。虽然两者表述的是不同的物理量及其空间分布，但$\boldsymbol{f}_A$ 的幅值与方向则决定于$\boldsymbol{i}_A$，从产生磁场的角度看，两者作用是等同的。可由磁动势矢量$\boldsymbol{f}_A$ 转换为电流矢量$\boldsymbol{i}_A$，或者反之。

由以上分析可知，在矢量控制中，看起来是在时域内控制$i_A(t)$，但当$i_A(t)$作为轴电流流入 A 相绕组后，实则是在控制 A 轴的正弦分布电流（$\boldsymbol{i}_A$），进而在控制 A 轴的正弦分布磁动势（$\boldsymbol{f}_A$），也就是，在时域内控制$i_A(t)$（大小和正负）即相当于在空间上控制 A 轴正弦分布磁场（幅值和方向）。体现了空间矢量所具有的时空特征。

同理，可得

$$\boldsymbol{i}_B = i_B(t)\mathrm{e}^{\mathrm{j}120^\circ}$$

$$\boldsymbol{i}_C = i_C(t)\mathrm{e}^{\mathrm{j}240^\circ}$$

（2）三相电流的空间分布

如式（A-9）所示，由三相（轴）绕组基波磁动势构成了基波合成磁动势。设想，此磁动势是由一个单相（轴）绕组 W 产生的，通入电流为i_s，显然此电流可表示为空间矢量$\boldsymbol{i}_s$，但为了满足功率不变约束，此单轴绕组的有效匝数N'_s设定为相绕组有效匝数的$\sqrt{\frac{3}{2}}$倍，即$N'_s=\sqrt{\frac{3}{2}}N_s$。则有

$$\frac{1}{2}\frac{4}{\pi}\sqrt{\frac{3}{2}}N_s\boldsymbol{i}_s = \frac{1}{2}\frac{4}{\pi}N_s\boldsymbol{i}_A + \frac{1}{2}\frac{4}{\pi}N_s\boldsymbol{i}_B + \frac{1}{2}\frac{4}{\pi}N_s\boldsymbol{i}_C$$

可得

$$\begin{aligned}\boldsymbol{i}_s &= \sqrt{\frac{2}{3}}(\boldsymbol{i}_A + \boldsymbol{i}_B + \boldsymbol{i}_C) \\ &= \sqrt{\frac{2}{3}}(i_A\mathrm{e}^{\mathrm{j}0^\circ} + i_B\mathrm{e}^{\mathrm{j}120^\circ} + i_C\mathrm{e}^{\mathrm{j}240^\circ}) \\ &= i_s\mathrm{e}^{\mathrm{j}\theta_s}\end{aligned} \tag{A-12}$$

式中，θ_s 为$\boldsymbol{i}_s$ 的空间相位。

式（A-12）等式右端括号内三个轴电流矢量的合成，在物理意义上，相当于三轴正弦分布电流（层）沿定子内缘合成了单轴正弦分布电流（层），轴线为 s，如图 A-4 所示，但为了满足功率不变约束，将单轴电流减为实际值的$\sqrt{\frac{2}{3}}$。此时，单轴绕组产生的磁动势仍为三相绕组产生的合成磁动势$\boldsymbol{f}_s$，不会改变气隙磁场，也就不会影响机电能量转换和转矩生

成。显然，单轴电流矢量 $\boldsymbol{i}_s$ 是客观存在的，而单轴绕组是虚拟和等效的，但单轴电流的存在，为单轴绕组的设定提供了依据和合理性。

应该指出的是，尽管三轴电流矢量的幅值和方向是可变化的，但其轴线始终与 ABC 轴线重合（相同或相反），而单轴矢量 $\boldsymbol{i}_s$ 的幅值和轴线均是不确定的，即单轴电流矢量 $\boldsymbol{i}_s$ 的幅值 i_s 和相位 θ_s 将决定于三轴电流的瞬时值 $i_A(t)$、$i_B(t)$、$i_C(t)$，如式（A-12）所示。

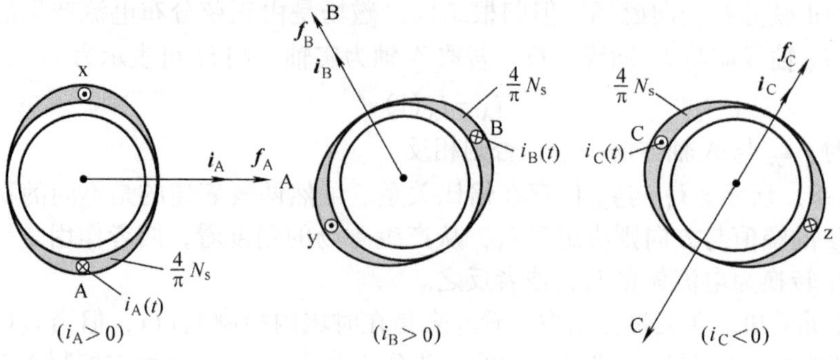

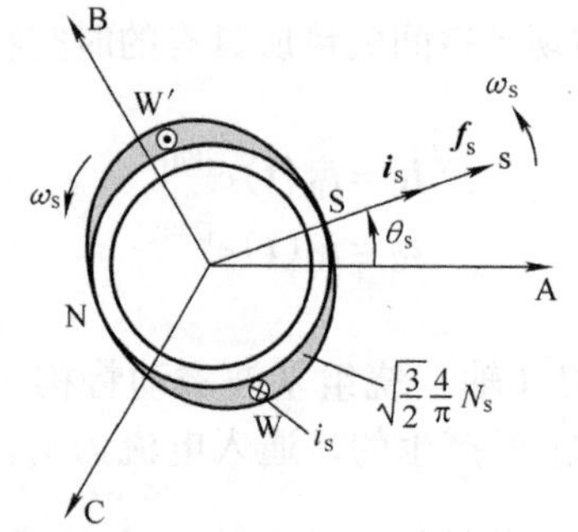

图 A-4　定子三轴电流与单轴电流

a）A 轴电流　b）B 轴电流　c）C 轴电流　d）单轴电流

例如，正弦稳态下，三相对称余弦电流为

$$i_A(t)=\sqrt{2}I_s\cos\omega_s t$$

$$i_B(t)=\sqrt{2}I_s\cos(\omega_s t-120°)$$

$$i_C(t)=\sqrt{2}I_s\cos(\omega_s t-240°)$$

此时，$\boldsymbol{i}_A(\boldsymbol{f}_A)$、$\boldsymbol{i}_B(\boldsymbol{f}_B)$、$\boldsymbol{i}_C(\boldsymbol{f}_C)$ 将各自沿着 ABC 轴线脉动，空间脉动规律分别与相电流时域内的变化规律一致，通常将此时的 $\boldsymbol{f}_A$、$\boldsymbol{f}_B$、$\boldsymbol{f}_C$ 称为脉动磁动势。

由式（A-12），可得

$$\begin{aligned}\boldsymbol{i}_s&=\sqrt{\frac{2}{3}}(i_A e^{j0°}+i_B e^{j120°}+i_C e^{j240°})\\&=\sqrt{\frac{2}{3}}[\sqrt{2}I_s\cos(\omega_s t)e^{j0°}+\sqrt{2}I_s\cos(\omega_s t-120°)e^{j120°}+\sqrt{2}I_s\cos(\omega_s t-240°)e^{j240°}]\\&=|\boldsymbol{i}_s|e^{j\omega_s t}=\sqrt{3}I_s e^{j\omega_s t}\end{aligned} \tag{A-13}$$

定子电流矢量 $\boldsymbol{i}_s$ 的幅值 $|\boldsymbol{i}_s| = \sqrt{3}I_s$（恒定直流），这表示图 A-4d 中的正弦分布电流幅值不变，沿定子内缘以电角速度 ω_s 正向、恒速旋转；$\omega_s t = 0$ 时（A 相电流最大），$\boldsymbol{i}_s$ 轴线便与 A 轴一致，经过 120°电角度，便与 B 轴一致（B 相电流最大），再经过 120°电角度，则与 C 轴一致（C 相电流最大）。

由 $\boldsymbol{i}_s$ 产生的定子磁动势 $\boldsymbol{f}_s$ 为

$$\boldsymbol{f}_s = \frac{1}{2}\left(\frac{4}{\pi}\sqrt{\frac{3}{2}}N_s\right)|\boldsymbol{i}_s|e^{j\omega_s t} = \frac{3}{2}\frac{4}{\pi}\frac{1}{2}N_s\sqrt{2}I_s e^{j\omega_s t} \tag{A-14}$$

显然，$\boldsymbol{f}_s$ 与 $\boldsymbol{i}_s$ 轴线一致，且具有与 $\boldsymbol{i}_s$ 相同的性质。在正弦稳态下，$\boldsymbol{f}_s$ 表述的是一个正弦分布、幅值不变、以电角速度 ω_s 正向、恒速旋转的磁动势波；因其运行轨迹为圆形，故称为圆形旋转磁动势。这与电机学中的分析结论一致。

但是，在动态运行中，$i_A(t)$、$i_B(t)$、$i_C(t)$ 在时域内已不按余弦规律变化，$\boldsymbol{i}_s(\boldsymbol{f}_s)$ 在空间复平面内的幅值和旋转速度总是变化的。然而，通过在时域内控制 $i_A(t)$、$i_B(t)$、$i_C(t)$，可以控制 $\boldsymbol{i}_s(\boldsymbol{f}_s)$ 的幅值、旋转速度（大小和方向）、相位（轴线位置）以及运行轨迹。这为电机的矢量控制提供了有效途径。

A.2 电机气隙内的磁场

1. 定子面电流及产生的磁场强度

图 A-4d 中，等效的单轴绕组 W - W′通入定子电流 $\boldsymbol{i}_s$ 后，由 $\boldsymbol{f}_s$ 在电机气隙内产生了径向励磁磁场，在定子内构成了 2 极结构。$\boldsymbol{f}_s$ 实际上是三相绕组通入三相电流产生的基波合成磁动势，体现了三相绕组和三相电流的共同作用。

现设电机为多极，极对数为 p_0，图 A-5 所示为 4 极电机原理性模型，$p_0 = 2$。4 极电机的定子三相对称绕组可等效为两个单轴绕组 $W_1 - W_1'$ 和 $W_2 - W_2'$，假设两者为串联连接，定子电流矢量 $\boldsymbol{i}_s$ 在定子内构成了 4 极磁场。每个单轴绕组的有效匝数 $N_s' = \sqrt{\frac{3}{2}}N_s$，$N_s$ 为每极每相绕组的有效匝数，单轴绕组 $W_1 - W_1'$ 轴线为 s，将 s 轴同取为空间参考轴和空间复平面实轴。

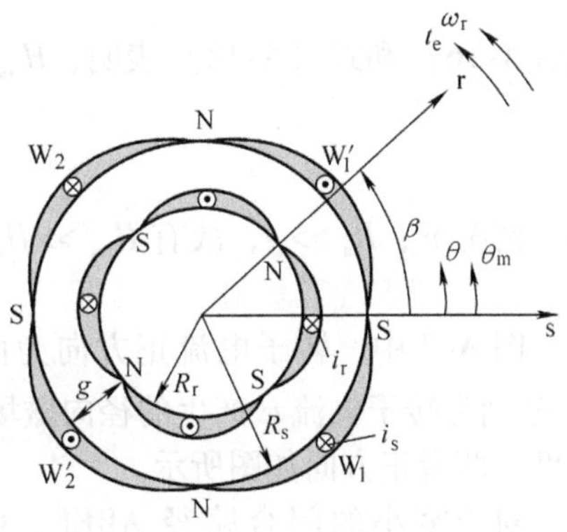

图 A-5　4 极电机原理性模型

同样，转子两个等效单轴绕组为串联连接，通入转子电流 i_r，在转子上构成了 4 极。每个单轴绕组的有效匝数为 N_r'，设定 $N_r' = N_s'$，转子轴线为 r，以反时针方向旋转，电角速度为 ω_r；θ 为电角度；θ_m 为机械角度；β 为定、转子轴线间电角度；t_e 为作用于转子的电磁转矩，以反时针方向为正方向。

下面分析气隙内各种磁场及其分布。

图 A-6 所示为图 A-5 中单轴绕组 W_1' 部分的电流分布图，设其面电流密度的幅值为 $\hat{J}_s$，则有

$$\frac{4}{\pi}N_s' i_s = \int_0^{\pi/p_0} \hat{J}_s \sin p_0\theta_m R_s \mathrm{d}\theta_m$$

可得

$$\hat{J}_s = \frac{4}{\pi}\frac{p_0 N'_s i_s}{2R_s} \tag{A-15}$$

式中，R_s 为定子内圆半径。

图 A-6 中，位于 θ_m 处的定子径向磁场强度$H_{ns}(\theta_m)$可表示为

$$2H_{ns}(\theta_m)g = \int_{\theta_m}^{\theta_m+\pi/p_0} \hat{J}_s \sin p_0\theta_m R_s \mathrm{d}\theta_m$$

则有

$$\begin{aligned} H_{ns} &= \frac{R_s}{p_0 g}\hat{J}_s \cos p_0\theta_m \\ &= \frac{R_s}{p_0 g}\hat{J}_s \cos \theta \end{aligned} \tag{A-16}$$

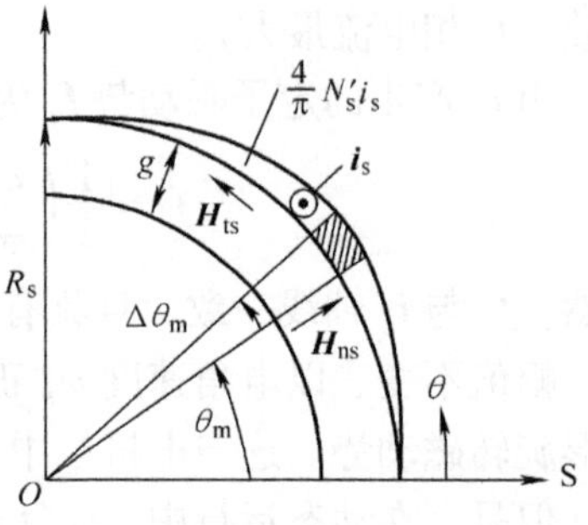

图 A-6　定子面电流正弦分布

式（A-16）表明，H_{ns}在气隙内按余弦规律分布，其幅值为

$$\hat{H}_{ns} = \frac{R_s}{p_0 g}\hat{J}_s \tag{A-17}$$

定子电流沿定子内圆产生的切向磁场强度 H_{ts}可表示为

$$\begin{aligned} H_{ts} &= -\hat{J}_s \sin p_0\theta_m \\ &= -\hat{J}_s \sin \theta \end{aligned} \tag{A-18}$$

H_{ts}按正弦规律分布，其幅值为

$$\hat{H}_{ts} = \hat{J}_s \tag{A-19}$$

式（A-16）和式（A-18）表明，H_{ns}与H_{ts}的空间相位相差了90°电角度。两者幅值的关系为

$$\hat{H}_{ns} = \frac{R_s}{p_0 g}\hat{H}_{ts} \tag{A-20}$$

通常情况下，$R_s >> g$，故有 $\hat{H}_{ns} >> \hat{H}_{ts}$。

2. 气隙内的磁场强度及分布

图 A-7 中，转子电流正方向为由里向外，$\boldsymbol{H}_{nr}$和$\boldsymbol{H}_{tr}$分别为转子电流 i_r 产生的径向磁场强度和切向磁场强度，两者正方向如图所示。

对于窄小的闭合路径 ABEF，由安培环路定律可得

$$(-H_{nr\theta_m+\Delta\theta_m} + H_{nr\theta_m})(g-x) - H_{rt\theta_m} R_r \Delta\theta_m = 0$$

对于窄小闭合路径 ACDF，则有

$$(-H_{nr\theta_m+\Delta\theta_m} + H_{nr\theta_m})\ g = J_r(\theta_m)\ R_r \Delta\theta_m$$

式中，R_r 为转子半径。可得

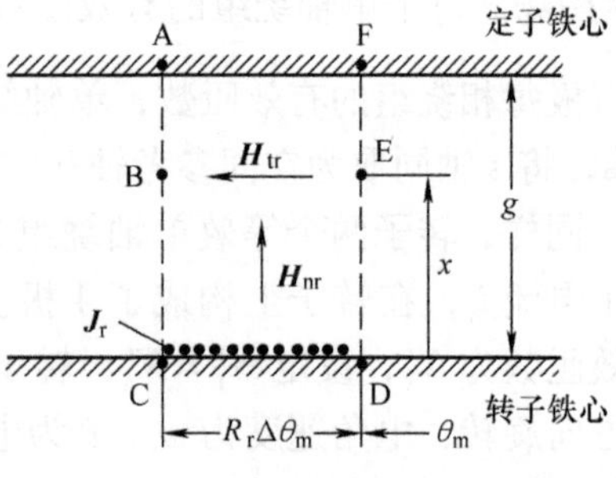

图 A-7　转子面电流产生的径向与切向磁场强度

$$\begin{aligned} &H_{tr\theta_m} = J_r(\theta_m)\frac{g-x}{g} \\ &H_{tr\theta_m \mid x=0} = J_r(\theta_m) \\ &H_{tr\theta_m \mid x=g} = 0 \end{aligned} \tag{A-21}$$

式（A-21）表明，转子电流在气隙中产生的切向磁场强度 H_{tr} 与 x 呈线性关系；在转子表面，H_{tr} 等于面电流密度 J_r（θ_m）；而在定子内表面其值便衰减为零。同理，定子电流产生的切向磁场强度亦是如此。亦即，定子或者转子电流产生的切向磁场均不能穿过气隙进入对方铁心，说明切向磁场的性质属于漏磁场范畴，不能作为机电能量转换耦合场。但是，切向磁场在能量传递过程中却起着十分重要的作用。

气隙中的径向磁场 H_{nr} 其大小与 x 无关，可以穿过气隙进入对方铁心，属于励磁磁场。在负载条件下，气隙中径向磁场为定、转子径向磁场的合成磁场，构成了气隙磁场。气隙磁场作为机电能量转换耦合场，对转矩的生成与控制起着至关重要的作用。

图 A-8 所示为图 A-5 中 4 极原理电机定、转子面电流密度，其各自产生的气隙径向磁场强度和切向磁场强度，共同产生的径向合成磁场强度的空间分布及相互关系。

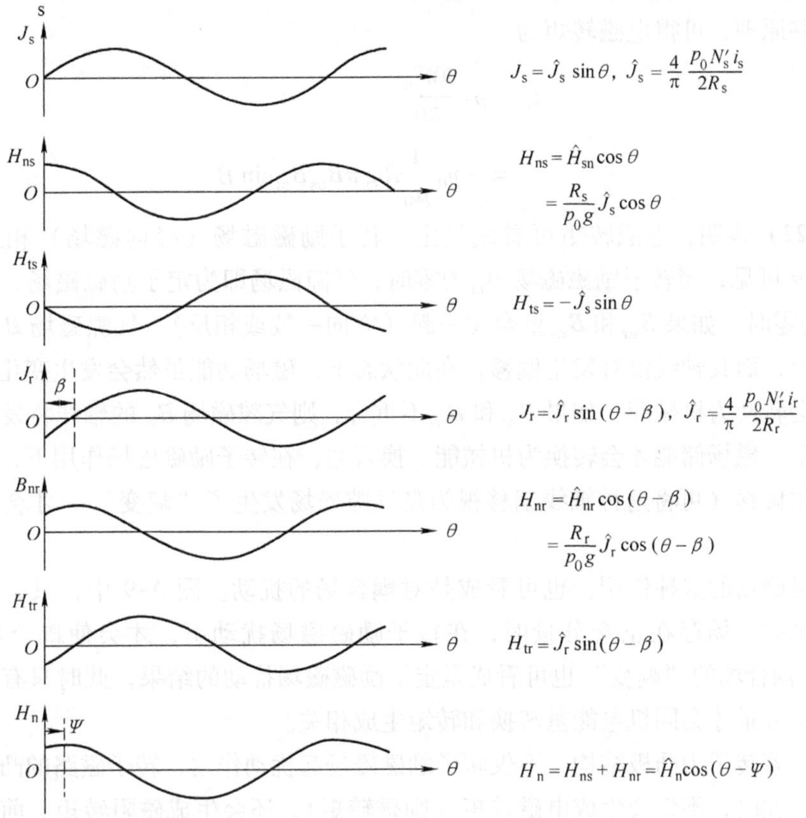

图 A-8　定、转子面电流密度及磁场强度分布

A.3　磁链矢量与转矩生成

下面从定、转子径向磁场相互作用角度来分析电磁转矩生成。

在电机气隙中，径向磁场分量远大于切向磁场分量，因此在计算气隙磁场储能时，可将切向磁场分量略去不计。

图 A-5 中，定、转子径向磁场与径向合成磁场如图 A-9 所示，$\hat{B}_{ns}$、$\hat{B}_{nr}$ 和 $\hat{B}_n$ 为各自磁场的幅值，三者处于各自磁场轴线位置。气隙磁场可表示为

$$B_n = B_{ns} + B_{nr}$$

$$= \hat{B}_{ns}\cos(p_0\theta_m) + \hat{B}_{nr}\cos(p_0\theta_m - \beta)$$

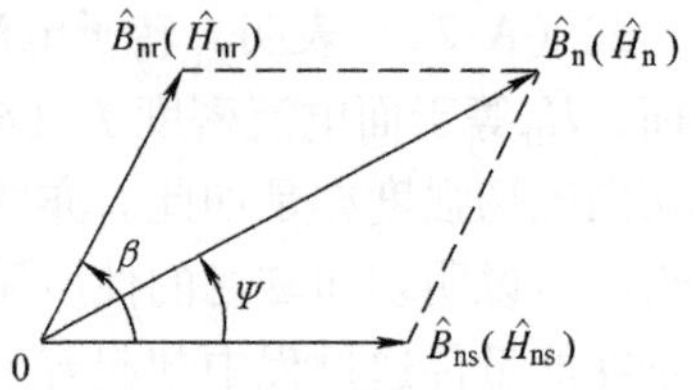

图 A-9 定、转子径向磁场及其合成磁场

气隙内磁共能 W'_m 为

$$W'_m = \int_V \frac{B_n^2}{2\mu_0} dv$$

$$= \frac{1}{2\mu_0} gl \int_0^{2\pi} (B_{ns} + B_{nr})^2 R d\theta_m$$

$$= \frac{1}{2\mu_0} Rlg\pi(\hat{B}_{ns}^2 + \hat{B}_{nr}^2 + 2\hat{B}_{ns}\hat{B}_{nr}\cos\beta)$$

式中，l 为电机轴向长度；R 为气隙的平均半径。

由虚位移原理，可得电磁转矩为

$$t_e = p_0 \frac{\partial W'_m}{\partial \beta} = -p_0 \frac{1}{\mu_0} Rlg\pi\hat{B}_{ns}\hat{B}_{nr}\sin\beta \tag{A-22}$$

式（A-22）表明，电磁转矩可看成是定、转子励磁磁场（径向磁场）相互作用的结果。由图 A-9 可见，当转子励磁磁场 $\boldsymbol{B}_{nr}$ 为零时，气隙磁场即为定子励磁磁场。当转子励磁磁场 $\boldsymbol{B}_{nr}$ 不为零时，如果 $\boldsymbol{B}_{nr}$ 和 $\boldsymbol{B}_{ns}$ 重合在一起（方向一致或相反），气隙磁场 $\boldsymbol{B}_n$（耦合场）仅改变了幅值，而其轴线没有发生偏移，在此状态下，磁场储能虽然会发生变化，但变化的磁场储能不会转换为机械能；如果 $\boldsymbol{B}_{nr}$ 和 $\boldsymbol{B}_{ns}$ 不重合，则气隙磁场 $\boldsymbol{B}_n$ 的轴线将发生偏移，只有在此状态下，磁场储能才会转换为机械能。换言之，在转子励磁磁场作用下，只有使气隙磁场轴线发生偏移（可将这种轴线偏移视为是气隙磁场发生了“畸变”），才会有电磁转矩生成。

转子励磁磁场的这种作用，也可看成是对耦合场的扰动。图 A-9 中，只有转子励磁磁场相对定子励磁磁场存在正交分量时，在转子励磁磁场扰动下，才会使耦合场发生“畸变”。当然，耦合场的“畸变”也可看成是定子励磁磁场扰动的结果，此时只有其与转子励磁磁场的正交分量才会同机电能量转换和转矩生成相关。

事实上，若转子为凸极结构，不仅转子励磁磁场起扰动作用，转子磁路的凸极效应也会起扰动作用。此时，不仅会生成电磁转矩（励磁转矩），还会生成磁阻转矩。前者在定、转子励磁磁场正交时，生成的电磁转矩最大；后者只有在特定角度下，如 $\beta = 45°$ 电角度时，励磁转矩才为最大。

可将式（A-22）表示为

$$t_e = -p_0 \frac{1}{L_m}\psi_{ms}\psi_{mr}\sin\beta = -p_0 \frac{1}{L_m}\boldsymbol{\psi}_{ms} \times \boldsymbol{\psi}_{mr} \tag{A-23}$$

$$\psi_{ms} = p_0 N'_s \frac{2}{\pi}\hat{B}_{ns} l\tau = p_0 N'_s \phi_{ms} \tag{A-24}$$

$$\psi_{mr}=p_0N'_r\frac{2}{\pi}\hat{B}_{nr}l\tau=p_0N'_r\phi_{mr} \tag{A-25}$$

$$L_m=\mu_0\frac{4}{\pi^2}\frac{\tau l}{g}\frac{(p_0N)^2}{p_0} \tag{A-26}$$

或者

$$L_m=\frac{3}{2}\mu_0\frac{4}{\pi^2}\frac{\tau l}{g}\frac{(N_1k_{ws1})^2}{p_0} \tag{A-27}$$

式中，ψ_{ms}为定子绕组励磁磁链；ψ_{mr}为转子绕组励磁磁链；τ 为极距，$\tau=R\pi/p_0$；$N'_s=N'_r=N$；N_1 为每相实际绕组总匝数；k_{ws1}为绕组因数；L_m 为定、转子绕组互感最大值，$L_m=L_{ms}=L_{mr}$；L_{ms}、L_{mr}分别为定、转子绕组的励磁电感。

式（A-24）和式（A-25）中，定、转子励磁磁通 ϕ_{ms}、ϕ_{mr}分别为磁感应强度（磁密）B_{ns}、B_{nr}在一个极下的集合（积分值），客观地反映了正弦分布磁场的整体性，故可将其定义为空间矢量 $\boldsymbol{\Phi}_{ms}$、$\boldsymbol{\Phi}_{mr}$。考虑到匝数因素，又可将定、转子励磁磁链定义为矢量 $\boldsymbol{\psi}_{ms}$、$\boldsymbol{\psi}_{mr}$。式（A-22）表述的是定、转子励磁磁场相互作用，反映的应是定、转子正弦分布励磁磁场的整体作用，而不仅仅是磁场幅值的作用。因此，矢量表达式（A-23）从宏观上更直接地表述了这一物理事实，矢量积更形象地表达了两个磁场具有作用关系。此外，式（A-22）中的参数涉及电机的具体结构，而磁链与电感可通过试验或其他方式直接获取。更为重要的是，在矢量控制中，可以利用电压与磁链的近似微分关系，可通过外加电压矢量来有效控制电机的磁链矢量，进而达到控制转矩的目的。

式（A-23）中，磁链矢量的模和两者间的空间相位差 β 可随时间任意变化，因此可用于转矩的瞬态控制。

按矢量运算规则，$\boldsymbol{\psi}_{ms}\times\boldsymbol{\psi}_{mr}$表示转矩反时针作用于定子。反之，作用于转子的转矩则为顺时针方向，这与图 A-5 中所示的转矩正方向相反，故式（A-23）中出现了负号。

由图 A-9 可得

$$\hat{B}_{nr}\sin\beta=\hat{B}_n\sin\psi$$

于是，可将式（A-22）表示为

$$\begin{aligned}t_e&=-p_0\frac{1}{\mu_0}Rlg\pi\hat{B}_n\hat{B}_{ns}\sin\psi\\&=-p_0\frac{1}{L_m}\boldsymbol{\psi}_{ms}\times\boldsymbol{\psi}_g\end{aligned} \tag{A-28}$$

式中，ψ_g 是与气隙磁场对应的磁链，$\psi_g=p_0N\frac{2}{\pi}\hat{B}_nl\tau=p_0N\phi_g$。

式（A-28）表明，电磁转矩也可看成是气隙磁场与定子励磁磁场相互作用的结果。此外，还可看成是由气隙磁场与转子励磁磁场作用的结果。但是，气隙磁场无论与定子励磁磁场作用，还是与转子励磁磁场作用，反映的仍是定、转子两个励磁磁场的相互作用。

A.4 电流矢量与转矩生成

图 A-5 中，转子电流处于定子励磁磁场下，会受到电磁力作用。

如图 A-10 所示，转子表面某一处电流所受的电磁力可表示为

$$\boldsymbol{f}_{tr} = \boldsymbol{J}_r \times \boldsymbol{B}_{ns} \tag{A-29}$$

由图 A-8，可将分布于转子表面的电磁力表示为

$$f_{tr} = \hat{B}_{ns}\cos\theta \hat{J}_r \sin(\theta - \beta) \tag{A-30}$$

式中，$\hat{J}_r = \frac{4}{\pi}\frac{p_0 N'_r i_r}{2R_r}$。

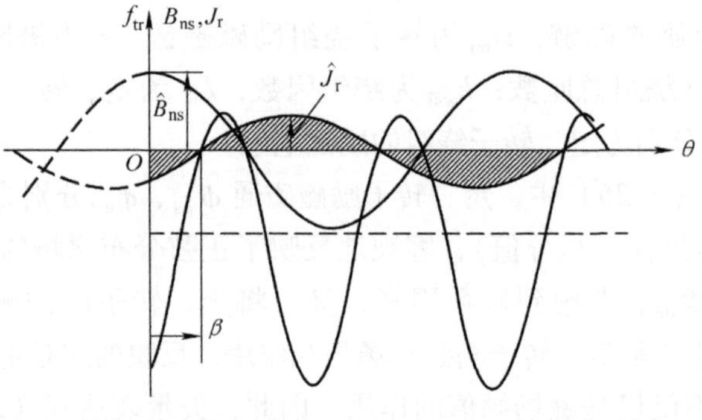

图 A-10　转子电流在定子励磁磁场作用下生成的电磁转矩

由式（A-30）可得到作用于转子的电磁转矩，其平均值为

$$\begin{aligned} t_e &= \int_0^{2\pi} R_r f_{tr} l R_r \mathrm{d}\theta_m \\ &= \int_0^{2\pi} R_r \hat{B}_{ns}\cos(p_0\theta_m)\hat{J}_r \sin(p_0\theta_m - \beta) l R_r \mathrm{d}\theta_m \\ &= -p_0 \frac{2}{\pi}\hat{B}_{ns}\tau l (p_0 N'_r i_r)\sin\beta \\ &= -p_0(p_0\phi_{ms}N'_s) i_r \sin\beta \end{aligned} \tag{A-31}$$

式中，$R_r = \frac{p_0\tau}{\pi}$，$N'_r = N'_s$。

由式（A-31），可得

$$t_e = -p_0\psi_{ms} i_r \sin\beta = -p_0\,\boldsymbol{\psi}_{ms} \times \boldsymbol{i}_r \tag{A-32}$$

式中，$\psi_{ms} = p_0 N'_s \phi_{ms}$。

式（A-29）从微观上表述了载流导体在磁场中所受的电磁力。式（A-32）中，$\boldsymbol{\psi}_{ms}$ 表征了定子正弦分布励磁磁场，$\boldsymbol{i}_r$ 代表了转子表面正弦分布电流，而定子励磁磁链 ψ_{ms} 中又纳入了转子匝数因素，因此式（A-32）从宏观上表述了转子电流在定子励磁磁场作用下产生的电磁转矩，更客观地反映了定子励磁磁场的整体作用及转子电流整体受力的结果，在形式上也反映了转矩生成的“*Bli*”原理，矢量积形象地表述了定子励磁磁场对转子电流的作用。

由图 A-8 可知

$$\hat{J}_r = \frac{p_0 g}{R_r}\hat{H}_{nr} = \frac{p_0 g}{R_r}\frac{1}{\mu_0}\hat{B}_{nr} \tag{A-33}$$

将式（A-33）代入式（A-31）中，可得

$$t_e = -p_0\frac{1}{\mu_0}Rlg\pi\hat{B}_{ns}\hat{B}_{nr}\sin\beta \tag{A-34}$$

式（A-34）与式（A-22）结果一致。这说明，无论是从“场”的角度，还是从“Bli”的角度来求取电磁转矩均会得到同一结果。

事实上，转子电流在定子励磁磁场中受电磁力作用的同时，转子电流产生的励磁磁场也在对定子励磁磁场产生作用，式（A-22）与式（A-31）只是从不同角度反映了同一物理事实。宏观上，由 $\psi_{mr}=L_m i_r$，可将式（A-32）直接转换为式（A-23），或反之。式（A-32）与式（A-23）反映了两者电磁上具有的内在联系与统一性。

式（A-32）中，当 $\beta=0$ 时，由图 A-10 可以看出，产生的电磁转矩为零；由图A-9可以看出，此时定、转子励磁磁场轴线一致，在转子励磁磁场作用下，气隙磁场没有发生“畸变”，因此也不会生成电磁转矩，由式（A-23）得出的电磁转矩即为零。

当 $\beta=90°$ 电角度时，由图 A-10 和式（A-32）均可看出，产生的电磁转矩最大；此时，转子励磁磁场正好处于与定子励磁磁场正交的位置，产生的电磁转矩自然也最大。

由 $\psi_{ms}=L_m i_s$ 和 $\psi_{mr}=L_m i_r$，可将式（A-23）表示为

$$t_e = -p_0 L_m \boldsymbol{i}_s\times\boldsymbol{i}_r = -p_0 L_m i_s i_r\sin\beta \tag{A-35}$$

对于图 A-5 所示的电机模型，从定、转子绕组磁耦合与耦合场储能变化的角度，如第 1 章所述，利用虚位移法 $t_e=p_0\frac{\partial W'_m}{\partial\beta}$，同样可得到式（A-35）。

实际上，图 1-6 所示的装置为 2 极结构，与图 A-5 相比，则有 $p_0=1$；对比式（A-35）和式（1-53），相当于 $M_{AB}=L_m$，$\theta_r=\beta$。因此，式（A-35）与式（1-53）的表述是一致的。

A.5 空间矢量与转矩控制

1. 矢量控制中的空间矢量

从电磁场角度看，定、转子励磁磁场归根结底是由定、转子电流产生的。例如，定子电流 i_s 励磁磁场的路径可用图 A-11 来表示。

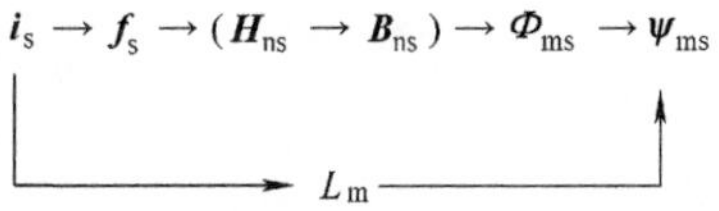

图 A-11 定子电流励磁过程

能够采用空间矢量分析电机运行与控制的前提和物理基础是，电机气隙内径向磁场必须为正弦分布。磁动势矢量 $\boldsymbol{f}_s$ 在气隙中产生了正弦分布径向磁场，磁通矢量 $\boldsymbol{\Phi}_{ms}$ 描述（反映）了径向磁场的正弦分布与整体性，为了计及匝数因素，引入了磁链矢量 $\boldsymbol{\psi}_{ms}$。但是正弦分布磁场终究是由正弦分布电流产生的，因此定子电流矢量 $\boldsymbol{i}_s$ 与 $\boldsymbol{\psi}_{ms}$ 间具有因果关系，即有

$$\boldsymbol{\psi}_{ms}=L_m\boldsymbol{i}_s \tag{A-36}$$

$$\boldsymbol{\psi}_{mr}=L_m\boldsymbol{i}_r \tag{A-37}$$

于是，可将图 A-9 表示为图 A-12 所示的形式。

电磁转矩可统一表示为

$$t_e = -p_0\frac{1}{L_m}\boldsymbol{\psi}_{ms}\times\boldsymbol{\psi}_{mr} = -p_0\boldsymbol{\psi}_{ms}\times\boldsymbol{i}_r = -p_0 L_m\boldsymbol{i}_s\times\boldsymbol{i}_r \tag{A-38}$$

至此，只需运用电流矢量和磁链矢量，即可表述转矩生成，式（A-38）从不同角度反映了转矩生成机理与结果。通常情况下，亦不再运用图 A-11 中的中间矢量（磁动势与磁通）和向量（磁场强度与磁感应强度）。

式（A-38）可认为是转矩控制的基本表达式。由式（A-38）还可推导出多个不同形式的表达式。

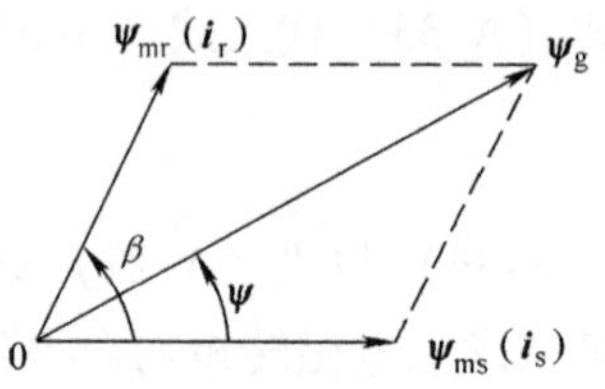

图 A-12　定、转子电流与励磁磁链矢量

式（A-38）表明，在转矩控制中，既可选择磁链矢量，也可选择电流矢量作为控制变量，但无论选择磁链矢量还是电流矢量，在空间复平面内既要控制其幅值，又要控制其相位，故称其为矢量控制。

2. 三相永磁同步电动机的转矩控制

（1）以定子电流矢量 i_s 为控制变量

下面以面装式三相永磁同步电动机为例，说明电磁转矩的矢量控制。

三相永磁同步电机由永磁体提供转子励磁磁场 $\boldsymbol{\psi}_f$（又称为转子磁场，或者主极磁场）；定子绕组为三相对称绕组，通入三相电流后，构建了定子电流矢量 $\boldsymbol{i}_s$，其等效单轴绕组轴线为 s，建立了定子（电枢）励磁磁场 $\boldsymbol{\psi}_{ms}$（又称电枢反应磁场），如图 A-13 所示。由于电机内磁场和电流分布总是每对极下重复一次（分数槽绕组电机例外），因此可以 2 极电机模型来分析多极电机。

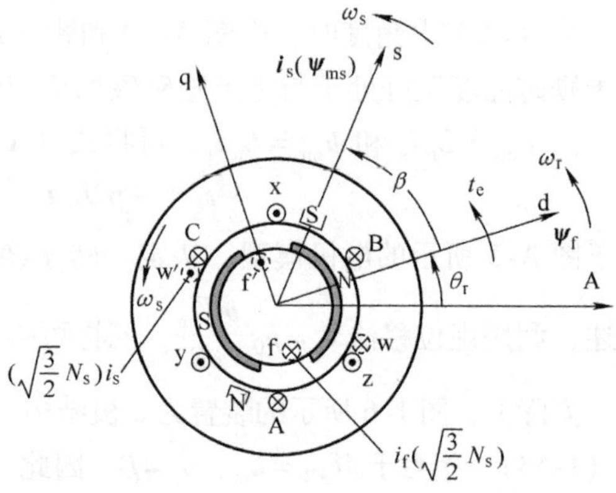

图 A-13　面装式三相永磁同步电机物理模型

图 A-13 与图 A-5 比较，相当于由永磁体代替了转子的励磁绕组，而定子结构完全相同。此时，电枢反应磁场 $\boldsymbol{\psi}_{ms}$ 超前于转子磁场 $\boldsymbol{\psi}_f$，因此可以产生驱动性质的电磁转矩。

由式（A-38）可得

$$
\begin{aligned}
t_e &= p_0 \frac{1}{L_m} \boldsymbol{\psi}_f \times \boldsymbol{\psi}_{ms} \\
&= p_0 \frac{1}{L_m} \psi_f \psi_{ms} \sin\beta
\end{aligned}
\tag{A-39}
$$

$$
\begin{aligned}
t_e &= p_0 \boldsymbol{\psi}_f \times \boldsymbol{i}_s \\
&= p_0 \psi_f i_s \sin\beta
\end{aligned}
\tag{A-40}
$$

式中，β 为转矩角（电角度）。

稳态运行时，电枢反应磁场 $\boldsymbol{\psi}_{ms}$（电流矢量 $\boldsymbol{i}_s$）幅值恒定，以电角速度 $\boldsymbol{\omega}_s$ 与转子磁场 $\boldsymbol{\psi}_f$ 同步旋转，转矩角 β 不变，产生的电磁转矩恒定不变，可使转子连续旋转。由于转子电角速度 $\omega_r = \omega_s$，因此称为同步电机。

在矢量控制中，核心是在动态过程中对电磁转矩的有效控制。现将定子电流矢量 $\boldsymbol{i}_s$ 作为控制变量，选择在 dq 轴内控制 $\boldsymbol{i}_s$ 的幅值 i_s 和相位 β。由于 $\boldsymbol{i}_s = i_d + j i_q$，则有

$$
t_e = p_0 \psi_f i_s \sin\beta = p_0 \psi_f i_q \tag{A-41}
$$

在实际控制中，以 i_d 和 i_q 为控制变量，通过控制 i_q 进行转矩控制；通过控制 i_d（$i_d < 0$），

对永磁同步电动机进行弱磁控制。这实质上是将单轴绕组分解成了 dq 轴绕组（匝数与单轴绕组相同）。通过控制 dq 轴的电流分布来控制电机内定子电流 i_s 的空间分布。

（2）以定子磁链矢量 $\boldsymbol{\psi}_s$ 为控制变量

由式（A-39），已知

$$t_e = p_0 \frac{1}{L_m} \boldsymbol{\psi}_f \times \boldsymbol{\psi}_{ms} \tag{A-42}$$

式（A-42）表明，可通过控制 $\boldsymbol{\psi}_{ms}$ 来控制电磁转矩。那为什么实际矢量控制中不选择 $\boldsymbol{\psi}_{ms}$ 而是选择定子励磁矢量 $\boldsymbol{\psi}_s$ 作为控制变量呢？这是因为定子电压矢量方程为

$$\boldsymbol{u}_s = R_s \boldsymbol{i}_s + \frac{d\boldsymbol{\psi}_s}{dt} \tag{A-43}$$

忽略定子电阻 R_s，可得

$$\boldsymbol{u}_s \approx \frac{d\boldsymbol{\psi}_s}{dt} \tag{A-44}$$

式（A-44）表明，可以运用定子电压矢量来控制磁链矢量，但电压矢量 $\boldsymbol{u}_s$ 只能用来控制定子磁链矢量 $\boldsymbol{\psi}_s$，而不能直接控制 $\boldsymbol{\psi}_{ms}$。

如图 A-14 所示，定子磁链矢量 $\boldsymbol{\psi}_s$ 可表示为

$$\boldsymbol{\psi}_s = \boldsymbol{\psi}_g + \boldsymbol{\psi}_{\sigma s} \tag{A-45}$$

$$\boldsymbol{\psi}_g = \boldsymbol{\psi}_f + \boldsymbol{\psi}_{ms} \tag{A-46}$$

式中，ψ_g 为气隙磁链，与气隙磁场相对应；$\psi_{\sigma s}$ 为定子漏磁链，与定子漏磁场相对应。因此，对定子绕组而言，ψ_s 为全磁链，故可用定子电压矢量 $\boldsymbol{u}_s$ 来直接控制 $\boldsymbol{\psi}_s$。

如图 A-14 所示，定子磁链矢量 $\boldsymbol{\psi}_s$ 还可表示为

$$\boldsymbol{\psi}_s = \boldsymbol{\psi}_f + \boldsymbol{\psi}_D = \boldsymbol{\psi}_f + L_s \boldsymbol{i}_s \tag{A-47}$$

$$\boldsymbol{\psi}_D = \boldsymbol{\psi}_{\sigma s} + \boldsymbol{\psi}_{ms} = L_{\sigma s} \boldsymbol{i}_s + L_m \boldsymbol{i}_s \tag{A-48}$$

式中，$\boldsymbol{\psi}_D$ 为电枢磁链，与电枢磁场相对应，是电枢的自感磁链；L_s 为同步电感，$L_s = L_{\sigma s} + L_m$，$L_{\sigma s}$ 为定子漏电感。

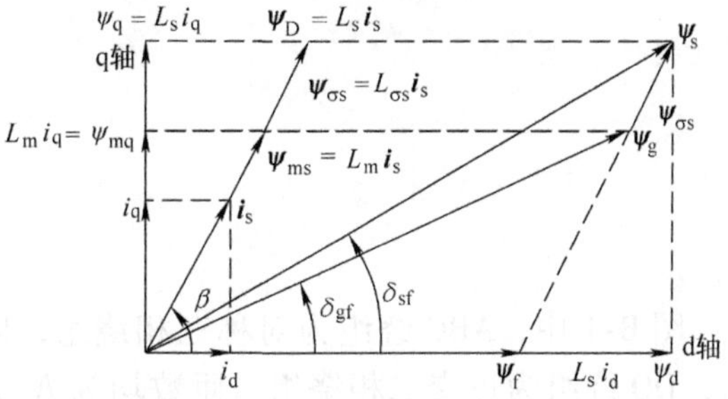

图 A-14　面装式三相永磁同步电动机内的磁场

由式（A-40），可得

$$\begin{aligned} \boldsymbol{t}_e &= p_0 \boldsymbol{\psi}_f \times \boldsymbol{i}_s = p_0 \frac{1}{L_s} \boldsymbol{\psi}_f \times (\boldsymbol{\psi}_f + L_s \boldsymbol{i}_s) \\ &= p_0 \frac{1}{L_s} \boldsymbol{\psi}_f \times \boldsymbol{\psi}_s = p_0 \frac{1}{L_s} \psi_f \psi_s \sin \delta_{sf} \end{aligned} \tag{A-49}$$

式中，δ_{sf} 为负载角。

式（A-49）表明，通过控制 $\boldsymbol{\psi}_s$ 的幅值 ψ_s 和相位角 δ_{sf}，即可控制电磁转矩。根据式（A-44），利用定子电压矢量 $\boldsymbol{u}_s$，可控制 ψ_s 为常值，再通过控制 δ_{sf} 来控制转矩，常将这种控制方式称为直接转矩控制。式（A-45）中，若不计定子漏磁场，则有 $\boldsymbol{\psi}_s = \boldsymbol{\psi}_g$，控制 ψ_s 为某一常值，可使铁心磁路始终处于适度饱和状态。

由图 A-14，可得

$$\frac{1}{L_s} \psi_s \sin \delta_{sf} = \frac{1}{L_s} \psi_q \tag{A-50}$$

$$\frac{1}{L_m}\psi_{ms}\sin\beta=\frac{1}{L_m}\psi_{mq} \tag{A-51}$$

式中，ψ_q 为ψ_s 的交轴分量，$\psi_q=L_s i_q$，称为交轴电枢磁链，与交轴电枢磁场相对应；ψ_{mq}为$\boldsymbol{\psi}_{ms}$的交轴分量，$\psi_{mq}=L_{mq}i_q$，称为交轴电枢反应磁链，与交轴电枢反应磁场相对应。

可得

$$\frac{1}{L_s}\psi_s\sin\delta_{sf}=\frac{1}{L_m}\psi_{ms}\sin\beta=i_q \tag{A-52}$$

式（A-52）表明：第一，控制 $\boldsymbol{\psi}_s$ 等同于控制 $\boldsymbol{\psi}_{ms}$，即控制定子磁场相当于控制电枢反应磁场；第二，无论是控制 $\boldsymbol{\psi}_s$ 还是控制 $\boldsymbol{\psi}_{ms}$，最终控制的是定子电流交轴分量 i_q；第三，无论是直接转矩控制，还是矢量控制，两者均只能通过间接或直接控制 i_q 来控制电磁转矩，体现了两种控制方式的内在联系与统一性。

直接转矩控制选择 $\boldsymbol{\psi}_s$ 为控制变量，控制的是电枢反应磁场 $\boldsymbol{\psi}_{ms}$与转子磁场 $\boldsymbol{\psi}_f$ 的相互作用，实际控制的是与转子磁场 $\boldsymbol{\psi}_f$ 正交的交轴电枢反应磁场 $\boldsymbol{\psi}_{mq}$，如 A.3 节所述，从“场”的角度看，只有交轴电枢反应磁场才与转矩生成相关；由图 A-14 也可看出，只有存在交轴电枢反应磁场 $\boldsymbol{\psi}_{mq}$才会使电枢反应磁场 $\boldsymbol{\psi}_{ms}$超前于转子磁场 $\boldsymbol{\psi}_f$，才能产生驱动转矩。矢量控制选择 i_s 为控制变量，从“*Bli*”观点看，是通过控制定子电流，来控制定子电流 i_s 在转子磁场 ψ_f 作用下产生的电磁力，如图 A-13 所示，若 $\beta=\frac{\pi}{2}$，单轴电流 i_s 即为交轴电流 i_q，此时单轴电流⊙与⊗两部分便完全置于转子磁场 N 极和 S 极下，产生的总电磁力最大；此时单轴电流 i_q 产生的电枢反应磁场即为交轴电枢反应磁场，从“场”的角度看，产生的转矩也应最大。

附录 B 坐标变换与矢量变换

B.1 三相静止轴系与二相静止轴系间的变换

1. 坐标变换

图 B-1 中，ABC 绕组为对称三相绕组，匝数均为 N_A；DQ 绕组为正交二相绕组，匝数均为 N_D；D 相绕组与 A 相绕组轴线一致。

各绕组通入电流后，只计及其基波磁动势，正向电流产生的磁动势方向与绕组轴线一致；电流可为任意波形和任意瞬时值。

磁动势等效是不同轴系间变换的物理基础和基本原则。因为只有这样，才不会影响电机内机电能量转换。

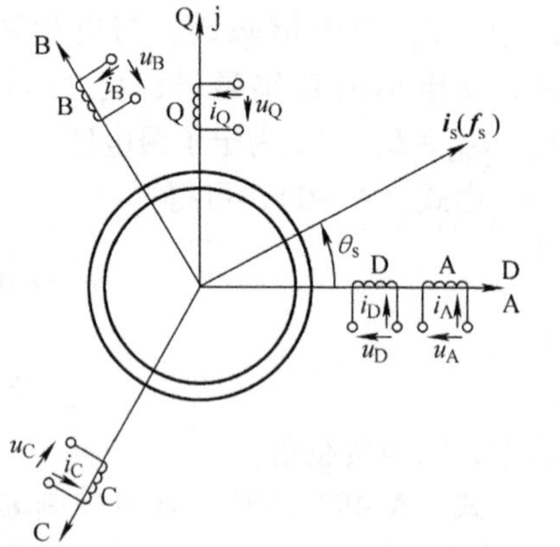

图 B-1 三相静止轴系与二相静止轴系

若三相电流 i_A、i_B、i_C 产生的基波合成磁动势与二相电流 i_D、i_Q 产生的基波合成磁动势相等，则有

$$\begin{aligned}N_D i_D&=N_A i_A\cos 0^\circ+N_A i_B\cos\frac{2\pi}{3}+N_A i_C\cos\frac{4\pi}{3}\\N_D i_Q&=0+N_A i_B\sin\frac{2\pi}{3}+N_A i_C\sin\frac{4\pi}{3}\end{aligned} \tag{B-1}$$

设 $N_A = kN_D$，式（B-1）则可变换为

$$
\begin{aligned}
i_D &= k(i_A - \frac{1}{2}i_B - \frac{1}{2}i_C) \\
i_Q &= k(0 - \frac{\sqrt{3}}{2}i_B + \frac{\sqrt{3}}{2}i_C)
\end{aligned}
\tag{B-2}
$$

此外，若三相电流之和不等于零，则存有零序电流 i_0，即有

$$
i_0 = k'(i_A + i_B + i_C) \tag{B-3}
$$

可以证明，为使变换满足功率不变约束，应有 $k = \sqrt{\frac{2}{3}}$，即 $N_D = \sqrt{\frac{3}{2}}N_A$；另有 $k' = \frac{1}{\sqrt{3}}$。

可得

$$
\begin{bmatrix} i_D \\ i_Q \\ i_0 \end{bmatrix} = \sqrt{\frac{2}{3}} \begin{bmatrix} 1 & -\frac{1}{2} & -\frac{1}{2} \\ 0 & -\frac{\sqrt{3}}{2} & \frac{\sqrt{3}}{2} \\ \frac{1}{\sqrt{2}} & \frac{1}{\sqrt{2}} & \frac{1}{\sqrt{2}} \end{bmatrix} \begin{bmatrix} i_A \\ i_B \\ i_C \end{bmatrix} \tag{B-4}
$$

$$
\begin{bmatrix} i_A \\ i_B \\ i_C \end{bmatrix} = \sqrt{\frac{2}{3}} \begin{bmatrix} 1 & 0 & \frac{1}{\sqrt{2}} \\ -\frac{1}{2} & -\frac{\sqrt{3}}{2} & \frac{1}{\sqrt{2}} \\ -\frac{1}{2} & \frac{\sqrt{3}}{2} & \frac{1}{\sqrt{2}} \end{bmatrix} \begin{bmatrix} i_D \\ i_Q \\ i_0 \end{bmatrix} \tag{B-5}
$$

若三相绕组无中性线，则 $i_0 = 0$。式（B-4）和式（B-5）可分别写为

$$
\begin{bmatrix} i_D \\ i_Q \end{bmatrix} = \sqrt{\frac{2}{3}} \begin{bmatrix} 1 & -\frac{1}{2} & -\frac{1}{2} \\ 0 & -\frac{\sqrt{3}}{2} & \frac{\sqrt{3}}{2} \end{bmatrix} \begin{bmatrix} i_A \\ i_B \\ i_C \end{bmatrix} \tag{B-6}
$$

$$
\begin{bmatrix} i_A \\ i_B \\ i_C \end{bmatrix} = \sqrt{\frac{2}{3}} \begin{bmatrix} 1 & 0 \\ -\frac{1}{2} & -\frac{\sqrt{3}}{2} \\ -\frac{1}{2} & -\frac{\sqrt{3}}{2} \end{bmatrix} \begin{bmatrix} i_D \\ i_Q \end{bmatrix} \tag{B-7}
$$

以上变换，同样适用于三相静止轴系与二相静止轴系相电压间的变换。

2. 矢量变换

图 B-1 中，在以 A（D）轴为实轴的空间复平面内，可将 $\boldsymbol{i}_s$ 表示为

$$
\boldsymbol{i}_s^{ABC} = \boldsymbol{i}_s^{DQ} = |\boldsymbol{i}_s| e^{j\theta_s} \tag{B-8}
$$

在功率不变约束下，则有

$$
\boldsymbol{i}_s^{ABC} = \sqrt{\frac{2}{3}}(i_A e^{j0°} + i_B e^{j120°} + i_C e^{j240°}) \tag{B-9}
$$

$$\boldsymbol{i}_s^{DQ} = i_D + ji_Q \tag{B-10}$$

假设三相绕组无中性线，$i_0 = 0$。可由式（B-9）、式（B-10）得到变换式（B-6）、式（B-7）。

B.2　二相静止轴系与二相旋转轴系间的变换

1. 坐标变换

图 B-2 中，二相静止轴系与二相旋转轴系的相绕组匝数相同；设以 D 轴为空间参数轴，dq 轴系以电角速 ω_r 反时针方向旋转，空间相位角为 θ_r（电角度）。

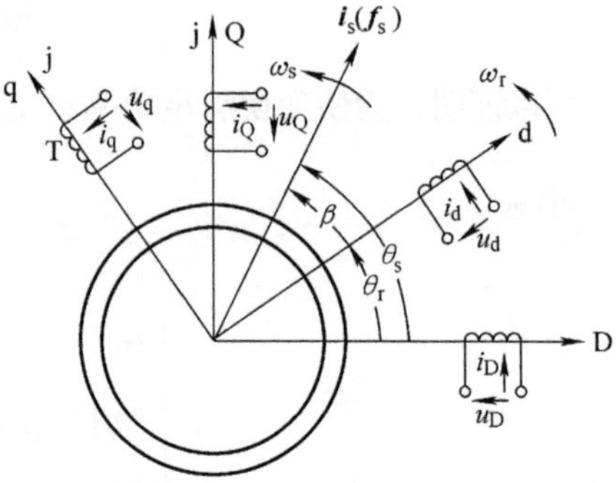

图 B-2　二相静止轴系与二相旋转轴系

根据磁动势等效原则，则有

$$\begin{aligned} i_d &= i_D\cos\theta_r + i_Q\sin\theta_r \\ i_q &= -i_D\sin\theta_r + i_Q\cos\theta_r \end{aligned} \tag{B-11}$$

可得

$$\begin{bmatrix} i_d \\ i_q \end{bmatrix} = \begin{bmatrix} \cos\theta_r & \sin\theta_r \\ -\sin\theta_r & \cos\theta_r \end{bmatrix} \begin{bmatrix} i_D \\ i_Q \end{bmatrix} \tag{B-12}$$

或者

$$\begin{bmatrix} i_D \\ i_Q \end{bmatrix} = \begin{bmatrix} \cos\theta_r & -\sin\theta_r \\ \sin\theta_r & \cos\theta_r \end{bmatrix} \begin{bmatrix} i_d \\ i_q \end{bmatrix} \tag{B-13}$$

式（B-12）和式（B-13）所示的变换，能够满足功率不变约束。

2. 矢量变换

在 DQ 轴系中，以 D 轴为实轴，可将 $\boldsymbol{i}_s$ 表示为

$$\boldsymbol{i}_s^{DQ} = |\boldsymbol{i}_s| e^{j\theta_s} \tag{B-14}$$

同理，在 dq 轴系中，以 d 轴为实轴，可将 $\boldsymbol{i}_s$ 表示为

$$\boldsymbol{i}_s^{dq} = |\boldsymbol{i}_s| e^{j\beta} \tag{B-15}$$

由图 B-2，可得

$$\boldsymbol{i}_s^{DQ} = \boldsymbol{i}_s^{dq} e^{j\theta_r} \tag{B-16}$$

$$\boldsymbol{i}_s^{dq} = \boldsymbol{i}_s^{DQ} e^{-j\theta_r} \tag{B-17}$$

式中，$e^{j\theta_r}$为 dq 轴系到 DQ 轴系的变换因子，$e^{-j\theta_r}$为 DQ 轴系到 dq 轴系的变换因子。通常将这种变换形式称为矢量变换。

将 $\boldsymbol{i}_s^{DQ}$ 和 $\boldsymbol{i}_s^{dq}$ 分别表示为

$$\boldsymbol{i}_s^{DQ} = i_D + ji_Q \tag{B-18}$$

$$\boldsymbol{i}_s^{dq} = i_d + ji_q \tag{B-19}$$

利用关系式 $e^{j\theta_r} = \cos\theta_r + j\sin\theta_r$，$e^{-j\theta_r} = \cos\theta_r - j\sin\theta_r$，由式（B-16）~式（B-19）就可以得到坐标变换式（B-12）、式（B-13）。这表明，矢量变换与坐标变换实质是一样的。前者由变换因子反映了两个复平面内极坐标间的关系，后者由坐标变换矩阵反映了两个轴系坐标分量间的关系。

B.3 三相静止轴系与二相旋转轴系间的变换

1. 坐标变换

图 B-3 中，二相旋转轴系相绕组的有效匝数为三相静止轴系相绕组有效匝数的$\sqrt{\dfrac{3}{2}}$倍。

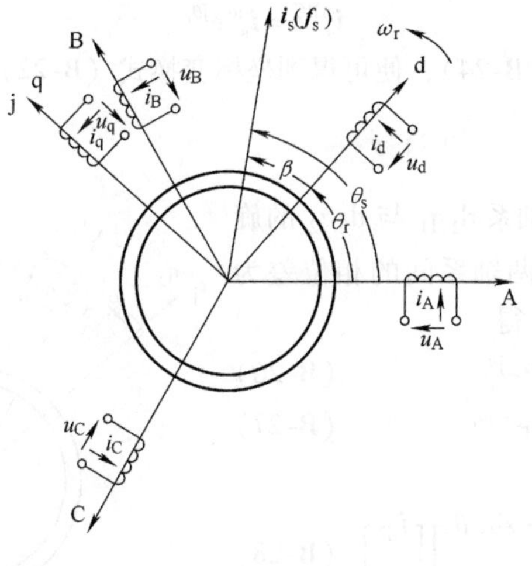

图 B-3　三相静止轴系与二相旋转轴系

根据磁动势等效原则，则有

$$i_d=\sqrt{\frac{2}{3}}\left[i_A\cos\theta_r+i_B\cos\left(\theta_r-\frac{2\pi}{3}\right)+i_C\cos\left(\theta_r-\frac{4\pi}{3}\right)\right] \tag{B-20}$$

$$i_q=\sqrt{\frac{2}{3}}\left[-i_A\sin\theta_r-i_B\sin\left(\theta_r-\frac{2\pi}{3}\right)-i_C\sin\left(\theta_r-\frac{4\pi}{3}\right)\right] \tag{B-21}$$

假设三相绕组无中性线，$i_A+i_B+i_C=0$，$i_0=0$。则有

$$\begin{bmatrix} i_d \\ i_q \end{bmatrix}=\sqrt{\frac{2}{3}}\begin{bmatrix} \cos\theta_r & \cos\left(\theta_r-\dfrac{2\pi}{3}\right) & \cos\left(\theta_r-\dfrac{4\pi}{3}\right) \\ -\sin\theta_r & -\sin\left(\theta_r-\dfrac{2\pi}{3}\right) & -\sin\left(\theta_r-\dfrac{4\pi}{3}\right) \end{bmatrix}\begin{bmatrix} i_A \\ i_B \\ i_C \end{bmatrix} \tag{B-22}$$

且有

$$\begin{bmatrix} i_A \\ i_B \\ i_C \end{bmatrix}=\sqrt{\frac{2}{3}}\begin{bmatrix} \cos\theta_r & -\sin\theta_r \\ \cos\left(\theta_r-\dfrac{2\pi}{3}\right) & -\sin\left(\theta_r-\dfrac{2\pi}{3}\right) \\ \cos\left(\theta_r-\dfrac{4\pi}{3}\right) & -\sin\left(\theta_r-\dfrac{4\pi}{3}\right) \end{bmatrix}\begin{bmatrix} i_d \\ i_q \end{bmatrix} \tag{B-23}$$

三相静止轴系到二相旋转轴系的变换，也可先将三相静止轴系变换到二相静止轴系，再由二相静止轴系变换到二相旋转轴系，这样由式（B-6）和式（B-12）便可得变换式(B-22)。

三相静止轴系到二相静止轴系间的变换，仅是一种由三相到二相的“相数变换”，而静止 DQ 轴系和 ABC 轴系到旋转 dq 轴系的变换却是一种“频率变换”。例如，正弦稳态下，定子三相电流为对称正弦电流，经式（B-22）变换后，i_d 和 i_q 均变为了恒定的直流。

2. 矢量变换

图 B-3 中，可将 $\boldsymbol{i}_s$ 由 ABC 轴系直接变换到 dq 轴系，即有

$$\boldsymbol{i}_s^{dq} = \boldsymbol{i}_s^{ABC} e^{-j\theta_r} \tag{B-24}$$

或者

$$\boldsymbol{i}_s^{ABC} = \boldsymbol{i}_s^{dq} e^{j\theta_r} \tag{B-25}$$

将式（B-9）代入式（B-24），便可得到坐标变换式（B-22）。

B.4 旋转轴系与旋转轴系间的变换

图 B-4 中，两个旋转轴系 d_1q_1 与 d_2q_2 的旋转速度分别为 ω_{r1} 与 ω_{r2}，两轴系间的相位差为 θ_r。运用矢量变换因子，可得

$$\boldsymbol{i}_s^{d_1q_1} = \boldsymbol{i}_s^{d_2q_2} e^{j\theta_r} \tag{B-26}$$

$$\boldsymbol{i}_s^{d_2q_2} = \boldsymbol{i}_s^{d_1q_1} e^{-j\theta_r} \tag{B-27}$$

运用坐标变换，可得

$$\begin{bmatrix} i_{d1} \\ i_{q1} \end{bmatrix} = \begin{bmatrix} \cos\theta_r & -\sin\theta_r \\ \sin\theta_r & \cos\theta_r \end{bmatrix} \begin{bmatrix} i_{d2} \\ i_{q2} \end{bmatrix} \tag{B-28}$$

$$\begin{bmatrix} i_{d2} \\ i_{q2} \end{bmatrix} = \begin{bmatrix} \cos\theta_r & \sin\theta_r \\ -\sin\theta_r & \cos\theta_r \end{bmatrix} \begin{bmatrix} i_{d1} \\ i_{q1} \end{bmatrix} \tag{B-29}$$

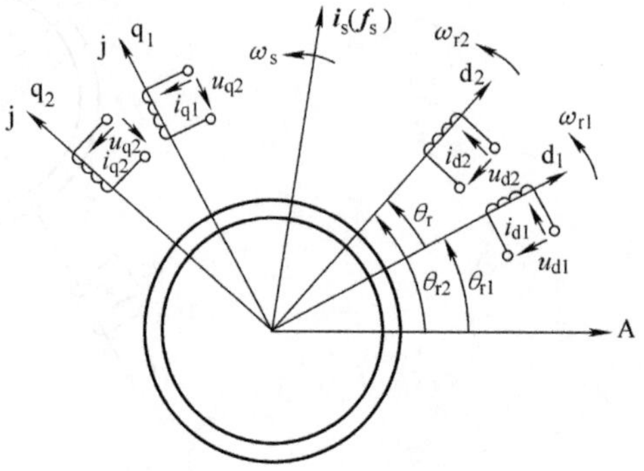

图 B-4 旋转轴系间变换

实际上，矢量变换式（B-26）和式（B-27）同样适用于二相旋转轴系与三相旋转轴系间的矢量变换，或者说适用任意相旋转轴系间的矢量变换。

B.5 静止轴系到旋转轴系变换的意义与应用

图 B-2 和图 B-3 中，dq 轴系能够任意旋转，称为任意旋转轴系。在矢量控制中，通过磁场定向，可将任意旋转轴系定向为特定轴系。例如，在三相永磁同步电动机矢量控制中，通过转子磁场定向，使 d 轴与转子轴线取得一致，dq 轴系的旋转速度 ω_r 和相位 θ_r 便与转子磁场轴线相同。在三相感应电动机矢量控制中，任意旋转轴系 dq 可沿转子磁场定向，也可沿气隙磁场或定子磁场定向，且将此 dq 轴系改称为磁场定向 MT 轴系，分别构成了基于转子磁场、气隙磁场和定子磁场的矢量控制系统。

下面以面装式三相永磁同步电动机基于转子磁场矢量控制为例，说明旋转变换的物理意义。

图 A-13 中，在三相永磁同步电动机自然的 ABC 轴系中，按电动机惯例得到的定子电压矢量方程为

$$\boldsymbol{u}_s = R_s \boldsymbol{i}_s + \frac{d\boldsymbol{\psi}_s}{dt} \tag{B-30}$$

现通过矢量变换将其变换到沿转子磁场 $\boldsymbol{\psi}_f$ 定向的 dq 轴系中，则有

$$\boldsymbol{u}_s^{dq} e^{j\theta_r} = R_s \boldsymbol{i}_s^{dq} e^{j\theta_r} + \frac{d(\boldsymbol{\psi}_s^{dq} e^{j\theta_r})}{dt} \tag{B-31}$$

式中，$\theta_r = \int_0^t \omega_r dt + \omega_{r0}$，$\omega_{r0}$ 为初始值。

式（B-31）右端第2项为

$$\frac{d(\boldsymbol{\psi}_s^{dq} e^{j\theta_r})}{dt} = \frac{d\boldsymbol{\psi}_s^{dq}}{dt} e^{j\theta_r} + j\omega_r \boldsymbol{\psi}_s^{dq} e^{j\theta_r} \tag{B-32}$$

由式（B-31）和式（B-32），可得

$$\boldsymbol{u}_s^{dq} = R_s \boldsymbol{i}_s^{dq} + \frac{d\boldsymbol{\psi}_s^{dq}}{dt} + j\omega_r \boldsymbol{\psi}_s^{dq} \tag{B-33}$$

比较式（B-30）和式（B-33）可以看出，后者多出了一项 $j\omega_s \boldsymbol{\psi}_s^{dq}$，显然此项是因为ABC 轴系到 dq 轴系进行旋转变换引起的，称为旋转电压项。

图 B-3 中，由 ABC 轴系到 dq 轴系的旋转变换，实际是将静止 ABC 绕组变换为旋转的 dq 绕组，也可看作先将 ABC 绕组变换为静止的 DQ 绕组，再由 DQ 绕组变换为旋转的 dq 绕组，如图B-5所示。

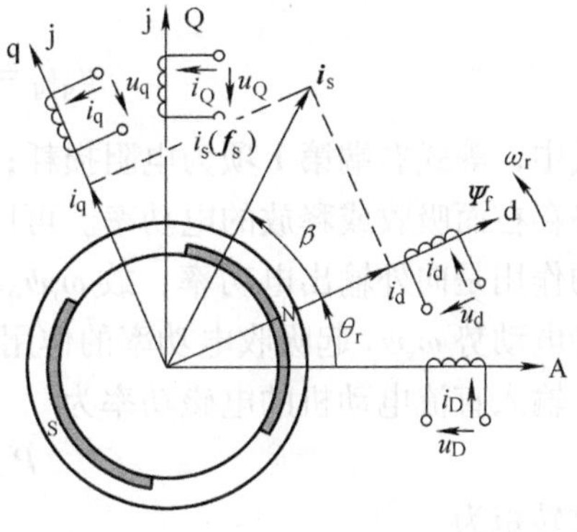

图 B-5　定子绕组变换后的三相永磁同步电动机

式（B-33）中，$\boldsymbol{u}_s^{dq} = u_d + ju_q$，$\boldsymbol{i}_s^{dq} = i_d + ji_q$，$\boldsymbol{\psi}_s^{dq} = \psi_d + j\psi_q$，$\psi_d$ 和 ψ_q 分别为 $\boldsymbol{\psi}_s$ 在 dq 轴上的分量，为直轴磁链和交轴磁链；如图 A-14 所示，$\psi_d = L_d i_d + \psi_f$，$\psi_q = L_q i_q$，$L_d$ 和 L_q 分别为直轴和交轴同步电感，对于面装式结构，$L_d = L_q = L_s$。由式（B-33），可得

$$u_d = R_s i_d + \frac{d\psi_d}{dt} - \omega_r \psi_q \tag{B-34}$$

$$u_q = R_s i_q + \frac{d\psi_q}{dt} + \omega_r \psi_d \tag{B-35}$$

从电机统一理论角度看，式（B-34）和式（B-35）与图 B-6 所示等效他励直流电动机的交、直轴电枢电压方程相同，亦即由此电机同样可得出电压方程式（B-34）和式（B-35）。图 B-6 是以 2 极形式表示的多极电机。q 轴电流的正方向标在线圈导体内，d 轴电流正方向标在了导体外；dq 轴磁链正方向与轴线方向一致，正向电流产生正向磁链。按电动机惯例，取电压正方向与电流正方向相同；ω_r 为转子电角速度，转矩 t_e 与 ω_r 正方向均为顺时针方向。两对电刷分别位于 dq 轴上，构成了 dq 轴换向器绕组。其特征是：直、交轴电枢绕组虽然在旋转，但绕组轴线分别被直轴和交轴电刷所限定，直轴和交轴电枢绕组产生的磁动势（磁场）在空间却

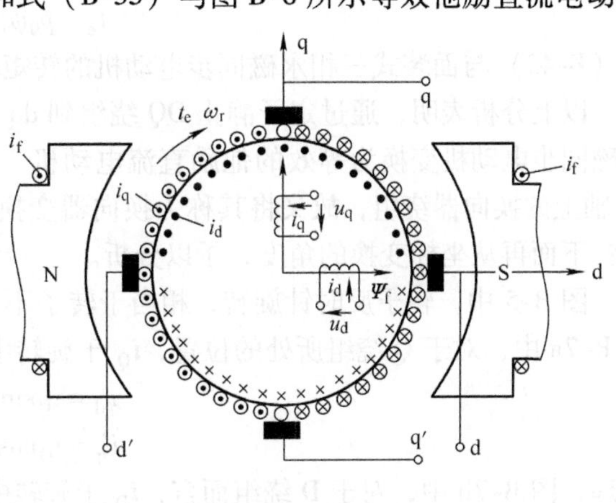

图 B-6　等效他励直流电动机模型

固定不动，始终与 dq 轴线重合在一起。直、交轴磁场变化时，会在各自电枢绕组中感生变压器电动势。但是，电枢实际是旋转的，又会在电枢绕组中感生运动电动势。

式（B-34）和式（B-35）中，$d\psi_d/dt$ 和 $d\psi_q/dt$ 分别对应于直、交轴电枢绕组中感生的变压器电动势。$\omega_r\psi_q$ 是直轴电枢绕组在交轴磁场下旋转产生的运动电动势，由图 B-6 可知，其方向与 i_d 方向相同，故在直轴电枢电压方程式（B-34）中 $\omega_r\psi_q$ 前为负号；$\omega_r\psi_d$ 为交轴电枢绕组在直轴磁场下旋转产生的运动电动势，方向与 i_q 方向相反，故式（B-35）中 $\omega_r\psi_d$ 前为正号。

输入直流电动机的电功率可表示为

$$u_d i_d = R_s i_d^2 + i_d \frac{d\psi_d}{dt} - \omega_r\psi_q i_d \tag{B-36}$$

$$u_q i_q = R_s i_q^2 + i_q \frac{d\psi_q}{dt} + \omega_r\psi_d i_q \tag{B-37}$$

两式中，等式右端第 1 项为电阻损耗；第 2 项为磁场变化引起的电功率；第 3 项是因运动电动势存在而吸收或释放的电功率。可以看出，由于运动电动势 $\omega_r\psi_q$ 方向与 i_d 方向相同，所起的作用是向外输出电功率，故 $\omega_r\psi_q i_d$ 项前为负号；与此相反，$\omega_r\psi_d i_q$ 项前为正号，因为运动电动势 $\omega_r\psi_d$ 起吸收电功率的作用。

输入直流电动机的电磁功率为

$$P_e = \omega_r(\psi_d i_q - \psi_q i_d) \tag{B-38}$$

电磁转矩为

$$t_e = \frac{P_e}{\Omega_r} = p_0(\psi_d i_q - \psi_q i_d) \tag{B-39}$$

已假设磁感应强度沿气隙圆周作正弦分布，可有

$$\psi_d = \psi_f + L_d i_d \tag{B-40}$$

$$\psi_q = L_q i_q \tag{B-41}$$

将式（B-40）和式（B-41）代入式（B-39），可得

$$t_e = p_0\psi_f i_q \tag{B-42}$$

式（B-42）与面装式三相永磁同步电动机的转矩表达式相一致，此时则有 $L_d = L_q$。

以上分析表明，通过定子静止 DQ 绕组到 dq 轴系的旋转变换，可以在 dq 轴系内将三相永磁同步电动机变换为等效的他励直流电动机。这种变换的核心是将定子静止绕组变换为 dq 轴上的换向器绕组，故又将其称为换向器变换。为什么经过旋转变换便会得到这种结果呢？下面再从坐标变换的角度，予以分析。

图 B-5 中，转子反时针旋转，相当于转子不动，而定子 DQ 绕组相对转子顺时针旋转。图 B-7a 中，对于 Q 绕组所处的位置，$\boldsymbol{i}_Q$ 于旋转中在 dq 轴上的分量为

$$i'_d = i_Q \sin\theta_r \tag{B-43}$$

$$i'_q = i_Q \cos\theta_r \tag{B-44}$$

同理，图 B-7b 中，对于 D 绕组而言，$\boldsymbol{i}_D$ 于旋转中在 dq 轴上形成的分量为

$$i''_d = i_D \cos\theta_r \tag{B-45}$$

$$i''_q = -i_D \sin\theta_r \tag{B-46}$$

由式（B-43）~式（B-46），可得

$$i_d = i'_d + i''_d = i_D \cos\theta_r + i_Q \sin\theta_r$$
$$i_q = i'_q + i''_q = -i_D \sin\theta_r + i_Q \cos\theta_r$$

即有

$$\begin{bmatrix} i_d \\ i_q \end{bmatrix} = \begin{bmatrix} \cos\theta_r & \sin\theta_r \\ -\sin\theta_r & \cos\theta_r \end{bmatrix} \begin{bmatrix} i_D \\ i_Q \end{bmatrix} \tag{B-47}$$

如图 B-7c 所示，经式（B-47）变换后，dq 绕组的轴线已固定于 dq 轴上，各自产生的磁动势在空间静止不动（相对转子）。从磁动势等效原则看，由 $\boldsymbol{f}_d$ 和 $\boldsymbol{f}_q$ 产生的定子磁动势 $\boldsymbol{f}_s^{dq}$，一定等于由 $\boldsymbol{f}_D$ 和 $\boldsymbol{f}_Q$ 产生的定子磁动势 $\boldsymbol{f}_s^{DQ}$，定子磁动势 $\boldsymbol{f}_s$ 没有改变。然而，DQ 绕组却始终在旋转，因此，定子电压方程式（B-30）经旋转变换后，于式（B-33）右端多出了旋转电压项 $j\omega_r \boldsymbol{\psi}_s^{dq}$，在其电压分量方程中，则体现在式（B-34）和式（B-35）右端的第 3 项中。

至此，通过坐标变换已将定子 DQ 绕组变换为 dq 轴上换向器绕组，相当于在定子内缘装有两组随转子一起旋转的电刷，一组电刷 d－d′位于 d 轴上，另一组电刷 q－q′位于 q 轴上，如图B-8 所示。通过控制 i_d 和 i_q，即可控制直、交轴基波磁动势 $\boldsymbol{f}_d$ 和 $\boldsymbol{f}_q$，也就控制了直轴电枢反应磁场和交轴电枢反应磁场。定子具有了这种控制功能，就意味着可将永磁同步电动机的转矩控制转换为对等效他励直流电动机的转矩控制。

实际上，也可将定子三相绕组直接变换为换向器绕组，变换式为式（B-22）。常将这种变换称为 dq0 变换（这里忽略了零轴）。在正弦稳态下，可将三相对称正弦电流变换为 dq 轴上恒定的直流 i_d 和 i_q。通过 dq0 变换，可将定子三相电压方程直接变换为 dq 轴电压方程式（B-34）和式（B-35），并常将这两个方程式称为派克方程。在正弦稳态下，定子 dq 轴电压、电流和磁链均为恒定直流量。

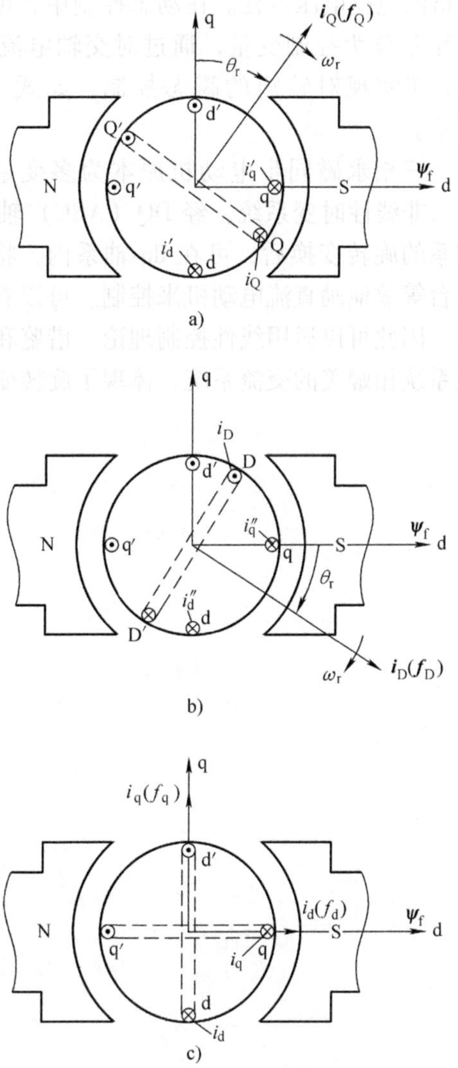

图 B-7　静止 DQ 轴系到旋转 dq 轴系的换向器变换

事实上，对于图 B-8 而言，可看成转子和两对电刷静止不动，而电枢反时针旋转，若再将转子转换为定子，而将电枢转换为转子，就可将图 B-8 转换为图 B-6 所示的形式。亦即，可将图 B-8 直接看成是一个等效的他励直流电动机，只不过对于面装式 PMSM，可认为其气隙是均匀的，即有 $L_d = L_q$。

由式（B-40）和式（B-41），可将式（B-34）和式（B-35）表示为如下形式

$$u_d = R_s i_d + L_d \frac{di_d}{dt} - \omega_r L_q i_q \quad \text{(B-48)}$$

$$u_q = R_s i_q + L_q \frac{di_q}{dt} + \omega_r(\psi_f + L_d i_d) \quad \text{(B-49)}$$

式（B-48）和式（B-49）即为等效他励直流电动机的电枢电压方程。在动态控制中，可以选择 i_d 和 i_q 作为控制变量，通过对交轴电流 i_q 的控制，可实现对转矩的瞬态控制，如式（B-42）所示。

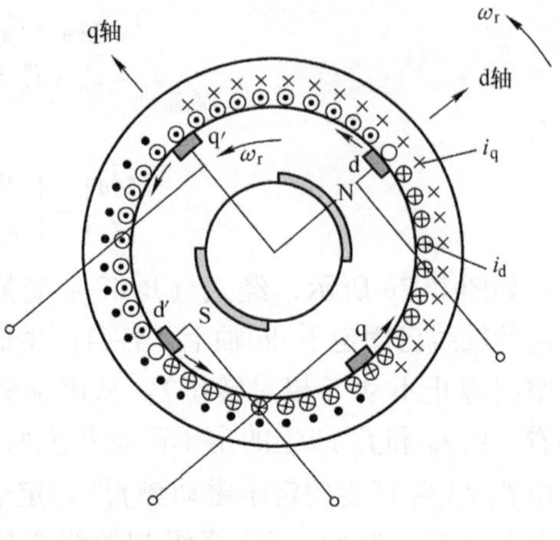

图 B-8 定子电流的换向器变换

三相永磁同步电动机原本为多变量、强耦合、非线性时变系统，经 DQ（ABC）轴系到 dq 轴系的旋转变换后，可在 dq 轴系内，将其作为一台等效他励直流电动机来控制。可以看出，式（B-48）和式（B-49）为一组线性微分方程，因此可以运用线性控制理论，借鉴和采用直流系统的控制方法和控制技术，能构成与直流系统相媲美的交流系统，体现了旋转变换在矢量变换中的作用与意义。

参考文献

[1] 王成元，夏加宽，杨俊友，等．电机现代控制技术［M］．北京：机械工业出版社，2006.

[2] 王成元，周美文，郭庆鼎．矢量控制交流伺服驱动电动机［M］．北京：机械工业出版社，1995.

[3] 郭庆鼎，王成元，周美文．异步电动机的矢量变换控制原理及应用［M］．沈阳：辽宁民族出版社，1988.

[4] 李夙．异步电动机直接转矩控制［M］．北京：机械工业出版社，1994.

[5] 陈伯时．电力拖动自动控制系统［M］.2 版．北京：机械工业出版社，2001.

[6] 杨耕，罗应立．电机与运动控制系统［M］．北京：清华大学出版社，2006.

[7] 汤蕴璆，罗应立，梁艳萍．电机学［M］.3 版．北京：机械工业出版社，2009.

[8] 汤蕴璆，张奕黄，范瑜．交流电机动态分析［M］．北京：机械工业出版社，2008.

[9] Bimal K，Bose. Power Electronics and Variable Frequency Drives［M］. New York：The Institute of Electrical and Electronics Engineers Inc，1997.

[10] Peter Vas. Vector Control of AC Machines［M］. New York：Oxford University Press，1990.

[11] Peter Vas. Sensorless Vector and Direct Torque Control［M］. New York：Oxford University Press，1998.

[12] Peter Vas. Artificial-Intelligence – Based Electrical Machine and Drives［M］. New York：Oxford University Press，1999.

[13] Blaschke F. The principle of Field – orientation as Applied to the New Transvektor Closed – loop Control System for Rotating – Field Machines［J］. Stemens Review，1972，34：217 – 220.

[14] Vas P，Brown J E. Real – time Monitoring of the Electromagnetic Torque of Mu1ti – phase a. c. Machines［C］. IEEE IAS Meeting，Toronto，1985，6 – 11，October：732 – 737.

[15] Vas P，Willems J L，Brown J E. The Application of Space – phasor Theory to the Analysis of Electrical Machines with Space Harmonics［J］. Archiv für Elektrotechnik，1987，69：359 – 363.

[16] Akamatsu M，Ikeda K，Tomei H，et al. High Performance IM Drive by Coordinate Control using a Controlled Current Inverter［J］. IEEE Trans. on Industry Applications 1982，(18)：382 – 392.

[17] Bayer K H，Blaschke F. Stability Problems with the Control of Induction Machines using the Method of Field Orientation［C］. IFAC Symposium on Control in Power Electronics and Drives，Dusseldorf，1977，483 – 492.

[18] Bolognani S，Buja G S. Parameter Variation and Computation Error Effects in Indirect Field – oriented Induction Motor Drives［C］. In proceedings of International Conference on Electrical Machines，Pisa，1988，545 – 549.

[19] Deng D，Lipo T A. A Modified Control Method for Fast Response Current Source Inverter Drives［J］. IEEE Trans. on Industry Applications，1986，22 (4)：653 – 665.

[20] Kawamura A，Hoft R. An Analysis of Induction Motor for Field Oriented or Vector Control［C］. IEEE Power Electronics Specialists Conference，Albuquerque，New Mexico，1983，91 – 100.

[21] Ohnishi K，Suzuki H，Miyachi K，et al. Decoupling Control of Secondary Flux and Secondary Current in Induction Motor Drive with Controlled Voltage Source and its Comparison with Volts/hertz Control［J］. IEEE Trans. on Industry Applications，1985，21 (1)：241 – 147.

[22] Wu Z K，Strangas E G. Feedforward Field Orientation Control of an Induction Motor using a PWM Voltage Source Inverter and Standardized Single – board Computer［J］. IEEE Trans. on Industrial Electronics，1988，

35 (1): 75 - 79.

[23] Xu X, De Doncker R, Novotny D W. Stator Flux - orientation Control of Induction Machines in the Field - weakening Region [C]. IEEE IAS Annual Meeting, Pittsburgh, 1988, 437 - 443.

[24] Nordin K B, Novotny D W, Zinger D S. The Influence of Motor Parameter Deviations in Feedforward Field Orientation Drive Systems [J]. IEEE Trans. on Industry Applications, 1985, 21 (4): 1009 - 1015.

[25] Lorenz R D, Novotny D W. Optimal Utilization of Induction Machines in Field Oriented Drives [J]. J. Electrical and Electronics Engine, Australia, 1990, 10 (2): 95 - 100.

[26] Brod D M, Novotny D W. Current Control of VSI - PWM Inverters [J]. IEEE Trans. on Industry Applications, 1985, 21 (4): 562 - 570.

[27] Nabae A, S Ogasawara, H Akagi. A Novel Control Scheme for Current - controlled PWM Inverters [J]. IEEE Trans. on Industry Applications, 1986, 22 (4): 697 - 701.

[28] Habetler T G, Divan D M. Performance Characterization of a New, Discrete Pulse Modulated Current Regulator [C]. IEEE IAS Annual Meeting Conference, October, 1988, 395 - 403.

[29] Holtz J. Identification and Compensation of Torque Ripple in High - precision Permanent Magnet Motor Drives [J]. IEEE Trans. on Industrial Electronics, 1996, 43 (2): 309 - 320.

[30] Jansen P - L, Lorenz R D, Novotny D W. Observer - based Direct Field Orientation: Analysis and Comparison of Alternative Methods [C]. Proc. of IEEE IAS Annual Meeting, Toronto, October, 1993, 536 - 543.

[31] Xu X, R de Doncker, Novotny D W. A Stator Flux Oriented Induction Machine Drive [C]. Power Electronics Specialist's Conference, Kyoto, Japan, April, 1988, 870 - 876.

[32] Jahns T, W Soong. Pulsating Torque Minimization Techniques for Permanent Magnet AC Motor Drivesa Review [J]. IEEE Trans. on Industrial Electronics, 1996, 43 (2): 321 - 330.

[33] Moreira J C, K T Hung, T A Lipo, et al. A Simple and Robust Adaptive Controller for Detuning Correction in Field Oriented Induction Machines [J]. IEEE Trans. on Industry Applications, 1992, 28 (6): 1359 - 1366.

[34] Zai L C, T A Lipo, DeMarco C L. An Extended Kalman Filter Approach to Rotor Time Constant Measurement in PWM Induction Motor Drives [J]. IEEE Trans. on Industry Applications, 1992, 28 (1): 96 - 104.

[35] Bausch H. Large Power Variable Speed AC Machines with Permanent Magnet Excitation [J]. Journal of Electrical and Electronics Engineering, Australia, 1990, 10 (2): 102 - 109.

[36] Bayer K H, Waldmann H, Weibelzahl M. Field - oriented Control of a Synchronous Machine with the New Tranyvektor Control System [J]. Siemens Review 1972, 39, 220 - 223.

[37] Bose B K. A High Performance Inverter - fed System of an Interior Permanent Magnet Synchronous Machine [C]. IEEE IAS Annual Meeting, Atlanta, 1987, 269 - 276.

[38] Bose B K, Szczesny P M. A Microcomputer - based Control and Simulation of an Advanced IPM Synchronous Machine Drive System for Electrical Vechide Propulsion [J]. IEEE Trans. on Industrial Electronics, 1988, 35 (4): 547 - 559.

[39] Colby R S, Novotny D W. Efficient Operation of Surface - Mounted PM Synchronous Motors [J]. IEEE Trans. on Industry Applications, 1987, 23 (6): 1048 - 1054.

[40] Colby R S, Novotny D W. Transient Performance of Permanent Magnet a. c. Motor Drives [J]. IEEE Trans. on Industry Applications, 1986, 22 (1): 32 - 41.

[41] Jahns T M. Flux - weakening Regime Operation of an Interior Permanent Magnet Synchronous Motor Drive [J]. IEEE Trans. on Industry Application, 1987, 23 (4), 681 - 689.

[42] Jahns T M, Kliman G B, Neumann T W. Interior Permanent - magnet Synchronous Motors for Adjustable - speed Drives [J]. IEEE Trans. on Industry Applications, 1986, 22 (4), 738 - 747.

[43] Leonhard W. Field - orientation for Controlling a. c. Machines—Principle and Application [C]. 3rd IEE Inter-

national Conference on Power Electronics and Variable Speed Drives, London. 1988, 277 -282.
[44] Novotny D W, Lorenz R D. Introduction to Field Orientation and High Performance AC Drives [C]. IEEE Industry Applications Society. Annual Meeting. Toronto, Oct, 1985.
[45] Ogasawara S, Nishimura M, Akagi H, et al. A High Performance a. c. Servo System with Permanent Magnet Synchronous Motors [J]. IEEE Trans. on Industrial Electronics, 1986, 33 (1): 87 -91.
[46] Pillay P, Krishnan R. Modelling, Analysis and Simul ation of a High Performance, Vector Controlled, Permanent Magnet Synchronous Motor Drive [C]. IEEE IAS Annual Meeting, Atlanta, 1987, 254 -261.
[47] F Leonardi, M Venturuni, A Vishmara. Design and Optimization of Very High Torque, . Low Ripple, Low Cogging PM Motors for Direct Driving Optical Telescope [C]. IEEE Industry Applications Society. Annual Meeting, Denver, 1994.
[48] G Schaefer. Field Weakening of Brushless PM Servomotors with Rectangular Current [C]. In Proc. European Power Electronics Conference, 1991, 3: 429 -434.
[49] Hanselman D. Minimum Torque Ripple, Maximum Efficiency Excitation of Brushless Permanent Magnet Motors [J]. IEEE Trans. on Ind. Elec., 1994, 41 (3): 292 -300.
[50] Santisteban J A, Stephan R M. Vector Control Methods for Induction Machines: an Overview [J]. IEEE Trans. on Education, 2001, 44 (2): 170 -175.
[51] Telford D, Dunnigan M W, Williams B W. Online Identification of Induction Machine Electrical Parameters for Vector Control Loop Tuning [J]. IEEE Trans. on Industrial Electronics, 2003, 50 (2): 253 -261.
[52] Jung I H, Kozo I, Toshihiro S, et al. Sensorless Rotor Position Estimation of an Interior Permanent - magnet Motor from Initial States [J]. IEEE Trans. on Industry Applications, 2003, 39 (3): 761 -766.
[53] Lixin T, Limin Z, Muhammed F R, et al. A Novel Direct Torque Control for Interior Permanent - magnet Synchronous Machine Drive with Low Ripple in Torque and Flux - a Speed - sensorless Approach [J]. IEEE Trans. on Industry Applications, 2003, 39 (6): 1748 -1756.
[54] Kim S H, Park T S, Yoo J Y, et al. Speed - sensorless Vector Control of an Induction Motor using Neural Network Speed Estimation [J]. IEEE Trans. on Industrial Electronics, 2001, 48 (3): 609 -614.
[55] Gulez K, Adam A A, Pastaci H. A Novel Direct Torque Control Algorithm for IPMSM with Minimum Harmonics and Torque Ripples [J]. IEEE/ASME Trans. on Mechatronics, 2007, 12 (2): 223 -227.
[56] Yong Liu, Zhu Z Q, Howe D. Commutation - Torque - Ripple Minimization in Direct - Torque - Controlled PM Brushless DC Drives [J]. IEEE Trans. on Industry Applications, 2007, 43 (4): 1012 -1021.
[57] Kaboli S, Vahdati - Khajeh E, Zolghadri M R. Probabilistic Voltage Harmonic Analysis of Direct Torque Controlled Induction Motor Drives [J]. IEEE Trans. on Power Electronics, 2006, 21 (4): 1041 -1052.
[58] Pacas M, Weber J. Predictive Direct Torque Control for the PM Synchronous Machine [J]. IEEE Trans. on Industrial Electronics, 2005, 25 (5): 1350 -1356.
[59] Buja G S, Kazmierkowski M P. Direct Torque Control of PWM Inverter - fed AC Motors - a Survey [J]. IEEE Trans. on Industrial Electronics, 2004, 51 (4): 744 -757.
[60] Rodriguez J, Pontt J, Silva C, et al. Simple Direct Torque Control of Induction Machine using Space Vector Modulation [J]. Electronics Letters, 40 (7): 412 -413.
[61] Luukko J, Niemela M, Pyrhonen J. Estimation of the Flux Linkage in a Direct - torque - controlled Drive [J]. IEEE Trans. on Industrial Electronics, 2003, 50 (2): 283 - 287.
[62] Idris N R N, Yatim A H M. An Improved Stator Flux Estimation in Steady - State Operation for Direct Torque Control of Induction Machines [J]. IEEE Trans. on Industry Applications, 2002, 38 (1): 110 -116.
[63] Ortega R, Barabanov N, Escobar G, et al. Direct Torque Control of Induction Motors: Stability Analysis and Performance Improvement [J]. IEEE Trans. on Automatic Control, 2001, 46 (8): 1209 - 1222.

[64] Grabowski P Z, Kazmierkowski M P, Bose B K, et al. A Simple Direct – torque Neuro – fuzzy Control of PWM – Inverter – Fed Induction Motor Drive [J]. IEEE Trans. on Industrial Electronics, 2000, 47 (4): 863 – 870.
[65] Zhong L, Rahman M F, Hu W Y, et al. A Direct Torque Controller for Permanent Magnet Synchronous Motor Drives [J]. IEEE Trans. on Energy Conversion, 1999, 14 (3): 637 – 642.
[66] Zhong L, Rahman M F, Hu W Y, et al. Analysis of Direct Torque Control in Permanent Magnet Synchronous Motor Drives [J]. IEEE Trans. on Power Electronics, 1997, 12 (3): 528 – 536.
[67] French C, Acarnley P. Direct Torque Control of Permanent Magnet Drives [J]. IEEE Trans. on Industry Applications, 1996, 32 (5): 1080 – 1088.
[68] Kazmierkowski M P, Kasprowicz A B. Improved Direct Torque and Flux Vector Control of PWM Inverter – fed Induction Motor Drives [J]. IEEE Trans. on Industrial Electronics, 1995, 42 (4): 344 – 350.
[69] Habetler T G, Profumo F, Pastorelli M, et al. Direct Torque Control of Induction Machines using Space Vector Modulation [J]. IEEE Trans. on Industry Applications, 1992, 28 (5): 1045 – 1053.
[70] Takahashi I, Ohmori Y. High – performance Direct Torque Control of an Induction Motor [J]. IEEE Trans. on Industry Applications, 1989, 25 (2): 257 – 264.
[71] Matsuo Takayoshi, Lipo Thomas A. A Rotor Parameter Identification Scheme for Vector – Controlled Induction Motor Drives [J]. IEEE Trans. on Industry Applications, 1985, 21 (3): 624 – 632.
[72] Ogasawara S, Akagi H, Nabae A. The Generalized Theory of Indirect Vector Control for AC Machines [J]. IEEE Trans. on Industry Applications, 1988, 24 (3): 470 – 478.
[73] Matsui T, Okuyama T, Takahashi J, et al. A High Accuracy Current Component Detection Method for Fully Digital Vector – Controlled PWM VSI – Fed AC Drives [J]. IEEE Trans. on Power Electronics, 1990, 5 (1):62 – 68.
[74] Holtz J, Thimm T. Identification of the Machine Parameters in a Vector – Controlled Induction Motor Drive [J]. IEEE Trans. on Industry Applications, 1991, 27 (6): 1111 – 1118.
[75] Krishnan R, Bharadwaj A S. A Review of Parameter Sensitivity and Adaptation in Indirect Vector Controlled Induction Motor Drive Systems [J]. IEEE Trans. on Power Electronics, 1991, 6 (4): 695 – 703.
[76] Yau – Tze Kao, Change – Huan Liu. Analysis and Design of Microprocessor – based Vector – controlled Induction Motor Drives [J]. IEEE Trans. on Industrial Electronics, 1992, 39 (1): 46 – 54.
[77] Ching – Tsai Pan, Ting – Yu Chang. A Microcomputer Based Vector Controlled Induction Motor Drive [J]. IEEE Trans. on Energy Conversion, 1993, 8 (4): 750 – 756.
[78] Ting – Yu Chang, Kuie – Lin Lo, Ching – Tsai Pan. A Novel Vector Control Hysteresis Current Controller for Induction Motor Drives [J]. IEEE Trans. on Energy Conversion, 1994, 9 (2): 297 – 303.
[79] Williamson S, Healey R C. Space Vector Representation of Advanced Motor Models for Vector Controlled Induction Motors [J]. IEE Proceedings Electric Power Applications, 1996, 143 (1): 69 – 77.
[80] Wade S, Dunnigan W, Williams B W. A New Method of Rotor Resistance Estimation for Vector – controlled Induction Machines [J]. IEEE Trans. on Industrial Electronics, 1997, 44 (2): 247 – 257.
[81] Bueno A A, Aller J M, Gimenez M I, et al. Induction Machine Estimator for Vector Control Applications Using Neural Networks [J]. IEEE Power Engineering Review, 1998, 18 (8): 50 – 52 .
[82] Nerys J W L, Hughes A, Corda J. Alternative Implementation of Vector Control for Induction Motor And its Experimental Evaluation [J]. IEE Proceedings Electric Power Applications, 2000, 147 (1): 7 – 13.
[83] 姚兴佳，宋俊．风力发电机组原理与应用 [M]．北京：机械工业出版社，2011.
[84] 贺益康，胡家兵，徐烈．并网双馈异步风力发电机运行控制 [M]．北京：中国电力出版社，2012.
[85] 解仑，杜沧，董冀媛，等．大容量异步电动机双馈调速系统 [M]．北京：机械工业出版社，2009.